奔跑吧 Linux 内核

入门篇 （第2版）

笨叔 陈悦◎著

Linux

U0377797

人民邮电出版社

北　京

图书在版编目（CIP）数据

奔跑吧Linux内核. 入门篇 / 笨叔，陈悦著. -- 2版
. -- 北京：人民邮电出版社，2021.3（2024.5重印）
ISBN 978-7-115-55560-1

Ⅰ. ①奔… Ⅱ. ①笨… ②陈… Ⅲ. ①Linux操作系统
Ⅳ. ①TP316.85

中国版本图书馆CIP数据核字(2020)第247312号

内 容 提 要

本书基于Linux 5.0和ARM64处理器循序渐进地讲述Linux内核的理论与实验。本书共16章，主要介绍Linux系统基础知识、Linux内核基础知识、ARM64架构基础知识、内核编译和调试、内核模块、简单的字符设备驱动、系统调用、进程管理、内存管理、同步管理、中断管理、调试和性能优化、开源社区、文件系统、虚拟化与云计算等方面的内容，并通过一个综合能力训练来引导读者动手实现一个小的操作系统。

本书适合Linux开发人员、嵌入式开发人员以及对Linux感兴趣的程序员阅读，也适合作为高等院校计算机相关专业的教材。

◆ 著　　　　笨 叔 陈 悦
　　责任编辑　谢晓芳
　　责任印制　王 郁　焦志炜

◆ 人民邮电出版社出版发行　　北京市丰台区成寿寺路 11 号
　　邮编　100164　电子邮件　315@ptpress.com.cn
　　网址　https://www.ptpress.com.cn
　　北京七彩京通数码快印有限公司印刷

◆ 开本：800×1000　1/16
　　印张：31.25　　　　　　　　　2021 年 3 月第 2 版
　　字数：637 千字　　　　　　　2024 年 5 月北京第 10 次印刷

定价：129.00 元

读者服务热线：(010)81055410　印装质量热线：(010)81055316
反盗版热线：(010)81055315
广告经营许可证：京东市监广登字 20170147 号

本书赞誉

分析与运行 Linux 内核是培养读者系统软件设计能力的有效方法。然而，Linux 内核的机制复杂、算法精妙、代码量庞大，因此初学者难以快速入门，并深入理解和灵活应用。本书结合作者多年的项目实践经验，剖析了源代码，是 Linux 内核方面的一本经典入门图书。

——吴国伟，大连理工大学

本书第 1 版得到了读者的一致好评。本书第 2 版新增了很多内容，尤其是操作系统方面的热门内容——文件系统和虚拟化。我印象最深刻的是利用树莓派实现一个小的操作系统。通过这样的综合实验，读者会对 Linux 内核有更深的理解。理论加动手实践是学习 Linux 内核的最佳途径之一。

——陈莉君，西安邮电大学

本书图文并茂，结合实验，把作者一手的知识与经验毫无保留地呈现给了读者。本书有助于读者逐步成为 Linux 内核领域的高级开发人员。

——夏耐，南京大学

相对于第 1 版，本书第 2 版增加了 ARM64 架构和树莓派硬件平台方面的内容，并且介绍了如何设计一个有价值的小操作系统（BenOS）。通过本书，读者可以学会如何在真实的硬件平台上运行自己搭建的操作系统，真正体验动手设计操作系统的乐趣。

——常瑞，浙江大学

本书是剖析 Linux 内核的经典图书。本书包含大量的实验，非常适合作为计算机相关专业的教材。对于 Linux 开发人员来说，本书是不可多得的工具书。

——陈全，上海交通大学

本书兼顾理论与实践，通过实验使读者轻松开启 Linux 内核之门，为他们日后成为优秀的开源程序员奠定了基础。

——淮晋阳，红帽中国培训部

本书不仅介绍了 Linux 内核方面的技术，还针对移动互联、大数据等不同场景，剖析了微内核、宏内核的特点。另外，本书还讲解了信息化技术领域中基于 ARM 架构的内核技术。书中的实验一定会为读者带来别样的阅读体验。

——贺唯佳，中国电子科技集团普华基础
软件股份有限公司基础软件促进中心

序 1

Linux 操作系统自诞生以来，得到了国内外开源爱好者与产业界的持续关注和投入。近年来，Linux 操作系统在云计算、服务器、桌面、终端、嵌入式系统等领域得到了广泛的应用，越来越多的行业开始利用 Linux 操作系统作为信息技术的基础平台或者利用 Linux 操作系统进行产品开发。

作为 Linux 操作系统的核心，Linux 内核以开放、自由、协作、高质量等特点吸引了众多顶尖科技公司的参与，并有数以千计的开发者为 Linux 内核贡献了高质量的代码。在学习和研究操作系统的过程中，Linux 内核为"操作系统"课程提供了一个不可或缺的案例，国内外众多大学的"操作系统"课程以 Linux 内核作为研究平台。随着基础软硬件技术的快速发展，Linux 内核代码将更加庞大和复杂，试图深入理解并掌握它是一件非常不容易的事情。

结合优麒麟系统的特性以及操作实践，本书深入浅出地介绍了 Linux 内核的若干常用模块。本书结构合理、内容丰富，可作为 Linux 相关爱好者、开发者的参考用书，也可作为大学"操作系统"课程的辅助教材。

廖湘科
中国工程院院士

序 2

张天飞和陈悦老师的力作《奔跑吧 Linux 内核入门篇（第 2 版）》终于出版了。这是与"操作系统"课程配套的一本非常优秀的实验教材。

本书介绍了操作系统的基本概念、设计原理和实现技术，重点讲述了 Linux 内核入门知识，旨在培养读者动手做实验的技能。本书具有结构合理、重点突出、内容丰富、逻辑清晰的特点。本书主要包含 Linux 内核模块、设备驱动、系统调用、进程管理、内存管理、中断机制、同步机制、文件系统，以及 Linux 虚拟化和云计算等内容。

学习和理解操作系统最好的方法是原理与实验并重。本书有助于读者提升操作系统实验技能。本书具有以下特色。

❑ 本书以树莓派作为硬件开发平台，并配备图形化调试环境、丰富的教学资源，便于读者自学和上机实验。

❑ 本书通过经典实验指导读者从编译 Linux 内核开始，循序渐进、步步深入。通过动手实验，读者可以加深对操作系统原理的理解。最后一章展示了如何逐步实现一个有实用价值的小操作系统，以达到提升综合能力的目的。

❑ 本书基于 Linux 5.0 内核和 ARM64 架构进行了全面修订，使读者能接触到 Linux 内核设计与实现的新变化，以便学习新的开发工具。

本书将 Linux 系统方面的基础原理与实验相互融合，有助于读者深入理解 Linux 系统的原理和精髓，掌握核心技术和方法，提高分析问题与解决问题的能力。本书特色突出、内容新颖，能充分满足大学计算机专业的本科教学需要。

综上所述，这是操作系统方面一本非常优秀的实验教材。本书既适合高校计算机专业的学生阅读，也可供 Linux 爱好者、相关从业人员参考。

费翔林
南京大学计算机科学与技术系

第 2 版前言

本书是《奔跑吧 Linux 内核入门篇》的第 2 版。2019 年，第 1 版出版后得到了广大 Linux 爱好者、从业人员的喜爱，也有不少高校使用第 1 版作为"操作系统"课程的实验教辅材料。

自从 2019 年 Linux 社区宣布了 Linux 5.0 的全新版本之后，Linux 社区迈向了全新的发展。2019 年 5 月，红帽公司宣布了 RHEL8 正式发布，采用 Linux 4.18 内核。2020 年 4 月，Canonical 公司发布了全新的 Ubuntu Linux 20.04 版本，并且提供长达 5 年的支持，这个版本采用了最新的 Linux 5.4 内核。从本书第 1 版采用的 Linux 4.0 内核到目前的 Linux 5.4 内核，其间经历了 20 多个版本，加入了很多新特性并且很多内核的设计与实现已经发生了巨大变化。为了帮助读者适应 Linux 社区最新的变化，有必要基于较新的 Linux 内核和 Linux 发行版来修订第 1 版。

本书由笨叔和陈悦编写。陈悦第一时间在"操作系统"课程中采用本书第 1 版作为实验教材。这取得了非常好的效果。两位作者基于宝贵的教学经验，结合 Linux 的新发展、"操作系统"课程的教学要求，对第 1 版做了比较大的修订，新增了很多实验。

第 2 版的新特性

❑ 基于 Linux 5.0 内核全面修订。

第 2 版基于 Linux 5.0 内核对第 1 版的内容做了全面的修订和更新。

❑ 以 ARM64 架构作为蓝本。

最近几年国产芯片发展迅猛，国内很多公司在探索使用 ARM64 架构来构建自己的硬件生态，包括手机芯片、服务器芯片等，例如华为鲲鹏服务器芯片。第 2 版基于 ARM64 处理器架构介绍 Linux 内核的入门与实践。另外，第 2 版新增了第 3 章。

❑ 新增 4 章内容。

第 2 版新增了 4 章内容，包括第 3 章、第 14～16 章。

❑ 突出动手实验和能力训练。

第 2 版新增了不少实验，通过 20 多个实验逐步实现一个有一定使用价值的小操作系统，从而达到能力训练的目的。

❑ 以树莓派作为实验开发板。

不少读者已经购买了树莓派，第 2 版以树莓派作为硬件开发平台，读者可以在树莓派上做实验。

除了上述新特性，第 2 版还保持了第 1 版的几大特性。

❑ 循序渐进地讲述 Linux 内核入门知识。

Linux 内核庞大而复杂，任何一本厚厚的 Linux 内核书都可能会让人看得昏昏欲睡。因此，对于初学者来说，Linux 内核的入门需要循序渐进，一步一个脚印。初学者可以从如何编译 Linux 内核开始入门，学习如何调试 Linux 内核，动手编写简单的内核模块，逐步深入 Linux 内核的核心模块。

为了降低读者的学习难度，本书不会分析 Linux 内核的源代码，要深入理解 Linux 内核源代码的实现，可以参考《奔跑吧 Linux 内核》一书。

❑ 突出动手实验。

对于初学者，理解操作系统最好的办法之一就是动手实验。因此，本书在每章中都设置了几个经典的实验，读者可以在学习基础知识后通过实验来加深理解。

❑ 反映 Linux 内核社区新发展。

除了介绍 Linux 内核的基本理论之外，本书还介绍了当前 Linux 社区中新的开发工具和社区运作方式，比如如何使用 Vim 8 阅读 Linux 内核代码，如何使用 git 工具进行社区开发，如何参与社区开发等。

❑ 结合 QEMU 调试环境进行讲述，并给出大量内核调试技巧。

在学习 Linux 内核时，大多数人希望使用功能全面且好用的图形化界面来单步调试内核。本书会介绍一种单步调试内核的方法——基于 Eclipse + QEMU + GDB。另外，本书提供首个采用"-O0"编译和调试 Linux 内核的实验，可以解决调试时出现的光标乱跳和<optimized out>等问题。本书也会介绍实际工程中很实用的内核调试技巧，例如 ftrace、systemtap、内存检测、死锁检测、动态输出技术等，这些都可以在 QEMU + ARM64 实验平台上验证。

本书主要内容

Linux 内核涉及的内容包罗万象，但本书重点讲述 Linux 内核的入门和实践。

本书共有 16 章。

第 1 章首先介绍什么是 Linux 系统以及常用的 Linux 发行版，然后介绍宏内核和微内核之间的区别，以及如何学习 Linux 内核等内容。该章还包括如何安装 Linux 系统、如何编译 Linux 内核等实验。

第 2 章介绍 GCC 工具、Linux 内核常用的 C 语言技巧、Linux 内核常用的数据结构、Vim 工具以及 git 工具等内容。

第 3 章主要介绍 ARM64 架构以及实验平台树莓派的相关知识。

第 4 章主要讲述内核的配置和编译技巧，实验包括使用 QEMU 虚拟机来编译和调试 ARM 的 Linux 内核。

第 5 章从一个简单的内核模块入手，讲述 Linux 内核模块的编写方法，实验围绕 Linux

内核模块展开。

第 6 章从如何编写简单的字符设备入手，介绍字符设备驱动的编写。

第 7 章主要讲述系统调用的基本概念。

第 8 章讨论进程概述、进程的创建和终止、进程调度以及多核调度等内容。

第 9 章介绍从硬件角度看内存管理、从软件角度看内存管理、物理内存管理、虚拟内存管理、缺页异常、内存短缺等内容，以及多个与内存管理相关的实验。

第 10 章讲述原子操作、内存屏障、自旋锁机制、信号量、读写锁、RCU、等待队列等内容。

第 11 章介绍 Linux 内核中断管理机制、软中断、tasklet 机制、工作队列机制等内容。

第 12 章讨论 printk()输出函数、动态输出、proc、debugfs、ftrace、分析 Oops 错误、perf 性能分析工具、内存检测，以及使用 kdump 工具解决死机问题等内容，并介绍调试和性能优化方面的 18 个实验。

第 13 章讲述开源社区、如何参与开源社区、如何提交补丁、如何在 Gitee 中创建和管理开源项目等内容。

第 14 章介绍文件系统方面的知识，包括文件系统的基础知识、虚拟文件系统层、文件系统的一致性、一次写磁盘的全过程、文件系统实验等内容。

第 15 章介绍虚拟化与云计算方面的入门知识，包括 CPU 虚拟化、内存虚拟化、I/O 虚拟化、Docker、Kubernetes 等方面的知识。

第 16 章通过 20 多个实验来引导读者实现一个小操作系统，并介绍开放性实验。读者可以根据实际情况来选做部分或者全部实验。

由于作者知识水平有限，书中难免存在纰漏，敬请各位读者批评指正。关于本书的任何问题请发送邮件到 runninglinuxkernel@126.com。欢迎用手机扫描下方的二维码，到 "奔跑吧 Linux 内核" 微信公众号中参与交流。

致谢

感谢国防科技大学优麒麟社区为本书实验提供了优麒麟 Linux 发行版，感谢优麒麟社区的余杰老师认真阅读了全书稿件，并提出了很多修改意见和建议。北京麦克泰软件公司的何小庆老师为本书的实验提供了大量支持。另外，有不少同学帮忙审阅了第 2 版的部分或者全部稿件，在此特别感谢他们，他们分别是胡梦龙、冯少合、李亚东、汪洋、蔡琛、胡茂留。

感谢国防科技大学的廖湘科院士在百忙之中对本书编写和出版工作的关注，并为本书作序。廖院士是高性能计算机和操作系统领域的科学巨匠，感激他在繁重的工作之余仍常常关心开源软件的发展以及年轻一代程序员的成长。

最后感谢家人对我们的支持和鼓励，虽然周末时间我们都在忙于写作本书，但他们总是给予我们无限的温暖。

笨　叔

陈　悦

实验说明

为了帮助读者更好地完成本书的实验，我们对实验环境和实验平台做了一些约定。

1. 实验环境

本书推荐的实验环境如下。

❑ 主机硬件平台：Intel x86_84 处理器兼容主机。

❑ 主机操作系统：优麒麟（Ubuntu Kylin）Linux 20.04。本书推荐使用优麒麟 Linux。当然，读者也可以使用其他 Linux 发行版。另外，读者也可以在 Windows 平台上使用 VMware Player 或者 VirtualBox 等虚拟机安装 Linux 发行版。

❑ Linux 内核版本：5.0。

❑ GCC 版本：9.3（aarch64-linux-gnu-gcc）。

❑ QEMU 版本：4.2[①]。

❑ GDB 版本：9.1。

❑ Vim 版本：8.1。

读者在安装完优麒麟 Linux 20.04 系统后可以通过如下命令来安装本书需要的软件包。

```
$ sudo apt update -y
$ sudo apt install net-tools libncurses5-dev libssl-dev build-essential
openssl qemu-system-arm libncurses5-dev gcc-aarch64-linux-gnu git bison flex
bc vim universal-ctags cscope cmake python3-dev gdb-multiarch openjdk-13-jre
trace-cmd kernelshark bpfcc-tools cppcheck docker docker.io
```

我们基于 VMware 镜像搭建了全套开发环境，读者可以通过作者的微信公众号来获取下载地址。使用本书配套的 VMware 镜像可以减少配置开发环境带来的麻烦。

2. 实验平台

本书的所有实验都可以在如下两个实验平台上完成。

1）QEMU + ARM64 实验平台

本书主要基于 ARM64 架构以及 Linux 5.0 内核来讲解。本书基于 QEMU + ARM64 实验平台，它有如下新特性。

❑ 支持使用 GCC 的 "O0" 优化选项来编译内核。

❑ 支持 Linux 5.0 内核。

❑ 支持 Ubuntu 20.04 根文件系统。

---

① 优麒麟 Linux 20.04 内置的 QEMU 4.2 还不支持树莓派 4B。若要在 QEMU 中模拟树莓派 4B，那么还需要打上一系列补丁，然后重新编译 QEMU。本书配套的实验平台 VMware 镜像会提供支持树莓派 4B 的 QEMU 程序。

❑ 支持 ARM64 体系结构。

❑ 支持 kdump + crash 实验。

要下载本书配套的 QEMU+ARM64 实验平台的仓库，可以访问 https://benshushu.coding.net/public/runninglinuxkernel_5.0/runninglinuxkernel_5.0/git/files 或者 https://github.com/figozhang/runninglinuxkernel_5.0。

其中，rlk_5.0/kmodues/rlk_basic 目录里包含了本书大部分的实验代码，仅供读者参考，希望读者自行完成所有的实验。

2）树莓派实验平台

有不少读者可能购买了树莓派，因此可以利用树莓派来做本书的实验。树莓派 3B 以及树莓派 4B 都支持 ARM64 处理器。实验中使用的设备如下。

❑ 树莓派 3B 或者树莓派 4B。

❑ MicroSD 卡。

❑ MicroSD 读卡器。

❑ USB 转串口线。

3．关于实验和配套资料

本书为了节省篇幅，大部分实验只列出了实验目的和实验要求，希望读者能独立完成实验。另外，本书配套的实验指导手册会尽可能给出详细的实验步骤和讲解。

本书会提供如下免费的配套资料。

❑ 电子课件。

❑ 实验指导手册。

❑ 部分实验参考代码。

❑ 实验平台 VMware 镜像。

❑ 实验平台 Docker 镜像。

❑ 免费视频课程。

读者可以通过作者的微信公众号"奔跑吧 Linux 社区"获取下载地址。

服务与支持

本书由异步社区出品，社区（https://www.epubit.com/）为您提供相关资源和后续服务。

提交勘误

作者和编辑尽最大努力来确保书中内容的准确性，但难免会存在疏漏。欢迎您将发现的问题反馈给我们，帮助我们提升图书的质量。

当您发现错误时，请登录异步社区，按书名搜索，进入本书页面，单击"提交勘误"，输入勘误信息，单击"提交"按钮即可。本书的作者和编辑会对您提交的勘误进行审核，确认并接受后，您将获赠异步社区的 100 积分。积分可用于在异步社区兑换优惠券、样书或奖品。

与我们联系

我们的联系邮箱是 contact@epubit.com.cn。

如果您对本书有任何疑问或建议，请您发邮件给我们，并请在邮件标题中注明本书书名，以便我们更高效地做出反馈。

如果您有兴趣出版图书、录制教学视频，或者参与图书翻译、技术审校等工作，可以发邮件给我们；有意出版图书的作者也可以到异步社区在线投稿（直接访问 www.epubit.com/contribute 即可）。

如果您所在学校、培训机构或企业想批量购买本书或异步社区出版的其他图书，也可以发邮件给我们。

如果您在网上发现有针对异步社区出品图书的各种形式的盗版行为，包括对图书全部或部分内容的非授权传播，请您将怀疑有侵权行为的链接通过邮件发送给我们。您的这一举动是对作者权益的保护，也是我们持续为您提供有价值的内容的动力之源。

关于异步社区和异步图书

"异步社区"是人民邮电出版社旗下 IT 专业图书社区，致力于出版精品 IT 图书和相关学习产品，为作译者提供优质出版服务。异步社区创办于 2015 年 8 月，提供大量精品 IT 图书和电子书，以及高品质技术文章和视频课程。更多详情请访问异步社区官网 https://www.epubit.com。

"异步图书"是由异步社区编辑团队策划出版的精品 IT 专业图书的品牌，依托于人民邮电出版社近几十年的计算机图书出版积累和专业编辑团队，相关图书在封面上印有异步图书的 LOGO。异步图书的出版领域包括软件开发、大数据、人工智能、测试、前端、网络技术等。

异步社区

微信服务号

目 录

第**1**章　Linux 系统基础知识

Linux 系统已经被广泛应用在人们的日常用品中，如手机、智能家居、汽车电子、可穿戴设备等，只不过很多人并不知道自己使用的电子产品里面运行的是 Linux 系统。我们来看一下 Linux 基金会在 2017 年发布的一组数据。

- ❑ 90%的公有云应用在使用 Linux 系统。
- ❑ 62%的嵌入式市场在使用 Linux 系统。
- ❑ 99%的超级计算机在使用 Linux 系统。
- ❑ 82%的手机操作系统在使用 Linux 系统。

全球 100 万个顶级域名中超过 90%在使用 Linux 系统；全球大部分的股票交易市场是基于 Linux 系统来部署的，包括纽交所、纳斯达克等；全球知名的淘宝、亚马逊、易趣、沃尔玛等电子商务平台都在使用 Linux 系统。

这足以证明 Linux 系统是个人计算机（PC）操作系统之外的绝对霸主。参与 Linux 内核开发的开发人员和公司也是最多、最活跃的，截至 2017 年，有超过 1600 名开发人员和 200家公司参与 Linux 内核的开发。

因此，了解和学习 Linux 内核显得非常迫切。

1.1　Linux 系统的发展历史

Linux 系统诞生于 1991 年 10 月 5 日，它的产生和开源运动有着密切的关系。

1983 年，Richard Stallman 发起 GNU（GUN's Not UNIX）计划，他是美国自由软件的精神领袖，也是 GNU 计划和自由软件基金会的创立者。到了 1991 年，根据该计划已经完成了 Emacs 和 GCC 编译器等工具，但是唯独没有完成操作系统和内核。GNU 在 1990 年发布了一个名为 Hurb 的内核开发计划，不过开发过程不顺利，后来逐步被 Linux 内核替代。

1991 年，Linus Torvalds 在一台 386 计算机上学习 Minix 操作系统，并动手实现了一个新的操作系统，然后在 comp.os.minix 新闻组上发布了第一个版本的 Linux 内核。

1993 年，有大约 100 名程序员参与了 Linux 内核代码的编写，Linux 0.99 的代码已经有大约 10 万行。

1994 年，采用 GPL（General Public License）协议的 Linux 1.0 正式发布。GPL 协议最初由 Richard Stallman 撰写，是一个广泛使用的开源软件许可协议。

1995 年，Bob Young 创办了 Red Hat 公司，以 GNU/Linux 为核心，把当时大部分的开源软件打包成发行版，这就是 Red Hat Linux 发行版。

1996 年，Linux 2.0 发布，该版本可以支持多种处理器，如 alpha、mips、powerpc 等，内核代码量大约是 40 万行。

1999 年，Linux 2.2 发布，它支持 ARM 处理器。第一家国产 Linux 发行版——蓝点 Linux 系统诞生，它是第一个支持在帧缓冲上进行汉化的 Linux 中文版本。

2001 年，Linux 2.4 发布，支持对称多处理器和很多外设驱动。同年，毛德操老师出版了《Linux 2.4 内核源代码情景分析》，该书推动了国人对 Linux 内核的研究热潮，书中对 Linux 内核理解的深度和广度至今无人能及。

2003 年，Linux 2.6 发布。与 Linux 2.4 相比，该版本增加了性能优化方面的很多新特性，使 Linux 成为真正意义上的现代操作系统。

2008 年，谷歌正式发布 Android 1.0，Android 系统基于 Linux 内核来构建。在之后的十几年里，Android 系统占据了手机系统的霸主地位。

2011 年，Linux 3.0 发布。在长达 8 年的 Linux 2.6 开发期间，众多 IT 巨头持续为 Linux 内核贡献了很多新特性和新的外设驱动。同年，全球最大的 Linux 发行版厂商 Red Hat 宣布营收达到 10 亿美元。

2015 年，Linux 4.0 发布。

2019 年 3 月，Linux 5.0 发布。

2019 年 11 月，Linux 5.4 发布。

到现在为止，国内外的科技巨头都已投入 Linux 内核的开发中，其中包括微软、华为、阿里巴巴等。

1.2　Linux 发行版

Linux 最早的应用就是个人计算机操作系统，也是就我们常说的 Linux 发行版。从 1995 年的 Red Hat Linux 发行版到现在，Linux 经历的发行版多如牛毛，可是现在最流行的发行版仅有几个，比如 RHEL、Debian、SuSE、Ubuntu 和 CentOS 等。国内出现过多个国产的 Linux 发行版，比如蓝点 Linux、红旗 Linux 和优麒麟 Linux 等。

1.2.1　Red Hat Linux

Red Hat Linux 不是第一个制作 Linux 发行版的厂商，但它是在商业和技术上做得最好的 Linux 厂商。从 Red Hat 9.0 版本发布之后，Red Hat 公司不再发行个人计算机的桌面 Linux

发行版，而是转向利润更高、发展前景更好的服务器版本的开发上，也就是后来的 Red Hat Enterprise Linux（Red Hat 企业版 Linux，RHEL）。原来的 Red Hat Linux 个人发行版和 Fedora 社区合并，成为 Fedora Linux 发行版。

到目前为止，Red Hat 系列 Linux 系统有 3 个版本可供选择。

1. Fedora Core

Fedora Core 发行版是 Red Hat 公司的新技术测试平台，很多新的技术首先会应用到 Fedora Core 中，经过性能测试才会加入 Red Hat 的 RHEL 版本中。Fedora Core 面向桌面应用，所以 Fedora Core 会提供最新的软件包。Fedora 大约每 6 个月会发布一个新版本。Fedora Core 由 Fedora Project 社区开发，并得到 Red Hat 公司的赞助，所以它是以社区的方式来运作的。

2. RHEL

RHEL 是面向服务器应用的 Linux 发行版，注重性能、稳定性和服务器端软件的支持。2018 年 4 月，Red Hat 公司发布的 RHEL 7.5 操作系统提升了性能，增强了安全性。

3. CentOS Linux

CentOS 的全称为 Community Enterprise Operating System，它根据 RHEL 的源代码重新编译而成。因为 RHEL 是商业产品，所以 CentOS 把 Red Hat 的所有商标信息都改成了 CentOS 的。除此之外，CentOS 和 RHEL 的另一个不同之处是 CentOS 不包含封闭源代码的软件。因此，CentOS 可以免费使用，并由社区主导。RHEL 在发行时会发布源代码，所以第三方公司或者社区可以使用 RHEL 发布的源代码进行重新编译，以形成一个可使用的二进制版本。因为 Linux 的源代码基于 GPL v2，所以从获取 RHEL 的源代码到编译成新的二进制都是合法的。国内外的确有不少公司是这么做的，比如甲骨文的 Unbreakable Linux。

2014 年，Red Hat 公司收购了 CentOS 社区，但 CentOS 依然是免费的。CentOS 并不向用户提供商业支持，所以如果用户在使用 CentOS 时遇到问题，只能自行解决。

1.2.2　Debian Linux

Debian 由 Ian Murdock 在 1993 年创建，是一个致力于创建自由操作系统的合作组织。因为 Debian 项目以 Linux 内核为主，所以 Debian 一般指的是 Debian GNU/Linux。Debian 能风靡全球的主要原因在于其特有的 apt-get/dpkg 软件包管理工具，该工具被誉为所有 Linux 软件包管理工具中最强大、最好用的一个。

目前有很多 Linux 发行版基于 Debian，如最流行的 Ubuntu Linux。

Ubuntu 的中文音译是"乌班图"，它是以 Dabian 为基础打造的以桌面应用为主的 Linux 发行版。Ubuntu 注重提高桌面的可用性以及安装的易用性等方面，因此经过这几年的发展，

Ubuntu 已经成为最受欢迎的桌面 Linux 发行版之一。

1.2.3　SuSE Linux

SuSE Linux 是来自德国的著名 Linux 发行版，在 Linux 业界享有很高的声誉。SuSE 公司在 Linux 内核社区的贡献仅次于 Red Hat 公司，培养了一大批 Linux 内核方面的专家。SuSE Linux 在欧洲 Linux 市场中占有将近 80%的份额，但是在中国占有的市场份额并不大。

1.2.4　优麒麟 Linux

优麒麟（Ubuntu Kylin）Linux 诞生于 2013 年，是由中国国防科技大学联合 Ubuntu、CSIP 开发的开源桌面 Linux 发行版，是 Ubuntu 的官方衍生版。该项目以国际社区合作方式进行开发，并遵守 GPL 协议，在 Debian、Ubuntu、Mate、LUPA 等国际社区及众多国内外社区爱好者广泛参与的同时，持续向 Linux Kernel、OpenStack、Debian/Ubuntu 等开源项目贡献力量。从发布至今，优麒麟 Linux 在全球已经有 2800 多万次的下载量，优麒麟 Linux 20.04 的桌面如图 1.1 所示。

图1.1　优麒麟Linux 20.04的桌面

如图 1.2 所示，优麒麟自研的 UKUI 轻量级桌面环境是按照 Windows 用户的使用习惯进行设计开发的，它开创性地将 Windows 标志性的"开始"菜单、任务栏引入 Linux 操作系统中，降低了 Windows 用户迁移到 Linux 平台的时间成本。优麒麟 Linux 还秉承"友好易用，简单轻松"的设计理念，对文件管理器、控制面板等桌面重要组件进行全新开发，同时配备一系列网络、天气、侧边栏等实用插件，为用户日常学习和工作带来更便利的体验，具有稳定、高效、易用的特点。

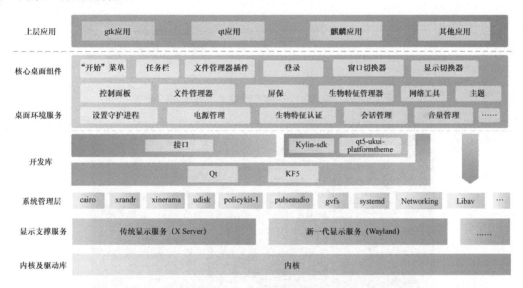

图1.2　UKUI桌面环境架构

同时，优麒麟 Linux 默认安装的麒麟软件中心、麒麟助手、麒麟影音、WPS 办公软件、搜狗输入法等软件让普通用户更易上手。针对 ARM 平台的安卓原生兼容技术，优麒麟 Linux 可以把安卓系统中强大的生态软件无缝移植到 Linux 系统中。基于优麒麟 Linux 的银河麒麟企业发行版支持 x86 和 ARM64 架构，在中国的市场上占有率遥遥领先。

1.3　Linux 内核介绍

1.3.1　Linux 内核目录结构

读者可以从 Linux 内核的官方网站上下载最新的版本，比如编写本书时最新的稳定内核版本是 Linux 5.6.6，如图 1.3 所示，不过本书以 Linux 5.4 内核为蓝本。Linux 内核的版本号分成 3 部分，第 1 个数字表示主版本号，第 2 个数字表示次版本号，第 3 个数字表示修正版本号。

Linux 5.0 内核的目录结构如图 1.4 所示。

图1.3　从Linux内核的官方网站上下载最新的版本

```
rlk@rlk:~/rlk/linux-5.0$ ls -l
total 760
drwxrwxr-x   27 rlk rlk     4096 3月    4  2019 arch
drwxrwxr-x    3 rlk rlk     4096 3月    4  2019 block
drwxrwxr-x    2 rlk rlk     4096 3月    4  2019 certs
-rw-rw-r--    1 rlk rlk      423 3月    4  2019 COPYING
-rw-rw-r--    1 rlk rlk    99166 3月    4  2019 CREDITS
drwxrwxr-x    2 rlk rlk     4096 3月    4  2019 crypto
drwxrwxr-x  121 rlk rlk     4096 3月    4  2019 Documentation
drwxrwxr-x  138 rlk rlk     4096 3月    4  2019 drivers
drwxrwxr-x    2 rlk rlk     4096 3月    4  2019 firmware
drwxrwxr-x   73 rlk rlk     4096 3月    4  2019 fs
drwxrwxr-x   27 rlk rlk     4096 3月    4  2019 include
drwxrwxr-x    2 rlk rlk     4096 3月    4  2019 init
drwxrwxr-x    2 rlk rlk     4096 3月    4  2019 ipc
-rw-rw-r--    1 rlk rlk     1736 3月    4  2019 Kbuild
-rw-rw-r--    1 rlk rlk      563 3月    4  2019 Kconfig
drwxrwxr-x   18 rlk rlk     4096 3月    4  2019 kernel
drwxrwxr-x   13 rlk rlk    12288 3月    4  2019 lib
drwxrwxr-x    5 rlk rlk     4096 3月    4  2019 LICENSES
-rw-rw-r--    1 rlk rlk   494040 3月    4  2019 MAINTAINERS
-rw-rw-r--    1 rlk rlk    60518 3月    4  2019 Makefile
drwxrwxr-x    3 rlk rlk     4096 3月    4  2019 mm
drwxrwxr-x   70 rlk rlk     4096 3月    4  2019 net
-rw-rw-r--    1 rlk rlk      727 3月    4  2019 README
drwxrwxr-x   27 rlk rlk     4096 3月    4  2019 samples
drwxrwxr-x   14 rlk rlk     4096 3月    4  2019 scripts
drwxrwxr-x   10 rlk rlk     4096 3月    4  2019 security
drwxrwxr-x   26 rlk rlk     4096 3月    4  2019 sound
drwxrwxr-x   34 rlk rlk     4096 3月    4  2019 tools
drwxrwxr-x    2 rlk rlk     4096 3月    4  2019 usr
drwxrwxr-x    4 rlk rlk     4096 3月    4  2019 virt
rlk@rlk:~/rlk/linux-5.0$
```

图1.4　Linux 5.4内核的目录结构

其中重要的目录介绍如下。

❏ arch：包含内核支持的所有处理器架构，比如 x86、ARM32、ARM64、RISC-V 等。
　　这个目录包含和处理器架构紧密相关的底层代码。

❏ block：包含块设备抽象层的实现。

❏ certs：包含用于签名与检查的相关证书机制的实现。

❏ crypto：包含加密机制的相关实现。

❏ Documentation：包含内核的文档。

❏ drivers：包含设备驱动。Linux 内核支持绝大部分的设备（比如 USB 设备、网卡设
　　备、显卡设备等）驱动。

- ❑ fs：内核支持的文件系统，包括虚拟文件系统层以及多种文件系统类型，比如 ext4 文件系统、xfs 文件系统等。
- ❑ include：内核头文件。
- ❑ init：包含内核启动的相关代码。
- ❑ ipc：包含进程通信的相关代码。
- ❑ kernel：包含内核核心机制的代码，比如进程管理、进程调度、锁机制等。
- ❑ lib：包含内核用到的一些共用的库，内核不会调用 libc 库，而是实现了 libc 库的类似功能。
- ❑ mm：包含与内存管理相关的代码。
- ❑ net：包含与网络协议相关的代码。
- ❑ samples：包含例子代码。
- ❑ scripts：包含内核开发者使用的一些脚本，比如内核编译相关的脚本、检查内核补丁格式的脚本等。
- ❑ security：包含与安全相关的代码。
- ❑ sound：包含与声卡相关的代码。
- ❑ tools：包含内核各个子模块提供的一些开发用的工具，比如 slabinfo 工具、perf 工具等。
- ❑ usr：包含创建 initramfs 文件系统的相关工具。
- ❑ virt：包含虚拟化的相关代码。

1.3.2   宏内核和微内核

操作系统属于软件的范畴，负责管理系统的硬件资源，同时为应用程序的开发和执行提供配套环境。操作系统必须具备如下两大功能。

- ❑ 为多用户和应用程序管理计算机上的硬件资源。
- ❑ 为应用程序提供执行环境。

除此之外，操作系统还需要具备如下一些特性。

- ❑ 并发性：操作系统必须具备执行多个线程的能力。从宏观上看，多线程会并发执行，如在单 CPU 系统中运行多线程的程序。线程是独立运行和独立调度的基本单位。
- ❑ 虚拟性：多进程的设计理念就是让每个进程都感觉有一个专门的处理器为它服务，这就是虚拟处理器技术。

操作系统内核的设计在历史上存在两大阵营。一个是宏内核，另一个是微内核。宏内核是指所有的内核代码都被编译成二进制文件，所有的内核代码都运行在一个大的内核地址空间里，内核代码可以直接访问和调用，效率高并且性能好，如图 1.5 所示。而微内核是指把操作系统分成多个独立的功能模块，每个功能模块之间的访问需要通过消息来完成，因此效

7

率没有那么高。比如，当时 Linus 学习的 Minix 就是微内核的典范。现代的一些操作系统（比如 Windows）就采用微内核的方式，内核保留操作系统最基本的功能，比如进程调度、内存管理通信等，其他的功能从内核移出，放到用户态中实现，并以 C/S（客户端/服务器）模型为应用程序提供服务，如图 1.6 所示。

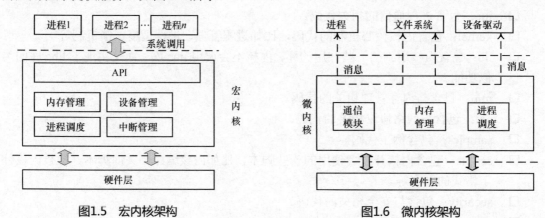

图1.5　宏内核架构　　　　　　　　　　　图1.6　微内核架构

　　Linus Torvalds 在设计 Linux 内核之初并没有使用当时学术界流行的微内核架构，而采用实现方式比较简单的宏内核架构，一方面是因为 Linux 内核在当时是业余作品，另一方面是因为 Linus Torvalds 更喜欢宏内核的设计。宏内核架构的优点是设计简洁且性能比较好，而微内核架构的优势很明显，比如稳定性和实时性等。微内核架构最大的问题就是高度模块化带来的交互的冗余和效率的损耗。把所有的理论设计放到现实的工程实践中是一种折中的艺术。Linux 内核在 20 多年的发展历程中，形成了自己的工程理论，并且不断融入了微内核的精华，如模块化设计、抢占式内核、动态加载内核模块等。

　　Linux 内核支持动态加载内核模块。为了借鉴微内核的一些优点，Linux 内核在很早就提出了内核模块化的设计。Linux 内核中很多核心的实现或者设备驱动的实现都可以编译成一个个单独的模块。模块是被编译成的目标文件，并且可以在运行时的内核中动态加载和卸载。和微内核实现的模块化不一样，它们不是作为独立模块执行的，而是和静态编译的内核函数一样，运行在内核态中。模块的引入给 Linux 内核带来了不少的优点，其中最大的优点就是很多内核的功能和设备驱动可以编译成动态加载和卸载的模块，并且驱动开发者在编写内核模块时必须遵守定义好的接口来访问内核核心，这使得开发内核模块变得容易很多。另一个优点是，很多内核模块（比如文件系统等）可以设计成和平台无关的。相比微内核的模块，第三个优点就是继承了宏内核的性能优势。

1.3.3　Linux 内核概貌

　　Linux 内核从 1991 年至 2020 年已有近 29 年的发展过程，从原来不到 1 万行代码发展成现在已经超过 2 000 万行代码。对于如此庞大的项目，我们在学习的过程中首先需要了解 Linux 内核的整体概貌，再深入学习每个核心子模块。

Linux 内核概貌如图 1.7 所示，典型的 Linux 系统可以分成 3 部分。

- ❑ 硬件：包括 CPU、物理内存、磁盘和相应的外设等。
- ❑ 内核空间：包括 Linux 内核的核心部件，比如 arch 抽象层、设备管理抽象层、内存管理、进程管理、中断管理、总线设备、字符设备、文件系统以及与应用程序交互的系统调用层等。
- ❑ 用户空间：包括的内容很丰富，如进程、glibc 和虚拟机（VM）等。

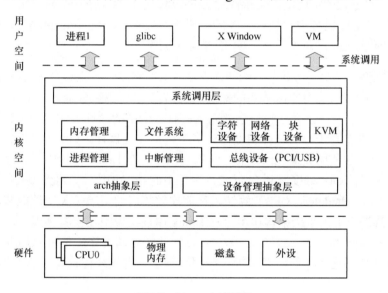

图1.7 Linux内核概貌

我们重点关注内核空间中的一些主要部件。

1．系统调用层

Linux 内核把系统分成两个空间——用户空间和内核空间。CPU 既可以运行在用户空间，也可以运行在内核空间。一些架构的实现还有多种执行模式，如 x86 架构有 ring0 ~ ring3 这 4 种不同的执行模式。但是，Linux 内核只使用了 ring0 与 ring3 两种模式来实现内核态和用户态。

Linux 内核为内核态和用户态之间的切换设置了软件抽象层，叫作系统调用（system call）层，其实每个处理器的架构设计中都提供了一些特殊的指令来实现内核态和用户态之间的切换。Linux 内核充分利用了这种硬件提供的机制来实现系统调用层。

系统调用层最大的目的是让用户进程看不到真实的硬件信息，比如当用户需要读取一个文件的内容时，编写用户进程的程序员不需要知道这个文件具体存放在磁盘的哪个扇区里，只需要调用 open()、read()或 mmap()等函数即可。

用户进程大部分时间运行在用户态，当需要向内核请求服务时，它会调用系统提供的接口进入内核态，比如上述例子中的 open() 函数。当内核完成 open() 函数的调用之后，就会返回用户态。

2. arch 抽象层

Linux 内核支持多种架构，比如现在最流行的 x86 和 ARM，也包括 MIPS、powerpc 等。Linux 内核最初的设计只支持 x86 架构，后来不断扩展，到现在已经支持几十种架构。为 Linux 内核添加新的架构不是一件很难的事情，比如在 Linux 4.15 内核里新增对 RISC-V 架构的支持。Linux 内核为不同架构的实现做了很好的抽象和隔离，也提供了统一的接口来实现。比如，在内存管理方面，Linux 内核把和架构相关的代码都存放在 arch/xx/mm 目录里，把和架构不相关的代码都存放在 mm 目录里，从而实现完美的分层。

3. 进程管理

进程是现代操作系统中非常重要的概念，包括上下文切换（context switch）以及进程调度（schedule）。每个进程在运行时都感觉完全占有了全部的硬件资源，但是进程不会长时间占有硬件资源。操作系统利用进程调度器让多个进程并发执行。Linux 内核并没有严格区分进程和线程，而经常使用 task_struct 数据结构来描述。在 Linux 内核中，调度器的发展经历了好几代，从很早的 $O(n)$ 调度器到 Linux 2.6 内核中的 $O(1)$ 调度器，再到现在的完全公平调度器（Complete Fair Scheduler，CFS）算法。目前比较热门的话题是关于性能和功耗的优化，比如 ARM 阵营提出了大小核架构，至今在 Linux 内核实现中还没有体现。因此，诸如绿色节能调度器（Energy Awareness Scheduler，EAS）这样的调度算法是研究热点。

进程管理还包括进程的创建和销毁、线程组管理、内核线程管理、队列等待等内容。

4. 内存管理

内存管理是 Linux 内核中最复杂的模块，涉及物理内存的管理和虚拟内存的管理。在一些小型的嵌入式 RTOS 中，内存管理不涉及虚拟内存的管理，比较简单和简洁。但是作为通用的操作系统内核，Linux 内核的虚拟内存管理非常重要。虚拟内存有很多优点，比如多个进程可以并发执行，进程请求的内存可以比物理内存大，多个进程可以共享函数库等，因此虚拟内存的管理变得越来越复杂。在 Linux 内核中，关于虚拟内存的模块有反向映射、页面回收、内核同页合并（Kernel Same page Merging，KSM）、mmap、缺页中断、共享内存、进程虚拟地址空间管理等。

物理内存的管理也比较复杂。页面分配器（page allocator）是核心部件，它需要考虑当系统内存紧张时，如何回收页面和继续分配物理内存。其他比较重要的模块有交换分区管理、页面回收和 OOM（Out Of Memory）Killer 等。

5. 中断管理

中断管理包含处理器的异常（exception）处理和中断（interrupt）处理。异常通常是指处理器在执行指令时如果检测到反常条件，就必须暂停下来处理这些特殊的情况，如常见的缺页异常（page fault）。而中断异常一般是指外设通过中断信号线路来请求处理器，处理器会暂停当前正在做的事情来处理外设的请求。Linux 内核在中断管理方面有上半部和下半部之分。上半部是在关闭中断的情况下执行的，因此处理时间要求短、平、快；而下半部是在开启中断的情况下执行的，很多对执行时间要求不高的操作可以放到下半部来执行。Linux 内核为下半部提供了多种机制，如软中断、tasklet 和工作队列等。

6．设备管理

设备管理对于任何操作系统来说都是重中之重。Linux 内核之所以这么流行，就是因为 Linux 系统支持的外设是所有开源操作系统中最多的。当很多大公司发布新的芯片时，第一个要支持的操作系统是 Linux 系统，也就是尽可能要在 Linux 内核社区里推送。

Linux 内核的设备管理是一个很广泛的概念，包含的内容很多，如 ACPI、设备树、设备模型 kobject、设备总线（如 PCI 总线）、字符设备驱动、块设备驱动、网络设备驱动等。

7．文件系统

优秀的操作系统必须包含优秀的文件系统，但是文件系统有不同的应用场合，如基于闪存的文件系统 F2FS、基于磁盘存储的文件系统 ext4 和 XFS 等。为了支持各种各样的文件系统，Linux 抽象出名为虚拟文件系统（Virtual File System，VFS）层的软件层，这样 Linux 内核就可以很方便地集成多种文件系统。

总之，Linux 内核是一个庞大的工程，处处体现了抽象和分层的思想，Linux 内核是值得我们深入学习的。

1.4　如何学习 Linux 内核

Linux 内核采用 C 语言编写，因此熟悉 C 语言是学习 Linux 内核的基础。读者可以重温 C 语言方面的课程，然后阅读一些经典的 C 语言著作，如《C 专家编程》《C 陷阱与缺陷》《C 和指针》等。

刚刚接触 Linux 内核的读者可以尝试在自己的计算机上安装 Linux 发行版，如优麒麟 Linux 20.04，并尝试使用 Linux 作为操作系统。另外，建议读者熟悉一些常用的命令，熟悉如何使用 Vim 和 git 等工具，尝试编译和更换优麒麟 Linux 内核的代码。

然后，可以在 Linux 机器上做一些编程和调试练习，如使用 QEMU + GDB + Eclipse 单步调试内核、熟悉 GDB 的使用等。

接下来，选择一个简单的字符设备驱动，如触摸屏驱动等，编写并调试设备驱动。

在对 Linux 驱动有了深刻的理解之后，就可以研究 Linux 内核的一些核心 API 的实现，如 malloc()和中断线程化等。

学习 Linux 内核的过程是枯燥的，但是 Linux 内核的魅力只有在深入后你才能体会到。Linux 内核是由全球顶尖的程序员编写的，每看一行代码，就好像在与全球顶尖的程序员交流和过招，这种体验是你在大学课堂上和其他项目中无法得到的。

因此，对于 Linux 系统爱好者来说，不要停留在仅会安装 Linux 系统和配置服务的层面，还要深入学习 Linux 内核。

1.5　Linux 内核实验入门

1.5.1　实验 1-1：在虚拟机中安装优麒麟 Linux 20.04 系统

1．实验目的

通过本实验熟悉 Linux 系统的安装过程。首先，需要在虚拟机中安装 20.04 版本的优麒麟 Linux 系统。掌握了安装方法之后，读者可以在真实的物理机器上安装 Linux 系统。

2．实验详解

实验步骤如下。

（1）从优麒麟官方网站上下载优麒麟 Linux 20.04 的安装程序。

（2）从 VMware 官方网站上下载 VMware Workstation 15 Player。这个工具对于个人用户是免费的，对于商业用户是收费的，如图 1.8 所示。读者也可以使用另外一个免费的虚拟机工具——VirtualBox。

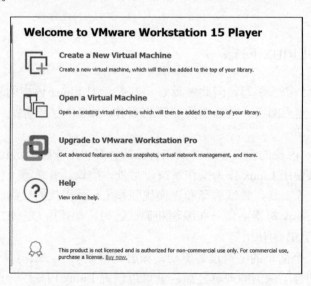

图1.8　免费安装VMware Workstation 15 Player

（3）打开 VMware Player。在软件的主界面中选择 Create a New Virtual Machine。

（4）在 New Virtual Machine Wizard 界面中，选中 Installer disc image file（iso）单选按钮，单击 Browse 按钮，选择刚才下载的安装程序，如图 1.9 所示。然后，单击 Next 按钮。

（5）在弹出的界面中输入即将要安装的 Linux 系统的用户名和密码，如图 1.10 所示。

图1.9　选择下载的安装程序　　　　图1.10　输入用户名和密码

（6）设置虚拟机的磁盘空间，尽可能设置得大一点。虚拟机的磁盘空间是动态分配的，比如这里设置了 200GB，但并不会马上在主机上分配 200GB 的磁盘空间，如图 1.11 所示。

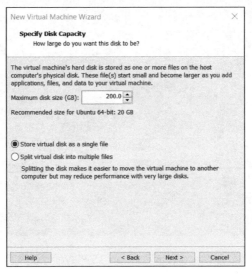

图1.11　设置磁盘空间

（7）可以在 Customize Hardware 选项里重新对一些硬件进行配置，比如把内存设置得大一点。完成 VMware Player 的设置之后，就会马上进入虚拟机。

（8）在虚拟机中会自动执行安装程序，如图 1.12 所示。安装完成之后，会自动重启并显示新安装系统的登录界面，如图 1.13 和图 1.14 所示。

图1.12　配置硬件

图1.13　VMware Workstation 15 Player登录界面（1）

图1.14 VMware Workstation 15 Player登录界面（2）

1.5.2 实验 1-2：给优麒麟 Linux 系统更换"心脏"

1．实验目的
（1）学会如何给 Linux 系统更换最新版本的 Linux 内核。
（2）学习如何编译和安装 Linux 内核。

2．实验详解
在编译 Linux 内核之前，需要通过命令安装相关软件包。

```
sudo apt-get install libncurses5-dev libssl-dev build-essential openssl
```

从 Linux 内核的官方网站上下载最新的版本，比如写作本书时最新并且稳定的内核版本是 Linux 5.6.6。

可以通过如下命令进行解压。

```
#tar -Jxf linux-5.6.6.tar.xz
```

解压完之后，可以通过 make menuconfig 进行内核的配置，如图 1.15 所示。

除了手动配置 Linux 内核的选项之外，还可以直接复制 Ubuntu Linux 系统中自带的配置文件。例如，Ubuntu Linux 机器上的内核版本是 5.4.0-26-generic，因而内核配置文件为 config-5.4.0-26-generic。

```
#cd linux-5.5.6
#cp /boot/config-5.4.0-26-generic .config
```

15

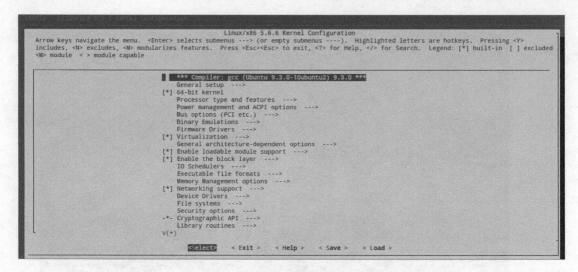

图1.15　配置内核

下面开始编译内核，其中-jn 中的 "n" 表示使用多少个 CPU 核心来并行编译内核。

```
#make -jn
```

为了查看系统中有多少个 CPU 核心，可以执行如下命令。

```
#cat /proc/cpuinfo
…
processor       : 7
vendor_id       : GenuineIntel
cpu family      : 6
model           : 60
model name      : Intel(R) Core(TM) i7-4770 CPU @ 3.40GHz
stepping        : 3
```

processor 这一项等于 7，说明系统中有 8 个 CPU 核心，因为是从 0 开始计数的，所以刚才的 make -jn 命令就可以写成 make -j8 了。

编译内核是一个漫长的过程，可能需要几十分钟时间，这取决于计算机的运算速度和配置的内核选项。

通过 make 编译完之后，下一步需要编译和安装内核模块。

```
#sudo make modules_install
```

最后一步就是把编译好的内核镜像安装到优麒麟 Linux 系统中。

```
#sudo make install
```

完成之后就可以重启计算机，登录最新的系统了。

1.5.3　实验 1-3：使用 QEMU 虚拟机来运行 Linux 系统

1．实验目的

通过本实验学习如何编译 ARM64 版本的内核映像，并且在 QEMU 虚拟机中运行。

2．实验详解

市面上有不少基于 ARM64 架构的开发板，比如树莓派，读者可以采用类似于树莓派的开发板进行学习。除了硬件开发板之外，我们还可以使用 QEMU 虚拟机这个产业界流行的模拟器来模拟 ARM64 处理器。使用 QEMU 虚拟机有两个好处：一是不需要额外购买硬件，只需要一台安装了 Linux 发行版的计算机即可；二是 QEMU 虚拟机支持单步调试内核的功能。

为了不购买开发板就能在个人计算机上学习和调试 Linux 系统，我们使用 QEMU 虚拟机来打造 ARM64 的实验平台，使用 Ubuntu Linux 的根文件系统打造实用的文件系统。

这个实验平台具有如下特点。

- ❑　使用"O0"来编译内核。
- ❑　在主机中编译内核。
- ❑　使用 QEMU 虚拟机来加载系统。
- ❑　支持 GDB 单步调试内核。
- ❑　使用 Ubuntu Linux 20.04 系统的根文件系统（ARM64 版本）。
- ❑　在线安装软件包。
- ❑　支持在虚拟机里动态编译内核模块。
- ❑　支持主机和虚拟机共享文件。

在 Linux 主机的另外一个超级终端输入 killall qemu-system-aarch64，即可关闭 QEMU 虚拟机。也可以按 Ctrl+A 组合键，然后按 X 键来关闭 QEMU 虚拟机。

1）安装工具

首先，在 Linux 主机中安装相关工具。

```
$ sudo apt-get install apt-get install qemu-system-arm libncurses5-dev
gcc-aarch64-linux-gnu build-essential git bison flex libssl-dev
```

然后，在 Linux 主机系统中默认安装 ARM64 GCC 编译器的 9.3 版本。

```
$ aarch64-linux-gnu-gcc -v
Using built-in specs.
COLLECT_GCC=aarch64-linux-gnu-gcc
COLLECT_LTO_WRAPPER=/usr/lib/gcc-cross/aarch64-linux-gnu/9/lto-wrapper
Target: aarch64-linux-gnu
Configured with: ../src/configure -v --with-pkgversion='Ubuntu
9.3.0-8ubuntu1' --with-bugurl=file:///usr/share/doc/gcc-9/README.Bugs
```

```
--enable-languages=c,ada,c++,go,d,fortran,objc,obj-c++,gm2 --prefix=/usr
--with-gcc-major-version-only --program-suffix=-9 --enable-shared
--enable-linker-build-id --libexecdir=/usr/lib --without-included-gettext
--enable-threads=posix --libdir=/usr/lib --enable-nls --with-sysroot=/
--enable-clocale=gnu --enable-libstdcxx-debug --enable-libstdcxx-time=yes
--with-default-libstdcxx-abi=new --enable-gnu-unique-object
--disable-libquadmath --disable-libquadmath-support --enable-plugin
--enable-default-pie --with-system-zlib --without-target-system-zlib
--enable-libpth-m2 --enable-multiarch --enable-fix-cortex-a53-843419
--disable-werror --enable-checking=release --build=x86_64-linux-gnu
--host=x86_64-linux-gnu --target=aarch64-linux-gnu
--program-prefix=aarch64-linux-gnu-
--includedir=/usr/aarch64-linux-gnu/include
Thread model: posix
gcc version 9.3.0 (Ubuntu 9.3.0-8ubuntu1)
```

最后，检查 QEMU 虚拟机的版本是否为 4.2.0。

```
$ qemu-system-aarch64 --version
QEMU emulator version 4.2.0 (Debian 1:4.2-3ubuntu3)
Copyright (c) 2003-2019 Fabrice Bellard and the QEMU Project developers
```

2）下载仓库

下载 runninglinuxkernel_5.0 的 git 仓库并切换到 runninglinuxkernel_5.0 分支。

```
$ git clone https://git.com/figozhang/runninglinuxkernel_5.0.git
```

3）编译内核以及创建文件系统

runninglinuxkernel_5.0 目录中有一个 rootfs_arm64.tar.xz 文件，这个文件采用 Ubuntu Linux 20.04 系统的根文件系统制作而成。但是，这个根文件系统还只是半成品，我们还需要根据编译好的内核来安装内核映像和内核模块，整个过程比较复杂。

❑ 编译内核。
❑ 编译内核模块。
❑ 安装内核模块。
❑ 安装内核头文件。
❑ 安装编译内核模块必需的依赖文件。
❑ 创建 ext4 根文件系统。

整个过程比较烦琐，我们可以创建一个脚本来简化上述过程。

注意，该脚本会使用 dd 命令生成一个 4GB 大小的映像文件，因此主机系统需要保证至少 10GB 的空余磁盘空间。读者如果需要生成更大的根文件系统映像，那么可以修改 run_rlk_arm64.sh 脚本文件。

首先，编译内核。

```
$ cd runninglinuxkernel_5.0
$ ./run_rlk_arm64.sh build_kernel
```

执行上述脚本需要几十分钟时间，具体依赖于主机的计算能力。

然后，编译根文件系统。

```
$ cd runninglinuxkernel_5.0
$ sudo ./run_rlk_arm64.sh build_rootfs
```

　　读者需要注意，编译根文件系统需要管理员权限，而编译内核则不需要。执行完上述命令后，将会生成名为 rootfs_arm64.ext4 的根文件系统。

　　4）运行刚才编译好的 ARM64 版本的 Linux 系统

　　要运行 run_rlk_arm64.sh 脚本，输入 run 参数即可。

```
$./run_rlk_arm64.sh run
```

　　或者

```
$ qemu-system-aarch64 -m 1024 -cpu cortex-a57 -smp 4 -M virt -bios QEMU_EFI.fd
-nographic -kernel arch/arm64/boot/Image -append "noinintrd root=/dev/vda
rootfstype=ext4 rw crashkernel=256M" -drive
if=none,file=rootfs_arm64.ext4,id=hd0 -device virtio-blk-device,drive=hd0
--fsdev local,id=kmod_dev,path=./kmodules,security_model=none -device
virtio-9p-device,fsdev=kmod_dev,mount_tag=kmod_mount
```

　　运行结果如下。

```
rlk@ runninglinuxkernel_5.0 $ ./run_rlk_arm64.sh run
[    0.000000] Booting Linux on physical CPU 0x0000000000 [0x411fd070]
[    0.000000] Linux version 5.4.0+ (rlk@ubuntu) (gcc version 9.3.0 (Ubuntu
9.3.0-8ubuntu1)) #5 SMP Sat Mar 28 22:05:46 PDT 2020
[    0.000000] Machine model: linux,dummy-virt
[    0.000000] efi: Getting EFI parameters from FDT:
[    0.000000] efi: UEFI not found.
[    0.000000] crashkernel reserved: 0x0000000070000000 - 0x0000000080000000
(256 MB)
[    0.000000] cma: Reserved 64 MiB at 0x000000006c000000
[    0.000000] NUMA: No NUMA configuration found
[    0.000000] NUMA: Faking a node at [mem
0x0000000040000000-0x000000007fffffff]
[    0.000000] NUMA: NODE_DATA [mem 0x6bdf0f00-0x6bdf1fff]
[    0.000000] Zone ranges:
[    0.000000]   Normal   [mem 0x0000000040000000-0x000000007fffffff]
[    0.000000] Movable zone start for each node
[    0.000000] Early memory node ranges
[    0.000000]   node   0: [mem 0x0000000040000000-0x000000007fffffff]
[    0.000000] Initmem setup node 0 [mem
0x0000000040000000-0x000000007fffffff]
[    0.000000] On node 0 totalpages: 262144
[    0.000000]   Normal zone: 4096 pages used for memmap
[    0.000000]   Normal zone: 0 pages reserved
[    0.000000]   Normal zone: 262144 pages, LIFO batch:63
[    0.000000] Kernel command line: noinintrd sched_debug root=/dev/vda
rootfstype=ext4 rw crashkernel=256M loglevel=8
[    0.000000] Dentry cache hash table entries: 131072 (order: 8, 1048576 bytes,
linear)
[    0.000000] Inode-cache hash table entries: 65536 (order: 7, 524288 bytes,
linear)
[    0.000000] mem auto-init: stack:off, heap alloc:off, heap free:off
[    0.000000] Memory: 685128K/1048576K available (8444K kernel code, 1018K
rwdata, 2944K rodata, 1152K init, 505K bss, 297912K reserved, 65536K
```

```
cma-reserved)
[    1.807706] Freeing unused kernel memory: 1152K
[    1.810096] Run /sbin/init as init process
[    2.124322] random: fast init done
[    2.269567] systemd[1]: systemd 245.2-1ubuntu2 running in system mode.
Ubuntu Focal Fossa (development branch) ubuntu ttyAMA0
rlk login:
```

登录系统时使用的用户名和密码如下。

❑　用户名：root。

❑　密码：123。

5）在线安装软件包

QEMU 虚拟机可以通过 VirtIO-Net 技术来生成虚拟的网卡，并通过网络桥接技术和主机进行网络共享。下面使用 ifconfig 命令检查网络配置。

```
root@ubuntu:~# ifconfig
enp0s1: flags=4163<UP,BROADCAST,RUNNING,MULTICAST>  mtu 1500
        inet 10.0.2.15  netmask 255.255.255.0  broadcast 10.0.2.255
        inet6 fec0::ce16:adb:3e70:3e71  prefixlen 64  scopeid 0x40<site>
        inet6 fc80::c86e:28c4:625b:2767  prefixlen 64  scopeid 0x20<link>
        ether 52:54:00:12:34:56  txqueuelen 1000  (Ethernet)
        RX packets 23217  bytes 33246898 (31.7 MiB)
        RX errors 0  dropped 0  overruns 0  frame 0
        TX packets 4740  bytes 267860 (261.5 KiB)
        TX errors 0  dropped 0 overruns 0  carrier 0  collisions 0

lo: flags=73<UP,LOOPBACK,RUNNING>  mtu 65536
        inet 127.0.0.1  netmask 255.0.0.0
        inet6 ::1  prefixlen 128  scopeid 0x10<host>
        loop  txqueuelen 1000  (Local Loopback)
        RX packets 2  bytes 78 (78.0 B)
        RX errors 0  dropped 0  overruns 0  frame 0
        TX packets 2  bytes 78 (78.0 B)
        TX errors 0  dropped 0 overruns 0  carrier 0  collisions 0
```

可以看到，这里生成了名为 enp0s1 的网卡设备，分配的 IP 地址为 10.0.2.15。

可通过 apt update 命令更新 Debian 系统的软件仓库。

```
root@ubuntu:~# apt update
```

如果更新失败，有可能是因为系统时间比较旧了，可以使用 date 命令来设置日期。

```
root@ubuntu:~# date -s 2020-03-29 #假设最新日期是2020年3月29日
Sun Mar 29 00:00:00 UTC 2020
```

可使用 apt install 命令来安装软件包。比如，可以在线安装 gcc。

```
root@ubuntu:~# apt install gcc
```

6）在主机和 QEMU 虚拟机之间共享文件

主机和 QEMU 虚拟机可以通过 NET_9P 技术进行文件共享，这需要 QEMU 虚拟机和主机的 Linux 内核都使能 NET_9P 的内核模块。本实验平台已经支持主机和 QEMU 虚拟机的共享文件，可以通过如下简单方法来测试。

复制一个文件到 runninglinuxkernel_5.0/kmodules 目录中。

```
$ cp test.c  runninglinuxkernel_5.0/kmodules
```

启动 QEMU 虚拟机之后，首先检查一下/mnt 目录中是否有 test.c 文件。

```
root@ubuntu:/# cd /mnt
root@ubuntu:/mnt # ls
README     test.c
```

我们在后续的实验中会经常利用这个特性，比如把编译好的内核模块或者内核模块源代码放入 QEMU 虚拟机。

7）在主机上交叉编译内核模块

在本书中，读者常常需要编译内核模块，然后放入 QEMU 虚拟机中。这里提供两种编译内核模块的方法：一种方法是在主机上进行交叉编译，然后共享到 QEMU 虚拟机中；另一种方法是在 QEMU 虚拟机中进行本地编译。

读者可以自行编写简单的内核模块，详见第 4 章中的内容。我们在这里简单介绍在主机上交叉编译内核模块的方法。

```
$ cd hello_world  #进入内核模块代码目录
$ export ARCH=arm64
$ export CROSS_COMPILE=aarch64-linux-gnu-
```

编译内核模块。

```
$ make
```

把内核模块文件 test.ko 复制到 runninglinuxkernel_5.0/kmodules 目录中。

```
$cp test.ko  runninglinuxkernel_5.0/kmodules
```

在 QEMU 虚拟机的 mnt 目录中可以看到 test.ko 模块，加载该内核模块。

```
$ insmod test.ko
```

8）在 QEMU 虚拟机中本地编译内核模块

在 QEMU 虚拟机中安装必要的软件包。

```
root@ubuntu: # apt install build-essential
```

在 QEMU 虚拟机中编译内核模块时需要指定 QEMU 虚拟机的本地内核路径，例如 BASEINCLUDE 变量指定了本地内核路径。"/lib/modules/$(shell uname -r)/build"是链接文件，用来指向具体的内核源代码路径，通常指向已经编译过的内核路径。

```
BASEINCLUDE ?= /lib/modules/$(shell uname -r)/build
```

编译内核模块，下面以最简单的 hello_world 内核模块程序为例。

```
root@ubuntu:/mnt/hello_world# make
make -C /lib/modules/5.4.0+/build M=/mnt/hello_world modules;
make[1]: Entering directory '/usr/src/linux'
  CC [M]  /mnt/hello_world/test-1.o
  LD [M]  /mnt/hello_world/test.o
  Building modules, stage 2.
  MODPOST 1 modules
  CC      /mnt/hello_world/test.mod.o
  LD [M]  /mnt/hello_world /test.ko
make[1]: Leaving directory '/usr/src/linux'
root@ubuntu: /mnt/hello_world#
```

加载内核模块。

```
root@ubuntu:/mnt/hello_world# insmod test.ko
```

9）更新根文件系统

如果读者修改了 runninglinuxkernel_5.0 内核的配置文件，比如 arch/arm64/config/rlk_defconfig 文件，那么需要重新编译内核以及更新根文件系统。

```
$ ./run_rlk_arm64.sh build_kernel        # 重新编译内核
$ sudo ./run_rlk_arm64.sh update_rootfs  # 更新根文件系统
```

1.5.4　实验 1-4：创建基于 Ubuntu Linux 的根文件系统

1．实验目的
通过本实验学习如何创建基于 Ubuntu 发行版的根文件系统。

2．实验要求
Ubuntu 系统提供的 debootstrap 工具可以帮助我们快速创建指定架构的根文件系统。本实验要求使用 debootstrap 工具来创建基于 Ubuntu Linux 20.04 系统的根文件系统，并且要求能够在 QEMU＋ARM 实验平台上正确挂载和引导系统。

1.5.5　实验 1-5：创建基于 QEMU ＋ RISC-V 的 Linux 系统

1．实验目的
通过本实验搭建新的处理器实验平台。

2．实验要求
最近，RISC-V 开源指令集很火，国内外很多大公司已加入 RISC-V 阵营。国内很多公司已经开始研制基于 RISC-V 的芯片了。但是，基于 RISC-V 的开发板很难买到，而且价格昂贵，给学习者带来巨大的困难。本实验利用 QEMU 虚拟机来创建和运行 RISC-V 架构的 Debian Linux 系统。

3．实验步骤

（1）使用 Linux 5.0 内核编译 RISC-V 系统。

（2）参考实验 1-4 创建基于 Debian Linux 系统的根文件系统。

（3）在 QEMU 虚拟机中运行基于 RISC-V 的 Linux 系统。

第 2 章 Linux 内核基础知识

Linux 内核是一个复杂的开源项目，主要采用的语言是 C 语言和汇编语言。因此，深入理解 Linux 内核的必要条件是熟悉 C 语言。Linux 内核是由全球顶尖的程序员编写的，其中采用了众多精妙的 C 语言编写技巧，是非常值得学习的典范。

另外，Linux 内核采用 GCC 编译器来编译，了解和熟悉 GCC 以及 GDB 的使用也很有必要。

Linux 内核代码已经达到 2 000 万行，庞大的代码量会让读者在阅读和理解代码方面感到力不从心。那么，在 Linux 中有没有一款合适的可用来阅读和编写代码的工具呢？本章将介绍如何使用 Vim 这个编辑工具来阅读 Linux 内核代码。

由 Linux 内核创始人 Linus 开发的 git 工具已经在全球范围内被广泛应用，因此读者必须了解和熟悉 git 的使用。

2.1 Linux 常用的编译工具

2.1.1 GCC

GNU 编译器套件（GNU Compiler Collection，GCC）在 1987 年发布了第一个 C 语言版本，GCC 是使用 GPL 许可证发行的自由软件，也是 GNU 计划的关键部分。GCC 现在是 GNU Linux 操作系统的默认编译器，同时也被很多自由软件采用。在后续的发展过程中，GCC 扩展支持了很多编程语言，如 C++、Java、Go 等语言。另外，GCC 还支持多种不同的硬件平台，如 x86、ARM 等架构。

GCC 的编译流程主要分为 4 个步骤。

❑ 预处理（pre-process）。

❑ 编译（compile）。

❑ 汇编（assemble）。

❑ 链接（link）。

如图 2.1 所示，可使用 C 语言编写 test 程序的源代码文件 test.c。首先，进入 GCC 的预编译器（cpp）进行预处理，对头文件、宏等进行展开，生成 test.i 文件。然后，进入 GCC 的编译器，GCC 可以支持多种编程语言，这里调用 C 语言版的编译器（ccl）。编译完之后，生成汇编程序，输出 test.s 文件。在汇编阶段，GCC 调用汇编器（as）进行汇编，生成可重定位的目标程序。最后一步是链接，GCC 调用链接器，把所有目标文件和 C 语言库链接成可执行的二进制文件。

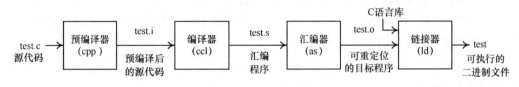

图2.1　GCC编译流程

由此可见，C 语言代码需要经历两次编译和一次链接过程才能生成可执行的程序。

2.1.2　ARM GCC

GCC 具有良好的可扩展性，除了可以编译 x86 架构的二进制程序外，还可以支持很多其他架构的处理器，如 ARM、MIPS、RISC-V 等。这里涉及两个概念：一个是本地编译，另一个是交叉编译。

❑　本地编译：在目标平台上编译程序，并且运行在当前平台上。

❑　交叉编译：在一种平台上编译，然后放到另一种平台上运行，这个过程称为交叉编译。之所以有交叉编译，主要是因为嵌入式系统的资源有限，不适合在嵌入式系统中进行编译。比如早期的 ARM 处理器性能低下，编译完整的 Linux 系统是不现实的。因此，需要首先在某台高性能的计算机上编译出能在 ARM 处理器上运行的 Linux 二进制文件，然后烧录到 ARM 系统中并运行。

❑　交叉工具链：交叉工具链不只是 GCC，还包含 binutils、glibc 等工具组成的综合开发环境，可以实现编译、链接等功能。在嵌入式环境中，通常使用 uclibc 等小型的 C 语言库。

交叉工具链的命名规则一般如下。

```
[arch] [-os] [-(gnu)eabi]
```

❑　arch：表示架构，如 ARM64、MIPS 等。

❑　os：表示目标操作系统。

❑　eabi：嵌入式应用的二进制接口。

许多 Linux 发行版提供了编译好的用于 ARM64 GCC 的工具链，如 Ubuntu Linux 20.04 提供如下和 ARM 相关的编译器。

- ❏ arm-linux-gnueabi：主要用于基于 ARM32 架构的 Linux 系统，可以用来编译 ARM32 架构的 u-boot、Linux 内核以及 Linux 应用程序等。Ubuntu Linux 20.04 系统中提供了 GCC 7、GCC 8、GCC 9 以及 GCC 10 等多个版本。
- ❏ aarch64-linux-gnueabi：主要用于基于 ARM64 架构的 Linux 系统。
- ❏ arm-linux-gnueabihf：hf 指的是支持硬浮点（hard float）的 ARM 处理器。之前的一些 ARM 处理器不支持硬浮点单元，所以必须由软浮点来实现。但是，最新的一些高端 ARM 处理器内置了硬浮点单元，这样就会由于新旧两种架构间的差异而产生两个不同的 EABI。

2.1.3　GCC 编译

GCC 编译的一般格式如下。

```
gcc [选项] 源文件 [选项] 目标文件
```

GCC 的常用选项如表 2.1 所示。

表 2.1　GCC 的常用选项

选　　项	功　能　描　述
-o	生成目标文件，可以是.i、.s以及.o文件
-E	只运行C预编译器
-c	通知GCC取消链接，只编译生成目标文件，但不做最后的链接
-Wall	生成所有警告信息
-w	不生成任何警告信息
-I	指定头文件的目录路径
-L	指定库文件的目录路径
-static	链接成静态库
-g	包含调试信息
-v	输出编译过程中的命令行和编译器版本等信息
-Werror	把所有警告信息转换成错误信息，并在警告发生时终止编译
-O0	关闭所有优化选项
-O或-O1	最基本的优化等级
-O2	-O1的进阶等级，也是推荐使用的优化等级，编译器会尝试提高代码性能，而不会占用大量存储空间和花费大量编译时间
-O3	最高优化等级，会延长编译时间

2.2　Linux 内核中常用的 C 语言技巧

相信读者在阅读本章之前已经学习过 C 语言了，但是想精通 C 语言还需要下一番苦功夫。Linux 内核是基于 C 语言编写的，熟练掌握 C 语言是深入学习 Linux 内核的基本要求。

GNU C 语言的扩展

GCC 的 C 编译器除了支持 ANSI C 标准之外，还对 C 语言进行了很多的扩充。这些扩充为代码优化、目标代码布局以及安全检查等提供了很强的支持，因此支持 GNU 扩展的 C 语言称为 GNU C 语言。Linux 内核采用 GCC 编译器，所以 Linux 内核的代码自然使用了 GCC 的很多新的扩充特性。本节将介绍 GCC C 语言一些扩充的新特性，希望读者在学习 Linux 内核时特别留意。

1．语句表达式

在 GNU C 语言中，括号里的复合语句可以看作表达式，称为语句表达式。在语句表达式里，可以使用循环、跳转和局部变量等。这个特性通常用在宏定义中，可以让宏定义变得更安全，如比较两个值的大小。

```
#define max(a,b) ((a) > (b) ? (a) : (b))
```

上述代码会导致安全问题，a 和 b 有可能会计算两次，比如，向 a 传入 i++，向 b 传入 j++。在 GNU C 语言中，如果知道 a 和 b 的类型，可以像下面这样写这个宏。

```
#define maxint(a,b) \
  ({int _a = (a), _b = (b); _a > _b ? _a : _b; })
```

如果不知道 a 和 b 的类型，还可以使用 typeof 宏。

```
<include/linux/kernel.h>

#define min(x, y) ({                \
    typeof(x) _min1 = (x);          \
    typeof(y) _min2 = (y);          \
    (void) (&_min1 == &_min2);      \
    _min1 < _min2 ? _min1 : _min2; })
```

typeof 也是 GNU C 语言的一种扩充用法，可以用来构造新的类型，通常和语句表达式一起使用。

下面是一些例子。

```
typeof (*x) y;
typeof (*x) z[4];
typeof (typeof (char *)[4]) m;
```

第一句声明 y 是 x 指针指向的类型。第二句声明 z 是数组，其中数组的类型是 x 指针指向的类型。第三句声明 m 是指针数组，这和 char *m[4] 声明的效果是一样的。

2. 变长数组

GNU C 语言允许使用变长数组，这在定义数据结构时非常有用。

```
<mm/percpu.c>

struct pcpu_chunk {
    struct list_head    list;
    unsigned long       populated[];    /* 变长数组 */
};
```

以上数据结构中的最后一个元素被定义为变长数组，这种数组不占用结构体空间。这样，我们就可以根据对象大小动态地分配结构体的大小。

```
struct line {
  int length;
  char contents[0];
};

struct line *thisline = malloc(sizeof(struct line) + this_length);
thisline->length = this_length;
```

如上所示，line 数据结构中定义了变量 length 和变长数组 contents[0]，line 数据结构的大小只包含 int 类型的大小，不包含 contents 的大小，也就是 sizeof (struct line) = sizeof (int)。创建结构体对象时，可根据实际需要指定这个变长数组的长度，并分配相应的空间。上述示例代码分配了 this_length 字节的内存，并且可以通过 contents[index] 来访问第 index 个地址的数据。

3. case 的范围

GNU C 语言支持指定 case 的范围为标签，例如：

```
case low ... high:
case 'A' ... 'Z':
```

这里指定 case 的范围为 low～high、'A'～'Z'。下面是 Linux 内核中的示例代码。

```
<arch/x86/platform/uv/tlb_uv.c>

static int local_atoi(const char *name)
{
    int val = 0;

    for (;; name++) {
        switch (*name) {
        case '0' ... '9':
            val = 10*val+(*name-'0');
```

```
        break;
    default:
        return val;
    }
  }
}
```

另外，还可以用整型数表示范围，但是这里需要注意 "..." 的两边有空格，否则编译会出错。

```
<drivers/usb/gadget/udc/at91_udc.c>
static int at91sam9261_udc_init(struct at91_udc *udc)
{
    for (i = 0; i < NUM_ENDPOINTS; i++) {
        ep = &udc->ep[i];

        switch (i) {
        case 0:
            ep->maxpacket = 8;
            break;
        case 1 ... 3:
            ep->maxpacket = 64;
            break;
        case 4 ... 5:
            ep->maxpacket = 256;
            break;
        }
    }
}
```

4. 标号元素

标准 C 语言要求数组或结构体在初始化时必须以固定顺序出现。但 GNU C 语言可以通过指定索引或结构体成员名来初始化，不必按照原来的固定顺序进行初始化。

结构体成员的初始化在 Linux 内核中经常使用，如在设备驱动中初始化 file_operations 数据结构。下面是 Linux 内核中的一个例子。

```
<drivers/char/mem.c>
static const struct file_operations zero_fops = {
    .llseek         = zero_lseek,
    .read           = new_sync_read,
    .write          = write_zero,
    .read_iter      = read_iter_zero,
    .aio_write      = aio_write_zero,
    .mmap           = mmap_zero,
};
```

在上述代码中，zero_fops 的成员 llseek 被初始化为 zero_lseek 函数，read 成员被初始化为 new_sync_read 函数，以此类推。当 file_operations 数据结构的定义发生变化时，这种初始化方法依然能保证已知元素的正确性，未初始化的成员的值为 0 或 NULL。

5. 可变参数宏

在 GNU C 语言中，宏可以接受可变数目的参数，这主要运用在输出函数中。

```
<include/linux/printk.h>

#define pr_debug(fmt, ...) \
    dynamic_pr_debug(fmt, ##__VA_ARGS__)
```

"..."代表可以变化的参数表，"__VA_ARGS__"是编译器保留字段，在进行预处理时把参数传递给宏。当调用宏时，实际参数就被传递给 dynamic_pr_debug 函数。

6. 函数属性

GNU C 语言允许声明函数属性（function attribute）、变量属性（variable attribute）和类型属性（type attribute），以便编译器进行特定方面的优化和更仔细的代码检查。以上属性的语法格式如下。

```
__attribute__ ((attribute-list))
```

GNU C 语言里定义的函数属性有很多，如 noreturn、format 以及 const 等。此外，还可以定义一些和处理器架构相关的函数属性，如 ARM 架构中可以定义 interrupt、isr 等属性，有兴趣的读者可以阅读 GCC 的相关文档。

下面是 Linux 内核中使用 format 函数属性的一个例子。

```
<drivers/staging/lustru/include/linux/libcfs/>

int libcfs_debug_msg(struct libcfs_debug_msg_data *msgdata,
            const char *format1, ...)
    __attribute__ ((format (printf, 2, 3)));
```

libcfs_debug_msg()函数里声明了 format 函数属性，用于告诉编译器按照 printf 的参数表中的格式规则对函数参数进行检查。数字 2 表示第 2 个参数为格式化字符串，数字 3 表示参数 "..." 里的第 1 个参数在函数参数总数中排第几。

noreturn 函数属性用于通知编译器函数从不返回值，这让编译器屏蔽了不必要的警告信息。比如 die 函数，该函数没有返回值。

```
void __attribute__((noreturn)) die(void);
```

const 函数属性让编译器只调用函数一次，以后再调用时只需要返回第一次的结果即可，从而提高效率。

```
static inline u32 __attribute_const__ read_cpuid_cachetype(void)
{
```

```
    return read_cpuid(CTR_EL0);
}
```

Linux 还有一些其他的函数属性，它们定义在 compiler-gcc.h 文件中。

```
#define __pure                  __attribute__((pure))
#define __aligned(x)            __attribute__((aligned(x)))
#define __printf(a, b)          __attribute__((format(printf, a, b)))
#define __scanf(a, b)           __attribute__((format(scanf, a, b)))
#define  noinline               __attribute__((noinline))
#define __attribute_const__     __attribute__((__const__))
#define __maybe_unused          __attribute__((unused))
#define __always_unused         __attribute__((unused))
```

7．变量属性和类型属性

变量属性可以对变量或结构体成员进行属性设置。对于类型属性，常见的有 alignment、packed 和 sections 等。

alignment 类型属性规定变量或结构体成员的最小对齐格式，以字节为单位。

```
struct qib_user_info {
    __u32 spu_userversion;
    __u64 spu_base_info;
} __aligned(8);
```

在上面这个例子中，编译器以 8 字节对齐的方式来分配数据结构 qib_user_info。

packed 类型属性可以使变量或结构体成员使用最小的对齐方式，对变量以字节对齐，对域以位对齐。

```
struct test
{
    char a;
    int x[2] __attribute__ ((packed));
};
```

x 成员使用了 packed 类型属性，并且存储在变量 a 的后面，所以结构体 test 一共占用 9 字节。

8．内建函数

GNU C 语言提供了一系列内建函数以进行优化，这些内建函数以"_builtin_"作为前缀。下面介绍 Linux 内核中常用的一些内建函数。

❑ __builtin_constant_p(x)：判断 x 是否在编译时就可以被确定为常量。如果 x 为常量，那么返回 1；否则，返回 0。

```
#define __swab16(x)                          \
    (__builtin_constant_p((__u16)(x)) ?      \
    ___constant_swab16(x) :                  \
    __fswab16(x))
```

❑ __builtin_expect(exp, c)：这里的意思是 exp==c 的概率很大，用来引导 GCC 进行条件分支预测。开发人员知道最可能执行哪个分支，并将最有可能执行的分支告诉编译器，让编译器优化指令序列，使指令尽可能顺序执行，从而提高 CPU 预取指令的正确率。

```
#define LIKELY(x) __builtin_expect(!!(x), 1)    //x很可能为真
#define UNLIKELY(x) __builtin_expect(!!(x), 0)  //x很可能为假
```

❑ __builtin_prefetch(const void *addr, int rw, int locality)：主动进行数据预取，在使用 addr 的值之前就把该值加载到 cache 中，降低读取延时，从而提高性能。该函数可以接受 3 个参数：第 1 个参数 addr 表示要预取的数据的地址；第 2 个参数 rw 表示读写属性，1 表示可写，0 表示只读；第 3 个参数 locality 表示数据在缓存中的时间局部性，其中 0 表示读取完 addr 的值之后不用保留在缓存中，而 1~3 表示时间局部性逐渐增强。参考下面的 prefetch() 和 prefetchw() 函数的实现。

```
<include/linux/prefetch.h>
#define prefetch(x) __builtin_prefetch(x)

#define prefetchw(x) __builtin_prefetch(x,1)
```

下面是使用 prefetch() 函数进行优化的一个例子。

```
<mm/page_alloc.c>

void __init __free_pages_bootmem(struct page *page, unsigned int order)
{
    unsigned int nr_pages = 1 << order;
    struct page *p = page;
    unsigned int loop;

    prefetchw(p);
    for (loop = 0; loop < (nr_pages - 1); loop++, p++) {
        prefetchw(p + 1);
        __ClearPageReserved(p);
        set_page_count(p, 0);
    }
…
}
```

在处理 page 数据结构之前，可通过 prefetchw() 预取到缓存中，从而提升性能。

9. asmlinkage

在标准 C 语言中，函数的形参在实际传入参数时会涉及参数存放问题。对于 x86 架构，函数参数和局部变量被一起分配到函数的栈（stack）中。

```
<arch/x86/include/asm/linkage.h>

#define asmlinkage CPP_ASMLINKAGE __attribute__((regparm(0)))
```

__attribute__((regparm(0))) 用于告诉编译器不需要通过任何寄存器来传递参数，只通过栈来传递。

对于 ARM64 来说，函数参数的传递有一套过程调用标准（Procedure Call Standard，PCS）。ARM64 中的 x0～x7 寄存器存放传入参数，当参数超过 8 个时，多余的参数被存放在函数的栈中。所以，ARM64 平台没有定义 asmlinkage。

```
<include/linux/linkage.h>

#define asmlinkage CPP_ASMLINKAGE
#define asmlinkage CPP_ASMLINKAGE
```

10. UL

在 Linux 内核代码中，我们经常会看到一些数字的定义中使用了 UL 后缀。数字常量会被隐式定义为 int 类型，将两个 int 类型数据相加的结果可能会发生溢出，因此使用 UL 强制把 int 类型的数据转换为 unsigned long 类型，这是为了保证运算过程不会因为 int 的位数不同而导致溢出。

```
1: 表示有符号整型数字1
1UL: 表示无符号长整型数字1
```

2.3 Linux 内核中常用的数据结构和算法

Linux 内核代码中广泛使用了数据结构和算法。本节介绍链表和红黑树。

2.3.1 链表

Linux 内核代码大量使用了链表这种数据结构。链表是为了解决数组不能动态扩展这个缺陷而产生的一种数据结构。链表中包含的元素可以动态创建并插入和删除。链表中的每个元素都是离散存放的，因此不需要占用连续的内存。链表通常由若干节点组成，每个节点的结构都是一样的，由有效数据区和指针区两部分组成。有效数据区用来存储有效数据信息，而指针区用来指向链表的前继节点或后继节点。因此，链表就是利用指针将各个节点串联起来的一种存储结构。

1. 单向链表

单向链表的指针区只包含一个指向下一个元素的指针，因此会形成单一方向的链表，如以下代码所示。

```
struct list {
    int data;              /*有效数据*/
    struct list *next;     /*指向下一个元素的指针*/
};
```

如图 2.2 所示，单向链表具有单向移动性，也就是只能访问当前节点的后继节点，而无法访问当前节点的前继节点，因此在实际项目中运用得比较少。

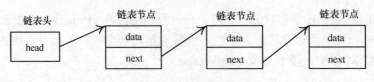

图2.2　单向链表示意图

2．双向链表

如图 2.3 所示，双向链表和单向链表的区别在于指针区包含了两个指针，一个指向前继节点，另一个指向后继节点，如以下代码所示。

```
struct list {
    int data;            /*有效数据*/
    struct list *next;   /*指向下一个元素的指针*/
    struct list *prev;   /*指向上一个元素的指针*/
};
```

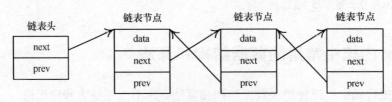

图2.3　双向链表示意图

3．Linux 内核中链表的实现

单向链表和双向链表在实际使用中有一些局限性，如数据区必须存放固定数据，而实际需求是多种多样的。这种方法无法构建一套通用的链表，因为每个不同的数据区需要一套链表。为此，Linux 内核把所有链表操作的共同部分提取出来，把不同的部分留给编程人员自行处理。Linux 内核实现了一套纯链表的封装，链表节点只有指针区而没有数据区，还封装了各种操作函数，如创建节点函数、插入节点函数、删除节点函数、遍历节点函数等。

Linux 内核中的链表可使用 list_head 数据结构来描述。

```
<include/linux/types.h>

struct list_head {
    struct list_head *next, *prev;
};
```

list_head 数据结构不包含链表节点的数据区，而是通常嵌入其他数据结构，如 page 数据结构中就嵌入了 lru 链表节点，做法通常是把 page 数据结构挂入 LRU 链表。

```
<include/linux/mm_types.h>
```

```
struct page {
    ...
    struct list_head lru;
    ...
}
```

链表头的初始化有两种方法。一种是静态初始化，另一种是动态初始化。把 next 和 prev 指针都初始化并指向自身，这样便能够初始化一个带头节点的空链表。

```
<include/linux/list.h>

/*静态初始化*/
#define LIST_HEAD_INIT(name) { &(name), &(name) }

#define LIST_HEAD(name) \
    struct list_head name = LIST_HEAD_INIT(name)

/*动态初始化*/
static inline void INIT_LIST_HEAD(struct list_head *list)
{
    list->next = list;
    list->prev = list;
}
```

可添加节点到链表中，Linux 内核为此提供了几个接口函数，如 list_add()用于把节点添加到表头，list_add_tail()则用于把节点添加到表尾。

```
<include/linux/list.h>

void list_add(struct list_head *new, struct list_head *head)
list_add_tail(struct list_head *new, struct list_head *head)
```

以下是用于遍历节点的接口函数。

```
#define list_for_each(pos, head) \
    for (pos = (head)->next; pos != (head); pos = pos->next)
```

list_for_each()宏只遍历节点的当前位置，那么如何获取节点本身的数据结构呢？这里还需要使用 list_entry()宏。

```
#define list_entry(ptr, type, member) \
    container_of(ptr, type, member)
```

container_of()宏定义在 kernel.h 头文件中。

```
#define container_of(ptr, type, member) ({                \
    const typeof( ((type *)0)->member ) *__mptr = (ptr);    \
    (type *)( (char *)__mptr - offsetof(type,member) );})

#define offsetof(TYPE, MEMBER) ((size_t) &((TYPE *)0)->MEMBER)
```

这里，首先把 0 地址转换为 type 结构体的指针。然后获取 type 结构体中 member 成员的指针，也就是获取 member 在 type 结构体中的偏移量。最后用指针 ptr 减去 offset，从而得到 type 结构体的真实地址。

下面是遍历链表的一个例子。

```
<drivers/block/osdblk.c>
static ssize_t class_osdblk_list(struct class *c,
            struct class_attribute *attr,
            char *data)
{
    int n = 0;
    struct list_head *tmp;

    list_for_each(tmp, &osdblkdev_list) {
        struct osdblk_device *osdev;

        osdev = list_entry(tmp, struct osdblk_device, node);

        n += sprintf(data+n, "%d %d %llu %llu %s\n",
            osdev->id,
            osdev->major,
            osdev->obj.partition,
            osdev->obj.id,
            osdev->osd_path);
    }
    return n;
}
```

2.3.2　红黑树

红黑树（red black tree）被广泛应用在内核的内存管理和进程调度中，用于将排序的元素组织到树中。红黑树还被广泛应用于计算机科学的各个领域，在速度和实现复杂度之间取得了很好的平衡。

红黑树是具有以下特征的二叉树。

❑　节点（node）或红或黑。

❑　根节点是黑色的。

❑　所有叶子都是黑色的（叶子为 NIL 节点）。

❑　如果节点都是红色的，那么两个子节点都是黑色的。

❑　从任意节点到对应每个叶子的所有路径都包含相同数目的黑色节点。

红黑树的一个优点是，所有重要的操作（例如插入、删除、搜索）都可以在 $O(\log_2 n)$ 的时间内完成，n 为树中元素的数目。经典的算法教科书都会讲解红黑树的实现，这里只是列出 Linux 内核中使用红黑树的一个例子，供读者在进行驱动和内核编程的过程中参考。这个例子可以在 Linux 内核代码的 Documentation/Rbtree.txt 文件中找到。

```
#include <linux/init.h>
#include <linux/list.h>
```

```
#include <linux/module.h>
#include <linux/kernel.h>
#include <linux/slab.h>
#include <linux/mm.h>
#include <linux/rbtree.h>

MODULE_AUTHOR("figo.zhang");
MODULE_DESCRIPTION(" ");
MODULE_LICENSE("GPL");

  struct mytype {
      struct rb_node node;
      int key;
};

/*红黑树的根节点*/
 struct rb_root mytree = RB_ROOT;
/*根据key查找节点*/
struct mytype *my_search(struct rb_root *root, int new)
  {
      struct rb_node *node = root->rb_node;

      while (node) {
          struct mytype *data = container_of(node, struct mytype, node);

          if (data->key > new)
              node = node->rb_left;
          else if (data->key < new)
              node = node->rb_right;
          else
              return data;
      }
      return NULL;
  }

/*把一个元素插入红黑树中*/
  int my_insert(struct rb_root *root, struct mytype *data)
  {
      struct rb_node **new = &(root->rb_node), *parent=NULL;

      /*寻找可以添加新节点的地方*/
      while (*new) {
          struct mytype *this = container_of(*new, struct mytype, node);

          parent = *new;
          if (this->key > data->key)
              new = &((*new)->rb_left);
          else if (this->key < data->key) {
              new = &((*new)->rb_right);
          } else
              return -1;
      }

      /*添加一个新节点*/
      rb_link_node(&data->node, parent, new);
      rb_insert_color(&data->node, root);

      return 0;
```

```
    }

static int __init my_init(void)
{
    int i;
    struct mytype *data;
    struct rb_node *node;

    /*插入元素*/
    for (i =0; i < 20; i+=2) {
        data = kmalloc(sizeof(struct mytype), GFP_KERNEL);
        data->key = i;
        my_insert(&mytree, data);
    }

    /*遍历红黑树，输出所有节点的key值*/
    for (node = rb_first(&mytree); node; node = rb_next(node))
        printk("key=%d\n", rb_entry(node, struct mytype, node)->key);

    return 0;
}

static void __exit my_exit(void)
{
    struct mytype *data;
    struct rb_node *node;
    for (node = rb_first(&mytree); node; node = rb_next(node)) {
        data = rb_entry(node, struct mytype, node);
        if (data) {
            rb_erase(&data->node, &mytree);
            kfree(data);
        }
    }
}
module_init(my_init);
module_exit(my_exit);
```

　　mytree 是红黑树的根节点，my_insert()用于把一个元素插入红黑树中，my_search()根据 key 来查找节点。Linux 内核大量使用了红黑树，如虚拟地址空间（Virtual Memory Area，VMA）的管理。

2.3.3　无锁环形缓冲区

　　生产者-消费者模型是计算机编程中最常见的一种模型。生产者产生数据，而消费者消耗数据。比如网络设备，硬件设备接收网络包，然后应用程序读取网络包。环形缓冲区是实现生产者-消费者模型的经典算法。环形缓冲区通常有读指针和写指针。读指针指向环形缓冲区中可读的数据，写指针指向环形缓冲区中可写的数据。通过移动读指针和写指针实现缓冲区数据的读取和写入。

　　在 Linux 内核中，KFIFO 是采用无锁环形缓冲区的典型代表。FIFO 的全称是"First In First

Out",是一种先进先出的数据结构,并采用环形缓冲区的方法来实现,同时提供了无边界的字节流服务。采用环形缓冲区的好处是,当一个数据元素被消耗之后,其余数据元素不需要移动存储位置,从而减少复制操作,提高效率。

1. 创建 KFIFO

在使用 KFIFO 之前需要进行初始化,这里有静态初始化和动态初始化两种方式。

```
<include/linux/kfifo.h>

int kfifo_alloc(fifo, size, gfp_mask)
```

以上函数创建并分配一个大小为 size 的 KFIFO 环形缓冲区。参数 fifo 指向缓冲区的 kfifo 数据结构,参数 size 指定缓冲区中元素的数量,参数 gfp_mask 表示分配给 KFIFO 元素使用的分配掩码。

静态分配可以使用下面的宏。

```
#define DEFINE_KFIFO(fifo, type, size)
#define INIT_KFIFO(fifo)
```

2. 入列

为了把数据写入 KFIFO 环形缓冲区,可以使用 kfifo_in()函数接口。

```
int kfifo_in(fifo, buf, n)
```

以上函数把 buf 指针指向的 n 个数据元素复制到 KFIFO 环形缓冲区中。参数 fifo 指向的是 KFIFO 环形缓冲区,参数 buf 指向数据要复制到的缓冲区,参数 n 指定要复制多少个数据元素。

3. 出列

为了从 KFIFO 环形缓冲区中列出或摘取数据,可以使用 kfifo_out()函数接口。

```
#define    kfifo_out(fifo, buf, n)
```

以上函数从 fifo 指向的环形缓冲区中复制 n 个数据元素到 buf 指向的环形缓冲区中。如果 KFIFO 环形缓冲区的数据元素小于 n 个,那么复制出去的数据元素也小于 n 个。

4. 获取缓冲区大小

KFIFO 提供了几个接口函数来查询环形缓冲区的状态。

```
#define kfifo_size(fifo)
#define kfifo_len(fifo)
#define    kfifo_is_empty(fifo)
#define    kfifo_is_full(fifo)
```

kfifo_size()用来获取环形缓冲区的大小,也就是最多可以容纳多少个数据元素。kfifo_len()

用来获取当前环形缓冲区中有多少个有效数据元素。kfifo_is_empty()判断环形缓冲区是否为空。kfifo_is_full()判断环形缓冲区是否已满。

5. 与用户空间中的数据交互

KFIFO 还封装了两个函数，用于与用户空间中的数据交互。

```
#define    kfifo_from_user(fifo, from, len, copied)
#define    kfifo_to_user(fifo, to, len, copied)
```

kfifo_from_user()会把 from 指向的用户空间中的 len 个数据元素复制到 KFIFO 中，最后一个参数 copied 表示成功复制了几个数据元素。kfifo_to_user()则相反，用于把 KFIFO 中的数据元素复制到用户空间中。这两个宏结合了 copy_to_user()、copy_from_user()以及 KFIFO 的工作机制，给驱动开发者提供了方便。在第 6 章，虚拟 FIFO 设备的驱动程序会采用这两个接口函数来实现。

2.4　Vim 工具的使用

Linux 内核代码很庞大，而且数据结构错综复杂，只使用文本工具来浏览代码会让人抓狂和崩溃。很多读者使用 Windows 中收费的代码浏览软件 Source Insight 来阅读内核源代码，但是使用 Vim 工具一样可以打造出相比 Source Insight 更强大的功能。

Vim 是类似于 Vi 的、功能强大并且可以高度定制的文件编辑器，它在 Vi 的基础上改进并增加了很多特性。由于 Vim 的设计理念和 Windows 的 Source Insight 等编辑器很不一样，因此刚接触 Vim 的读者会或多或少感到不适应，但了解了 Vim 的设计思路之后就会慢慢喜欢上 Vim。Vim 的设计理念是整个文本编辑器都用键盘来操作，而不需要使用鼠标。键盘上的几乎每个键都有固定的用法，用户可以在普通模式下完成大部分编辑工作。

2.4.1　Vim 8 介绍

Vim 是 Linux 开源系统中最著名的代码编辑器之一，在国内外拥有众多的使用者，并且拥有众多的插件。在 20 世纪 80 年代，Bram Moolenaar 从开源的 Vi 工具开发了 Vim 的 1.0 版本。Vim 是 Vi Improved 的意思。1994 年发布的 Vim 3.0 版本加入了多视窗编辑模式，1994 年发布的 Vim 4.0 版本加入了图形用户界面（GUI），2006 年发布的 Vim 7.0 版本加入了拼写检查、上下文补全、标签页编辑等功能。经过长达 10 年的更新迭代之后，开发团队终于在 2016 年发布了跨时代的 Vim 8.0 版本。

Vim 8.0 版本拥有以下新特性，这让 Vim 编辑器变得更好用、更强大。

❏　异步 I/O 支持、通道（channel）。

❏　多任务。

❑　定时器。

❑　对 GTK+ 3 提供支持。

Vim 8 最重要的新特性就是支持异步 I/O。老版本的 Vim 在调用外部的插件程序时，如编译、更新 tags 索引库、检查错误等，只能等待外部程序结束了才能返回 Vim 主程序。对异步 I/O 的支持可以让外部的插件程序在后台运行，不影响 Vim 主程序的代码编辑和浏览等，从而提升了 Vim 的用户体验。

Ubuntu Linux 20.04 系统默认安装了 Vim 8.1 版本。

2.4.2　Vim 的基本模式

Vim 编辑器有 3 种工作模式，分别是命令模式（command mode）、输入模式（insert mode）和底行模式（last line mode）。

❑　命令模式：用户打开 Vim 时便进入命令模式。在命令模式下输入的键盘动作会被 Vim 识别成命令而非输入字符。比如，输入 i，Vim 识别的是 i 命令。用户可以输入命令来控制屏幕光标的移动、文本的删除或某个区域的复制等，也可以进入底行模式或插入模式。

❑　插入模式：在命令模式下输入 i 命令就可以进入插入模式，按 Esc 键可以回到命令模式。要想在文本中输入字符，必须处在插入模式下。

❑　底行模式：在命令模式下按“:”键就会进入底行模式。在底行模式下可以输入包含单个或多个字符的命令。比如，“:q”表示退出 Vim 编辑器。

2.4.3　Vim 中 3 种模式的切换

在 Linux 终端输入 Vim 可以打开 Vim 编辑器，自动载入所要编辑的文件，比如“vim mm/memory.c”表示打开 Vim 编辑器时自动打开 memory.c 文件。

要退出 Vim 编辑器，可以在底行模式下输入“:q”，这时不保存文件并且离开，输入“:wq”表示存档并且离开。

在 Vim 的实际使用过程中，3 种模式的切换是最常用的操作。通常熟悉 Vim 的读者都会尽可能避免处于插入模式，因为插入模式的功能有限。Vim 的强大之处在于它的命令模式。所以越熟悉 Vim，就会在插入模式上花费越少的时间。

1．从命令模式和底行模式转为插入模式

从命令模式和底行模式转为插入模式是最常见的操作，因此使用频率最高的一个命令就是“i”，它表示从光标所在位置开始插入字符。另外一个使用频率比较高的命令是“o”，它表示在光标所在的行新增一行，并进入插入模式。常见的插入命令如表 2.2 所示。

表 2.2　常见的插入命令

功　　能	命　　令	描　　述	使用频率
插入字符	i	进入插入模式，并从光标所在处输入字符	常用
	I	进入插入模式，并从光标所在行的第一个非空格符处开始输入	不常用
	a	进入插入模式，并在光标所在的下一个字符处开始输入	不常用
	A	进入插入模式，并从光标所在行的最后一个字符处开始输入	不常用
新增一行	o	进入插入模式，并从光标所在行的下一行新增一行	常用
	O	进入插入模式，并从光标所在行的上一行新增一行	不常用

在输入上述插入命令之后，在 Vim 编辑器的左下角会出现 INSERT 字样，表示已经进入插入模式。

2．从插入模式转为命令模式或底行模式

按 Esc 键可以退出插入模式，进入命令模式。

3．从命令模式转为底行模式

在命令模式下输入 "：" 便会进入底行模式。

2.4.4　Vim 光标的移动

Vim 编辑器已放弃使用键盘上的方向键，而使用 h、j、k、l 命令来实现左、下、上、右方向键的功能，这样就不用频繁地在方向键和字母键之间来回移动，从而节省时间。另外，在 h、j、k、l 命令的前面可以添加数字，比如 9j 表示向下移动 9 行。

常见的光标移动命令如表 2.3 所示。

表 2.3　常见的光标移动命令

命　　令	描　　述
w	正向移动到下一个单词的开头
b	反向移动到下一个单词的开头
f{char}	正向移动到下一个 {char} 字符所在之处
Ctrl + f	屏幕向下移动一页，相当于Page Down键
Ctrl + b	屏幕向上移动一页，相当于Page Up键
Ctrl + d	屏幕向下移动半页
Ctrl + u	屏幕向上移动半页
+	光标移动到非空格符的下一行

（续表）

命　令	描　述
-	光标移动到非空格符的上一行
0	移动到光标所在行的最前面的字符
$	移动到光标所在行的最后面的字符
H	移动到屏幕最上方那一行的第一个字符
L	移动到屏幕最下方那一行的第一个字符
G	移动到文件的最后一行
nG	n为数字，表示移动到文件的第n行
gg	移动文件的第一行
nEnter	n为数字，光标向下移动n行

2.4.5　删除、复制和粘贴

常见的删除、复制和粘贴命令如表 2.4 所示。

表 2.4　常见的删除、复制和粘贴命令

命　令	描　述
x	删除光标所在的字符（相当于Del键）
X	删除光标所在的前一个字符（相当于Backspace键）
dd	删除光标所在的行
$n$dd	删除光标所在行的向下n行
yy	复制光标所在的那一行
$n$yy	n为数字，复制光标所在的向下n行
p	把已经复制的数据粘贴到光标的下一行
u	撤销前一个命令

在进行大段文本的复制时，我们可以输入命令"v"以进入可视选择模式。

2.4.6　查找和替换

常见的查找和替换命令如表 2.5 所示。

表 2.5　常见的查找和替换命令

命　　令	描　　述
/<要查找的字符>	向下查找
?<要查找的字符>	向上查找
:{作用范围}s/{目标}/{替换}/{替换标志}	比如:%s/figo/ben/g会在全局范围(%)查找figo并替换为ben，所有出现的地方都会被替换（g）

2.4.7　与文件相关的命令

和文件相关的操作都需要在底行模式下进行，也就是在命令模式下输入 "："。常见的文件相关命令如表 2.6 所示。

表 2.6　常见的文件相关命令

命　　令	描　　述
:q	退出Vim
:q!	强制退出Vim，修改过的文件不会被保存
:w	保存修改过的文件
:w!	强制保存修改过的文件
:wq	保存文件后退出Vim
:wq!	强制保存文件后退出Vim

2.5　git 工具的使用

2005 年，Linus Torvalds 因为不满足于当时任何可用的开源版本控制系统，于是亲手开发了一个全新的版本控制软件——git。git 发展到今天，已经成为全世界最流行的代码版本管理软件之一，微软公司的开发工具也支持 git。

早年，Linus Torvalds 选择使用商业版本的代码控制系统 BitKeeper 来管理 Linux 内核代码。BitKeeper 是由 BitMover 公司开发的，授权 Linux 社区免费使用。到了 2005 年，Linux 社区中有人试图破解 BitKeeper 协议时被 BitMover 公司发现，因此 BitMover 公司收回了 BitKeeper 的使用授权，于是 Linus Torvalds 花了两周时间，用 C 语言写了一个分布式版本控制系统，git 就这样诞生了。

在学习 git 这个工具之前，读者有必要了解一下集中式版本控制系统和分布式版本控制系统。集中式版本控制系统把版本库集中存放在中央服务器里，当我们需要编辑代码时，需要首先从中央服务器中获取最新的版本，然后编写或修改代码。修改和测试完代码之后，需要把修改的东西推送到中央服务器。集中式版本控制系统需要每次都连接中央服务器，如果有很多人协同工作，网络带宽将是瓶颈。

和集中式版本控制系统相比，分布式版本控制系统没有中央服务器的概念，每个人的计算机就是一个完整的版本库，这样工作中就不需要联网，和网络带宽无关。分布式版本便于多人协同工作，比如 A 修改了文件 1，B 也修改了文件 1，那么 A 和 B 只需要把各自的修改推送给对方，就可以相互看到对方修改的内容了。

使用 git 进行开源工作的流程一般如下。

（1）复制项目的 git 仓库到本地工作目录。

（2）在本地工作目录里添加或修改文件。

（3）在提交修改之前检查补丁格式等。

（4）提交修改。

（5）生成补丁并发给评审，等待评审意见。

（6）评审发送修改意见，再次修改并提交。

（7）直到评审同意补丁并且合并到主干分支。

2.5.1 安装 git

下面介绍一下 git 常用的命令。

在 Ubuntu Linux 中可使用 apt-get 工具来安装 git。

```
$ sudo apt-get install git
```

在使用 git 之前需要配置用户信息，如用户名和邮箱信息。

```
$ git config --global user.name "xxx"
$ git config --global user.email xxx@xxx.com
```

可以设置 git 默认使用的文本编辑器，一般使用 Vi 或 Vim。当然，也可以设置为 Emacs。

```
$ git config --global core.editor emacs
```

要检查已有的配置信息，可以使用 git config --list 命令。

```
$ git config –list
```

2.5.2 git 基本操作

1. 下载 git 仓库

版本库又名仓库，英文是 repository，可以简单理解成目录。git 仓库中的所有文件都由

git 来管理，每个文件的修改、删除都可以被 git 跟踪，并且可以追踪提交的历史和详细信息，还可以还原到历史中的某个提交，以便做回归测试。

git clone 命令可以从现有的 git 仓库中下载代码到本地，功能类似于 svn 工具的 checkout。如果需要参与开源项目或者查看开源项目的代码，就需要使用 git clone 将项目的代码下载到本地，并进行浏览或修改。

我们以 Linux 内核官方的 git 仓库为例，通过下面的命令可以把 Linux 内核官方的 git 仓库下载到本地。

```
$ git clone
https://git.kernel.org/pub/scm/linux/kernel/git/torvalds/linux.git
```

执行完上述命令之后，会在本地当前目录中创建名为 linux 的子目录，其中包含的.git 目录用来保存 git 仓库的版本记录。

Linux 内核官方的 git 仓库以 Linus Torvalds 创建的 git 仓库为准。每隔两三个月，Linus 就会在自己的 git 仓库中发布新的 Linux 内核版本，读者可以到网页版本上浏览。

2．查看提交的历史

通过 git clone 命令下载代码仓库到本地之后，就可以通过 git log 命令来查看提交（commit）的历史。

```
$ git log

commit d081107867b85cc7454b9d4f5aea47f65bcf06d1
Author: Michael S. Tsirkin <mst@redhat.com>
Date:   Fri Apr 13 15:35:23 2018 -0700

    mm/gup.c: document return value

    __get_user_pages_fast handles errors differently from
    get_user_pages_fast: the former always returns the number of pages
    pinned, the later might return a negative error code.

    Link: http://lkml.kernel.org/r/1522962072-182137-6-git-send-email-
mst@redhat. com
    Signed-off-by: Michael S. Tsirkin <mst@redhat.com>
    Reviewed-by: Andrew Morton <akpm@linux-foundation.org>
    Cc: Kirill A. Shutemov <kirill.shutemov@linux.intel.com>
    Signed-off-by: Andrew Morton <akpm@linux-foundation.org>
    Signed-off-by: Linus Torvalds <torvalds@linux-foundation.org>
```

上面的 git log 命令显示了一条 git 提交的相关信息，包含的内容如下。

❑　commit id：由 git 生成的唯一的哈希值。

❑　Author：提交的作者。

❑　Date：提交的日期。

❑　Message：提交的日志，比如修改代码的原因，Message 中包含标题和日志正文。

❑　Signed-off-by：对这个补丁的修改有贡献的人。

❑ Reviewed-by：对这个补丁进行维护的人。

❑ Cc：代码的维护者，一般需要把补丁发送给此人。

可以使用--oneline 选项来查看简洁版的信息。

```
$ git log --oneline
d081107 mm/gup.c: document return value
c61611f get_user_pages_fast(): return -EFAULT on access_ok failure
09e35a4 mm/gup_benchmark: handle gup failures
60bb83b resource: fix integer overflow at reallocation
16e205c Merge tag 'drm-fixes-for-v4.17-rc1' of
git://people.freedesktop.org/~airlied/linux
```

如果只想查找指定用户提交的日志，可以使用命令 git log --author。例如，要找 Linux 内核源码中 Linus 所做的提交，可以使用如下命令。

```
$ git log --author=Linus --oneline

16e205c Merge tag 'drm-fixes-for-v4.17-rc1' of
git://people.freedesktop.org/~airlied/linux
affb028 Merge tag 'trace-v4.17-2' of
git://git.kernel.org/pub/scm/linux/kernel/git/rostedt/linux-trace
0c314a9 Merge tag 'pci-v4.17-changes-2' of
git://git.kernel.org/pub/scm/linux/kernel/git/helgaas/pci
681857e Merge branch 'parisc-4.17-2' of
git://git.kernel.org/pub/scm/linux/kernel/git/deller/parisc-linux
```

git log 命令的参数“--patch-with-stat”用于显示提交代码的差异、增改文件以及行数等信息。

```
$ git log --patch-with-stat

commit d081107867b85cc7454b9d4f5aea47f65bcf06d1
Author: Michael S. Tsirkin <mst@redhat.com>
Date:   Fri Apr 13 15:35:23 2018 -0700

    mm/gup.c: document return value

    __get_user_pages_fast handles errors differently from
    get_user_pages_fast: the former always returns the number of pages
    pinned, the later might return a negative error code.

    Signed-off-by: Michael S. Tsirkin <mst@redhat.com>
    Reviewed-by: Andrew Morton <akpm@linux-foundation.org>
    Signed-off-by: Linus Torvalds <torvalds@linux-foundation.org>
---
 arch/mips/mm/gup.c  | 2 ++
 arch/s390/mm/gup.c  | 2 ++
 arch/sh/mm/gup.c    | 2 ++
 arch/sparc/mm/gup.c | 4 ++++
 mm/gup.c            | 4 +++-
 mm/util.c           | 6 ++++--
 6 files changed, 17 insertions(+), 3 deletions(-)

diff --git a/arch/mips/mm/gup.c b/arch/mips/mm/gup.c
index 1e4658e..5a4875ca 100644
```

```
--- a/arch/mips/mm/gup.c
+++ b/arch/mips/mm/gup.c
…
```

要对某个提交的内容进行查看，可以使用 git show 命令。在 git show 命令的后面需要添加某个提交的 commit id，可以是缩减版本的 commit id，如下所示。

```
$ git show d0811078
```

3．修改和提交

使用 git 进行提交的流程如下。

（1）修改、增加或删除一个或多个文件。

（2）使用 git diff 查看当前修改。

（3）使用 git status 查看当前工作目录的状态。

（4）使用 git add 把修改、增加或删除的文件添加到本地版本库。

（5）使用 git commit 命令生成提交。

git diff 命令可以显示保存在缓存中或未保存在缓存中的改动，常用的选项如下。

❑　git diff：显示尚未缓存的改动。

❑　git diff –cached：查看已经缓存的改动。

❑　git diff HEAD：查看所有改动。

❑　git diff --stat：显示摘要。

git add 命令可以把修改的文件添加到缓存中。

git rm 命令可以删除本地仓库中的某个文件。不建议直接使用 rm 命令。同样，当需要移动文件或目录时，可以使用 git mv 命令。

git status 命令用来查看当前本地仓库的状态，既显示工作目录和缓存区的状态，也显示被缓存的修改文件以及还没有被 git 跟踪到的文件或目录。

git commit 命令用来将更改记录提交到本地仓库。提交时通常需要编写一条简短的日志信息，以告诉其他人为什么要做修改。为 git commit 命令添加“-s”会在提交中自动添加“Signed-off-by:”签名。如果需要对提交的内容做修改，可以使用 git commit --amend 命令。

2.5.3　分支管理

分支（branch）意味着可以从开发主线中分离出分支，然后在不影响主线的同时继续开发工作。分支管理在实际项目开发中非常有用，比如，为了开发某个功能 A，预计需要一个月时间才能完成编码和测试工作。假设在完成编码工作时把补丁提交到主干，没经过测试的代码可能会影响项目中的其他模块，因此通常的做法是在本地创建一个属于自己的分支，然后把补丁提交到这个分支，等完成最后的测试验证工作之后，再把补丁合并到主干。

1．创建分支

在管理分支之前，需要先使用 git branch 命令查看当前 git 仓库里有哪些分支。

```
$ git branch
*master
```

比如 Linux 内核官方的 git 仓库中只有一个分支，名为"master"（主分支），该分支也是当前分支。当创建新的 git 仓库时，默认情况下 git 会创建 master 分支。

下面使用 git branch 命令创建一个新的分支，名为 linux-benshushu。

```
$ git branch linux-benshushu
$ git branch
 linux-benshushu
* master
```

"*"表示当前分支，我们虽然创建了一个名为 linux-benshushu 的分支，但是当前分支还是 master 分支。

2．切换分支

下面使用 git checkout branchname 命令来切换分支。

```
$ git checkout linux-benshushu
Switched to branch 'linux-benshushu'
$ git branch
* linux-benshushu
  master
```

另外，可以使用 git checkout -b branchname 命令合并上述两个步骤，也就是创建新的分支并立即切换到该分支。

3．删除分支

如果想删除分支，可以使用 git branch -d branchname 命令。

```
$ git branch -d linux-benshushu
error: Cannot delete the branch 'linux-benshushu' which you are currently on.
```
上面显示不能删除当前分支，所以需要切换到其他分支才能删除 linux-benshushu 分支。

```
$ git checkout master
Switched to branch 'master'

$ git branch -d linux-benshushu
Deleted branch linux-benshushu (was d081107).
```

4．合并分支

git merge 命令用来合并指定分支到当前分支，比如对于 linux-benshushu 分支，我们可通

49

过下面的命令把该分支合并到主分支。

```
$ git checkout master
$ git branch
  linux-benshushu
* master

$ git merge linux-benshushu
Updating 60cc43f..6e82d42
Fast-forward
 Makefile | 1 +
 1 file changed, 1 insertion(+)
```

5．推送分支

推送分支就是把本地创建的新分支中的提交推送到远程仓库。在推送过程中，需要指定本地分支，这样才能把本地分支中的提交推送到远程仓库里对应的远程分支。推送分支的命令格式如下。

```
git push <远程主机名> <本地分支名>: <远程分支名>
```

通过以下命令，可查看有哪些远程分支。

```
$ git branch -a
  linux-benshushu
* master
  remotes/origin/HEAD -> origin/master
  remotes/origin/master
```

远程分支以 remotes 开头，可以看到远程分支只有一个，也就是 origin 仓库的主分支。通过下面的命令可以把本地的主分支中的改动推送到远程仓库中的主分支。本地分支名和远程分支名同名，因此可以忽略远程分支名。

```
$ git push origin master
```

当本地分支名和远程分支名不相同时，需要明确指出远程分支名。如下命令可把本地的主分支推送到远程的 dev 分支。

```
$ git push origin master:dev
```

2.6　实验

2.6.1　实验 2-1：GCC 编译

1．实验目的

（1）熟悉 GCC 的编译过程，学会使用 ARM GCC 交叉工具链编译应用程序并在 QEMU

虚拟机中运行。

（2）学会写简单的 Makefile。

2. 实验详解

本实验通过一个简单的 C 语言程序演示 GCC 的编译过程。源文件 test.c 中的代码如下。

```
#include <stdio.h>
#include <stdlib.h>
#include <string.h>

#define PAGE_SIZE 4096
#define MAX_SIZE 100*PAGE_SIZE

int main()
{
    char *buf = (char *)malloc(MAX_SIZE);

    memset(buf, 0, MAX_SIZE);

    printf("buffer address=0x%p\n", buf);

    free(buf);
        return 0;
}
```

1）预处理

GCC 的 "-E" 选项可以让编译器在预处理阶段就结束，选项 "-o" 可以指定输出的文件格式。

```
$ aarch64-linux-gnu-gcc -E test.c -o test.i
```

在预处理阶段会把 C 标准库的头文件中的代码包含到这段程序中。test.i 文件的内容如下所示。

```
extern void *malloc (size_t __size) __attribute__ ((__nothrow__ , __leaf__))
__attribute__ ((__malloc__)) ;

…

int main()
{
 char *buf = (char *)malloc(100*4096);

 memset(buf, 0, 100*4096);

 printf("buffer address=0x%p\n", buf);

 free(buf);
        return 0;
}
```

2）编译

编译阶段的任务主要是对预处理好的 test.i 文件进行编译，并生成汇编代码。GCC 首先检查代码是否有语法错误等，然后把代码编译成汇编代码。我们这里使用"-S"选项来编译。

```
$ aarch64-linux-gnu-gcc -S test.i -o test.s
```

编译阶段生成的汇编代码如下。

```
        .arch armv8-a
        .file   "test.c"
        .text
        .section    .rodata
        .align  3
.LC0:
        .string "buffer address=0x%p\n"
        .text
        .align  2
        .global main
        .type   main, %function
main:
.LFB6:
        .cfi_startproc
        stp x29, x30, [sp, -32]!
        .cfi_def_cfa_offset 32
        .cfi_offset 29, -32
        .cfi_offset 30, -24
        mov x29, sp
        mov x0, 16384
        movk    x0, 0x6, lsl 16
        bl  malloc
        str x0, [sp, 24]
        mov x2, 16384
        movk    x2, 0x6, lsl 16
        mov w1, 0
        ldr x0, [sp, 24]
        bl  memset
        ldr x1, [sp, 24]
        adrp    x0, .LC0
        add x0, x0, :lo12:.LC0
        bl  printf
        ldr x0, [sp, 24]
        bl  free
        mov w0, 0
        ldp x29, x30, [sp], 32
        .cfi_restore 30
        .cfi_restore 29
        .cfi_def_cfa_offset 0
        ret
        .cfi_endproc
.LFE6:
        .size   main, .-main
        .ident  "GCC: (Ubuntu 9.3.0-10ubuntu1) 9.3.0"
        .section    .note.GNU-stack,"",@progbits
```

3）汇编

汇编阶段的任务是将汇编文件转换成二进制文件，利用"-c"选项就可以生成二进制文件。

```
$ aarch64-linux-gnu-gcc -c test.s -o test.o
```

4）链接

链接阶段的任务是对编译好的二进制文件进行链接，这里会默认链接 C 语言标准库（libc）。代码里调用的 malloc()、memset()以及 printf()等函数都由 C 语言标准库提供，链接过程会把程序的目标文件和所需的库文件链接起来，最终生成可执行文件。

Linux 内核中的库文件分成两大类。一类是动态链接库（通常以.so 结尾），另一类是静态链接库（通常以.a 结尾）。默认情况下，GCC 在链接时优先使用动态链接库，只有当动态链接库不存在时才使用静态链接库。下面使用"--static"来让 test 程序静态链接 C 语言标准库，原因是交叉工具链使用的 libc 目录中的动态库和 QEMU 中使用的库可能不一样。如果使用动态链接，可能导致运行时错误。

```
$ aarch64-linux-gnu-gcc test.o -o test --static
```

以 ARM64 GCC 交叉工具链为例，C 语言标准库的动态库地址为/usr/arm-linux-gnueabi/lib，最终的库文件是 libc-2.23.so 文件。

```
$ ls -l /usr/aarch64-linux-gnu/lib/libc.so.6
lrwxrwxrwx 1 root root 12 Apr  3 03:11 /usr/aarch64-linux-gnu/lib/libc.so.6
-> libc-2.31.so
```

C 语言标准库的静态库地址如下：

```
$ ls -l /usr/aarch64-linux-gnu/lib/libc.a
-rw-r--r-- 1 root root 4576436 Apr  3 03:11 /usr/aarch64-linux-gnu/lib/libc.a
```

5）在 QEMU 虚拟机中运行

把 test 程序放入 runninglinuxkernel_5.0/kmodules 目录，启动 QEMU 虚拟机并运行 test 程序。

```
$ ./run_rlk_arm64.sh run  #启动QEMU + ARM64平台

# cd /mnt
# ./test
buffer address= 0xffff92bad010
```

6）编写如下简单的 Makefile 文件来编译 test 程序。

```
cc = aarch64-linux-gnu-gcc
prom = test
obj = test.o
CFLAGS = -static

$(prom): $(obj)
    $(cc) -o $(prom) $(obj) $(CFLAGS)

%.o: %.c
    $(cc) -c $< -o $@
```

```
clean:
    rm -rf $(obj) $(prom)
```

2.6.2　实验 2-2：内核链表

1．实验目的

（1）学会和研究 Linux 内核提供的链表机制。

（2）编写一个应用程序，利用 Linux 内核提供的链表机制创建一个链表，把 100 个数字添加到这个链表中，循环该链表以输出所有成员的值。

2．实验详解

Linux 内核链表提供的接口函数定义在 include/linux/list.h 文件中。本实验把这些接口函数移植到用户空间中，并使用它们完成链表操作。

2.6.3　实验 2-3：红黑树

1．实验目的

（1）学习和研究 Linux 内核提供的红黑树机制。

（2）编写一个应用程序，利用 Linux 内核提供的红黑树机制创建一棵红黑树，把 10 000 个随机数添加到这棵红黑树中。

（3）实现一个查找函数，快速在这棵红黑树中查找相应的数字。

2．实验详解

Linux 内核提供的红黑树机制实现在 lib/rbtree.c 和 include/linux/rbtree.h 文件中。本实验要求把 Linux 内核实现的红黑树机制移植到用户空间中，并且实现 10 000 个随机数的插入和查找功能。

2.6.4　实验 2-4：使用 Vim 工具

1．实验目的

熟悉 Vim 工具的基本操作。

2．实验详解

Vim 操作需要一定的练习才能达到熟练的程度，读者可以使用 Ubuntu Linux 20.04 系统中的 Vim 程序进行代码的编辑练习。

2.6.5 实验 2-5：把 Vim 打造成一个强大的 IDE 编辑工具

1．实验目的

通过配置把 Vim 打造成一个能和 Source Insight 相媲美的 IDE 编辑工具。

2．实验详解

Vim 工具可以支持很多个性化的特性，并使用插件来完成浏览和编辑代码的功能。使用过 Source Insight 的读者也许会对如下功能赞叹有加。

- ❑ 自动列出一个文件的函数和变量的列表。
- ❑ 查找函数和变量的定义。
- ❑ 查找哪些函数调用了某个函数和变量。
- ❑ 高亮显示。
- ❑ 自动补全。

这些功能在 Vim 里都可以实现，而且比 Source Insight 高效和好用。本实验将带领读者着手打造一个属于自己的 IDE 编辑工具。

在打造之前先安装 git 工具。

```
$ sudo apt-get install git vim
```

1）插件管理工具 Vundle

Vim 支持很多插件，在早期，需要到每个插件网站上下载并复制到 home 主目录的.vim 子目录中才能使用。现在，Vim 社区有多个插件管理工具，其中 Vundle 就很出色，它可以在.vimrc 中跟踪、管理和自动更新插件等。

安装 Vundle 需要使用 git 工具，可通过如下命令来下载 Vundle 工具。

```
$ git clone https://github.com/VundleVim/Vundle.vim.git
~/.vim/bundle/Vundle.vim
```

接下来，需要在 home 主目录下的.vimrc 配置文件中配置 Vundle。

```
<在.vimrc配置文件中添加如下配置>

" Vundle manage
set nocompatible              " be iMproved, required
filetype off                  " required

" set the runtime path to include Vundle and initialize
set rtp+=~/.vim/bundle/Vundle.vim
call vundle#begin()

" let Vundle manage Vundle, required
Plugin 'VundleVim/Vundle.vim'
```

```
" All of your Plugins must be added before the following line
call vundle#end()             " required
filetype plugin indent on    " required
```

只需要在.vimrc 配置文件中添加"Plugin xxx"，即可安装名为"xxx"的插件。

接下来在线安装插件。启动 Vim，然后运行命令":PluginInstall"，就会从网络上下载插件并安装。

2）ctags 工具

ctags 的英文全称为 generate tag files for source code。ctags 工具用于扫描指定的源文件，找出其中包含的语法元素，并把找到的相关内容记录下来，这样在浏览和查找代码时就可以利用这些记录实现查找和跳转功能。ctags 工具已经被集成到各大 Linux 发行版中。在 Ubuntu Linux 中可使用如下命令安装 ctags 工具。

```
$ sudo apt-get install universal-ctags
```

在使用 ctags 工具之前需要手动生成索引文件。

```
$ ctags -R .                    //递归扫描源代码的根目录和所有子目录中的文件并生成索引文件
```

上述命令会在当前目录下生成一个 tags 文件。启动 Vim 之后需要加载这个 tags 文件，可以通过如下命令实现这个加载操作。

```
:set tags=tags
```

ctags 工具中常用的快捷键如表 2.7 所示。

表 2.7　ctags 工具中常用的快捷键

快　捷　键	用　　法
Ctrl +]	跳转到光标处的函数或变量的定义位置
Ctrl + T	返回到跳转之前的地方

3）cscope 工具

刚才介绍的 ctags 工具可以跳转到标签定义的地方，但是如果想查找函数在哪里被调用过或者标签在哪些地方出现过，ctags 工具就无能为力了。cscope 工具可以实现上述功能，这也是 Source Insight 的强大功能之一。

Cscope 工具最早由贝尔实验室开发，后来由 SCO 公司以 BSD 协议公开发布。在 Ubuntu Linux 发行版中可以使用如下命令安装 cscope 工具。

```
$ sudo apt-get install cscope
```

在使用 cscope 工具之前需要为源代码生成索引库，可以使用如下命令来实现。

```
$ cscope -Rbq
```

上述命令会生成 3 个文件——cscope.out、cscope.in.out 和 cscope.po.out。其中 cscope.out

是基本的索引，后面两个文件是使用"-q"选项生成的，用于加快 cscope 索引的速度。

在 Vim 中使用 cscope 工具非常简单，可首先调用"cscope add"命令添加 cscope 数据库，然后调用"cscope find"命令进行查找。Vim 支持 cscope 的 8 种查询功能。

- ❑ s：查找 C 语言符号，即查找函数名、宏、枚举值等出现的地方。
- ❑ g：查找函数、宏、枚举等定义的位置，类似于 ctags 工具提供的功能。
- ❑ d：查找本函数调用的函数。
- ❑ c：查找调用本函数的函数。
- ❑ t：查找指定的字符串。
- ❑ e：查找 egrep 模式，相当于 egrep 功能，但查找速度快多了。
- ❑ f：查找并打开文件，类似 Vim 的 find 功能。
- ❑ i：查找包含本文件的文件。

为了方便使用，我们可以在.vimrc 配置文件中添加如下快捷键。

```
"---------------------------------------------------------------
" cscope:建立数据库: cscope -Rbq;    F5键查找C语言符号；F6键查找指定的字符串；
F7键查找哪些函数调用了本函数
"---------------------------------------------------------------
if has("cscope")
  set csprg=/usr/bin/cscope
  set csto=1
  set cst
  set nocsverb
  " add any database in current directory
  if filereadable("cscope.out")
      cs add cscope.out
  endif
  set csverb
endif

:set cscopequickfix=s-,c-,d-,i-,t-,e-

"nmap <C-_>s :cs find s <C-R>=expand("<cword>")<CR><CR>
nmap <silent> <F5> :cs find s <C-R>=expand("<cword>")<CR><CR>
nmap <silent> <F6> :cs find t <C-R>=expand("<cword>")<CR><CR>
nmap <silent> <F7> :cs find c <C-R>=expand("<cword>")<CR><CR>
```

上述定义的快捷键如下。

- ❑ F5 键：查找 C 语言符号。
- ❑ F6 键：查找指定的字符串。
- ❑ F7 键：查找哪些函数调用了本函数。

4）Tagbar 插件

Tagbar 插件可以用源代码文件生成大纲，包括类、方法、变量以及函数名等，可以选中并快速跳转到目标位置。

为了安装 Tagbar 插件，可在.vimrc 文件中添加如下内容。

```
Plugin 'majutsushi/tagbar' " Tag bar"
```

然后重启 Vim，输入并运行命令"：PluginInstall"以完成安装。

为了配置 Tagbar 插件，可在.vimrc 文件中添加如下内容。

```
" Tagbar
let g:tagbar_width=25
autocmd BufReadPost *.cpp,*.c,*.h,*.cc,*.cxx call tagbar#autoopen()
```

上述配置实现了在打开常见的源代码文件时自动打开 Tagbar 插件。

5）文件浏览插件 NerdTree

NerdTree 插件可以显示树状目录。

为了安装 NerdTree 插件，可在.vimrc 文件中添加如下内容。

```
Plugin 'scrooloose/nerdtree'
```

然后重启 Vim，输入并运行命令"：PluginInstall"以完成安装。

下面配置 NerdTree 插件：

```
" NetRedTree
autocmd StdinReadPre * let s:std_in=1
autocmd VimEnter * if argc() == 0 && !exists("s:std_in") | NERDTree | endif
let NERDTreeWinSize=15
let NERDTreeShowLineNumbers=1
let NERDTreeAutoCenter=1
let NERDTreeShowBookmarks=1
```

6）动态语法检测工具

动态语法检测工具可以在编写代码的过程中检测出语法错误，不用等到编译或运行，这个工具对代码编写者非常有用。本实验安装的是称为 ALE（Asynchronization Lint Engine）的一款实时代码检测工具。ALE 工具在发现错误的地方会实时提醒，在 Vim 的侧边会标注哪一行有错误，将光标移动到这一行时会显示错误的原因。ALE 工具支持多种语言的代码分析器，比如 C 语言可以支持 gcc、clang 等。

为了安装 ALE 工具，可在.vimrc 文件中添加如下内容。

```
Plugin 'w0rp/ale'
```

然后重启 Vim，输入并运行命令"：PluginInstall"以完成安装。在这个过程中需要从网络上下载代码。

插件安装完之后，做一些简单的配置，在.vimrc 文件中添加如下配置。

```
let g:ale_sign_column_always = 1
let g:ale_sign_error = ' '
let g:ale_sign_warning = 'w'
let g:ale_statusline_format = ['  %d', '  %d', '  OK']
```

```
let g:ale_echo_msg_format = '[%linter%] %code: %%s'
let g:ale_lint_on_text_changed = 'normal'
let g:ale_lint_on_insert_leave = 1
let g:ale_c_gcc_options = '-Wall -O2 -std=c99'
let g:ale_cpp_gcc_options = '-Wall -O2 -std=c++14'
let g:ale_c_cppcheck_options = ''
let g:ale_cpp_cppcheck_options = ''
```

使用 ALE 工具编写一个简单的 C 程序，如图 2.4 所示。

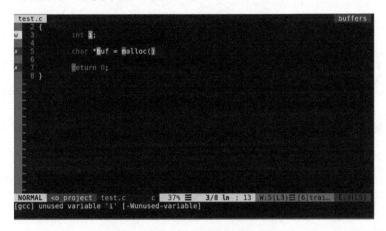

图2.4　使用ALE工具编写的C程序

Vim 的左边会显示错误或警告，其中"w"表示警告，"x"表示错误。如图 2.4 所示，第 3 行出现了警告，这是因为 gcc 编译器发现变量 i 虽然定义了但没有使用。

7）自动补全插件 YouCompleteMe

代码补全功能在 Vim 的发展历程中是一项比较弱的功能，因此一直被使用 Source Insight 的人诟病。早些年出现的自动补全插件（如 AutoComplPop、Omnicppcomplete、Neocomplcache 等）在效率上低得惊人，特别是在把整个 Linux 内核代码添加到项目中时，要使用这些代码补全功能，每次都要等待一两分钟的时间，简直让人抓狂。

YouCompleteMe 是最近几年才出现的新插件，该插件利用 clang 来为 C/C++代码提供代码提示和补全功能。借助 clang 的强大功能，YouCompleteMe 的补全效率和准确性极高，可以和 Source Insight 一比高下。因此，Linux 开发人员在为 Vim 配备了 YouCompleteMe 插件之后，完全可以抛弃 Source Insight。

在安装 YouCompleteMe 插件之前，需要保证 Vim 的版本必须高于 7.4.1578，并且支持 Python 2 或 Python 3。Ubuntu Linux 20.04 版本中的 Vim 满足以上要求，使用其他发行版的读者可以用如下命令进行检查。

```
$ vim -version
```

为了安装 YouCompleteMe 插件，可在.vimrc 文件中添加如下内容。

```
Plugin 'Valloric/YouCompleteMe'
```

然后重启 Vim，输入并运行命令"`:PluginInstall`"以完成安装。在这个过程中由于要从网络上下载代码，因此需要等待一段时间。

插件安装完之后，需要重新编译，所以在编译之前需要保证已经安装如下软件包。

```
$ sudo apt-get install build-essential cmake python3-dev
```

检查系统中的 Python 版本是否为 Python 3。

```
rlk@ubuntu:~$ python
Python 3.8.2 (default, Mar 13 2020, 10:14:16)
[GCC 9.3.0] on linux
Type "help", "copyright", "credits" or "license" for more information.
>>>
```

若默认安装的不是 Python 3，可以通过 update-alternatives--install 命令来设置。

```
$ sudo update-alternatives --install /usr/bin/python python /usr/bin/python3 1
```

```
$ sudo update-alternatives --install /usr/bin/python python /usr/bin/python2 2
```

再使用 update-alternatives--config python 命令来选择。

```
rlk@ubuntu:~$ sudo update-alternatives --config python
There are 2 choices for the alternative python (providing /usr/bin/python).

  Selection    Path               Priority   Status
------------------------------------------------------------
* 0            /usr/bin/python2    2         auto mode
  1            /usr/bin/python2    2         manual mode
  2            /usr/bin/python3    1         manual mode
Press <enter> to keep the current choice[*], or type selection number:
```

接下来对 YouCompleteMe 插件代码进行编译。

```
$ cd ~/.vim/bundle/YouCompleteMe
$ python3 install.py --clang-completer
```

--clang-completer 表示对 C/C++提供支持。

编译完之后，还需要做一些配置工作，把~/.vim/bundle/YouCompleteMe/third_party/ycmd/examples/.ycm_extra_conf.py 文件复制到~/.vim 目录中。

```
$ cp
~/.vim/bundle/YouCompleteMe/third_party/ycmd/examples/.ycm_extra_conf.py
~/.vim
```

在.vimrc 配置文件中还需要添加如下配置。

```
let g:ycm_server_python_interpreter='/usr/bin/python'
let g:ycm_global_ycm_extra_conf='~/.vim/.ycm_extra_conf.py'
```

这样就完成了 YouCompleteMe 插件的安装和配置。

下面做一下简单测试。首先启动 Vim，输入"#include <stdio>"以检查是否会出现补全提示，如图 2.5 所示。

8）自动索引

图2.5 代码补全测试

旧版本的 Vim 是不支持异步模式的，因此每次写一部分代码都需要手动运行 ctags 命令来生成索引，这是 Vim 的一大痛点。这个问题在 Vim 8 之后得到了改善。下面推荐一个可以异步生成 tags 索引的插件，这个插件名为 vim-gutentags。

安装 vim-gutentags 插件的命令如下。

```
Plugin 'ludovicchabant/vim-gutentags'
```

重启 Vim，输入命令":PluginInstall"以完成安装，在这个过程中需要从网络上下载代码。

对插件进行一些简单的配置，将以下内容添加到.vimrc 配置文件中。

```
" 搜索项目目录的标志，碰到这些文件/目录名就停止向上一级目录递归
let g:gutentags_project_root = ['.root', '.svn', '.git', '.hg', '.project']

" 配置 ctags 的参数
let g:gutentags_ctags_extra_args = ['--fields=+niazS', '--extra=+q']
let g:gutentags_ctags_extra_args += ['--c++-kinds=+px']
let g:gutentags_ctags_extra_args += ['--c-kinds=+px']
```

当我们修改一个文件时，vim-gutentags 会在后台默默帮助我们更新 tags 数据索引库。

9）.vimrc 中的其他一些配置

.vimrc 中还有一些其他常用的配置，如显示行号等。

```
set nu!            " 显示行号

syntax enable
syntax on
colorscheme desert

:set autowrite    " 自动保存
```

10）使用 Vim 来阅读 Linux 内核源代码

我们已经把 Vim 打造成一个足以媲美 Source Insight 的 IDE 工具了。下面介绍如何阅读 Linux 内核源代码。

下载 Linux 内核官方的源代码或者本书提供的源代码。

```
git clone https://e.coding.net/benshushu/runninglinuxkernel_5.0.git
```

Linux 内核已经支持使用 ctags 和 cscope 来生成索引文件，而且会根据编译的 config 文件选择需要扫描的文件。下面使用 make 命令来生成 ctags 和 cscope。

```
$ export ARCH=arm64
$ export CROSS_COMPILE=aarch64-linux-gnueabi-
$ make rlk_defconfig
$ make tags cscope TAGS  //生成tags,cscope, TAGS等索引文件
```

　　启动 Vim，通过 ":e mm/memory.c" 命令打开 memory.c 源文件，然后在 do_anonymous_page() 函数的第 2563 行中输入 "vma->"，Vim 中将自动出现 struct vm_area_struct 数据结构的成员供你选择，而且速度快得惊人，如图 2.6 所示。

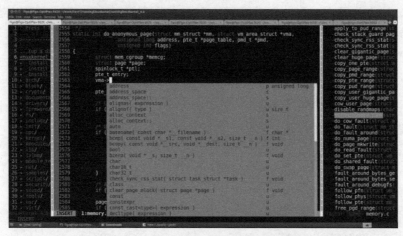

图2.6　在Linux内核代码中尝试代码补全

　　另外，我们在 do_anonymous_page() 函数的第 2605 行中的 page_add_new_anon_rmap() 位置按 F7 键，就能很快查找到 Linux 内核中所有调用 page_add_new_anon_rmap() 函数的地方，如图 2.7 所示。

图2.7　查找哪些函数调用了page_add_new_anon_rmap()

2.6.6 实验 2-6：建立一个 git 本地仓库

1. 实验目的
学会如何快速创建一个 git 本地仓库，并将它运用到实际工作中。

2. 实验详解
我们通常在实际项目中会使用一台独立的机器作为 git 服务器，然后在 git 服务器中建立一个远程仓库，这样项目中所有的人都可以通过局域网来访问这台 git 服务器。当然，我们在本实验中可以使用同一台机器来模拟 git 服务器。

1）git 服务器端的操作

首先需要在 git 服务器端建立一个目录，然后初始化这个 git 仓库。假设我们是在 "/opt/git/" 目录下进行创建。

```
$ cd /opt/git/
$ mkdir test.git
$ cd test.git/
$ git --bare init
Initialized empty Git repository in /opt/git/test.git/
```

我们通过 git --bare init 命令创建了一个空的远程仓库。

2）客户端的操作

打开另外一个终端，然后在本地工作目录中编辑代码，比如在 home 目录中。

```
$ cd /home/ben/
$ mkdir test
```

编辑 test.c 文件，添加用于简单地输出 "hello world" 的语句。

```
$ vim test.c
```

初始化本地的 git 仓库。

```
$ git init
Initialized empty Git repository in /home/figo/work/test/.git/
```

查看当前工作区的状态。

```
$ git status
On branch master

Initial commit

Untracked files:
  (use "git add <file>..." to include in what will be committed)

    test.c

nothing added to commit but untracked files present (use "git add" to track)
```

可以看到工作区里有 test.c 文件，通过 git add 命令添加 test.c 文件到缓存区中。

```
$ git add test.c
```

用 git commit 提交新的修改记录。

```
$ git commit -s

test: add init code for xxx project

Signed-off-by: Ben Shushu <runninglinuxkernel@126.com>

# Please enter the commit message for your changes. Lines starting
# with '#' will be ignored, and an empty message aborts the commit.
# On branch master
#
# Initial commit
#
# Changes to be committed:
#       new file:   test.c
#
```

上述代码中添加了对这个修改记录的描述，保存之后将自动生成另一个新的修改记录。

```
$ git commit -s
[master (root-commit) ea92c29] test: add init code for xxx project
 1 file changed, 8 insertions(+)
 create mode 100644 test.c
```

接下来需要把本地的 git 仓库推送到远程仓库中。

使用 git remote add 命令添加刚才那个远程仓库的地址。

```
$ git remote add origin ssh://ben@192.168.0.1:/opt/git/test.git
```

其中 "192.168.0.1" 是服务器端的 IP 地址，"ben" 是服务器端的登录名。

最后使用 git push 命令进行推送。

```
$ git push origin master
figo@192.168.0.1's password:
Counting objects: 3, done.
Delta compression using up to 8 threads.
Compressing objects: 100% (2/2), done.
Writing objects: 100% (3/3), 320 bytes | 0 bytes/s, done.
Total 3 (delta 0), reused 0 (delta 0)
To ssh://figo@10.239.76.39:/opt/git/test.git
 * [new branch]      master -> master
```

3）复制远程仓库

这时我们就可以在局域网内通过 git clone 复制这个远程仓库到本地了。

```
$ git clone ssh://ben@192.168.0.1:/opt/git/test.git
Cloning into 'test'...
ben@192.168.0.1's password:
remote: Counting objects: 3, done.
```

```
remote: Compressing objects: 100% (2/2), done.
remote: Total 3 (delta 0), reused 0 (delta 0)
Receiving objects: 100% (3/3), done.
Checking connectivity... done.
$ cd test/
$ git log
commit ea92c29d88ba9e58960ec13911616f2c2068b3e6
Author: Ben Shushu <runninglinuxkernel@126.com>
Date:   Mon Apr 16 23:13:32 2018 +0800

    test: add init code for xxx project

    Signed-off-by: Ben Shushu <runninglinuxkernel@126.com>
```

2.6.7　实验 2-7：解决分支合并冲突

1．实验目的
了解和学会如何解决合并分支时遇到的冲突。

2．实验详解
首先，创建发生分支合并冲突的环境，步骤如下。

（1）创建一个本地分支。

```
$ git init
```

（2）在 master 分支上新建 test.c 文件。输入简单的 "hello world" 程序，然后生成一个修改记录。

```
#include <stdio.h>

int main()
{
    int i;

    printf("hello word\n");

    return 0;
}
```

（3）基于 master 分支创建 dev 分支。

```
$ git checkout -b dev
```

（4）在 dev 分支上做如下改动，并生成另一个修改记录。

```
diff --git a/test.c b/test.c
index 39ee70f..ed431cc 100644
--- a/test.c
+++ b/test.c
@@ -2,7 +2,10 @@
```

65

```
 int main()
 {
-        int i;
+        int i = 10;
+        char *buf;
+
+        buf = malloc(100);

         printf("hello word\n");
```

（5）切换到主分支，然后继续修改 test.c 文件，再次生成一个修改记录。

```
diff --git a/test.c b/test.c
index 39ee70f..e0ccfb9 100644
--- a/test.c
+++ b/test.c
@@ -3,6 +3,7 @@
 int main()
 {
         int i;
+        int j = 5;

         printf("hello word\n");
```

（6）这样我们的实验环境就搭建好了。在这个 git 仓库里有两个分支，一个是 master 分支，另一个是 dev 分支，它们同时修改了相同的文件，如图 2.8 所示。

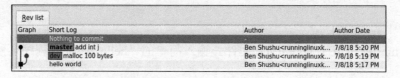

图2.8　主分支和dev分支

（7）使用如下命令把 dev 分支上的提交合并到 master 分支，如果遇到了冲突，请解决。

```
$ git branch      //先确认当前分支是master分支
$ git merge dev   //把dev分支合并到master分支
```

下面简单介绍一下如何解决分支合并冲突。当合并分支遇到冲突时会显示如下提示，其中明确告诉了我们是在合并哪个文件时发生了冲突。

```
$ git merge dev
Auto-merging test.c
CONFLICT (content): Merge conflict in test.c
Automatic merge failed; fix conflicts and then commit the result.
```

接下来要做的工作就是手动修改冲突了。打开 test.c 文件，你会看到 "<<<<<<<" 和 ">>>>>>>" 符号包括的区域就是发生冲突的地方。至于如何修改冲突，git 工具是没有办法做判断的，只能读者自己判断，前提条件是要对代码有深刻的理解。

```
#include <stdio.h>
```

```
int main()
{
<<<<<<< HEAD
        int i;
        int j = 5;
=======
        int i = 10;
        char *buf;

        buf = malloc(100);
>>>>>>> dev

        printf("hello word\n");

        return 0;
}
```

冲突修改完之后，可以通过 git add 命令把 test.c 文件添加到 git 仓库中。

```
$git add test.c
```

然后使用 git merge--continue 命令继续合并工作，直到合并完成为止。

```
$ git merge --continue
[master 9ad3b85] Merge branch 'dev'
```

读者可以重复以上实验步骤，重建一个本地 git 仓库，使用变基命令合并 dev 分支到 master 分支，遇到冲突时请尝试解决。

2.6.8 实验 2-8：利用 git 来管理 Linux 内核开发

1．实验目的

通过模拟一个项目的实际操作来演示如何利用 git 进行 Linux 内核的开发和管理。该项目的需求如下。

（1）该项目需要基于 Linux 4.0 内核进行二次开发。

（2）在本地建立一个名为"ben-linux-test"的 git 仓库，上传的内容要包含 Linux 4.0 中所有提交的信息。

2．实验详解

首先，参考实验 2-6，在本地建立一个空的名为"ben-linux-test"的 git 仓库。

然后，下载 Linux 官方的仓库代码。

接下来要做的工作就是在这个本地的 git 仓库里下载 Linux 4.0 的官方代码，那么应该怎么做呢？首先我们需要添加 Linux 官方的 git 仓库。这里可以使用 git remote add 命令来添加一个远程仓库的地址，如下所示。

```
$ git remote add linux
https://git.kernel.org/pub/scm/linux/kernel/git/torvalds/linux.git
```

使用 git remote -v 命令把 Linux 内核官方的远程仓库添加到本地，并且使用别名 linux。

```
$ git remote -v
linux
https://git.kernel.org/pub/scm/linux/kernel/git/torvalds/linux.git (fetch)
linux
https://git.kernel.org/pub/scm/linux/kernel/git/torvalds/linux.git (push)
origin    https://github.com/figozhang/ben-linux-test.git (fetch)
origin    https://github.com/figozhang/ben-linux-test.git (push)
```

使用 git fetch 命令把新添加的远程仓库下载到本地。

```
$ git fetch linux
remote: Counting objects: 6000860, done.
remote: Compressing objects: 100% (912432/912432), done.
Rceiving objects:  1% (76970/6000860), 37.25 MiB | 694.00 KiB/s
```

下载完成后，使用 git branch -a 命令查看分支情况。

```
$ git branch -a
* master
  remotes/linux/master
  remotes/origin/master
```

可以看到远程仓库有两个。一个是我们刚才在本地创建的仓库（remotes/origin/master），另一个是 Linux 内核官方的远程仓库（remotes/linux/master）。

为了把官方仓库中含 Linux 4.0 标签的所有提交添加到本地的 master 分支，首先需要从 remotes/linux/master 分支中检查名为 linux-4.0 的本地分支。

```
$ git checkout -b linux-4.0 linux/master
Checking out files: 100% (61345/61345), done.
Branch linux-4.0 set up to track remote branch master from linux.
Switched to a new branch 'linux-4.0'

$ git branch -a
* linux-4.0
  master
  remotes/linux/master
  remotes/origin/master
```

因为项目需要在 Linux 4.0 中完成，所以把 linux-4.0 分支重新放到 Linux 4.0 标签上，这时可以使用 git reset 命令。

```
$ git reset v4.0 --hard
Checking out files: 100% (61074/61074), done.
HEAD is now at 39a8804 Linux 4.0
```

这样本地 linux-4.0 分支将真正基于 Linux 4.0 内核，并且包含 Linux 4.0 中所有提交的信息。

接下来要做的工作就是把本地 linux-4.0 分支中提交的信息都合并到本地的 master 分支。

首先，需要切换到本地的 master 分支。

```
$ git checkout master
```

然后，使用 git merge 命令把本地 linux-4.0 分支中所有提交的信息都合并到 master 分支。

```
$ git merge linux-4.0 --allow-unrelated-histories
```

以上合并操作会生成名为 merge branch 的提交消息，如下所示。

```
merge branch 'linux-4.0'

# Please enter a commit message to explain why this merge is necessary,
# especially if it merges an updated upstream into a topic branch.
#
# Lines starting with '#' will be ignored, and an empty message aborts
# the commit.
```

最后，本地 master 分支中提交的信息将变成下面这样。

```
$ git log --oneline
c67cf17 Merge branch 'linux-4.0'
f85279c first commit
39a8804 Linux 4.0
6a23b45 Merge branch 'for-linus' of
git://git.kernel.org/pub/scm/linux/kernel/git/viro/vfs
54d8ccc Merge branch 'fixes' of
git://git.kernel.org/pub/scm/linux/kernel/git/evalenti/linux-soc-thermal
56fd85b Merge tag 'asoc-fix-v4.0-rc7' of
git://git.kernel.org/pub/scm/linux/kernel/git/broonie/sound
14f0413c ASoC: pcm512x: Remove hardcoding of pll-lock to GPIO4
```

这样本地 master 分支就包含了 Linux 4.0 内核的所有 git log 信息。最后，只需要把这个 master 分支推送到远程仓库即可。

```
$ git push origin master
```

现在远程仓库的 master 分支已经包含 Linux 4.0 内核的所有提交了，在此基础上可以建立属于该项目自己的分支，比如 dev-linux-4.0 分支、feature_a_v0 分支等。

```
$ git branch -a
  dev-linux-4.0
* feature_a_v0
  master
  remotes/linux/master
  remotes/origin/master
```

2.6.9 实验 2-9：利用 git 来管理项目代码

1. 实验目的

（1）在 Linux 4.0 上做开发。为了简化开发，我们假设只需要修改 Linux 4.0 根目录下面的 Makefile，如下所示。

```
VERSION = 4
PATCHLEVEL = 0
SUBLEVEL = 0
EXTRAVERSION =
NAME = Hurr durr I'ma sheep //修改这里，改成 benshushu
```

（2）把修改推送到本地仓库。

（3）过了几个月，这个项目需要变基（rebase）到 Linux 4.15 内核，并且把之前做的工作也变基到 Linux 4.15 内核，同时更新到本地仓库中。如果变基时遇到冲突，那么需要进行修复。

（4）合并一个分支以及变基到最新的主分支。

（5）在合并分支和变基分支的过程中，修复冲突。

2．实验详解

在实际项目开发过程中，分支的管理是很重要的。以现在这个项目为例，项目开始时，我们会选择一个内核版本进行开发，比如选择 Linux 4.0 内核。等到项目开发到一定的阶段，比如 Beta 阶段，需求发生变化。这时需要基于最新的内核进行开发，如基于 Linux 4.15 内核。因此就要把开发工作变基到 Linux 4.15 了。这种情形在实际开源项目中是很常见的。

因此，分支管理显得很重要。master 分支通常是用来与开源项目同步的，dev 分支是我们平常开发用的分支。另外，每个开发人员在本地可以建立属于自己的分支，如 feature_a_v0 分支，表示开发者在本地创建的用来开发 feature a 的分支，版本是 v0。

```
$ git branch -a
* dev-linux-4.0
  feature_a_v0
  master
  remotes/linux/master
  remotes/origin/master
remotes/origin/dev-linux-4.0
```

1）把开发工作推送到 dev-linux-4.0 分支

下面基于 dev-linux-4.0 分支进行工作，比如这里要求修改 Makefile，然后生成一个修改记录并且将它推送到 dev-linux-4.0 分支。

首先，修改 Makefile。修改后的内容如下。

```
diff --git a/Makefile b/Makefile
index fbd43bf..2c48222 100644
--- a/Makefile
+++ b/Makefile
@@ -2,7 +2,7 @@ VERSION = 4
 PATCHLEVEL = 0
 SUBLEVEL = 0
 EXTRAVERSION =
-NAME = Hurr durr I'ma sheep
```

```
+NAME = benshushu

 # *DOCUMENTATION*
 # To see a list of typical targets execute "make help"
@@ -1598,3 +1598,5 @@ FORCE:
 # Declare the contents of the .PHONY variable as phony. We keep that
 # information in a variable so we can use it in if_changed and friends.
 .PHONY: $(PHONY)
+
+#demo for rebase by benshush //在最后一行添加，为了将来变基制造冲突
```

然后，生成一个修改记录。

```
$ git add Makefile
$ git commit -s

    demo: modify Makefile

    modify Makefile for demo

    v1: do it base on linux-4.0
```

最后，把上述修改推送到远程仓库。

```
$ git push origin dev-linux-4.0
Counting objects: 3, done.
Delta compression using up to 8 threads.
Compressing objects: 100% (3/3), done.
Writing objects: 100% (3/3), 341 bytes | 0 bytes/s, done.
Total 3 (delta 2), reused 0 (delta 0)
remote: Resolving deltas: 100% (2/2), completed with 2 local objects.
remote: Checking connectivity: 3, done.
   c67cf17..f35ab68  dev-linux-4.0 -> dev-linux-4.0
```

2）新建 dev-linux-4.15 分支

首先，从远程仓库（remotes/linux/master）分支新建一个名为 linux-4.15-org 的分支。

```
$ git checkout -b linux-4.15-org linux/master
```

然后，把 linux-4.15-org 分支重新放到 v4.15 标签上。

```
$ git reset v4.15 --hard
Checking out files: 100% (21363/21363), done.
HEAD is now at d8a5b80 Linux 4.15
```

接着，切换到 master 分支。

```
$ git checkout master
Checking out files: 100% (57663/57663), done.
Switched to branch 'master'
Your branch is up-to-date with 'origin/master'.
```

接下来，把 linux-4.15-org 分支中的所有信息都合并到 master 分支。

```
figo@figo:~ben-linux-test$ git merge linux-4.15-org
```

71

合并完之后，查看 master 分支的日志信息，如下所示。

```
figo@figo ~ben-linux-test$ git log --oneline
749d619 Merge branch 'linux-4.15-org'
c67cf17 Merge branch 'linux-4.0'
f85279c first commit
d8a5b80 Linux 4.15
```

最后，把主分支的更新推送到远程仓库，这样远程仓库中的 master 分支便基于 Linux 4.15 内核了。

```
figo@figo:~ben-linux-test$ git push origin master
```

3）变基到 Linux 4.15 上

首先，基于 dev-linux-4.0 分支创建 dev-linux-4.15 分支。

```
figo@figo:~ben-linux-test$ git checkout dev-linux-4.0
figo@figo:~ben-linux-test$ git checkout -b dev-linux-4.15
```

因为我们已经把远程仓库中的 master 分支更新到 Linux 4.15，所以接下来把 master 分支中的所有信息都变基到 dev-linux-4.15 分支。在这个过程中可能有冲突发生。

```
$ git rebase master
First, rewinding head to replay your work on top of it...
Applying: demo: modify Makefile
Using index info to reconstruct a base tree...
M    Makefile
Falling back to patching base and 3-way merge...
Auto-merging Makefile
CONFLICT (content): Merge conflict in Makefile
error: Failed to merge in the changes.
Patch failed at 0001 demo: modify Makefile
The copy of the patch that failed is found in: .git/rebase-apply/patch

When you have resolved this problem, run "git rebase --continue".
If you prefer to skip this patch, run "git rebase --skip" instead.
To check out the original branch and stop rebasing, run "git rebase --abort".
```

这里显示在合并"demo: modify Makefile"这个补丁时发生了冲突，并且告知我们发生冲突的文件是 Makefile。接下来，可以手动修改 Makefile 文件并处理冲突。

```
# SPDX-License-Identifier: GPL-2.0
VERSION = 4
PATCHLEVEL = 15
SUBLEVEL = 0
EXTRAVERSION =
<<<<<<< 749d619c8c85ab54387669ea206cddbaf01d0772
NAME = Fearless Coyote
=======
NAME = benshushu
>>>>>>> demo: modify Makefile
```

手动修改冲突之后，可以通过 git diff 命令看一下变化。通过 git add 命令添加修改的文件，然后通过 git rebase --continue 命令继续做变基处理。当后续遇到冲突时还会停下来，手动修改冲突，并继续通过 git add 来添加修改后的文件，直到所有冲突被修改完。

```
$ git add Makefile
$ git rebase --continue
Applying: demo: modify Makefile
```

变基完成之后，我们可通过 git log --oneline 命令查看 dev-linux-4.15 分支的状况。

```
figo@figo:~ben-linux-test$ git log --oneline
344e37a demo: modify Makefile
749d619 Merge branch 'linux-4.15-org'
c67cf17 Merge branch 'linux-4.0'
f85279c first commit
d8a5b80 Linux 4.15
```

最后，我们把 dev-linux-4.15 分支推送到远程仓库来完成这个项目。

```
figo@figo:~ben-linux-test$ git push origin dev-linux-4.15
```

4）合并和变基分支的区别

本实验使用 merge 和 rebase 来合并分支，有些读者可能感到有些迷惑。

```
$ git merge master
$ git rebase master
```

上述两个命令都用于将主分支合并到当前分支，结果有什么不同呢？

假设一个 git 仓库里有一个 master 分支，还有一个 dev 分支，如图 2.9 所示。

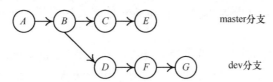

图2.9 执行合并分支之前

每个节点的提交顺序如表 2.8 所示。

表 2.8 节点的提交顺序

节　　点	提　交　顺　序
A	1号
B	2号
C	3号
D	4号
E	5号
F	6号
G	7号

在执行 git merge master 命令之后，dev 分支变成图 2.10 所示的结果。

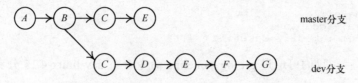

图2.10 执行git merge master合并之后的结果

我们可以看到，在执行 git merge master 命令之后，dev 分支中的提交都是基于时间轴来合并的。

执行 git rebase master 命令之后，dev 分支变成图 2.11 所示的结果。

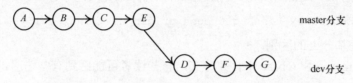

图2.11 执行git rebase master合并之后的结果

git rebase 命令用来改变一串提交基于的分支，如 git rebase master 表示 dev 分支的 D、F 和 G 这 3 个节点的提交都基于最新的 master 分支，也就是基于 E 节点的提交。git rebase 命令的常见用途是保持正在开发的分支（如 dev 分支）相对于另一个分支（如主分支）是最新的。

merge 和 rebase 命令都用来合并分支，那么分别应该在什么时候使用呢？

❑ 当需要合并别人的修改时，可以考虑使用 merge 命令，比如在项目管理中合并其他开发者的分支。

❑ 当开发工作或者提交的补丁需要基于某个分支时，可以考虑使用 rebase 命令，比如给 Linux 内核社区提交补丁。

第 **3** 章　ARM64 架构基础知识

Linux 5.4 内核已经能够支持几十种的处理器架构，目前市面上流行的两种架构是 x86_64 和 ARM64。x86_64 架构在 PC 和服务器市场中占据主导地位，ARM64 架构则在手机芯片、嵌入式芯片市场中占据主导地位。本书重点讲述 Linux 内核的入门和实践，但是离开了处理器架构，就犹如空中楼阁，毕竟操作系统只是为处理器服务的一种软件而已。国内有相当多的开发者采用 ARM64 处理器来进行产品开发，比如手机、IoT 设备、嵌入式设备等。因此，本章介绍与 ARM64 架构相关的入门知识。

ARM 公司除了提供处理器 IP 和配套工具以外，主要还定义了一系列的 ARM 兼容指令集来构建整个 ARM 的软件生态系统。

从 ARMv4 指令集开始为开发人员所熟悉，兼容 ARMv4 指令集的处理器架构有 ARM7-TDMI，典型处理器是三星的 S3C44B0X。兼容 ARMv4T 指令集的处理器架构有 ARM920T，典型处理器是三星的 S3C2440，有些读者可能还买过基于 S3C2440 的开发板。

兼容 ARMv5 指令集的处理器架构有 ARM926EJ-S，典型处理器有 NXP 的 i.MX2 Series。兼容 ARMv6 指令集的处理器架构有 ARM11 MPCore。

到了 ARMv7 指令集，处理器系列以 Cortex 命名，又分成 A、R 和 M 系列，通常 A 系列针对大型嵌入式系统（例如手机），R 系列针对实时性系统，M 系列针对单片机市场。Cortex-A7 和 Cortex-A9 处理器是前几年手机的主流配置。Cortex-A 系列处理器面市后，由于处理性能的大幅提高以及功耗比的下降，使得手机和平板电脑市场迅猛发展。另外，一些新的应用需求正在酝酿，比如大内存、虚拟化、安全特性（Trustzone[①]），以及更高的能效比（大小核）等。虚拟化和安全特性在 ARMv7 上已经实现，但是对大内存的支持显得有点捉襟见肘。虽然可以通过大物理地址扩展（Large Physical Address Extension，LPAE）技术支持 40 位的物理地址空间，但是由于 32 位的处理器最多支持 4GB 的虚拟地址空间，因此不适合虚拟内存需求巨大的应用。于是 ARM 公司设计了一套全新的指令集，即 ARMv8-A 指令集，以支持 64 位指令集，并且保持向前兼容 ARMv7-A 指令集。通过定义 AArch64 与 AArch32 两套运行环境来分别运行 64 位和 32 位指令集，软件就可以动态切换运行环境。为了行文方

---

① Trustzone 技术在 ARMv6 架构中已实现，并且在 ARMv7-A 架构的 Cortex-A 系列处理器中已开始大规模使用。

便，在本书中 AArch64 也称为 ARM64，AArch32 也称为 ARM32。

3.1 ARM64 架构介绍

3.1.1 ARMv8-A 架构介绍

ARMv8-A 是 ARM 公司发布的第一代支持 64 位处理器的指令集和架构。它在扩充 64 位寄存器的同时提供对上一代架构指令集的兼容，因而能同时提供运行 32 位和 64 位应用程序的执行环境。

ARMv8-A 架构除了提高了处理能力外，还引入了很多吸引人的新特性。

❑ 通过超大物理地址空间，提供超过 4GB 物理内存的访问。

❑ 具有 64 位宽的虚拟地址空间。32 位处理器中只能提供 4GB 大小的虚拟地址空间，这极大限制了桌面系统和服务器等应用的发挥。64 位宽的虚拟地址空间可以提供超大的访问空间。

❑ 提供 31 个 64 位宽的通用寄存器，可以减少对栈的访问，从而提高性能。

❑ 提供 16KB 和 64KB 的页面，有助于降低 TLB 的未命中率（miss rate）。

❑ 具有全新的异常处理模型，有助于降低操作系统和虚拟化的实现复杂度。

❑ 具有全新的加载-获取、存储-释放指令（load-acquire, store-release instruction），专为 C++11、C11 以及 Java 内存模型而设计。

3.1.2 常见的 ARMv8 处理器

下面介绍市面上常见的 ARMv8 架构的处理器内核。

❑ **Cortex-A53 处理器内核**：ARM 公司第一款采用 ARMv8-A 架构设计的处理器内核，专为低功耗而设计。通常可以使用 1～4 个 Cortex-A53 处理器组成处理器簇（cluster），也可以和 Cortex-A57/Cortex-A72 等高性能处理器组成大小核架构。

❑ **Cortex-A57 处理器内核**：采用 64 位 ARMv8-A 架构设计的 CPU，而且通过 AArch32 执行状态来保持与 ARMv7 架构的完全后向兼容性。除了 ARMv8 的架构优势之外，Cortex-A57 还提高了单个时钟周期的性能，比高性能的 Cortex-A15 CPU 高出 20%～40%。Cortex-A57 还改进了二级高速缓存的设计以及内存系统的其他组件，极大地提高了能效。

❑ **Cortex-A72 处理器内核**：2015 年年初正式发布的基于 ARMv8-A 架构并对 Cortex-A57 处理器做了大量优化和改进的一款处理器内核。在相同的移动设备电池寿命限制下，Cortex-A72 相比基于 Cortex-A15 的设备能提供 3.5 倍的性能提升，展现出优异的整体功耗效率。

3.1.3　ARM64 的基本概念

ARM 处理器实现的是精简指令集计算机（Reduced Instruction Set Computer，RISC）架构。本节介绍 ARMv8-A 架构中的一些基本概念。

1．处理单元

ARM 公司的官方技术手册中提到了一个概念，可以把处理器处理事务的过程抽象为处理单元（Processing Element，PE）。

2．执行状态

执行状态（execution state）是处理器运行时的环境，包括寄存器的位宽、支持的指令集、异常模型、内存管理以及编程模型等。ARMv8 架构定义了两种执行模式。

- ❑ AArch64：64 位的执行状态。
  - ❑ 提供 31 个 64 位的通用寄存器。
  - ❑ 提供 64 位的程序计数（PC）寄存器、栈指针（SP）寄存器以及异常链接寄存器（ELR）。
  - ❑ 提供 A64 指令集。
  - ❑ 定义 ARMv8 异常模型，支持 4 个异常等级——EL0 ~ EL3。
  - ❑ 提供 64 位的内存模型。
  - ❑ 定义一组处理器状态（PSTATE）用来保存 PE 的状态。
- ❑ AArch32：32 位的执行状态。
  - ❑ 提供 13 个 32 位的通用寄存器，再加上 PC 寄存器、SP 寄存器、链接寄存器（LR）。
  - ❑ 支持两套指令集，分别是 A32 和 T32 指令集（Thumb 指令集）。
  - ❑ 支持 ARMv7-A 异常模型，基于 PE 模式并映射到 ARMv8 的异常模型。
  - ❑ 提供 32 位的虚拟内存访问机制。
  - ❑ 定义一组处理器状态（PSTATE）用来保存 PE 的状态。

3．ARMv8 指令集

ARMv8 架构根据不同的执行状态提供对不同指令集的支持。

- ❑ A64 指令集：运行在 AArch64 状态，提供 64 位指令集支持。
- ❑ A32 指令集：运行在 AArch32 状态，提供 32 位指令集支持。
- ❑ T32 指令集：运行在 AArch32 状态，提供 16 和 32 位指令集支持。

4．系统寄存器命名

在 AArch64 状态下，很多系统寄存器会根据不同的异常等级提供不同的变种寄存器。

```
<register_name>_ELx, where x is 0, 1, 2, or 3
```

比如，SP_EL0 表示 EL0 下的栈指针寄存器，SP_EL1 表示 EL1 下的栈指针寄存器。

3.1.4　ARMv8 处理器的运行状态

ARMv8 处理器支持两种运行状态——AArch64 状态和 AArch32 状态。AArch64 状态是 ARMv8 新增的 64 位运行状态，而 AArch32 状态是为了兼容 ARMv7 架构而保留的 32 位运行状态。当处理器运行在 AArch64 状态时执行 A64 指令集；而当运行在 AArch32 状态时，可以执行 A32 指令集或 T32 指令集。

AArch64 架构的异常等级（exception level）确定了处理器当前运行的特权级别，类似于 ARMv7 架构中的特权等级，如图 3.1 所示。

- ❑ EL0：用户特权，用于运行普通用户程序。
- ❑ EL1：系统特权，通常用于运行操作系统。
- ❑ EL2：运行虚拟化扩展的虚拟监控程序（hypervisor）。
- ❑ EL3：运行安全世界中的安全监控器（secure monitor）。

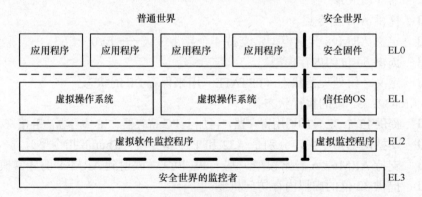

图3.1　AArch64架构的异常等级

在 ARMv8 架构里允许切换应用程序的运行模式。比如，在运行 64 位操作系统的 ARMv8 处理器中，我们可以同时运行 A64 指令集的应用程序和 A32 指令集的应用程序。但是在运行 32 位操作系统的 ARMv8 处理器中，就不能执行 A64 指令集的应用程序了。当需要执行 A32 指令集的应用程序时，需要通过管理员调用（Supervisor Call，SVC）指令切换到 EL1，操作系统会执行任务的切换并且返回到 AArch32 的 EL0，这时候系统便为这个应用程序准备好了 AArch32 的运行环境。

3.1.5 ARMv8 架构支持的数据宽度

ARMv8 架构支持如下几种数据宽度。
- 字节（byte）：1 字节等于 8 位。
- 半字（halfword）：16 位。
- 字（word）：32 位。
- 双字（doubleword）：64 位。
- 4 字（quadword）：128 位。

3.1.6 不对齐访问

不对齐访问有两种情况。一种是指令对齐，另一种是数据对齐。A64 指令集要求指令存放的位置必须以字（word，32 位宽）为单位对齐。访问存储位置不是以字为单位对齐的指令会导致 PC 对齐异常（PC aligment fault）。

对于数据访问，需要区分不同的内存类型。对内存类型是设备内存的不对齐访问会触发对齐异常（alignment fault）。

对于访问普通内存，除了使用独占。加载/独占-存储（load-exclusive/store-exclusive）指令或加载-获取/存储-释放（load-acquire/store-release）指令外，还这可使用其他的用于加载或存储单个或多个寄存器的所有指令。如果访问地址和要访问的数据元素大小不对齐，那么可以根据以下两种情况进行处理。
- 若对应的异常等级中的 SCTLR_EL*x* 寄存器的 A 域设置为 1，则说明打开了地址对齐检查功能，因而会触发对齐异常。
- 若对应的异常等级中的 SCTLR_EL*x* 寄存器的 A 域设置为 0，则说明处理器支持不对齐访问。

当然，处理器支持的不对齐访问也有一些限制。
- 不能保证单次访问原子地完成，有可能复制多次。
- 不对齐访问比对齐访问需要更多的处理时间。
- 不对齐的地址访问可能会引发中止（abort）。

3.2 ARMv8 寄存器

3.2.1 通用寄存器

AArch64 运行状态支持 31 个 64 位的通用寄存器，分别是 x0~x30 寄存器，而 AArch32

运行状态支持 16 个 32 位的通用寄存器。

通用寄存器除了用于数据运算和存储之外，还可以在函数调用过程中起到特殊作用。ARM64 架构的函数调用标准和规范对此有所约定，如图 3.2 所示。

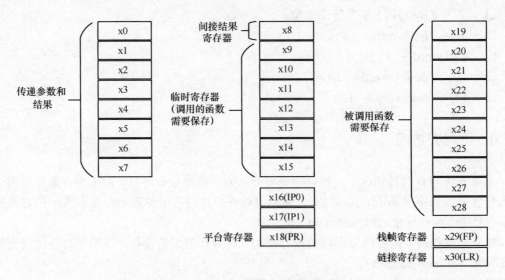

图3.2　AArch64的31个通用寄存器

在 AArch64 运行状态下，使用 X 来表示 64 位通用寄存器，比如 X0、X30 等。另外，还可以使用 W 来表示低 32 位的寄存器，比如 W0 表示 X0 寄存器的低 32 位数据，W1 表示 X1 寄存器的低 32 位数据，如图 3.3 所示。

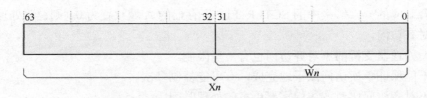

图3.3　64位通用寄存器和32位通用寄存器

3.2.2　处理器状态寄存器

在 ARMv7 架构中使用 CPSR 来表示当前处理器的状态，而在 AArch64 架构中使用的是处理器状态寄存器，简称 PSTATE，如表 3.1 所示。

表 3.1　PSTATE 寄存器

分　类	字　段	描　述
条件标志位	N	负数标志位。 在结果是有符号的二进制补码的情况下，如果结果为负数，则$N=1$；如果结果为非负数，则$N=0$
	Z	零标志位。 如果结果为0，则$Z=1$；如果结果不为0，则$Z=0$
	C	进位标志位。 发生无符号溢出时，$C=1$。 其他情况下，C通常为0
	V	有符号数溢出标志位。 对于加减法指令，当操作数和结果是有符号的整数时，如果发生溢出，则$V=1$；如果无溢出发生，则$V=0$。 对于其他指令，V通常不发生变化
执行状态控制	SS	软件单步。若ss为1，则说明在进行异常处理时使能了软件单步功能
	IL	不合法的异常状态
	nRW	当前执行模式。 0：处于AArch64状态。 1：处于AArch32状态
	EL	当前异常等级。 0：表示EL0。 1：表示EL1。 2：表示EL2。 3：表示EL3
	SP	选择栈指针寄存器。当运行在EL0时，处理器选择使用SP_EL0；当运行在其他异常等级时，处理器可以选择使用SP_EL0或对应的SP_ELn寄存器
异常掩码标志位	D	调试位。使能调试位可以在异常处理过程中打开调试断点和软件单步等功能
	A	用来屏蔽系统错误（SError）
	I	用来屏蔽IRQ
	F	用来屏蔽FIQ

（续表）

分　类	字　段	描　述
访问权限	PAN	特权不访问（Privileged Access Never）位，为ARMv8.1扩展特性。 1：在EL1或EL2访问属于EL0的虚拟地址时会触发访问权限错误。 0：不支持该功能，需要用软件来模拟
	UAO	用户特权访问覆盖标志位，为ARMv8.2扩展特性。 1：当处在EL1或EL2时，没有特权的加载存储指令可以和有特权的加载存储指令一样访问内存，比如LDTR指令。 0：不支持该功能

3.2.3　特殊寄存器

ARMv8 架构除了支持 31 个通用寄存器之外，还提供多个特殊的寄存器，如图 3.4 所示。

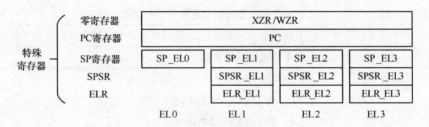

图3.4　特殊寄存器

1．零寄存器

ARMv8 架构提供两个零寄存器（zero register），这两个零寄存器的内容全是 0，可以用作源寄存器，也可以当作目标寄存器。WZR 是 32 位的零寄存器，XZR 是 64 位的零寄存器。

2．栈指针寄存器

ARMv8 架构支持 4 个异常等级，每一个异常等级都有专门的 SP_Eln 寄存器，比如当处理器运行在 EL1 时就选择 SP_EL1 寄存器作为栈指针（Stack Pointer，SP）寄存器。

- ❑　SP_EL0：EL0 下的栈指针寄存器。
- ❑　SP_EL1：EL1 下的栈指针寄存器。
- ❑　SP_EL2：EL2 下的栈指针寄存器。
- ❑　SP_EL3：EL3 下的栈指针寄存器。

当处理器运行在比 EL0 高的异常等级时：

❏ 处理器可以访问当前异常等级对应的栈指针寄存器 SP_EL*n*。

❏ EL0 对应的栈指针寄存器 SP_EL0 可以当作临时寄存器，比如 Linux 内核就使用这种临时寄存器存放进程的 task_struct 数据结构的指针。

当运行在 EL0 时，处理器只能访问 SP_EL0 寄存器，而不能访问其他高等级的 SP 寄存器。

3．PC 寄存器

PC（Program Counter）寄存器通常用来指向当前运行指令的下一条指令的地址，用于控制程序中指令的执行顺序，但是编程人员不能通过指令来直接访问。

4．异常链接寄存器

异常链接寄存器（Exception Link Register，ELR）用来存放异常返回地址。

5．保存处理状态寄存器

当我们进行异常处理时，处理器的处理状态会保存到保存处理状态寄存器（Saved Process Status Register，SPSR）里，这种寄存器非常类似于 ARMv7 架构中的 CPSR。当异常将要发生时，处理器会把处理状态寄存器（PSTATE）的值暂时保存到 SPSR 里；当异常处理完成并返回时，再把 SPSR 中的值恢复到处理器状态寄存器。SPSR 的布局如图 3.5 所示，SPSR 中的重要字段如表 3.2 所示。

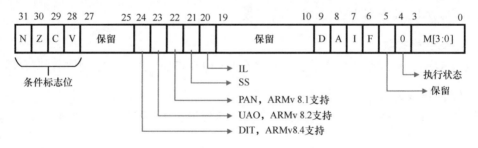

图3.5 SPSR的布局

表 3.2 SPSR 中的重要字段

字 段	描 述
N	负数标志位
Z	零标志位
C	进位标志位
V	有符号数溢出标志位
SS	软件单步。若SS为1，则说明在进行异常处理时使能了软件单步功能

（续表）

字　　段	描　　述
IL	不合法的异常状态
D	调试位。使能调试位可以在异常处理过程中打开调试断点和软件单步等功能
A	用来屏蔽系统错误（SError）
I	用来屏蔽IRQ
F	用来屏蔽FIQ
M[4]	用来表示处理器在异常处理过程中处于哪种运行模式下，若为0表示AArch64
M[3:0]	异常模式

6．CurrentEL 寄存器[①]

PSTATE 寄存器中的 EL 字段保存了当前异常等级。使用 MRS 指令可以读取当前异常等级。

❑　　0：表示 EL0。
❑　　1：表示 EL1。
❑　　2：表示 EL2。
❑　　3：表示 EL3。

7．DAIF 寄存器

表示 PSTATE 寄存器中的{D, A, I, F}字段。

8．SPSel 寄存器

表示 PSTATE 寄存器中的 SP 字段，用来在 SP_EL0 和 SP_ELn 中选择栈指针寄存器。

9．PAN 寄存器

用来表示 PSTATE 寄存器中的 PAN 字段。可以通过 MSR 和 MRS 指令来设置 PAN 寄存器。

10．UAO 寄存器

用来表示 PSTATE 寄存器中的 UAO 字段。可以通过 MSR 和 MRS 指令来设置 UAO 寄存器。

3.2.4　系统寄存器

除了上面介绍的通用寄存器和特殊寄存器之外，ARMv8 架构还定义了很多系统寄存器，

---

① 详见《ARM Architecture Reference Manual, for ARMv8-A Architecture Profile, v8.4》的 C5.2 节。

可通过访问和设置这些系统寄存器来完成对处理器不同功能的配置。在 ARMv7 架构里，我们需要通过访问 CP15 协处理器来间接访问这些系统寄存器；而在 ARMv8 架构中没有协处理器，可直接访问系统寄存器。ARMv8 架构支持如下 7 大类的系统寄存器。

- ❑　通用系统控制寄存器。
- ❑　调试寄存器。
- ❑　性能监控寄存器。
- ❑　活动监控寄存器。
- ❑　统计扩展寄存器。
- ❑　RAS 寄存器。
- ❑　通用定时器寄存器。

系统寄存器支持不同异常等级下的访问，通常系统寄存器可使用 "Reg_ELn" 的方式来表示，示例如下。

- ❑　Reg_EL1：处理器处于 EL1、EL2 以及 EL3 时可以访问该寄存器。
- ❑　Reg_EL2：处理器处于 EL2 和 EL3 时可以访问该寄存器。

当处于 EL0 时，大部分系统寄存器不支持处理器访问，但也有一些例外，比如 CTR_EL0。可以通过 MSR 和 MRS 指令来访问系统寄存器，比如：

```
mrs x0, TTBR0_EL1      //把TTBR0_EL1的值复制到x0寄存器
msr TTBR0_EL1, x0      //把x0寄存器的值复制到TTBR0_EL1
```

3.3　A64 指令集

指令集架构（ISA）是处理器架构设计的重点之一。ARM 公司定义和实现的指令集架构一直在不断变化和发展。ARMv8 架构最大的改变是增加了一种新的 64 位的指令集，这是对早前 ARM 指令集的有益补充和增强，称为 A64 指令集。这种指令集可以处理 64 位宽的寄存器，并且使用 64 位的指针来访问内存，运行在 AArch64 状态下。ARMv8 兼容老的 32 位指令集，又称为 A32 指令集，运行在 AArch32 状态下。

A64 指令集和 A32 指令集是不兼容的，它们是两套完全不一样的指令集架构，它们的指令编码也不一样。需要注意的是，A64 指令集的指令为 32 位宽，而不是 64 位宽。

3.3.1　算术和移位操作指令

常用的算术指令包括加法指令、减法指令等，常用的逻辑操作指令有数据搬移指令等，如表 3.3 所示。

表 3.3　算术和逻辑操作指令

指　　令	描　　述
ADD	加法指令
SUB	减法指令
ADC	带进位的加法指令
SBC	带进位的减法指令
NGC	负数减法指令
CMP	比较指令（比较两个数并且更新标志位）
CMN	负向比较（将一个数跟另一个数的二进制补码做比较）
TST	测试（执行按位与操作，并根据结果更新CPSR中的Z字段）
MOV	数据搬移指令
MVN	加载一个数的NOT值（逻辑取反后的值）

3.3.2　乘和除操作指令

常见的乘法和除法指令如表 3.4 所示。

表 3.4　乘法和除法指令

指　　令	描　　述
MADD	超级乘加指令
MNEG	先乘后取负数
MSUB	乘减运算
MUL	乘法运算
SMADDL	有符号的乘加运算
SMNEGL	有符号的乘负运算，先乘后取负数
SMSUBL	有符号的乘减运算
SMULH	有符号的乘法运算，但是只取高64位
SMULL	有符号的乘法运算
UMADDL	无符号的乘加运算
UMNEGL	无符号的乘负运算
UMULH	无符号的乘法运算，但是只取高64位
UMULL	无符号的乘法运算
SDIV	有符号的除法运算
UDIV	无符号的除法运算

3.3.3　移位操作指令

常见的移位操作指令如表 3.5 所示。

表 3.5　移位操作指令

指　　令	描　　述
LSL	逻辑左移指令
LSR	逻辑右移指令
ASR	算术右移指令
ROR	循环右移指令

3.3.4　位操作指令

常见的位操作指令如表 3.6 所示。

表 3.6　位操作指令

指　　令	描　　述
BFI	位段（bitfield）插入指令
BFC	位段清零指令
BIC	位清零指令
SBFX	有符号的位段提取指令
UBFX	无符号的位段提取指令
AND	按位与操作
ORR	按位或操作
EOR	按位异或操作
CLZ	前导零计数指令

3.3.5　条件操作指令

A64 指令集沿用了 A32 指令集中的条件操作指令，处理器状态寄存器中的条件标志位
（NZCV）描述了 4 种状态，如表 3.7 所示。

常见的条件操作后缀如表 3.8 所示。

大部分的 ARM 数据处理指令可以根据执行结果来选择是否更新条件标志位。常见的条
件操作指令如表 3.9 所示。

表 3.7　条件标志位

条件标志位	描　　述
N	负数标志（上一次运算结果为负值）
Z	零结果标志（上一次运算结果为零）
C	进位标志（上一次的运算结果出现无符号数溢出）
V	有符号数溢出标志（上一次运算结果出现有符号数溢出）

表 3.8　常见的条件操作后缀

条件操作后缀	含　　义	条件标志位	条　件　码
EQ	相等	$Z=1$	0b0000
NE	不相等	$Z=0$	0b0001
CS/HS	无符号数大于或等于	$C=1$	0b0010
CC/LO	无符号数小于	$C=0$	0b0011
MI	负数	$N=1$	0b0100
PL	正数或零	$N=0$	0b0101
VS	溢出	$V=1$	0b0110
VC	未溢出	$V=0$	0b0111
HI	无符号数大于	$(C=1)$ && $(Z=0)$	0b1000
LS	无符号数小于或等于	$(C=0)$ || $(Z=1)$	0b1001
GE	有符号数大于或等于	$N == V$	0b1010
LT	有符号数小于	$N != V$	0b1011
GT	有符号数大于	$(Z==0)$ && $(N==V)$	0b1100
LE	有符号数小于或等于	$(Z==1)$ || $(n!=V)$	0b1101
AL	无条件执行	—	0b1110
NV	无条件执行		0b1111

表 3.9　条件操作指令

条件操作指令	说　　明
CSEL	条件选择指令
CSET	条件置位指令
CSINC	条件选择并增加指令

3.3.6　内存加载指令

和早期的 ARM 架构一样，ARMv8 架构也是基于加载和存储指令的架构。在这种架构下，所有的数据处理需要在寄存器中完成，而不能直接在内存中完成。因此，首先要把待处理数据从内存加载到通用寄存器，然后进行数据处理，最后把结果写回到内存中。

最常见的内存加载指令是 LDR 指令，存储指令是 STR 指令。

```
加载/存储指令的格式:
LDR 目标寄存器, <存储器地址>    //把存储器地址的数据加载到目标寄存器中
STR 源寄存器, <存储器地址>      //把源寄存器的值存储到存储器中
```

LDR 和 STR 指令根据不同的数据位宽有多种变种，如表 3.10 所示。

表 3.10　各种加载和存储指令

指　　　令	说　　　明
LDR	数据加载指令
LDRSW	有符号的数据加载指令，大小为字（word）
LDRB	数据加载指令，大小为字节
LDRSB	有符号的数据加载指令，大小为字节
LDRH	数据加载指令，大小为半字（halfword）
LDRSH	有符号的数据加载指令，大小为半字
STRB	数据存储指令，大小为字节
STRH	数据存储指令，大小为半字

下面介绍 LDR 和 STR 指令的常用方式。

1．地址偏移模式

地址偏移模式常常使用寄存器的值来表示地址，或者基于寄存器的值做一些偏移，计算出内存地址，并且把内存地址的值加载到通用寄存器中。偏移量可以是正数，也可以是负数。常见的指令格式如下。

```
LDR Xd, [Xn, $offset]
```

首先，为 Xn 寄存器的内容加上偏移量并作为内存地址，加载此内存地址的内容到 Xd 寄存器中。

下面举例说明。

```
LDR X0, [X1]   /      /内存地址为X1寄存器的值，加载此地址的值到X0寄存器中
LDR X0, [X1, #8]      //内存地址为X1寄存器的值+8，加载此地址的值到X0寄存器中
```

```
LDR X0, [X1, X2]                //内存地址为X1寄存器的值+X2寄存器的值，加载此地址的值到X0
                                //寄存器中

LDR X0,[X1, X2, LSL #3]         //内存地址为X1寄存器的值+(X2寄存器的值<<3)，加载此地址的值
                                //到X0寄存器中

LDR X0, [X1, W2, SXTW]          //先把W2的值做有符号扩展，再和X1寄存器的值相加后作为地址，
                                //加载此地址的值到X0寄存器中

LDR X0, [X1, W2, SXTW #3]       //先把W2的值做有符号扩展，然后左移3位，再和X1寄存器的值相加
                                //后作为地址，加载此地址的值到X0寄存器中
```

2. 变基模式

变基模式主要有两种。

❏　前变基模式（pre-index 模式）：先更新偏移地址，后访问内存。

❏　后变基模式（post-index 模式）：先访问内存地址，后更新偏移地址。

下面举例说明。

```
LDR X0, [X1, #8]!               //前变基模式。先更新X1寄存器的值为X1寄存器的值+8，后以新的
                                //值为地址，加载内存的值到X0寄存器中

LDR X0, [X1], #8                //后变基模式。以X1寄存器的值为地址，加载此地址的值到X0寄存器
                                //中，然后更新X1寄存器的值为X1寄存器的值+8

SDP X0, X1, [SP, #-16]!         //把X0和X1寄存器的值压回栈中

LDP X0, X1, [SP], #16           //把X0和X1寄存器的值弹出栈
```

3. PC 相对地址模式

汇编代码常常使用标号（label）来标记代码逻辑片段。我们可以使用 PC 相对地址模式来访问这些标号。在 ARM 架构中，我们不能直接访问 PC 地址，但是可以通过 PC 相对地址模式来访问和 PC 相关的地址。

下面举例说明。

```
LDR X0，=<label>                //从label地址处加载8字节到X0寄存器中
```

4. 总结

读者容易对下面 3 条指令产生困扰。

```
LDR X0, [X1, #8]                //内存地址为X1寄存器的值+8，加载此地址的值到X0寄存器中
LDR X0, [X1, #8]!               //前变基模式。先更新X1寄存器的值为X1寄存器的值+8，后以新的
                                //X1寄存器的值为地址，加载内存的值到X0寄存器中
LDR X0, [X1], #8                //后变基模式。以X1寄存器的值为地址，加载此地址的值到X0寄存
                                //器中，然后更新X1寄存器的值为X1寄存器的值+8
```

方括号（[ ]）表示从内存地址中读取或存储数据，而指令中的感叹号（！）表示是否更新存放地址的寄存器，即写回和更新寄存器。

3.3.7　多字节内存加载和存储指令

A32 指令集提供了 LDM 和 STM 指令来实现多字节内存的加载和存储，到了 A64 指令集，已不再提供 LDM 和 STM 指令，而是采用 LDP 和 STP 指令。

下面举例说明。

```
LDP  X3, X7, [X0]            //以X0寄存器的值为地址，加载此地址的值到X3寄存器中，以
                            //X0寄存器的值+8为地址，加载此地址的值到X7寄存器中

LDP  X1, X2, [X0, #0x10]!    //前变基。先计算X0寄存器的值0x10，再以X0寄存器的值为地
                            //址，加载此地址的值到X1寄存器，然后以X0寄存器的值+8的
                            //值为地址，加载此地址的值到X2寄存器中

STP  X1, X2, [X4]           //存储X1寄存器的值到地址为X4寄存器的值的内存中，然后存
                            //储X2寄存器的值到地址为X4寄存器的值+8的内存中
```

3.3.8　非特权访问级别的加载和存储指令

ARMv8 架构实现了一组非特权访问级别的加载和存储指令，它们适用于 EL0 特权等级下的访问权限，如表 3.11 所示。

表 3.11　非特权加载和存储访问指令

指　　令	描　　述
LDTR	非特权加载指令
LDTRB	非特权加载指令，加载1字节
LDTRSB	非特权加载指令，加载有符号的1字节
LDTRH	非特权加载指令，加载2字节
LDTRSH	非特权加载指令，加载有符号的2字节
LDTRSW	非特权加载指令，加载有符号的4字节
STTR	非特权存储指令，存储8字节
STTRB	非特权存储指令，存储1字节
STTRH	非特权存储指令，存储2字节

当 PSTATE 寄存器中的 UAO 字段为 1 时，在 EL1 和 EL2 下执行这些非特权指令的效果和特权指令是一样的，这一特性是在 ARMv8.2 扩展特性中加入的。

3.3.9　内存屏障指令

ARMv8 架构实现了弱一致性内存模型，内存访问的次序有可能和程序预期的次序不一样。A64 和 A32 指令集提供了内存屏障指令，如表 3.12 所示。

表 3.12　内存屏障指令

指　　令	描　　述
DMB	数据存储屏障（Data Memory Barrier，DMB），用于确保在执行新的存储器访问前，所有的存储器访问都已经完成
DSB	数据同步屏障（Data Synchronization Barrier，DSB），用于确保在下一个指令执行前，所有的存储器访问都已经完成
ISB	指令同步屏障（Instruction Synchronization Barrier，ISB），用于清空流水线，确保在执行新的指令前，之前所有的指令都已完成

3.3.10　独占访存指令

ARMv7 和 ARMv8 架构都提供了独占访存（Exclusive Memory Access）指令，如表 3.13 所示。在 A64 指令集中，LDXR 指令尝试在内存总线中申请独占访问的锁，用以访问某个内存地址。STXR 指令会往刚才 LDXR 指令已经申请独占访问的内存地址里写入新内容。LDXR 和 STXR 指令通常组合使用以完成一些同步操作，比如 Linux 内核的自旋锁。

表 3.13　独占访存指令

指　　令	描　　述
LDXR	独占访存指令
STXR	独占访存指令
LDXP	多字节独占访存指令
STXP	多字节独占访存指令

3.3.11　跳转指令

编写汇编代码时常常会使用到跳转指令，A64 指令集提供了多种不同功能的跳转指令，如表 3.14 所示。

表 3.14 跳转指令

指 令	描 述
B	跳转指令
B.cond	有条件的跳转指令
BL	带返回地址的跳转指令
BR/BLR	跳转到寄存器指定的地址处
RET	从子函数返回
CBZ	比较并跳转指令
CBNZ	比较并跳转指令
TBZ	测试位并跳转指令
TBNZ	测试位并跳转指令

3.3.12 异常处理指令

A64 指令集支持多个异常处理指令，如表 3.15 所示。

表 3.15 异常处理指令

指 令	描 述
SVC	系统调用指令
HVC	虚拟化系统调用指令
SMC	安全监控系统调用指令

3.3.13 系统寄存器访问指令

在 ARMv7 架构中，可通过访问 CP15 协处理器来访问系统寄存器。ARMv8 架构对此进行了大幅改进和优化，可通过 MRS 和 MSR 两条指令直接访问系统寄存器，如表 3.16 所示。

表 3.16 系统寄存器访问指令

指 令	描 述
MRS	读取系统寄存器到通用寄存器
MSR	更新系统寄存器

1．访问系统特殊寄存器

比如，通过以下代码可以访问系统特殊寄存器。

```
MRS X4, ELR_EL1         //读取ELR_EL1的值到X4寄存器
MSR SPSR_EL1, X0        //把X0寄存器的值更新到SPSR_EL1
```

2．访问系统寄存器

ARMv8 架构支持 7 大类系统寄存器，下面以 SCTLR 寄存器为例。通过以下代码可以访问 SCTLR 寄存器。

```
mrs  x20, sctlr_el1  //读取SCTLR_EL1寄存器[①]
msr  sctlr_el1, x20  //设置SCTLR_EL1寄存器
```

SCTLR_EL1 寄存器可以用来设置很多系统属性，比如系统大小端等。我们可以使用 MRS 和 MSR 指令来访问系统寄存器。

3．访问 PSTATE 字段

除了访问系统寄存器之外，还可以通过 MSR 和 MRS 指令来访问 PSTATE 寄存器的相关的字段，这些字段可以看作特殊用途的系统寄存器[②]，如表 3.17 所示。

表 3.17　特殊用途的系统寄存器

寄　存　器	描　　　　述
CurrentEL	获取当前系统的异常等级
DAIF	获取和设置PSTATE寄存器中的DAIF域
NZCV	获取和设置PSTATE寄存器中的条件掩码
PAN	获取和设置PSTATE寄存器中的PAN字段
SPSel	获取和设置当前的栈指针寄存器
UAO	获取和设置PSTATE寄存器中的UAO字段

在 Linux 内核代码中，可使用以下指令关闭本地处理器的中断功能。

```
<arch/arm64/include/asm/assembler.h>

.macro disable_daif
    msr     daifset, #0xf
.endm

.macro enable_daif
    msr     daifclr, #0xf
.endm
```

disable_daif 宏用来关闭本地处理器中 PSTATE 寄存器中的 DAIF 功能，也就是关闭处理器调试、系统错误、IRQ 以及 FIQ。enable_daif 宏用来打开上述功能。

下面是一个设置栈指针和获取当前异常等级的例子，代码实现在 arch/arm64/kernel/

---

① 详见《ARM Architecture Reference Manual, for ARMv8-A architecture profile, v8.4》的 D12.2.100 节。

② 详见《ARM Architecture Reference Manual, for ARMv8-A architecture profile, v8.4》的 C5.2 节。

head.S 汇编文件中。

```
<arch/arm64/kernel/head.S>

ENTRY(el2_setup)
    msr SPsel, #1                    //设置栈指针，使用SP_EL1
    mrs x0, CurrentEL                //获取当前异常等级
    cmp x0, #CurrentEL_EL2
    b.eq    1f
```

3.4 ARM64 异常处理

在 ARM64 架构里，中断属于异常的一种。中断是外部设备通知处理器的一种方式，它会打断处理器正在执行的指令流。

3.4.1 异常类型

1. 中断

在 ARM 处理器中，FIQ（Fast Interrupt reQuest）的优先级要高于 IRQ（Interrupt ReQuest）。在芯片内部，分别由 IRQ 和 FIQ 两根中断线连接到处理器内部。通常，SoC 内部会有一个中断控制器，众多外部设备的中断引脚会连接到中断控制器，由中断控制器负责中断优先级调度，然后发送中断信号给处理器，如图 3.6 所示。

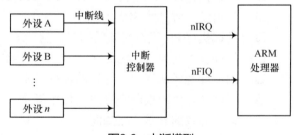

当外部设备发生重要的事情时需要通知处理器，中断发生的时刻和当前正在执行的指令无关，因此中断的发生时间点是异步的。对于处理器来说，中断常常猝不及防，但是又不得不停止当前执行的代码来处理中断。在 ARMv8 架构中，中断属于异步模式的异常。

图3.6 中断模型

2. 中止

中止（abort）[①]主要有指令中止（instruction abort）和数据中止（data abort）两种，通常是因为访问外部存储单元时发生了错误，处理器内部的 MMU（Memory Management Unit）能捕获这些错误并且报告给处理器。

指令中止是指当处理器尝试执行某条指令时发生了错误，而数据中止是指使用加载或存

---

① 有的中文图书翻译成异常。

储指令读写外部存储单元时发生了错误。

3. 复位

复位（reset）操作是优先级最高的一种异常处理。复位操作包括上电复位和手动复位两种。

4. 软件产生的异常

ARMv8 架构提供了 3 种软件产生的异常。发生这些异常通常是因为软件想尝试进入更高的异常等级。

- ❑　SVC 指令：允许用户模式下的程序请求操作系统服务。
- ❑　HVC 指令：允许客户机（guest OS）请求主机服务。
- ❑　SMC 指令：允许普通世界（normal world）中的程序请求安全监控服务。

3.4.2　同步异常和异步异常

ARMv8 架构把异常分成同步异常和异步异常两种。同步异常是指处理器需要等待异常处理的结果，然后再继续执行后面的指令，比如数据中止发生时我们知道发生数据异常的地址，因而可以在异常处理函数中修复这个地址。

常见的同步异常如下。

- ❑　尝试访问异常等级不恰当的寄存器。
- ❑　尝试执行被关闭或没有定义（UNDEFINED）的指令。
- ❑　使用没有对齐的 SP。
- ❑　尝试执行 PC 没有对齐的指令。
- ❑　软件产生的异常，比如执行 SVC、HVC 或 SMC 指令。
- ❑　因地址翻译或权限等导致的数据异常。
- ❑　因地址翻译或权限等导致的指令异常。
- ❑　调试导致的异常，比如断点异常、观察点异常、软件单步异常等。

中断发生时，处理器正在处理的指令和中断是完全没有关系的，它们之间没有依赖关系。因此，指令异常和数据异常称为同步异常，而中断称为异步异常。

常见的异步异常包括物理中断和虚拟中断。

物理中断分为系统错误、IRQ、FIQ。

虚拟中断分为 vSError、vIRQ、vFIQ。

3.4.3　异常的发生和退出

当异常发生时，CPU 核心能感知到异常发生，而且对应有目标异常等级（target exception

level）。CPU 会自动做如下一些事情[①]。

- 将处理器状态寄存器 PSTATE 保存到对应目标异常等级的 SPSR_ELx 中。
- 将返回地址保存在对应目标异常等级的 ELR_ELx 中。
- 把 PSTATE 寄存器里的 DAIF 域都设置为 1，这相当于把调试异常、系统错误（SError）、IRQ 以及 FIQ 都关闭了。PSTATE 寄存器是 ARMv8 里新增的寄存器。
- 如果出现同步异常，那么究竟是什么原因导致的呢？具体原因需要查看 ESR_ELx。
- 设置栈指针，指向对应目标异常等级下的栈，自动切换 SP 到 SP_ELx。
- CPU 处理器会从异常发生现场的异常等级切换到对应目标异常等级，然后跳转到异常向量表并执行。

上述是 ARMv8 处理器检测到异常发生后自动做的事情。操作系统需要做的事情是从中断向量表开始，根据异常发生的类型，跳转到合适的异常向量表。异常向量表中的每项会保存一个异常处理的跳转函数，然后跳转到恰当的异常处理函数并处理异常。

当操作系统的异常处理完成后，执行一条 eret 指令即可从异常返回。这条指令会自动完成如下工作。

- 从 ELR_ELx 中恢复 PC 指针。
- 从 SPSR_ELx 恢复处理器的状态。

中断处理过程是在中断关闭的情况下进行的，那么中断处理完成后，应该在什么时候把中断打开呢？

当中断发生时，CPU 会把 PSTATE 寄存器中的值保存到对应目标异常等级的 SPSR_ELx 中，并且把 PSTATE 寄存器里的 DAIF 域都设置为 1，这相当于把本地 CPU 的中断关闭了。

当中断完成后，操作系统调用 eret 指令以返回中断现场，此时会把 SPSR_ELx 恢复到 PSTATE 寄存器中，这就相当于把中断打开了。

3.4.4　异常向量表

ARMv7 架构的异常向量表比较简单，每个表项占用 4 字节，并且每个表项里存放了一条跳转指令。但是 ARMv8 架构的异常向量表（见表 3.18）发生了变化。每一个表项需要 128 字节，这样可以存放 32 条指令。注意，ARMv8 指令集支持 64 位指令集，但是每一条指令的位宽是 32 位宽而不是 64 位宽。

在表 3.18 中，异常向量表存放的基地址可以通过 VBAR（Vector Base Address Register）来设置。VBAR 是异常向量表的基地址寄存器。

---

① 见《ARM Architecture Reference Manual, ARMv8, for ARMv8-A architecture profile v8.4》的 D.1.10 节。

表 3.18　ARMv8 架构的异常向量表

地址（基地址为 VBAR_EL*n*）	异 常 类 型	描　　述
+ 0x000	同步	当前异常等级[①]使用SP0，表示当前系统运行在EL1时使用EL0的栈指针，这是一种异常错误类型
+ 0x080	IRQ/vIRQ	
+ 0x100	FIQ/vFIQ	
+ 0x180	SError/vSError	
+0x200	同步	当前异常等级使用SP*x*，表示当前系统运行在EL1时使用EL1的栈指针，这说明系统在内核态发生了异常，这是一种很常见的场景
+0x280	IRQ/vIRQ	
+0x300	FIQ/vFIQ	
+0x380	SError/vSError	
+0x400	同步	AArch64下低的异常等级，表示当前系统运行在EL0并且在执行ARM64指令集的程序时发生了异常
+0x480	IRQ/vIRQ	
+0x500	FIQ/vFIQ	
+0x580	SError/vSError	
+0x600	同步	AArch32下低的异常等级，表示当前系统运行在EL0并且在执行ARM32指令集的程序时发生了异常
+0x680	IRQ/vIRQ	
+0x700	FIQ/vFIQ	
+0x780	SError/vSError	

① 当前异常等级表示系统中当前等级最高的异常等级（EL）。假设当前系统只运行Linux内核并且不包含虚拟化和安全特性，那么当前系统的最高异常等级就是EL1，运行的是Linux内核的内核态程序，而低一级的EL0下则运行用户态程序。

Linux 5.0 内核关于异常向量表的描述保存在 arch/arm64/kernel/entry.S 汇编文件中。

```
<arch/arm64/kernel/entry.S>

/*
 * 异常向量表
 */
    .pushsection ".entry.text", "ax"

    .align  11
ENTRY(vectors)
    # 使用SP0寄存器的当前异常类型的异常向量表
    kernel_ventry   1, sync_invalid
    kernel_ventry   1, irq_invalid
    kernel_ventry   1, fiq_invalid
    kernel_ventry   1, error_invalid

    # 使用SPx寄存器的当前异常类型的异常向量表
```

```
        kernel_ventry   1, sync
        kernel_ventry   1, irq
        kernel_ventry   1, fiq_invalid
        kernel_ventry   1, error

        # AArch64下低异常等级的异常向量表
        kernel_ventry   0, sync
        kernel_ventry   0, irq
        kernel_ventry   0, fiq_invalid
        kernel_ventry   0, error

        # AArch32下低异常等级的异常向量表
        kernel_ventry   0, sync_compat, 32
        kernel_ventry   0, irq_compat, 32
        kernel_ventry   0, fiq_invalid_compat, 32
        kernel_ventry   0, error_compat, 32
END(vectors)
```

上述异常向量表的定义和表 3.18 是一致的。其中，kernel_ventry 是一个宏，它的实现在同一个文件里，简化后的代码片段如下。

```
<arch/arm64/kernel/entry.S>

.macro kernel_ventry, el, label, regsize = 64
    .align 7
    sub sp, sp, #S_FRAME_SIZE
    b   el\()\el\()_\label
    .endm
```

其中，align 是一条伪指令，align 7 表示按照 2 的 7 次方大小来对齐，2 的 7 次方是 128（字节）。

sub 指令的作用是对栈指针减去 S_FRAME_SIZE，其中 S_FRAME_SIZE 称为寄存器框架大小，也就是 pt_regs 数据结构的大小。

```
<arch/arm64/kernel/asm-offsets.c>

DEFINE(S_FRAME_SIZE,            sizeof(struct pt_regs));
```

最后的 b 指令的作用是跳转到相应的处理函数中。以发生在 EL1 的 IRQ 为例，这条语句将变成 "b el1_irq"。el1_irq 函数是发生在 EL1 的 IRQ 对应的处理函数。

3.5　ARM64 内存管理

如图 3.7 所示，ARM 处理器的内存管理单元（Memory Management Unit，MMU）包括 TLB 和页表遍历单元（Table Walk Unit）两个部件。TLB 是一块高速缓存，用于缓存页表转换结果，从而减少页表查询的时间。完整的页表翻译和查找的过程叫作页表查询（Translation Table Walk），页表查询的过程由硬件自动完成，但是页表的维护需要由软件完成。页表查询是一个相对比较耗时的过程，理想状态下 TLB 存放页表相关信息。当 TLB 未命中时，才会去查询页表，并且开始读入页表的内容。

图3.7　ARM内存管理架构

对于多任务操作系统，每个进程都拥有独立的进程地址空间。这些进程地址空间在虚拟地址范围内是相互隔离的，但是在物理地址空间内有可能映射到同一个物理页面，那么这些进程地址空间是如何和物理地址空间发生映射关系的呢？这就需要处理器的内存管理单元提供页表映射和管理的功能。图 3.8 是进程地址空间和物理地址空间的映射关系，左边是虚拟地址空间视图，右边是物理内存地址视图。虚拟地址空间又分成内核空间（kernel space）和用户空间（user space）。无论是内核空间还是用户空间，都可以通过处理器提供的页表机制来映射到实际的物理地址。

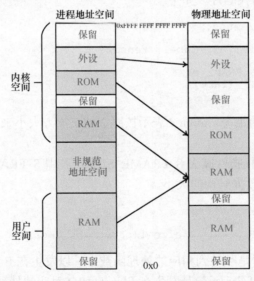

图3.8　进程地址空间和物理地址空间的映射关系

3.5.1　页表

AArch64 架构中的 MMU 不仅支持单一阶段的地址页表转换，还支持虚拟化扩展中的两阶段页表转换。

❑　单一阶段页表：虚拟地址（VA）被翻译成物理地址（PA）。

❑　两阶段页表（虚拟化扩展）。

阶段 1——虚拟地址被翻译成中间物理地址（Intermediate Physical Address，IPA）。

阶段 2——中间物理地址被翻译成最终物理地址。

另外，ARMv8 架构支持多种页表格式。

❑ ARMv8 架构的长描述符格式。

❑ ARMv7 架构的长描述符格式，需要打开 LPAE。

❑ ARMv7 架构的短描述符格式。

当处于 AArch32 状态时，可使用 ARMv7 架构的短描述符格式或长描述符格式的页表来运行 32 位的应用程序；当处于 AArch64 状态时，可使用 ARMv8 架构的长描述符格式的页表来运行 64 位的应用程序。

另外，ARMv8 架构还支持 4KB、16KB 和 64KB 这 3 种页面粒度。

3.5.2　页表映射

在 AArch64 架构中，因为地址总线位宽最多支持 48 位，所以虚拟地址被划分为两个空间，每个空间最多支持 256TB。

❑ 低位的虚拟地址空间位于 0x0000000000000000~0x0000FFFFFFFFFFFF。如果虚拟地址的最高位等于 0，那就使用这个虚拟地址空间，并且使用 TTBR0_ELx（Translation Table Base Register）来存放页表的基地址。

❑ 高位的虚拟地址空间介于 0xFFFF000000000000~0xFFFFFFFFFFFFFFFF。如果虚拟地址的最高位等于 1，那就使用这个虚拟地址空间，并且使用 TTBR1_ELx 来存放页表的基地址。

AArch64 架构中的页表支持如下特性。

❑ 最多可以支持 4 级页表。

❑ 输入地址的最大有效位宽为 48 位。

❑ 输出地址的最大有效位宽为 48 位。

❑ 翻译的页面粒度可以是 4KB、16KB 或 64KB。

注意，本书以 4KB 大小的页面和 48 位的地址位宽为例来说明 AArch64 架构中的页表映射过程。当然，读者在 Linux 内核中也可以配置其他大小的页面粒度，比如 16KB、64KB 等。

图 3.9 是 AArch64 架构中的地址映射，使用的是 4KB 的小页面。

当 TLB 未命中时，处理器查询页表的过程如下。

❑ 处理器根据 TTBRx 和虚拟地址来判断使用哪个页表基地址寄存器，是使用 TTBR0 还是 TTBR1。当虚拟地址的第 63 位（简称 VA[63]）为 1 时选择 TTBR1，当 VA[63] 为 0 时选择 TTBR0。页表基地址寄存器中存放着一级页表（比如图 3.9 中的 L0 页表）的基地址。

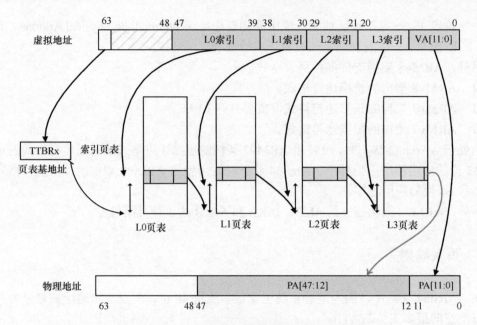

图3.9　AArch64架构中的地址映射（4KB页面）

❏ 处理器将虚拟地址的 VA[47:39]作为 L0 索引，在一级页表（L0 页表）中找到页表项，一级页表一共有 512 个页表项。

❏ 一级页表的页表项中存放有二级页表（L1 页表）的物理基地址。处理器将虚拟地址的 VA[38:30]作为 L1 索引，在二级页表中找到相应的页表项，二级页表有 512 个页表项。

❏ 二级页表的页表项中存放有三级页表（L2 页表）的物理基地址。处理器将虚拟地址的 VA[29:21]作为 L2 索引，在三级页表（L2 页表）中找到相应的页表项，三级页表有 512 个页表项。

❏ 三级页表的页表项中存放有四级页表（L3 页表）的物理基地址。处理器将虚拟地址的 VA[20:12]作为 L3 索引，在四级页表（L3 页表）中找到相应的页表项，四级页表有 512 个页表项。

❏ 四级页表的页表项里存放有 4KB 页的物理基地址，然后加上虚拟地址的 VA[11:0]就构成了新的物理地址，于是处理器就完成了页表的查询和翻译工作。

3.6　实验平台：树莓派

树莓派的英文全称为 Raspberry Pi，是专为计算机编程教育而设计的只有信用卡大小的微型计算机。2012 年 3 月，英国剑桥大学的埃本·阿普顿（Eben Epton）正式发售了第一代的树莓派，这是世界上最小的台式机，外形只有信用卡大小，却具有计算机的所有基本功能。树莓派自问世以来，受到众多计算机发烧友和创客的追捧。树莓派功能很强大，视频、音频等功能通通皆有，可谓"麻雀虽小，五脏俱全"。

树莓派截至 2020 年一共发布了 4 代产品。

- ❑ 2012 年发布第一代树莓派，采用 ARM11 处理器核心。
- ❑ 2014 年发布第二代树莓派，采用 ARM Cortex-A7 处理器核心。
- ❑ 2016 年发布第三代树莓派，采用 ARM Cortex-A53 处理器核心，支持 ARM64 架构。
- ❑ 2019 年发布第四代树莓派，采用 ARM Cortex-A72 处理器核心，支持 ARM64 架构。

本书中，建议读者选择树莓派 4（或树莓派 3B）作为实验平台。

3.6.1 树莓派 4 介绍

树莓派 4 采用性能强大的 Cortex-A72 处理器核心，处理性能比树莓派 3B 快 3 倍。树莓派 4 的结构如图 3.10 所示。

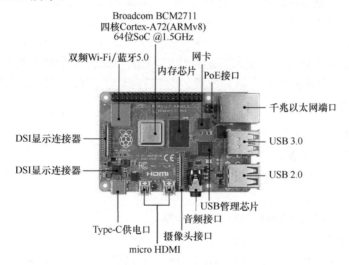

图3.10 树莓派4的结构

树莓派 3B 和树莓派 4 的差异如表 3.19 所示。

表 3.19 树莓派 3B 和树莓派 4 的差异

项	树莓派 3B	树莓派 4
SOC	博通BCM2837B	博通BCM2711
CPU	Cortex-A53处理器核心，4核心	Cortex-A72处理器核心，4核心

项	树莓派 3B	树莓派 4
GPU	VideoCore IV	400MHz VideoCore VI
内存	1GB DDR2内存	1GB~4GB DDR4内存
视频输出	单个HDMI	双micro HDMI
分辨率	1920×1200像素	4096×2160像素
USB端口	4个USB 2.0	两个USB 3.0 两个USB 2.0
有线网络	330 Mbit/s以太网	千兆以太网
无线网络	802.11ac	802.11ac
蓝牙	4.2	5.0
充电端口	micro USB	Type-C USB

3.6.2　实验 3-1：在树莓派上安装优麒麟 Linux 20.04 系统

1．实验目的

通过本实验学习在树莓派上安装与运行优麒麟操作系统，了解树莓派平台的一些基础知识。树莓派是近十年来较流行的小型开发板，被广泛应用于教育与嵌入式应用实验，可谓"麻雀虽小，五脏俱全"。

2．实验详解

我们需要准备以下设备：

- ❑ 树莓派 3B 或树莓派 4 主板。
- ❑ 一根 USB 电源线。
- ❑ 一张至少 8 GB 的 MicroSD 卡及读卡器。
- ❑ 一台支持 HDMI 的显示器。
- ❑ 一根 micro HDMI 线缆（树莓派 4）或一根 HDMI 线缆（树莓派 3B）。
- ❑ 一套 USB 接口的键盘与鼠标。

下面是实验步骤。

1）获取安装文件

我们可以从优麒麟官网获取优麒麟 Linux 树莓派版本的安装文件。

2）烧录安装文件

接下来需要花费几分钟时间将安装用的映像文件烧录到 MicroSD 卡中。首先将 MicroSD 卡插入 USB 读卡器。

在 Linux 主机上可以使用"dd"命令来完成烧录，而在 Windows 主机上则需要安装

Win32DiskImager 软件来进行烧录。

在 Linux 主机上可以使用"tar"命令来解压下载好的安装用的映像文件。在 Windows 主机上则可以使用 7-zip 或 bandzip 等工具来进行解压。

```
#tar -Jxf ubuntukylin-focal-raspi+arm64.img.xz
```

通过简单地执行 dd 命令，将预安装映像烧录至存储卡。

```
#dd if=ubuntukylin-focal-raspi+arm64.img of=/dev/sdX status=progress
```

其中，/dev/sdX 中的 X 需要修改为存储卡实际的映射值，可以通过"fdisk -l"命令来查看。

3）启动树莓派

现在需要将显示器或串口线以及键盘和鼠标连接至树莓派开发板，插入完成烧录后的 MicroSD 卡，最后连接电源线即可完成启动。

4）登录 UKUI 桌面环境

当登录界面显示之后，同时使用"kylin"作为用户名和密码即可成功登录。第一次登录之后，为了安全起见，我们需要修改默认密码，方法是简单地执行如下命令。

```
#passwd kylin
```

现在，我们已经在树莓派上成功安装了优麒麟 Linux 系统。

3.6.3 实验 3-2：汇编语言练习——查找最大数

1. 实验目的
通过本实验了解和熟悉 ARM64 汇编语言。

2. 实验要求
使用 ARM64 汇编语言来实现如下功能：在给定的一组数中查找最大数。程序可使用 GCC（AArch64 版本）工具来编译，并且可在树莓派 Linux 系统或者 QEMU＋ARM64 实验平台上运行。

3.6.4 实验 3-3：汇编语言练习——通过 C 语言调用汇编函数

1. 实验目的
通过本实验了解和熟悉 C 语言中如何调用汇编函数。

2. 实验要求
使用汇编语言实现一个汇编函数，用于比较两个数的大小并返回最大值，然后用 C 语言代码调用这个汇编函数。程序可使用 GCC（AArch64 版本）工具来编译，并且可在树莓派

Linux 系统或者 QEMU + ARM64 实验平台上运行。

3.6.5　实验 3-4：汇编语言练习——通过汇编语言调用 C 函数

1．实验目的

通过本实验了解和熟悉汇编语言中如何调用 C 函数。

2．实验要求

使用 C 语言实现一个函数，用于比较两个数的大小并返回最大值，然后用汇编代码调用这个 C 函数。程序可使用 GCC（AArch64 版本）来编译，并且可在树莓派 Linux 系统或者 QEMU + ARM64 实验平台上运行。

3.6.6　实验 3-5：汇编语言练习——GCC 内联汇编

1．实验目的

通过本实验了解和熟悉 GCC 内联汇编的使用。

2．实验要求

使用 GCC 内联汇编实现一个函数，用于比较两个数的大小并返回最大值，然后用 C 语言代码调用这个函数。程序可使用 GCC（AArch64 版本）工具来编译，并且可在树莓派 Linux 系统或者 QEMU + ARM64 实验平台上运行。

3.6.7　实验 3-6：在树莓派上编写一个裸机程序

1．实验目的

（1）通过本实验了解和熟悉 ARM64 汇编语言。

（2）了解和熟悉如何使用 QEMU 和 GDB 调试裸机程序。

2．实验要求

（1）编写一个裸机程序并运行在 QEMU 虚拟机中，输出 "hello world!" 字符串。

（2）把编译好的裸机程序放到树莓派上运行。

第 **4** 章 内核编译和调试

在学习内核之前，我们很有必要搭建内核的编译和调试环境，并掌握内核开发的基本工具和流程。

很多介绍嵌入式开发的图书会以某一款嵌入式开发板为蓝本介绍嵌入式 Linux 内核和驱动开发的工具及流程。嵌入式开发板通常需要用户额外付费，从几百元到几千元不等。Linux 初学者是否需要一款开发板才能开始学习呢？答案是否定的。我们可以利用开源社区开发的模拟器来模拟开发板的功能，而且这是免费的，可以减轻学习者的经济负担。

那么什么时候才真正需要一款开发板呢？当你在实际的项目开发中需要做一些原型验证时，就需要根据项目的实际需求来选择合适的 CPU 和外围硬件，这就是选型。在项目初期，你的大部分精力集中在项目的可行性论证上，而不是去做一款硬件板子，所以这时就体现出开发板的作用了。

本章将在 Linux 主机上使用 QEMU 模拟器来介绍如何搭建内核的编译和调试环境。

4.1 内核配置

4.1.1 内核配置工具

做内核开发的第一步是配置和编译内核，Linux 内核提供了几种图形化的配置工具。

❑ make config：基于文本的一种传统的配置工具，如图 4.1 所示。它会为内核支持的每一个特性向用户提问，如果用户输入"y"，则把该特性编译进内核；如果输入"m"，则把该特性编译成内核模块；如果输入 "n"，则表示不编译该特性。

❑ make oldconfig：和 make config 很类似，也是基于文本的配置工具，只不过在现有的内核配置文件的基础上建立一个新的配置文件，在有新的配置选项时会向用户提问。

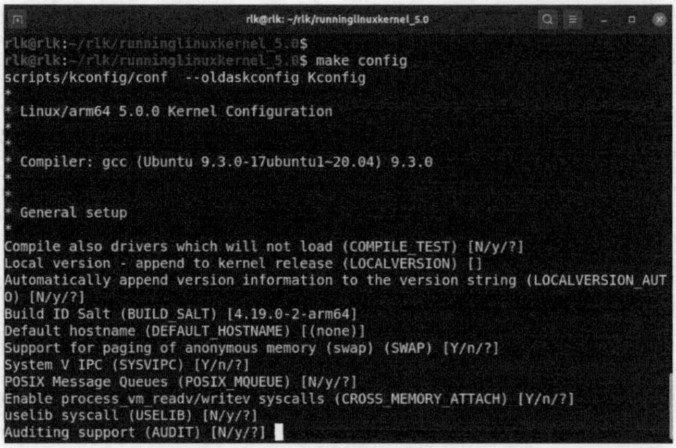

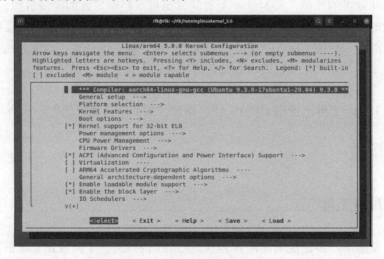

图4.1 make config

❑ make menuconfig：一种基于文本模式的图形用户界面，用户可以通过移动光标来浏览内核支持的特性，如图 4.2 所示。

图4.2 make menuconfig

4.1.2 .config 文件

4.1.1 节介绍的几种内核配置工具最终会在 Linux 内核源代码的根目录下生成一个隐藏文件——.config 文件，这个文件包含了内核的所有配置信息。

```
#
#
# Automatically generated file; DO NOT EDIT.
```

```
# Linux/x86 5.4.0-18-generic Kernel Configuration
#

#
# Compiler: gcc (Ubuntu 9.2.1-31ubuntu3) 9.2.1 20200306
#
CONFIG_CC_IS_GCC=y
CONFIG_GCC_VERSION=90201
CONFIG_CLANG_VERSION=0
CONFIG_CC_CAN_LINK=y
CONFIG_CC_HAS_ASM_GOTO=y
CONFIG_CC_HAS_ASM_INLINE=y
CONFIG_CC_HAS_WARN_MAYBE_UNINITIALIZED=y
CONFIG_IRQ_WORK=y
CONFIG_BUILDTIME_EXTABLE_SORT=y
CONFIG_THREAD_INFO_IN_TASK=y
```

.config 文件的每个配置选项都以"CONFIG_"开头,后面的 y 表示内核会把这个特性静态编译进内核,m 表示这个特性会被编译成内核模块。如果不需要编译到内核中,就要在前面用"#"进行注释,并在后面用"is not set"进行标识。

.config 文件通常有几千行,每一行都通过手动输入显得不现实。那么,在实际项目中该如何生成这个.config 文件呢?

1. 使用板级的配置文件

一些芯片公司通常会提供基于某款 SoC 的开发板,读者可以基于此开发板来快速开发产品原型。芯片公司同时会提供板级开发板包,其中包含移植好的 Linux 内核。以 ARM 公司的 Vexpress 板子为例,该板子对应的 Linux 内核的配置文件存放在 arch/arm/configs 目录中。如图 4.3 所示,arch/arm/configs 目录下包含众多的 ARM 板子的配置文件。

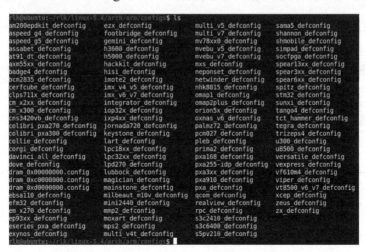

图4.3 arch/arm/configs/目录下的配置文件

ARM Vexpress 板子对应的配置文件是 vexpress_defconfig 文件,可以通过下面的命令来配置内核。

```
$ export ARCH=arm
$ export CROSS_COMPILE=arm-linux-gnueabi-
$ make vexpress_defconfig
```

2. 使用系统的配置文件

当我们需要编译计算机中的 Linux 内核时，可以使用系统自带的配置文件。以 Ubuntu Linux 20.04 系统为例，boot 目录下有一个 config-5.4.0-26-generic 文件，如图 4.4 所示。

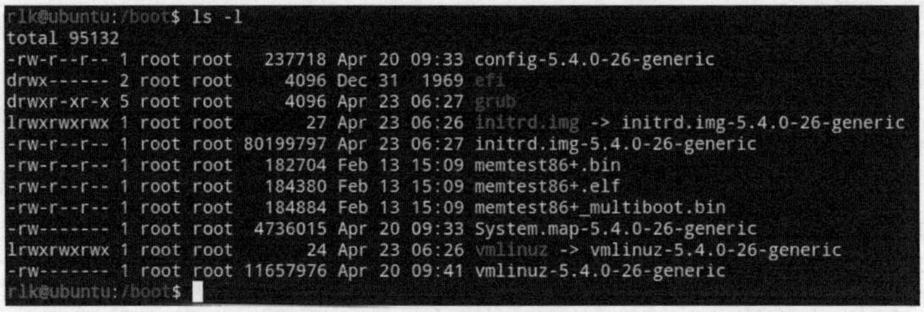

图4.4　boot目录下的配置文件

当我们想编译一个新的内核（如 Linux 5.6 内核）时，可以通过如下命令生成一个新的.config 文件。

```
$ cd linux-5.6
$ cp /boot/config-5.4.0-26-generic  ./.config
```

4.2　实验 4-1：通过 QEMU 虚拟机调试 ARMv8 的 Linux 内核

1. 实验目的

熟悉如何使用 QEMU 虚拟机调试 ARMv8 的 Linux 内核。

2. 实验详解

首先，确保在 Linux 主机上安装了 aarch64-linux-gnu-gcc 和 QEMU 工具包。

```
$sudo apt-get install qemu qemu-system-arm gcc-aarch64-linux-gnu
build-essential bison flex bc
```

然后，安装 gdb-multiarch 工具包。

```
$sudo apt-get install gdb-multiarch
```

接下来，运行 run_rlk_arm64.sh 脚本以启动 QEMU 虚拟机和 GDB 服务。

```
./run_rlk_arm64.sh run debug
```

上述脚本会运行如下命令，不过建议读者直接使用 run_rlk_arm64.sh 脚本。

```
$ qemu-system-aarch64 -m 1024 -cpu cortex-a57 -M virt -nographic -kernel
arch/arm64/boot/Image -append "noinintrd sched_debug root=/dev/vda
rootfstype=ext4 rw crashkernel=256M loglevel=8" -drive
if=none,file=rootfs_debian_arm64.ext4,id=hd0 -device
virtio-blk-device,drive=hd0 -fsdev
local,id=kmod_dev,path=./kmodules,security_model=none -device
virtio-9p-pci,fsdev=kmod_dev,mount_tag=kmod_mount -S -s
```

- ❑ -S：表示 QEMU 虚拟机会冻结 CPU，直到远程的 GDB 输入相应的控制命令。
- ❑ -s：表示在 1234 端口接收 GDB 的调试连接。

接下来，在另外一个超级终端中启动 GDB。

```
$ cd runninglinuxkernel_5.0
$ gdb-multiarch --tui vmlinux
(gdb) set architecture aarch64                  // 设置AArch64架构
(gdb) target remote localhost:1234              // 通过1234端口远程连接到QEMU虚拟机
(gdb) b start_kernel                            // 在内核的start_kernel处设置断点
(gdb) c
```

如图 4.5 所示，GDB 开始接管 Linux 内核的运行，并且在断点处暂停，这时即可使用 GDB 命令来调试内核。

图4.5 使用GDB命令调试内核

4.3 实验 4-2：通过 Eclipse + QEMU 单步调试内核

1. 实验目的

熟悉如何使用 Eclipse + QEMU 以图形方式单步调试 Linux 内核。

2．实验详解

4.1 节介绍了如何使用 GDB 和 QEMU 虚拟机调试 Linux 内核源代码。由于 GDB 使用的是命令行方式，因此有些读者可能希望在 Linux 中能有类似于 Virtual C++的图形化开发工具。这里介绍使用 Eclipse 工具来调试内核的方式。Eclipse 是著名的跨平台的开源集成开发环境（IDE），最初主要用于 Java 语言开发，目前可以支持 C/C++、Python 等多种开发语言。Eclipse 最初由 IBM 公司开发，2001 年被贡献给开源社区，目前很多集成开发环境是基于 Eclipse 完成的。

1）安装 Eclipse-CDT 软件

Eclipse-CDT 是 Eclipse 的一个插件，可以提供强大的 C/C++编译和编辑功能。读者可以从 Eclipse-CDT 官网直接下载对应最新版本 x86_64 的 Linux 压缩包，解压并打开二进制文件即可，不过需要提前安装 Java 的运行环境。

```
$ sudo apt install openjdk-13-jre
```

Eclipse 的启动界面如图 4.6 所示。

打开 Eclipse，从菜单栏中选择 Help→About Eclipse，可以看到当前软件的版本，如图 4.7 所示。

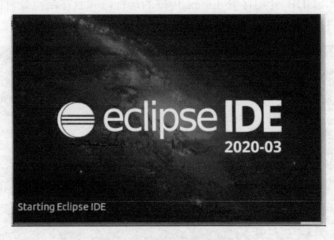

图4.6　Eclipse的启动界面

2）创建工程

从 Eclipse 菜单栏中选择 File→New→Project，再选择 Makefile Project with Exiting Code，即可创建一个新的工程，如图 4.8 所示。

接下来配置调试选项。选择 Eclipse 菜单栏中的 Run→Debug Configurations，弹出 Debug configurations 对话框，在其中完成 C/C++ Attach to Application 的调试配置。

在 Main 选项卡中，完成以下配置。

❑　Project：选择刚才创建的工程。

图4.7　查看Eclipse-版本

图4.8　创建工程

- ❑ C/C++ Application：选择能够编译 Linux 内核带符号表信息的 vmlinux。
- ❑ Build (if required) before launching：选中 Disable auto build，如图 4.9 所示。

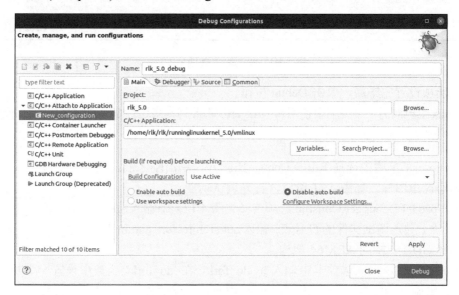

图4.9　调试配置选项（1）

在 Debugger 选项卡中，完成以下配置。

❑　Debugger：选择 gdbserver。

❑　GDB debugger：填入 gdb-multiarch，如图 4.10 所示。

在 Debugger Options 选项区域中，单击 Connection 选项卡，完成以下配置。

❑　Host name or IP address：填入 localhost。

❑　Port number：填入 1234。

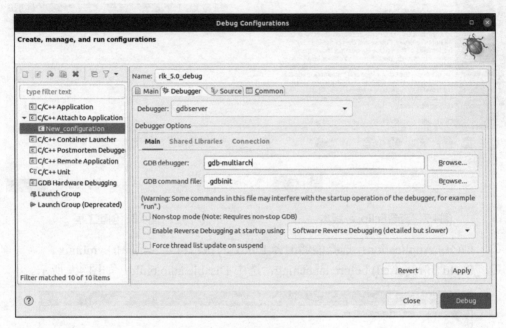

图4.10　调试配置选项（2）

调试选项设置完毕后，单击 Debug 按钮。

在 Linux 主机的另一个终端中使用 run_rlk_arm64.sh 脚本来运行 QEMU 虚拟机以及 gdbserver。

```
$ ./run_rlk_arm64.sh run debug
```

在 Eclipse 菜单栏中选择 Run→Debug History，单击刚才创建的调试配置，或在快捷菜单中单击小昆虫图标，如图 4.11 所示，打开调试功能。

在 Eclipse 的 Debugger Console 选项卡（见图 4.12）中输入 file vmlinux 命令，导入调试文件的符号表；输入 set architecture aarch64 命令，选择 GDB 支持的 ARM64 架构。

图4.11　小昆虫图标

在 Debugger Console 选项卡中输入 b _do_fork，在 _do_fork() 函数中设置一个断点。输入 c 命令，开始调试 QEMU 虚拟机中的 Linux 内核，程序会停在 _do_fork() 函数中，如图 4.13 所示。

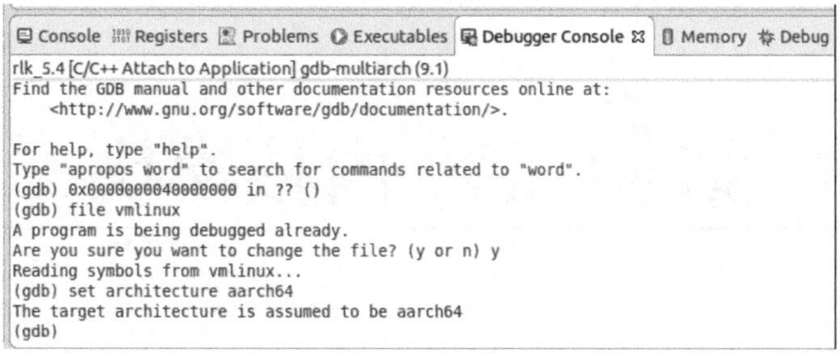

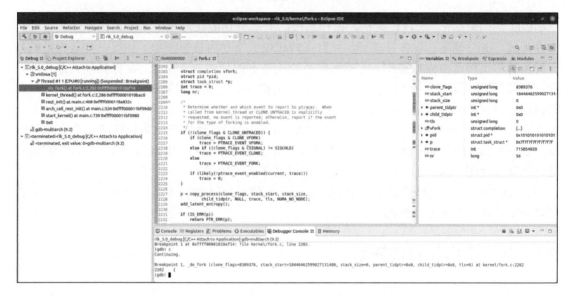

图4.12 Debugger Console选项卡

图4.13 使用Eclipse调试内核

使用 Eclipse 调试内核比使用 GDB 命令要直观很多，例如参数、局部变量和数据结构的值都会自动显示在 Variables 标签卡上，不需要每次都使用 GDB 的输出命令才能看到变量的值。读者可以单步并且直观地调试内核。

第 **5** 章　内核模块

Linux 内核采用了宏内核架构，操作系统的大部分功能在内核中实现，比如进程管理、内存管理、进程调度、设备管理等，并且在特权模式下（内核空间中）运行。与之相反的另一种流行的架构是微内核架构，它把操作系统最基本的功能放入内核，而把其他大部分的功能（如设备驱动等）放到非特权模式下，这种架构有天生优越的动态扩展性。Linux 的这种宏内核可以理解为完全静态的内核，那么如何实现运行时内核的动态扩展呢？

其实 Linux 内核在发展过程中早就引入了内核模块这种机制，内核模块的英文全称为 Loadable Kernel Module（LKM）。可在内核运行时加载一组目标代码来实现某个特定的功能，这样在实际使用 Linux 的过程中就不需要重新编译内核代码来实现动态扩展。

Linux 内核通过内核模块来实现动态添加和删除某个功能。下面我们从学习如何写内核模块开始，深入 Linux 内核的学习。

5.1　从一个内核模块开始

类似于很多编程语言类图书从"hello world"示例开始，我们也从一个简单的内核模块入手。

```
<hello world 内核模块代码>

0     #include <linux/init.h>
1     #include <linux/module.h>
2
3     static int __init my_test_init(void)
4     {
5         printk("my first kernel module init\n");
6         return 0;
7     }
8
9     static void __exit my_test_exit(void)
10    {
11        printk("goodbye\n");
12    }
13
14    module_init(my_test_init);
15    module_exit(my_test_exit);
```

```
16
17    MODULE_LICENSE("GPL");
18    MODULE_AUTHOR("rlk");
19    MODULE_DESCRIPTION("my test kernel module");
20    MODULE_ALIAS("mytest");
```

这个简单的内核模块只有两个函数：一个是 my_test_init()函数，用于输出"my first kernel module init"；另一个是 my_test_exit()函数，用于输出"goodbye"。"麻雀虽小，五脏俱全"，这是一个可以运行的内核模块。

第 0 行和第 1 行包含了 Linux 内核的两个头文件，其中<linux/init.h>头文件对应的是内核源代码的 include/linux/init.h 文件，这个头文件包含了第 14 行与第 15 行中的 module_init()和 module_exit()函数的声明。<linux/module.h>头文件对应的是内核源代码的 include/linux/module.h 文件，其中包含了第 17～20 行的诸如 MODULE_AUTHOR()的一些宏的声明。

第 14 行的 module_init()告诉内核这是该模块的入口。内核在初始化各个模块时有优先级顺序。对于驱动模块来说，它的优先级不是特别高，而且内核把所有模块的初始化函数都存放在一个特别的段中来管理。

第 15 行的 module_exit()宏告诉内核该模块的退出函数是 my_test_exit()。

第 3～7 行是该模块的初始化函数，我们在这个例子中仅仅使用 printk()输出函数往终端输出一句话。printk()函数类似于 C 语言库中的 printf()函数，但是增加了输出级别的支持。printk()函数在内核模块被加载时运行，可以使用 insmod 命令来加载内核模块。

第 9～12 行是该模块的退出函数，我们在这个例子中仅仅使用 printk()函数输出一句话，可以使用 rmmod 命令卸载内核模块。

在第 17～20 行，MODULE_LICENSE()表示模块代码接受的软件许可协议。Linux 内核是一个使用了 GPLv2 许可证的开源项目，这要求所有使用和修改了 Linux 内核源代码的个人或公司都有义务把修改后的源代码公开，GPL 是一个强制性的开源协议，因此在我们编写的驱动代码中需要显式地声明和遵循这个协议。

MODULE_AUTHOR()用来描述该模块的作者信息，可以包括作者的姓名和邮箱等。MODULE_DESCRIPTION()用来简单描述该模块的用途或功能。MODULE_ALIAS()用来为用户空间提供合适的别名。

下面我们来看看如何编译这个内核模块。在 Linux 主机上编译该内核模块，下面是用于编写内核模块的 Makefile 文件。

```
<Makefile文件>
0    BASEINCLUDE ?= /lib/modules/'uname -r'/build
1
2    mytest-objs := my_test.o
3    obj-m    :=   mytest.o
4
5    all :
6    $(MAKE) -C $(BASEINCLUDE) M=$(PWD) modules;
7
```

```
8    clean:
9    $(MAKE) -C $(BASEINCLUDE) M=$(PWD) clean;
10   rm -f *.ko;
```

第 0 行的 BASEINCLUDE 指向正在运行 Linux 的内核编译目录，为了编译 Linux 主机上运行的内核模块，我们需要指定到当前系统对应的内核中。一般来说，Linux 系统的内核模块都会安装到/lib/modules 目录下，通过"uname -r"命令可以找到对应的内核版本。

```
$ uname -r
5.4.0-18-generic

$ cd /lib/modules/5.4.0-18-generic/
$ ls -l
total 5788
lrwxrwxrwx  1 root root      39 Mar 26 23:24 build ->
/usr/src/linux-headers-5.4.0-18-generic
drwxr-xr-x  2 root root    4096 Mar  7 08:23 initrd
drwxr-xr-x 17 root root    4096 Mar 24 00:38 kernel
-rw-r--r--  1 root root 1382469 Mar 24 00:40 modules.alias
-rw-r--r--  1 root root 1358633 Mar 24 00:40 modules.alias.bin
-rw-r--r--  1 root root    8105 Mar  7 08:23 modules.builtin
-rw-r--r--  1 root root   24985 Mar 24 00:40 modules.builtin.alias.bin
-rw-r--r--  1 root root   10257 Mar 24 00:40 modules.builtin.bin
-rw-r--r--  1 root root   63280 Mar  7 08:23 modules.builtin.modinfo
-rw-r--r--  1 root root  609357 Mar 24 00:40 modules.dep
-rw-r--r--  1 root root  851773 Mar 24 00:40 modules.dep.bin
-rw-r--r--  1 root root     330 Mar 24 00:40 modules.devname
-rw-r--r--  1 root root  219838 Mar  7 08:23 modules.order
-rw-r--r--  1 root root     791 Mar 24 00:40 modules.softdep
-rw-r--r--  1 root root  613833 Mar 24 00:40 modules.symbols
-rw-r--r--  1 root root  746598 Mar 24 00:40 modules.symbols.bin
drwxr-xr-x  3 root root    4096 Mar 24 00:38 vdso
```

这里可通过"uname -r"来查看当前系统的内核版本，比如作者的系统里面安装了 5.4.0-18-generic 内核版本，这个内核版本的头文件存放在/usr/src/linux-headers-5.4.0-18-generic 目录下。

第 2 行表示该内核模块需要哪些目标文件，格式如下。

```
<模块名>-objs := <目标文件>.o
```

第 3 行表示要生成的模块。注意，模块名不能和目标文件名相同。

```
格式是: obj-m :=<模块名>.o
```

第 5 和 6 行表示要编译执行的动作。

第 8～10 行表示执行 make clean 需要的动作。

这里在 Linux 主机的终端中输入 make 命令来执行编译。

```
$ make
```

编译完之后会生成 mytest.ko 文件。

```
$ ls
Makefile  modules.order  Module.symvers  my_test.c  mytest.ko
mytest.mod.c  mytest.mod.o  my_test.o  mytest.o
```

我们可以通过 file 命令检查编译的模块是否正确，只要能看到变成 x86-64 架构的 ELF 文件，就说明已经编译成功了。

```
$file mytest.ko
mytest.ko: ELF 64-bit LSB relocatable, x86-64, version 1 (SYSV),
BuildID[sha1]=57aa8267c3049e08ac8f7e47b4e378c284c8d5c3, not stripped
```

另外，也可以通过 modinfo 命令做进一步检查。

```
$rlk@ubuntu:lab1_simple_module$ modinfo mytest.ko
filename:
/home/rlk/rlk/runninglinuxkernel_5.0/kmodules/rlk_basic/chapter_4/lab1_simple_
module/mytest.ko
alias:          mytest
description:    my test kernel module
author:         rlk
license:        GPL
srcversion:     E1C6E916BC7D77AFC3F99D7
depends:
retpoline:      Y
name:           mytest
vermagic:       5.4.0-18-generic SMP mod_unload
```

接下来就可以在 Linux 主机上验证我们的内核模块了。

```
$sudo insmod mytest.ko
```

你会发现没有输出信息，那是因为例子中的输出函数 printk()采用了默认输出等级，可以使用 dmesg 命令查看内核的输出信息。

```
$dmesg
…
[258.575353] my first kernel module init
```

另外，可以通过 lsmod 命令查看当前模块 mytest 是否已经被加载到系统中，这会显示模块之间的依赖关系。

```
$ lsmod
Module                  Size  Used by
mytest                 16384  0
bnep                   24576  2
xt_CHECKSUM            16384  1
```

加载完模块之后，系统会在/sys/modules 目录下新建一个目录，比如对于 mytest 模块会新建一个名为 mytest 的目录。

```
rlk@ubuntu:mytest$ tree -a
.
├── coresize
├── holders
```

```
    ├──── initsize
    ├──── initstate
    ├──── notes
    │       ├──── .note.gnu.build-id
    │       └──── .note.Linux
    ├──── refcnt
    ├──── sections
    │       ├──── .exit.text
    │       ├──── .gnu.linkonce.this_module
    │       ├──── .init.text
    │       ├──── __mcount_loc
    │       ├──── .note.gnu.build-id
    │       ├──── .note.Linux
    │       ├──── .rodata.str1.1
    │       ├──── .rodata.str1.8
    │       ├──── .strtab
    │       └──── .symtab
    ├──── srcversion
    ├──── taint
    └──── uevent

3 directories, 19 files
```

如果需要卸载模块，可以通过 **rmmod** 命令来实现。

我们最后总结一下 Linux 内核模块的结构。

❑ 模块加载函数：加载模块时，该函数会自动执行，通常做一些初始化工作。

❑ 模块卸载函数：卸载模块时，该函数也会自动执行，做一些清理工作。

❑ 模块许可声明：内核模块必须声明许可证，否则内核会发出被污染的警告。

❑ 模块参数：根据需求来添加，为可选项。

❑ 模块作者和描述声明：一般需要完善这些信息。

❑ 模块导出符号：根据需求来添加，为可选项。

5.2　模块参数

内核模块作为可扩展的动态模块，为 Linux 内核提供了灵活性。但是，有时我们需要根据不同的应用场景给内核模块传递不同的参数，Linux 内核提供了一个宏来实现模块的参数传递。

```
#define module_param(name, type, perm)                \
    module_param_named(name, name, type, perm)

#define MODULE_PARM_DESC(_parm, desc) \
    __MODULE_INFO(parm, _parm, #_parm ":" desc)
```

module_param()宏有 3 个参数：name 表示参数名，type 表示参数类型，perm 表示参数的读写等权限。MODULE_PARM_DESC()宏为参数做了简单说明，参数类型可以是 byte、short、ushort、int、uint、long、ulong、char 和 bool 等。perm 指定了 sysfs 中相应文件的访问权限：若设置为 0，表示不会出现在 sysfs 文件系统中；若设置成 S_IRUGO（0444），表示可以被所有人读取，但是不能修改；若设置成 S_IRUGO|S_IWUSR（0644），表示可以让拥有 root 权限的用户修改参数。

下面是 Linux 内核中的一个例子。

```
<driver/misc/altera-stapl/altera.c>

static int debug = 1;
module_param(debug, int, 0644);
MODULE_PARM_DESC(debug, "enable debugging information");

#define dprintk(args...) \
    if (debug) { \
        printk(KERN_DEBUG args); \
    }
```

这个例子定义了一个模块参数 debug，类型是 int，初始值为 1，权限访问为 0644。也就是说，拥有 root 权限的用户可以修改这个参数，这个参数的用途是打开调试信息。其实这是一种比较常用的内核调试方法，可以通过模块参数使用调试功能。

下面这个例子定义了两个内核参数：一个是 debug，另一个是静态全局变量 mytest。

```
#include <linux/module.h>
#include <linux/init.h>

static int debug = 1;
module_param(debug, int, 0644);
MODULE_PARM_DESC(debug, "enable debugging information");

#define dprintk(args...) \
    if (debug) { \
        printk(KERN_DEBUG args); \
    }


static int mytest = 100;
module_param(mytest, int, 0644);
MODULE_PARM_DESC(mytest, "test for module parameter");

static int __init my_test_init(void)
{
    dprintk("my first kernel module init\n");
    dprintk("module parameter=%d\n", mytest);
    return 0;
}

static void __exit my_test_exit(void)
{
    printk("goodbye\n");
}
```

```
module_init(my_test_init);
module_exit(my_test_exit);

MODULE_LICENSE("GPL");
MODULE_AUTHOR("rlk");
MODULE_DESCRIPTION("kernel module parameter test");
MODULE_ALIAS("module paramter test");
```

在编译和加载完上面的模块之后，可通过 dmesg 命令查看内核登录信息，你会发现输出了 mytest 的默认值。

```
$ dmesg

[554.418779] my first kernel module init
[554.418780] module parameter=100
```

当通过 "insmod mymodule.ko mytest=200" 命令来加载模块时，可以看到终端的输出。

```
$dmesg

[559.093949] my first kernel module init
[559.093950] module parameter=200
```

另外，还可以通过调试参数来关闭和打开调试信息。

在/sys/module/mymodule/parameters 目录下可以看到新增的两个参数。

```
rlk@ubuntu:/sys/module/mymodule$ cd parameters/
rlk@ubuntu:/sys/module/mymodule/parameters$ ls
debug  mytest
rlk@ubuntu:/sys/module/mymodule/parameters$ tree -a
.
├── debug
└── mytest

0 directories, 2 files
```

5.3　符号共享

我们在为设备编写驱动程序时，会把驱动程序按照功能分成好几个内核模块，这些内核模块之间有一些接口函数需要相互调用，这怎么实现呢？Linux 内核为我们提供了两个宏来解决这个问题。

```
EXPORT_SYMBOL( )
EXPORT_SYMBOL_GPL( )
```

EXPORT_SYMBOL()把函数或符号对全部内核代码公开，也就是将函数以符号的方式导出给内核中的其他模块使用。

其中，EXPORT_SYMBOL_GPL()只能包含 GPL 许可的模块，内核核心的大部分模块导出来的符号使用的是这种形式。如果要使用 EXPORT_SYMBOL_GPL() 导出函数，那么需要显式地通过模块声明为"GPL"，如 MODULE_LICENSE("GPL")。

　　内核导出的符号表可以通过/proc/kallsyms 来查看。

```
rlk@ubuntu:~$ sudo cat /proc/kallsyms
...
ffffffffc03a5270 T acpi_video_get_edid  [video]
ffffffffc03a5810 T acpi_video_unregister       [video]
ffffffffc03a75a0 T acpi_video_get_backlight_type      [video]
ffffffffc03a7760 T acpi_video_set_dmi_backlight_type   [video]
ffffffffc03a7786 t acpi_video_detect_exit       [video]
ffffffffc03a5450 T acpi_video_register  [video]
...
```

　　其中，第 1 列显示的是符号在内核地址空间中的地址；第 2 列是符号属性，比如 T 表示符号在 text 段中；第 3 列表示符号的字符串，也就是 EXPORT_SYMBOL() 导出来的符号；第 4 列显示哪些内核模块在使用这些符号。

5.4　实验

5.4.1　实验 5-1：编写一个简单的内核模块

1．实验目的
了解和熟悉一个基本的内核模块需要包含的元素。

2．实验详解
具体的实验步骤如下。

（1）编写一个简单的内核模块。

（2）编写对应的 Makefile 文件。

（3）在 Linux 主机上编译、加载和运行该内核模块。

（4）在树莓派上编译该内核模块并运行。

在树莓派上编译内核模块和在 Linux 主机上很类似。在树莓派上安装如下软件包。

```
<在树莓派上安装>

$ sudo apt-get install libncurses5-dev gcc-aarch64-linux-gnu build-essential
git bison flex bc libssl-dev
```

　　把在 Linux 主机上编写好的代码复制到树莓派中，可以通过 SSH 协议或 U 盘等来复制。

　　在树莓派 Linux 中，输入 make 命令进行编译。

```
rlk@ubuntu:~lab1_simple_module$ make
make -C /lib/modules/'uname -r'/build
```

```
M=/home/rlk/rlk_basic/chapter_4/lab1_simple_module modules;
make[1]: Entering directory '/usr/src/linux-headers-5.4.0-1006-raspi2'
  CC [M]  /home/rlk/rlk_basic/chapter_4/lab1_simple_module/my_test.o
  LD [M]  /home/rlk/rlk_basic/chapter_4/lab1_simple_module/mytest.o
  Building modules, stage 2.
  MODPOST 1 modules
  CC [M]  /home/rlk/rlk_basic/chapter_4/lab1_simple_module/mytest.mod.o
  LD [M]  /home/rlk/rlk_basic/chapter_4/lab1_simple_module/mytest.ko
make[1]: Leaving directory '/usr/src/linux-headers-5.4.0-1006-raspi2'
```

编译完之后就会看到 mytest.ko 文件。用 file 命令检查编译的结果是否为 ARM 架构下的格式。

```
rlk@ubuntu:lab1_simple_module$ file mytest.ko
mytest.ko: ELF 64-bit LSB relocatable, ARM aarch64, version 1 (SYSV),
BuildID[sha1]=2d5d0bf2021c0231fb2e741bf70210fad2b89ae2, not stripped
```

使用 insmod 命令加载内核模块。

```
rlk@ubuntu:lab1_simple_module$ sudo insmod mytest.ko
```

使用 dmesg 命令查看内核日志。

```
rlk@ubuntu:lab1_simple_module$ dmesg
…
[  937.058175] mytest: loading out-of-tree module taints kernel.
[  937.060300] my first kernel module init
rlk@ubuntu:lab1_simple_module$
```

5.4.2　实验 5-2：向内核模块传递参数

1. 实验目的
学会如何向内核模块传递参数。

2. 实验要求
编写一个内核模块，通过模块参数的方式向该内核模块传递参数。

5.4.3　实验 5-3：在模块之间导出符号

1. 实验目的
（1）学会如何在模块之间导出符号。
（2）在设计模块时考虑模块的层次结构。

2. 实验要求
编写一个内核模块 A，通过导出模块符号的方式来实现接口函数。编写另外一个内核模块 B，调用内核模块 A 暴露出来的接口函数。

第6章　简单的字符设备驱动

在第 5 章，我们学习了如何编写一个简单的内核模块。学习 Linux 内核最好的方式之一就是从字符设备驱动开始模仿，Linux 的开源性可以让我们接触到很多高质量的设备驱动源代码。作者在十几年前刚开始学习 Linux 时，就是从一款简单的触摸屏的字符设备驱动源代码开始的。

我们的日常生活中存在着大量的设备，以手机为例，触摸屏、摄像头、充电器、振动器、话筒、蓝牙耳机、指纹模组等都是我们能接触到的设备，还有一些不被我们感知的设备，如 CPU 调频调压装置、CPU 温度控制装置等。总之，这些设备在电气特性和实现原理上都不相同，对于 Linux 操作系统来说，如何抽象和描述它们呢？Linux 很早就根据设备的共性特征将其划分为三大类型。

- ❑　字符设备。
- ❑　块设备。
- ❑　网络设备。

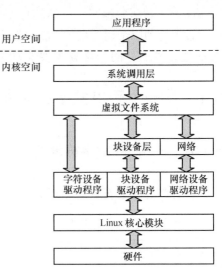

图6.1　Linux内核设备驱动

Linux 内核设备驱动如图 6.1 所示。Linux 内核针对上述三大类设备抽象出一套完整的驱动框架和 API，以便驱动开发者在编写某类设备驱动程序时可重复使用。

字符设备采用的是以字节为单位的 I/O 传输，这种字符流的传输率通常比较低，常见的字符设备有鼠标、键盘、触摸屏等，因此字符设备相对容易理解。

块设备是以块为单位传输的，常见的块设备是磁盘。

网络设备是一类比较特殊的设备，涉及网络协议层，因此单独把它们分成一类设备。

从学习字符设备驱动的框架、API，到深入 API 的实现原理以及 Linux 内核源代码的实现，是一个循序渐进的过程。

为了写好一个设备驱动程序，你需要具备如下知识技能。

（1）了解 Linux 内核字符设备驱动的架构。其中包括了解 Linux 字符设备驱动是如何组织的，应用程序是如何与驱动交互的。

（2）了解 Linux 内核字符设备驱动相关的 API。其中涉及字符设备的相关基础知识，如字符设备的描述、设备号的管理、file_operations 的实现、ioctl 交互的设计和 Linux 设备模型的管理等。

（3）了解 Linux 内核内存管理的 API。设备驱动不可避免地需要和内存打交道，如设备里的数据需要和用户程序交互，设备需要做 DMA 操作等。常见的应用场景有很多，如设备的内存需要映射到用户空间，然后和用户空间中的程序做交互，这就会用到 mmap 这个 API。mmap 看似简单，实际却蕴藏了复杂的实现，而且很多 API 中埋藏了不少"陷阱"。另外，DMA 操作也是一大难点，很多时候设备驱动需要分配和管理 DMA 缓冲区，这些和内存管理有很大关系。

（4）了解 Linux 内核中管理中断的 API。因为几乎所有的设备都支持中断模式，所以中断程序是设备驱动中不可或缺的部分。我们需要了解和熟悉 Linux 内核提供的中断管理相关的接口函数，例如，如何注册中断、如何编写中断处理程序等。

（5）了解 Linux 内核中同步和锁等相关的 API。因为 Linux 是多进程、多用户的操作系统，而且支持内核抢占，所以进程间同步变得很复杂，即使是编写简单的字符设备驱动，也需要考虑同步和竞争的问题。

（6）了解所要编写驱动的芯片原理。

设备驱动用于运行设备，前面那些知识只不过是工具，真正让设备运行起来仍需要研究设备是如何工作的，这就需要驱动编写者认真地研究设备的数据手册。

6.1　从一个简单的字符设备开始

6.1.1　一个简单的字符设备

在详细介绍字符设备驱动架构之前，我们先用一个简单的设备驱动来"热身"。

```
<一个简单的字符设备驱动的例子 my_demodev.c>

0       #include <linux/module.h>
1       #include <linux/fs.h>
2       #include <linux/uaccess.h>
3       #include <linux/init.h>
4       #include <linux/cdev.h>
5
6       #define DEMO_NAME "my_demo_dev"
7       static dev_t dev;
8       static struct cdev *demo_cdev;
9       static signed count = 1;
```

```
10
11    static int demodrv_open(struct inode *inode, struct file *file)
12    {
13        int major = MAJOR(inode->i_rdev);
14        int minor = MINOR(inode->i_rdev);
15
16        printk("%s: major=%d, minor=%d\n", __func__, major, minor);
17
18        return 0;
19    }
20
21    static int demodrv_release(struct inode *inode, struct file *file)
22    {
23        return 0;
24    }
25
26    static ssize_t
27    demodrv_read(struct file *file, char __user *buf, size_t lbuf, loff_t *ppos)
28    {
29        printk("%s enter\n", __func__);
30        return 0;
31    }
32
33    static ssize_t
34    demodrv_write(struct file *file, const char __user *buf, size_t count,
35                  loff_t *f_pos)
35    {
36        printk("%s enter\n", __func__);
37        return 0;
38
39    }
40
41    static const struct file_operations demodrv_fops = {
42        .owner = THIS_MODULE,
43        .open = demodrv_open,
44        .release = demodrv_release,
45        .read = demodrv_read,
46        .write = demodrv_write
47    };
48
49
50    static int __init simple_char_init(void)
51    {
52        int ret;
53
54        ret = alloc_chrdev_region(&dev, 0, count, DEMO_NAME);
55        if (ret) {
56            printk("failed to allocate char device region");
57            return ret;
58        }
59
60        demo_cdev = cdev_alloc();
61        if (!demo_cdev) {
62            printk("cdev_alloc failed\n");
63            goto unregister_chrdev;
64        }
65
66        cdev_init(demo_cdev, &demodrv_fops);
```

```
67
68          ret = cdev_add(demo_cdev, dev, count);
69          if (ret) {
70              printk("cdev_add failed\n");
71              goto cdev_fail;
72          }
73
74          printk("succeeded register char device: %s\n", DEMO_NAME);
75          printk("Major number = %d, minor number = %d\n",
76                  MAJOR(dev), MINOR(dev));
77
78          return 0;
79
80      cdev_fail:
81          cdev_del(demo_cdev);
82      unregister_chrdev:
83          unregister_chrdev_region(dev, count);
84
85          return ret;
86      }
87
88      static void __exit simple_char_exit(void)
89      {
90          printk("removing device\n");
91
92          if (demo_cdev)
93              cdev_del(demo_cdev);
94
95          unregister_chrdev_region(dev, count);
96      }
97
98      module_init(simple_char_init);
99      module_exit(simple_char_exit);
100
101     MODULE_AUTHOR("rlk");
102     MODULE_LICENSE("GPL v2");
103     MODULE_DESCRIPTION("simpe character device");
```

上述内容是一个简单的字符设备驱动的例子，只包含字符设备驱动的框架，并没有什么实际的意义。但是对于刚入门的读者来说，这确实是一个很好的学习例子，因为字符设备驱动中的绝大多数 API 呈现在了这个例子中。

下面先看看如何编译它。

```
<Makefile文件>

BASEINCLUDE ?= /lib/modules/`uname -r`/build

mydemo-objs := simple_char.o

obj-m    :=    mydemo.o
all :
    $(MAKE) -C $(BASEINCLUDE) M=$(PWD) modules;

clean:
    $(MAKE) -C $(BASEINCLUDE) M=$(PWD) clean;
    rm -f *.ko;
```

可在树莓派平台或 QEMU + ARM64 实验平台上直接输入 make 命令进行编译。

```
$ make
```

内核模块 mydemo.ko 生成之后，使用 insmod 命令来加载 mydemo.ko 内核模块。

```
$ sudo insmod mydemo.ko
```

使用 dmesg 命令来查看内核日志。

```
$ dmesg
…
[ 1622.397971] succeeded register char device: my_demo_dev
[ 1622.398047] Major number = 249, minor number = 0
```

可以看到，内核模块在初始化时输出了两行结果语句，这正是上述字符设备驱动例子中第 74~76 行代码所要输出的。系统为这个设备分配的主设备号为 249，分配的次设备号为 0。查看/proc/devices 这个 proc 虚拟文件系统中的 devices 节点信息，可以看到生成了名为 "my_demo_dev" 的设备，主设备号为 249。

```
rlk@ubuntu:lab1_simple_driver$ cat /proc/devices
Character devices:
  1 mem
  4 /dev/vc/0
  4 tty
  4 ttyS
  5 /dev/tty
  5 /dev/console
  5 /dev/ptmx
  5 ttyprintk
  7 vcs
 10 misc
 13 input
 29 fb
128 ptm
136 pts
204 ttyAMA
249 my_demo_dev
250 bsg
251 watchdog
252 rtc
253 dax
254 gpiochip

Block devices:
254 virtblk
259 blkext
```

生成的设备需要在/dev/目录下生成对应的节点，这只能手动生成了。

```
rlk@ubuntu:lab1_simple_driver$ sudo mknod /dev/demo_drv c 249 0
```

生成之后，可以通过 "ls -l" 命令查看/dev/目录的情况。

```
rlk@ubuntu:dev$ ls -l
total 0
crw-r--r-- 1 root root      10, 235 Mar 30 01:02 autofs
drwxr-xr-x 2 root root          60 Mar 30 01:02 block
drwxr-xr-x 2 root root        2240 Mar 30 01:02 char
crw------- 1 root root       5,   1 Mar 30 01:02 console
crw------- 1 root root      10, 203 Mar 30 01:02 cuse
crw-r--r-- 1 root root     249,   0 Mar 30 01:35 demo_drv
drwxr-xr-x 4 root root          80 Mar 30 01:02 disk
```

上面已经做完了和内核相关的事情。接下来，在用户空间中设计测试程序，操控这个字符设备驱动。

```
<简单测试程序 test.c>
#include <stdio.h>
#include <fcntl.h>
#include <unistd.h>

#define DEMO_DEV_NAME "/dev/demo_drv"

int main()
{
    char buffer[64];
    int fd;

    fd = open(DEMO_DEV_NAME, O_RDONLY);
    if (fd < 0) {
        printf("open device %s failded\n", DEMO_DEV_NAME);
        return -1;
    }

    read(fd, buffer, 64);
    close(fd);

    return 0;
}
```

test.c 测试程序很简单，打开"/dev/demo_drv"设备，调用一次读函数 read()，然后关闭这个设备。

接下来，使用 aarch64-linux-gnu-gcc 交叉编译工具把 test.c 编译成 ARM64 架构的应用程序。

```
rlk@ubuntu:lab1_simple_driver$ aarch64-linux-gnu-gcc test.c -o test
```

直接运行程序。

```
rlk@ubuntu:lab1_simple_driver$ ./test
```

打开内核日志进行查看。

```
rlk@ubuntu:lab1_simple_driver$ dmesg | tail
…
[ 2172.978858] demodrv_open: major=249, minor=0
[ 2172.979069] demodrv_read enter
```

可以看到，日志里有 demodrv_open()和 demodrv_read()函数的输出语句，这和源代码中预期的是一样的，这说明 test.c 测试程序已经成功操控了 mydemo 驱动，并完成了一次成功的交互。

6.1.2 实验 6-1：写一个简单的字符设备驱动

1．实验目的

熟悉字符设备的框架。

2．实验要求

（1）编写一个简单的字符设备驱动，实现基本的 open()、read()和 write()方法。

（2）编写相应的用户空间测试程序，要求测试程序调用 read()方法，并且能看到对应的驱动执行了相应的 read()方法。

6.2 字符设备驱动详解

我们通过一个简单的实验对字符设备驱动有了初步的认识，接下来我们详细分析 mydemo 字符设备驱动的架构及其使用的接口函数。

6.2.1 字符设备驱动的抽象

字符设备驱动管理的核心对象是以字符为数据流的设备。从 Linux 内核设计的角度看，需要有一个数据结构来对其进行抽象和描述，这就是 cdev 数据结构。

```
<include/linux/cdev.h>

struct cdev {
    struct kobject kobj;
    struct module *owner;
    const struct file_operations *ops;
    struct list_head list;
    dev_t dev;
    unsigned int count;
};
```

- ❑ kobj：用于 Linux 设备驱动模型。
- ❑ owner：字符设备驱动所在的内核模块对象指针。
- ❑ ops：字符设备驱动中最关键的一个操作函数，在和应用程序交互的过程中起枢纽的作用。
- ❑ list：用来将字符设备串成一个链表。
- ❑ dev：字符设备的设备号，由主设备号和次设备号组成。

❑　count：同属某个主设备号的次设备号的个数。

主设备号和次设备号通常可以通过如下宏来获取，也就是高 12 位是主设备号，低 20 位是次设备号。

```
#define MINORBITS    20
#define MINORMASK    ((1U << MINORBITS) - 1)

#define MAJOR(dev)   ((unsigned int) ((dev) >> MINORBITS))
#define MINOR(dev)   ((unsigned int) ((dev) & MINORMASK))
#define MKDEV(ma,mi)   (((ma) << MINORBITS) | (mi))
```

设备驱动可以通过两种方式来产生 cdev 数据结构：一种是使用全局静态变量，另一种是使用内核提供的 cdev_alloc() 接口函数。

```
static struct cdev mydemo_cdev;
或者
struct mydemo_cdev = cdev_alloc();
```

除此之外，Linux 内核还提供若干与 cdev 相关的接口函数。

❑　cdev_init() 函数：初始化 cdev 数据结构，并且建立设备与驱动操作方法集 file_operations 之间的连接关系。

```
void cdev_init(struct cdev *cdev, const struct file_operations *fops)
```

❑　cdev_add() 函数：把一个字符设备添加到系统中，通常在驱动的 probe() 函数中会调用该接口函数来注册字符设备。

```
int cdev_add(struct cdev *p, dev_t dev, unsigned count)
```

➢　p 表示设备的 cdev 数据结构。
➢　dev 表示设备的设备号。
➢　count 表示这个主设备号可以有多少个次设备号。通常同一个主设备号可以有多个次设备号不同的设备，比如系统中同时有多个串口，它们都是名为 "tty" 的设备，主设备都是 4。

```
crw-rw----   1 0       0        4,  0 May 18 11:34 tty0
crw-rw----   1 0       0        4,  1 May 18 11:34 tty1
crw-rw----   1 0       0        4, 10 May 18 11:34 tty10
crw-rw----   1 0       0        4, 11 May 18 11:34 tty11
crw-rw----   1 0       0        4, 12 May 18 11:34 tty12
crw-rw----   1 0       0        4, 13 May 18 11:34 tty13
crw-rw----   1 0       0        4, 14 May 18 11:34 tty14
crw-rw----   1 0       0        4, 15 May 18 11:34 tty15
```

❑　cdev_del() 函数：从系统中删除 cdev 数据结构，通常在驱动的卸载函数里会调用该接口函数。

```
void cdev_del(struct cdev *p)
```

6.2.2 设备号的管理

字符设备驱动的初始化函数（probe()函数）的一项很重要的工作就是为设备分配设备号。设备号是系统中珍贵的资源，内核必须避免发生两个设备驱动使用同一个主设备号的情况，因此在编写驱动时要格外小心。Linux 内核提供两个接口函数来完成设备号的申请，其中一个接口函数如下。

```
int register_chrdev_region(dev_t from, unsigned count, const char *name)
```

register_chrdev_region()函数需要指定主设备号，可以连续分配多个。也就是说，在使用该函数之前，驱动编写者必须保证要分配的主设备号在系统中没有被人使用。内核文档 documentation/devices.txt 描述了系统中已经分配的主设备号，因此使用该接口函数的程序员都应该事先约定该文档，以避免使用已经被系统占用的主设备号。

Linux 内核提供的另一个接口函数如下。

```
int alloc_chrdev_region(dev_t *dev, unsigned baseminor, unsigned count,
        const char *name)
```

alloc_chrdev_region()函数会自动分配一个主设备号，以避免和系统占用的主设备号重复。建议驱动开发者使用这个接口函数来分配主设备号。

为了在驱动的卸载函数中释放主设备号，可以调用如下接口函数。

```
void unregister_chrdev_region(dev_t from, unsigned count)
```

6.2.3 设备节点

Linux 系统中有一条原则——"万物皆文件"。设备节点也算特殊的文件，称为设备文件，是连接内核空间驱动和用户空间应用程序的桥梁。如果应用程序想使用驱动提供的服务或操作设备，那么需要通过访问设备文件来完成。设备文件使得用户程序操作硬件设备就像操作普通文件一样方便。

了解设备文件之后，还需要知道主设备号和次设备号这两个概念。主设备号代表一类设备，次设备号代表同一类设备的不同个体，每个次设备号都有一个不同的设备节点。

按照 Linux 内核中的习惯，系统中所有的设备节点都存放在/dev/目录中。dev 目录是动态生成的、使用 devtmpfs 虚拟文件系统挂载的、基于 RAM 的虚拟文件系统。

```
$ ls -l /dev/
total 0
crw-r--r--  1 root root     10, 235 May 12 05:25 autofs
drwxr-xr-x  2 root root         640 May 12 05:24 block
drwxr-xr-x  2 root root          60 May 12 05:24 bsg
```

```
crw-------  1 root root    10, 234 May 12 05:25 btrfs-control
drwxr-xr-x  3 root root        60 May 12 05:24 bus
drwxr-xr-x  2 root root      3960 May 12 05:25 char
crw-------  1 root root     5,   1 May 12 05:25 console
```

第一列中的 c 表示字符设备，d 表示块设备，后面还会显示设备的主设备号和次设备号。

设备节点的生成有两种方式：一种是使用 mknod 命令手动生成，另一种是使用 udev 机制动态生成。

可以使用 mknod 命令手动生成设备节点，命令格式如下。

```
$mknod filename type major minor
```

udev 是一个在用户空间中使用的工具，它能够根据系统中硬件设备的状态动态地更新设备节点，包括设备节点的创建、删除等。这种机制必须联合 sysfs 和 tmpfs 来实现，sysfs 为 udev 提供设备入口和 uevent 通道，tmpfs 为 udev 设备文件提供存放空间。

6.2.4　字符设备操作方法集

在之前的 mydemo 例子中，我们实现了 demodrv_fops 方法集，里面包含 open()、release()、read() 和 write() 等方法。从 C 语言的角度看，相当于抽象和定义了大量函数指针，这些函数指针称为 file_operations() 方法，它们在 Linux 内核的发展过程中不断扩充和壮大。

```
static const struct file_operations demodrv_fops = {
    .owner = THIS_MODULE,
    .open = demodrv_open,
    .release = demodrv_release,
    .read = demodrv_read,
    .write = demodrv_write,
};
```

这个方法集通过 cdev_init() 方法和设备建立的连接关系，因此在用户空间的 test 程序中，可直接使用 open() 方法打开这个设备节点。

```
#define DEMO_DEV_NAME "/dev/demo_drv"
fd = open(DEMO_DEV_NAME, O_RDONLY);
```

open() 方法的第一个参数是设备文件名，第二个参数用来指定文件打开的属性。若 open() 方法执行成功，会返回一个文件描述符（俗称文件句柄）；否则，返回-1。

应用程序的 open() 方法在执行时，会通过系统调用进入内核空间，在内核空间的虚拟文件系统（VFS）层经过复杂的转换，最后会调用设备驱动的 file_operations 方法集中的 open() 方法。因此，驱动开发者有必要了解 file_operations 数据结构的组成，该数据结构定义在 include/ linux/fs.h 头文件中。字符设备驱动程序的核心开发工作是实现 file_operations 方法集中的各类方法。虽然 file_operations 数据结构定义了众多的方法，但是在实际的设备驱动开发中，并不是每个方法都需要实现，而需要根据对设备的需求来选择合适的实现方法。下面列出 file_operations 数据结构中常见的成员。

```
<include/linux/fs.h>

struct file_operations {
    struct module *owner;
    loff_t (*llseek) (struct file *, loff_t, int);
    ssize_t (*read) (struct file *, char __user *, size_t, loff_t *);
    ssize_t (*write) (struct file *, const char __user *, size_t, loff_t *);
    ssize_t (*aio_read) (struct kiocb *, const struct iovec *, unsigned long, loff_t);
    ssize_t (*aio_write) (struct kiocb *, const struct iovec *, unsigned long, loff_t);
    ssize_t (*read_iter) (struct kiocb *, struct iov_iter *);
    ssize_t (*write_iter) (struct kiocb *, struct iov_iter *);
    int (*iterate) (struct file *, struct dir_context *);
    unsigned int (*poll) (struct file *, struct poll_table_struct *);
    long (*unlocked_ioctl) (struct file *, unsigned int, unsigned long);
    long (*compat_ioctl) (struct file *, unsigned int, unsigned long);
    int (*mmap) (struct file *, struct vm_area_struct *);
    int (*mremap)(struct file *, struct vm_area_struct *);
    int (*open) (struct inode *, struct file *);
    int (*flush) (struct file *, fl_owner_t id);
    int (*release) (struct inode *, struct file *);
    int (*fsync) (struct file *, loff_t, loff_t, int datasync);
    int (*aio_fsync) (struct kiocb *, int datasync);
    int (*fasync) (int, struct file *, int);
    int (*lock) (struct file *, int, struct file_lock *);
    ssize_t (*sendpage) (struct file *, struct page *, int, size_t, loff_t *, int);
    unsigned long (*get_unmapped_area)(struct file *, unsigned long, unsigned
    long, unsigned long, unsigned long);
    int (*check_flags)(int);
    int (*flock) (struct file *, int, struct file_lock *);
    ssize_t (*splice_write)(struct pipe_inode_info *, struct file *, loff_t *,
    size_t, unsigned int);
    ssize_t (*splice_read)(struct file *, loff_t *, struct pipe_inode_info *,
    size_t, unsigned int);
    int (*setlease)(struct file *, long, struct file_lock **, void **);
    long (*fallocate)(struct file *file, int mode, loff_t offset,
            loff_t len);
    void (*show_fdinfo)(struct seq_file *m, struct file *f);
};
```

下面对一些常用的方法成员进行分析。

❑ llseek()方法用来修改文件的当前读写位置，并返回新位置。

❑ read()方法用来从设备驱动中读取数据到用户空间，并返回成功读取的字节数。若返回负数，则说明读取失败。

❑ write()方法用来把用户空间的数据写入设备，并返回成功写入的字节数。

❑ poll()方法用来查询设备是否可以立即读写，该方法主要用于阻塞型 I/O 操作。

❑ unlocked_ioctl()和 compat_ioctl()方法用来提供与设备相关的控制命令的实现。

❑ mmap()方法用来将设备内存映射到进程的虚拟地址空间中。

❑ open()方法用来打开设备。

❑ release()方法用来关闭设备。

❑ aio_read()和 aio_write()方法是异步 I/O 的读写方法，所谓异步 I/O，就是提交完 I/O 请求之后立即返回，不需要等到 I/O 操作完成才去做别的事情，因此具有非阻塞特性。设备驱动完成 I/O 操作之后，可以通过发送信号或回调函数等方式来通知。

❑　fsync()方法实现了一种称为异步通知的特性。

6.3　misc 机制

6.3.1　misc 机制介绍

misc device 称为杂项设备，Linux 内核把一些不符合预先确定的字符设备划分为杂项设备，这类设备的主设备号是 10。Linux 内核使用 miscdevice 数据结构来描述这类设备。

```
<include/linux/miscdevice.h>
struct miscdevice {
    int minor;
    const char *name;
    const struct file_operations *fops;
    struct list_head list;
    struct device *parent;
    struct device *this_device;
    const char *nodename;
    umode_t mode;
};
```

Linux 内核提供了注册杂项设备的两个接口函数，驱动可采用 misc_register()函数来注册。由于会自动创建设备节点，而不需要使用 mknod 命令手动创建设备节点，因此使用 misc 机制来创建字符设备驱动是比较方便的。

```
int misc_register(struct miscdevice *misc);
int misc_deregister(struct miscdevice *misc);
```

6.3.2　实验 6-2：使用 misc 机制来创建设备驱动

1.　实验目的
学会使用 misc 机制创建设备驱动。

2.　实验详解
把实验 6-1 的代码修改成采用 misc 机制注册字符驱动。

```
#include <linux/miscdevice.h>

#define DEMO_NAME "my_demo_dev"
static struct device *mydemodrv_device;

static struct miscdevice mydemodrv_misc_device = {
```

```
    .minor = MISC_DYNAMIC_MINOR,
    .name = DEMO_NAME,
    .fops = &demodrv_fops,
};

static int __init simple_char_init(void)
{
    int ret;

    ret = misc_register(&mydemodrv_misc_device);
    if (ret) {
        printk("failed register misc device\n");
        return ret;
    }

    mydemodrv_device = mydemodrv_misc_device.this_device;

    printk("succeeded register char device: %s\n", DEMO_NAME);

    return 0;
}
static void __exit simple_char_exit(void)
{
    printk("removing device\n");

    misc_deregister(&mydemodrv_misc_device);
}
```

在树莓派 Linux 系统里编译并加载内核模块。

```
rlk@ubuntu:lab2_misc_driver$ make
rlk@ubuntu:lab2_misc_driver$ sudo insmod mydemo_misc.ko
```

查看/dev 目录，发现设备节点已经创建好了，其中主设备号是 10，次设备号是动态分配的。

```
rlk@ubuntu:lab2_misc_driver$ ls -l /dev/
total 0
crw-rw----    1 0        0        14,   4 May 19 06:48 audio
crw-rw----    1 0        0        10,  58 May 19 06:48 my_demo_dev
```

编译和运行测试程序。

```
rlk@ubuntu:lab2_misc_driver$ aarch64-linux-gnu-gcc test.c -o test
rlk@ubuntu:lab2_misc_driver$ sudo ./test
```

查看内核日志信息。

```
rlk@ubuntu:lab2_misc_driver$ dmesg | tail
…
[ 3001.706507] succeeded register char device: my_demo_dev
[ 3148.868437] demodrv_open: major=10, minor=58
[ 3148.868656] demodrv_read enter
```

从内核日志信息可知，test 程序已经成功打开了主设备号为 10、次设备号为 58 的设备，并且已进入驱动中的 demodrv_read()函数。

6.4　一个简单的虚拟设备

在实际项目中，一些字符设备的内部有一个缓冲区（buffer），在一些外设芯片资料中称为 FIFO 缓冲区。芯片内部提供了寄存器来访问这些 FIFO 缓冲区，可以通过读寄存器把 FIFO 缓冲区的内容读取出来，或者通过写寄存器把数据写入 FIFO 缓冲区。为了提高效率，一般外设芯片支持中断模式，如 FIFO 缓冲区有数据到达时，外设芯片通过中断线来告知 CPU。

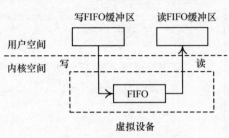

图6.2　简单的虚拟设备

在本章中，我们通过软件的方式来模拟上述场景。用户程序可以通过 write()方法把用户数据写入虚拟设备（见图 6.2）的 FIFO 缓冲区中，还可以通过 read()方法把虚拟设备上 FIFO 缓冲区的数据读出到用户空间的缓冲区里面。

6.4.1　实验 6-3：为虚拟设备编写驱动

1．实验目的

（1）通过一个虚拟设备，学习如何实现一个字符设备驱动的读写方法。

（2）在用户空间编写测试程序来检验读写函数是否成功。

2．实验详解

根据这个虚拟设备的需求，给实验 6-2 的代码添加 read()和 write()方法的实现，代码片段如下。

```
虚拟FIFO设备的缓冲区 */
static char *device_buffer;
#define MAX_DEVICE_BUFFER_SIZE 64

static ssize_t
demodrv_read(struct file *file, char __user *buf, size_t count, loff_t *ppos)
{
    int actual_readed;
    int max_free;
    int need_read;
    int ret;

    max_free = MAX_DEVICE_BUFFER_SIZE - *ppos;
    need_read = max_free > count ? lbuf : max_free;
    if (need_read == 0)
        dev_warn(mydemodrv_device, "no space for read");
```

```
    ret = copy_to_user(buf, device_buffer + *ppos, need_read);
    if (ret == need_read)
        return -EFAULT;

    actual_readed = need_read - ret;
    *ppos += actual_readed;

    printk("%s, actual_readed=%d, pos=%d\n",__func__, actual_readed, *ppos);
    return actual_readed;
}
static ssize_t
demodrv_write(struct file *file, const char __user *buf, size_t count, loff_t *ppos)
{
    int actual_write;
    int free;
    int need_write;
    int ret;

    free = MAX_DEVICE_BUFFER_SIZE - *ppos;
    need_write = free > count ? count : free;
    if (need_write == 0)
        dev_warn(mydemodrv_device, "no space for write");

    ret = copy_from_user(device_buffer + *ppos, buf, need_write);
    if (ret == need_write)
        return -EFAULT;

    actual_write = need_write - ret;
    *ppos += actual_write;
    printk("%s: actual_write =%d, ppos=%d\n", __func__, actual_write, *ppos);

    return actual_write;
}
```

demodrv_read()函数有 4 个参数。file 表示打开的设备文件；buf 表示用户空间的内存起始地址，注意，这里使用 __user 来提醒驱动开发者这个地址空间是属于用户空间的；count表示用户想读取多少字节的数据；ppos 表示文件的位置指针。

max_free 表示当前设备的 FIFO 缓冲区还剩下多少空间，need_read 根据 max_free 和 count两个值做判断，防止数据溢出。接下来，通过 copy_to_user()函数把设备的 FIFO 缓冲区的内容复制到用户进程的缓冲区中。注意，这里是从设备的 FIFO 缓冲区（device_buffer）的 ppos开始的地方复制数据的。若 copy_to_user()函数返回 0，表示复制成功；若返回 need_read，表示复制失败。最后，需要更新 ppos 指针，并返回实际复制的字节数到用户空间。

demodrv_write()函数实现了写的功能，原理和上述 demodrv_read()函数类似，只不过其中使用了 copy_from_user()函数。

接下来写一个测试程序来检验上述驱动是否可以正常运行。

```
0    #include <stdio.h>
1    #include <fcntl.h>
2    #include <unistd.h>
```

```
3
4      #define DEMO_DEV_NAME "/dev/my_demo_dev"
5
6      int main()
7      {
8          char buffer[64];
9          int fd;
10         int ret;
11         size_t len;
12         char message[] = "Testing the virtual FIFO device";
13         char *read_buffer;
14
15         len = sizeof(message);
16
17         fd = open(DEMO_DEV_NAME, O_RDWR);
18         if (fd < 0) {
19             printf("open device %s failded\n", DEMO_DEV_NAME);
20             return -1;
21         }
22
23         /*1. write the message to device*/
24         ret = write(fd, message, len);
25         if (ret != len) {
26             printf("canot write on device %d, ret=%d", fd, ret);
27             return -1;
28         }
29
30         read_buffer = malloc(2*len);
31         memset(read_buffer, 0, 2*len);
32
33         /*close the fd, and reopen it*/
34         close(fd);
35
36         fd = open(DEMO_DEV_NAME, O_RDWR);
37         if (fd < 0) {
38             printf("open device %s failded\n", DEMO_DEV_NAME);
39             return -1;
40         }
41
42         ret = read(fd, read_buffer, 2*len);
43         printf("read %d bytes\n", ret);
44         printf("read buffer=%s\n", read_buffer);
45
46         close(fd);
47
48         return 0;
49     }
```

在树莓派 Linux 系统中或在 QEMU＋ARM64 实验平台上编译并加载内核模块。

```
rlk@ubuntu:lab3_mydemo_dev$ make
rlk@ubuntu:lab3_mydemo_dev$ sudo insmod mydemo_misc.ko
```

测试程序的逻辑很简单。首先使用 open()方法打开这个设备驱动，向设备里写入 message 字符串，然后关闭这个设备并重新打开它，最后通过 read()方法把 message 字符串读出来。

```
rlk@ubuntu:lab3_mydemo_dev$ aarch64-linux-gnu-gcc test.c -o test
rlk@ubuntu:lab3_mydemo_dev$ sudo ./test
```

```
read 64 bytes
read buffer=Testing the virtual FIFO device
rlk@ubuntu:lab3_mydemo_dev$
```

为什么这里需要关闭设备并重新打开一次设备？如果不进行这样的操作，是否可以呢？

6.4.2　实验 6-4：使用 KFIFO 环形缓冲区改进设备驱动

1．实验目的

学会使用 Linux 内核的 KFIFO 环形缓冲区实现虚拟字符设备的读写函数。

2．实验详解

我们在实验 6-3 的驱动代码里只是简单地把用户数据复制到设备的 FIFO 缓冲区中，并没有考虑到读和写的并行管理问题。因此在对应的测试程序中，需要重启设备后才能正确地将数据读出来。

这实际上是一个典型的"生产者和消费者"问题，我们可以设计和实现一个环形缓冲区来解决这个问题。环形缓冲区通常有一个读指针和一个写指针，读指针指向环形缓冲区可读的数据，写指针指向环形缓冲区可写的数据。通过移动读指针和写指针来实现缓冲区的数据读取和写入。

Linux 内核实现了一种称为 KFIFO 环形缓冲区的机制，以在一个读者线程和一个写者线程并发执行的场景下，无须使用额外的加锁来保证环形缓冲区的数据安全。KFIFO 环形缓冲区提供的接口函数定义在 include/linux/kfifo.h 文件中。

```
#define    DEFINE_KFIFO(fifo, type, size)
#define    kfifo_from_user(fifo, from, len, copied)
#define    kfifo_to_user(fifo, to, len, copied)
```

DEFINE_KFIFO()宏用来初始化 KFIFO 环形缓冲区，其中参数 fifo 表示 KFIFO 环形缓冲区的名字；type 表示缓冲区中数据的类型；size 表示 KFIFO 环形缓冲区有多少个元素，元素的个数必须是 2 的整数次幂。

kfifo_from_user()宏用来将用户空间的数据写入 KFIFO 环形缓冲区中，其中参数 fifo 表示使用哪个环形缓冲区；from 表示用户空间缓冲区的起始地址；len 表示要复制多少个元素；copied 保存了成功复制的元素的数量，通常用作返回值。

kfifo_to_user()宏用来读出 KFIFO 环形缓冲区的数据并且复制到用户空间中，参数的作用和 kfifo_ from_user()宏类似。

下面是使用 KFIFO 环形缓冲区实现字符设备驱动的 read()和 write()方法的代码片段。

```
#include <linux/kfifo.h>

DEFINE_KFIFO(mydemo_fifo, char, 64);
```

```
static ssize_t
demodrv_read(struct file *file, char __user *buf, size_t count, loff_t *ppos)
{
    int actual_readed;
    int ret;

    ret = kfifo_to_user(&mydemo_fifo, buf, count, &actual_readed);
    if (ret)
        return -EIO;

    printk("%s, actual_readed=%d, pos=%lld\n",__func__, actual_readed, *ppos);
    return actual_readed;
}

static ssize_t
demodrv_write(struct file *file, const char __user *buf, size_t count, loff_t *ppos)
{
    unsigned int actual_write;
    int ret;

    ret = kfifo_from_user(&mydemo_fifo, buf, count, &actual_write);
    if (ret)
        return -EIO;

    printk("%s: actual_write =%d, ppos=%lld\n", __func__, actual_write, *ppos);

    return actual_write;
}
```

测试程序和实验 6-3 中的测试程序类似，只不过这里不需要关闭和重新打开设备。

```
#include <stdio.h>
#include <fcntl.h>
#include <unistd.h>

#define DEMO_DEV_NAME "/dev/my_demo_dev"

int main()
{
    char buffer[64];
    int fd;
    int ret;
    size_t len;
    char message[] = "Testing the virtual FIFO device";
    char *read_buffer;

    len = sizeof(message);

    fd = open(DEMO_DEV_NAME, O_RDWR);
    if (fd < 0) {
        printf("open device %s failded\n", DEMO_DEV_NAME);
        return -1;
    }

    /*1. write the message to device*/
    ret = write(fd, message, len);
    if (ret != len) {
        printf("canot write on device %d, ret=%d", fd, ret);
```

```
        return -1;
    }

    read_buffer = malloc(2*len);
    memset(read_buffer, 0, 2*len);

    ret = read(fd, read_buffer, 2*len);
    printf("read %d bytes\n", ret);
    printf("read buffer=%s\n", read_buffer);

    close(fd);

    return 0;
}
```

编译和加载内核模块。

```
rlk@ubuntu:lab4_mydemo_kfifo$ sudo insmod mydemo_misc.ko
rlk@ubuntu:lab4_mydemo_kfifo$ dmesg | tail
[  306.993759] succeeded register char device: my_demo_dev
```

编译和运行测试程序。

```
rlk@ubuntu:lab4_mydemo_kfifo$ sudo ./test
read 32 bytes
read buffer=Testing the virtual FIFO device
```

查看内核日志信息。

```
rlk@ubuntu:lab4_mydemo_kfifo$ dmesg | tail
[  490.417312] succeeded register char device: my_demo_dev
[  559.059346] demodrv_open: major=10, minor=61
[  559.060133] demodrv_write: actual_write =32, ppos=0
[  559.063398] demodrv_read, actual_readed=32, pos=0
```

还有一种更简便的测试方法，就是使用 echo 和 cat 命令直接操作设备文件。下面的操作需要 root 权限。

```
rlk@ubuntu:lab4_mydemo_kfifo$ sudo su
root@ubuntu: lab4_mydemo_kfifo# echo  "i am living at shanghai" >
/dev/my_demo_dev

root@ubuntu: lab4_mydemo_kfifo# cat /dev/my_demo_dev
i am living at shanghai
```

细心的读者可能会发现，这个设备驱动的 KFIFO 环形缓存区的大小为 64 字节。如果使用 echo 命令发送一个长度大于 64 字节的字符串到这个设备，我们会发现终端没有反应了。

请读者思考一下如何解决这个问题。

6.5 阻塞 I/O 和非阻塞 I/O

I/O 指的是 Input 和 Output，也就是数据的读取（接收）和写入（发送）操作。正如你在前面的实验中看到的，一个用户进程要完成一次 I/O 操作，需要经历两个阶段。

❑　用户空间 <=> 内核空间。

❑　内核空间 <=> 设备 FIFO 缓冲区。

因为 Linux 的用户进程无法直接操作 I/O 设备（通过 UIO 或 VFIO 机制透传的方式除外），所以必须通过系统调用来请求内核协助完成 I/O 操作。设备驱动为了提高效率会采用缓冲技术来协助 I/O 操作，也就是实验中使用的环形缓冲区。

典型的读 I/O 操作流程如下。

（1）用户空间进程调用 read()方法。

（2）通过系统调用进入驱动程序的 read()方法。

（3）若缓冲区有数据，则把数据复制到用户空间的缓冲区中。

（4）若缓冲区没有数据，则需要从设备中读取数据。硬件 I/O 设备是慢速设备，不知道什么时候能把数据准备好，因此进程需要睡眠等待。

（5）当硬件数据准备好时，唤醒正在等待数据的进程来读取数据。

I/O 操作可以分成非阻塞 I/O 类型和阻塞 I/O 类型。

❑　非阻塞 I/O 类型：进程发起 I/O 系统调用后，如果设备驱动的缓冲区没有数据，那么进程返回错误而不会被阻塞。如果设备驱动的缓冲区中有数据，那么设备驱动把数据直接返回给用户进程。

❑　阻塞 I/O 类型：进程发起 I/O 系统调用后，如果设备驱动的缓冲区没有数据，那么需要到硬件 I/O 中重新获取新数据，进程会被阻塞，也就是睡眠等待。直到数据准备好，进程才会被唤醒，并重新把数据返回给用户空间。

6.5.1　实验 6-5：把虚拟设备驱动改成非阻塞模式

1. 实验目的
学习如何在字符设备驱动中添加非阻塞 I/O 操作。

2. 实验详解
open()方法有一个 flags 参数，用它设置的标志位通常用来表示文件打开的属性。

❑　O_RDONLY：只读打开。

❑　O_WRONLY：只写打开。

❑　O_RDWR：读写打开。

❑　O_CREAT：若文件不存在，则创建它。

除此之外，还有一个名为 O_NONBLOCK 的标志位，用来设置访问文件的方式为非阻塞模式。

下面把实验 6-4 修改为非阻塞模式。

```
static ssize_t
demodrv_read(struct file *file, char __user *buf, size_t count, loff_t *ppos)
{
    int actual_reded;
    int ret;

    if (kfifo_is_empty(&mydemo_fifo)) {
        if (file->f_flags & O_NONBLOCK)
            return -EAGAIN;
    }

    ret = kfifo_to_user(&mydemo_fifo, buf, count, &actual_reded);
    if (ret)
        return -EIO;

    printk("%s, actual_reded=%d, pos=%lld\n",__func__, actual_reded, *ppos);
        return actual_reded;
}

static ssize_t
demodrv_write(struct file *file, const char __user *buf, size_t count, loff_t *ppos)
{
    unsigned int actual_write;
    int ret;

    if (kfifo_is_full(&mydemo_fifo)){
        if (file->f_flags & O_NONBLOCK)
            return -EAGAIN;
    }

    ret = kfifo_from_user(&mydemo_fifo, buf, count, &actual_write);
    if (ret)
        return -EIO;

    printk("%s: actual_write =%d, ppos=%lld, ret=%d\n", __func__, actual_write,
        *ppos, ret);

    return actual_write;
}
```

下面是对应的测试程序。

```
#include <stdio.h>
#include <fcntl.h>
#include <unistd.h>

#define DEMO_DEV_NAME "/dev/my_demo_dev"

int main()
{
    int fd;
    int ret;
    size_t len;
    char message[80] = "Testing the virtual FIFO device";
    char *read_buffer;

    len = sizeof(message);

    read_buffer = malloc(2*len);
```

```
    memset(read_buffer, 0, 2*len);

    fd = open(DEMO_DEV_NAME, O_RDWR | O_NONBLOCK);
    if (fd < 0) {
        printf("open device %s failded\n", DEMO_DEV_NAME);
        return -1;
    }


    /*1. 先读取数据*/
    ret = read(fd, read_buffer, 2*len);
    printf("read %d bytes\n", ret);
    printf("read buffer=%s\n", read_buffer);

    /*2. 将信息写入设备*/
    ret = write(fd, message, len);
    if (ret != len)
        printf("have write %d bytes\n", ret);


    /*3. 再写入*/
    ret = write(fd, message, len);
    if (ret != len)
        printf("have write %d bytes\n", ret);

    /*4. 最后读取*/
    ret = read(fd, read_buffer, 2*len);
    printf("read %d bytes\n", ret);
    printf("read buffer=%s\n", read_buffer);

    close(fd);
    return 0;
}
```

这个测试程序有如下不同之处。

❑　在打开设备之后，马上进行读操作，请读者想想结果如何。

❑　message 的大小设置为 80，比设备驱动里的环形缓冲区还要大，写操作中会发生什么事情？

❑　再写一次会发生什么情况？

下面是测试程序的运行结果。

```
root@ubuntu:lab5_mydemodrv_nonblock# aarch64-linux-gnu-gcc test.c -o test
root@ubuntu:lab5_mydemodrv_nonblock# ./test
read -1 bytes
read buffer=
have write 64 bytes
have write -1 bytes
read 64 bytes
read buffer=Testing the virtual FIFO device
```

从运行结果可以看出，打开设备后马上进行读操作，结果是什么也读不到，若 read()方法返回-1，说明读操作发生了错误。当第二次进行写操作时，若 write()方法返回-1，说明写操作发生了错误。

6.5.2　实验 6-6：把虚拟设备驱动改成阻塞模式

1．实验目的

学习如何在字符设备驱动中添加阻塞 I/O 操作。

2．实验详解

当用户进程通过 read()或 write()方法读写设备时，如果驱动无法立刻满足请求的资源，那么应该怎么响应呢？在实验 6-5 中，驱动返回-EAGAIN，这是非阻塞模式的行为。

但是，非阻塞模式对于大部分应用场景来说不太合适，因此大部分用户进程在通过 read()或 write()方法进行 I/O 操作时希望能返回有效数据或者把数据写入设备，而不是返回一个错误值。这该怎么办？

❑　在非阻塞模式下，采用轮询的方式来不断读写数据。

❑　采用阻塞模式，当请求的数据无法立刻满足时，让进程睡眠直到数据准备好为止。

上面提到的进程睡眠是什么意思呢？进程在生命周期里有不同的状态。

❑　TASK_RUNNING（可运行态或就绪态）。

❑　TASK_INTERRUPTIBLE（可中断睡眠态）。

❑　TASK_UNINTERRUPTIBLE（不可中断睡眠态）。

❑　__TASK_STOPPED（终止态）。

❑　EXIT_ZOMBIE（"僵尸"态）。

为了把一个进程设置成睡眠状态，需要把这个进程从 TASK_RUNNING 状态设置为 TASK_INTERRUPTIBLE 或 TASK_UNINTERRUPTIBLE 状态，并且从进程调度器的运行队列中移走，我们称这个点为"睡眠点"。当请求的资源或数据到达时，进程会被唤醒，然后从睡眠点重新执行。

在 Linux 内核中，可采用一种称为等待队列（wait queue）的机制来实现进程的阻塞操作。

1）等待队列头

等待队列定义了一种称为 wait_queue_head_t 的数据结构，该数据结构定义在<linux/wait.h>中。

```
struct __wait_queue_head {
    spinlock_t        lock;
    struct list_head    task_list;
};
typedef struct __wait_queue_head wait_queue_head_t;
```

可以通过如下方法静态定义并初始化一个等待队列头。

```
DECLARE_WAIT_QUEUE_HEAD(name)
```

或者使用动态的方式来初始化。

```
wait_queue_head_t my_queue;
init_waitqueue_head(&my_queue);
```

2）等待队列元素

等待队列元素可使用 wait_queue_t 数据结构来描述。

```
struct __wait_queue {
    unsigned int        flags;
    void            *private;
    wait_queue_func_t   func;
    struct list_head    task_list;
};
typedef struct __wait_queue wait_queue_t;
```

3）睡眠等待

Linux 内核提供了简单的睡眠方式，并封装成名为 wait_event()的宏以及其他几个扩展宏，主要功能是在进程睡眠时检查进程的唤醒条件。

```
wait_event(wq, condition)
wait_event_interruptible(wq, condition)
wait_event_timeout(wq, condition, timeout)
wait_event_interruptible_timeout(wq, condition, timeout)
```

wq 表示等待队列头。condition 是一个布尔表达式，在 condition 变为真之前，进程会保持睡眠状态。当到达 timeout 指定的时间之后，进程会被唤醒，因此只会等待限定的时间。当到达指定的时间之后，wait_event_timeout()和 wait_event_interruptible_timeout()这两个宏无论 condition 是否为真，都会返回 0。

wait_event_interruptible()会让进程进入可中断睡眠态，而 wait_event()会让进程进入不可中断睡眠态，也就是说不受干扰，对信号不做任何反应，也不可能发送 SIGKILL 信号使进程停止，因为它们不响应信号。因此，一般驱动不会采用这种睡眠模式。

4）唤醒

Linux 内核提供的唤醒接口函数如下。

```
wake_up(x)
wake_up_interruptible(x)
```

wake_up()会唤醒等待队列中所有的进程。wake_up()应该和 wait_event()或 wait_event_timeout()配对使用，而 wake_up_interruptible()应该和 wait_event_interruptible()或 wait_event_interruptible_timeout()配对使用。

本实验运用等待队列来完善虚拟设备的读写函数。

```
struct mydemo_device {
    const char *name;
    struct device *dev;
    struct miscdevice *miscdev;
```

```
    wait_queue_head_t read_queue;
    wait_queue_head_t write_queue;
};

static int __init simple_char_init(void)
{
    int ret;

    ...
    init_waitqueue_head(&device->read_queue);
    init_waitqueue_head(&device->write_queue);

    return 0;
}

static ssize_t
demodrv_read(struct file *file, char __user *buf, size_t count, loff_t *ppos)
{
    struct mydemo_private_data *data = file->private_data;
    struct mydemo_device *device = data->device;
    int actual_reaaded;
    int ret;

    if (kfifo_is_empty(&mydemo_fifo)) {
        if (file->f_flags & O_NONBLOCK)
            return -EAGAIN;

        printk("%s: pid=%d, going to sleep\n", __func__, current->pid);
        ret = wait_event_interruptible(device->read_queue,
                !kfifo_is_empty(&mydemo_fifo));
        if (ret)
            return ret;
    }

    ret = kfifo_to_user(&mydemo_fifo, buf, count, &actual_reaaded);
    if (ret)
        return -EIO;

    if (!kfifo_is_full(&mydemo_fifo))
        wake_up_interruptible(&device->write_queue);

    printk("%s, pid=%d, actual_reaaded=%d, pos=%lld\n",__func__,
            current->pid, actual_reaaded, *ppos);
    return actual_reaaded;
}

static ssize_t
demodrv_write(struct file *file, const char __user *buf, size_t count, loff_t *ppos)
{
    struct mydemo_private_data *data = file->private_data;
    struct mydemo_device *device = data->device;

    unsigned int actual_write;
    int ret;

    if (kfifo_is_full(&mydemo_fifo)){
        if (file->f_flags & O_NONBLOCK)
            return -EAGAIN;
```

```
    printk("%s: pid=%d, going to sleep\n", __func__, current->pid);
    ret = wait_event_interruptible(device->write_queue,
            !kfifo_is_full(&mydemo_fifo));
    if (ret)
        return ret;
}

ret = kfifo_from_user(&mydemo_fifo, buf, count, &actual_write);
if (ret)
    return -EIO;

if (!kfifo_is_empty(&mydemo_fifo))
    wake_up_interruptible(&device->read_queue);

printk("%s: pid=%d, actual_write =%d, ppos=%lld, ret=%d\n", __func__,
        current->pid, actual_write, *ppos, ret);

return actual_write;
}
```

主要的改动在上述代码中已加粗显示。

（1）定义两个等待队列，其中 read_queue 为读操作的等待队列，write_queue 为写操作的等待队列。

（2）在 demodrv_read()函数中，当 KFIFO 环形缓冲区为空时，说明没有数据可以读，调用 wait_event_interruptible()函数让用户进程进入睡眠状态，因此这个位置就是所谓的"睡眠点"。那么什么时候进程会被唤醒呢？当 KFIFO 环形缓冲区有数据可读时就会被唤醒。

（3）在 demodrv_read()函数中，当把数据从设备驱动的 KFIFO 环形缓冲区读到用户空间的缓冲区之后，KFIFO 环形缓冲区有剩余的空间可以让写者进程写数据到 KFIFO 环形缓冲区，因此调用 wake_up_interruptible()去唤醒 write_queue 中所有睡眠等待的写者进程。

（4）写操作和读操作很类似，只是判断进程是否进入睡眠的条件不一样。对于读操作，当 KFIFO 环形缓冲区没有数据时，进入睡眠状态；对于写操作，若 KFIFO 环形缓冲区满了，则进入睡眠状态。

下面使用 echo 和 cat 命令来验证驱动。

首先用 cat 命令打开这个设备，然后让其在后台运行。"&"符号表示让其在后台运行。

```
root@ubuntu:lab6_mydemodrv_block# cat /dev/my_demo_dev &

root@ubuntu:lab6_mydemodrv_block# dmesg | tail
[  104.576803] succeeded register char device: my_demo_dev
[  124.531621] demodrv_open: major=10, minor=61
[  124.532679] demodrv_read: pid=562, going to sleep
root@ubuntu:lab6_mydemodrv_block#
```

从日志中可以看出，cat 命令会先打开设备，然后进入 demodrv_read()函数，因为这时 KFIFO 环形缓冲区里面没有可读数据，所以读者进程（pid 为 562）进入睡眠状态。

使用 echo 命令写数据。

```
root@ubuntu:lab6_mydemodrv_block# echo "i am study linux now" > /dev/my
demo_dev
i am study linux now

root@ubuntu:lab6_mydemodrv_block# dmesg | tail
[  185.061681] demodrv_open: major=10, minor=61
[  185.064671] demodrv_write: pid=553, actual_write =21, ppos=0, ret=0

[  185.065491] demodrv_read, pid=562, actual_readed=21, pos=0
[  185.066120] demodrv_read: pid=562, going to sleep
```

从日志中可以看出,当输出一个字符串到设备时,首先执行打开函数,然后执行写入操作,写入 21 字节,写者进程的 pid 是 553。然后,写者进程马上唤醒了读者进程,读者进程把刚才写入的数据读到用户空间,也就是把 KFIFO 环形缓冲区的数据读空,导致读者进程又进入睡眠状态。

6.6 I/O 多路复用

在之前的两个实验中,我们分别把虚拟设备改造成了支持非阻塞模式和阻塞模式的操作。非阻塞模式和阻塞模式各有各的特点,但是在下面的场景里,它们就不能满足要求了。一个用户进程要监控多个 I/O 设备,它在访问一个 I/O 设备并进入睡眠状态之后,就不能做其他操作了。例如,一个应用程序既要监控鼠标事件,又要监控键盘事件和读取摄像头数据,那么之前介绍的方法就无能为力了。如果采用多线程或多进程的方式,这种方法当然可行,缺点是在大量 I/O 多路复用场景下需要创建大量的线程或进程,造成资源浪费和不必要的进程间通信。本节将介绍 Linux 中的 I/O 多路复用方法。

6.6.1 Linux 内核的 I/O 多路复用

Linux 内核提供了 poll、select 及 epoll 这 3 种 I/O 多路复用机制。I/O 多路复用其实就是一个进程可以同时监视多个打开的文件描述符,一旦某个文件描述符就绪,就立即通知程序进行相应的读写操作。因此,它们经常用在那些需要使用多个输入或输出数据流而不会阻塞在其中一个数据流的应用中,如网络应用等。

poll 和 select 机制在 Linux 用户空间中的接口函数定义如下。

```
int poll(struct pollfd *fds, nfds_t nfds, int timeout);
```

poll()方法的参数 fds 是要监听的文件描述符的集合,类型为指向 pollfd 数据结构的指针。pollfd 数据结构的定义如下。

```
struct pollfd {
    int    fd;
    short  events;
    short  revents;
  };
```

fd 表示要监听的文件描述符，events 表示监听的事件，revents 表示返回的时间。

监听的事件有如下常见类型（掩码）。

❑ POLLIN：数据可以立即被读取。

❑ POLLRDNORM：等同于 POLLIN，表示数据可以立即被读取。

❑ POLLERR：设备发生了错误。

❑ POLLOUT：设备可以立即写入数据。

poll()方法的参数 nfds 是要监听的文件描述符的个数；参数 timeout 是单位为毫秒的超时时间，负数表示一直监听，直到被监听的文件描述符集合中有设备发生了事件。

Linux 内核的 file_operations 方法集提供了 poll()方法的实现。

```
<include/linux/fs.h>

struct file_operations {
    …
    unsigned int (*poll) (struct file *, struct poll_table_struct *);
    …
}
```

当用户程序打开设备文件后执行 poll 或 select 系统调用时，设备驱动的 poll()方法就会被调用。设备驱动的 poll()方法会执行如下步骤。

（1）在一个或多个等待队列中调用 poll_wait()函数。poll_wait()函数会把当前进程添加到指定的等待列表（poll_table）中，当请求数据准备好之后，会唤醒这些睡眠的进程。

（2）返回监听事件，也就是 POLLIN 或 POLLOUT 等掩码。

因此，poll()方法的作用就是让应用程序同时等待多个数据流。

6.6.2　实验 6-7：向虚拟设备中添加 I/O 多路复用支持

1．实验目的

（1）对虚拟设备的字符驱动添加 I/O 多路复用支持。

（2）编写应用程序对 I/O 多路复用进行测试。

2．实验详解

我们对虚拟设备驱动做了修改，从而让驱动可以支持多个设备。

```
struct mydemo_device {
    char name[64];
    struct device *dev;
```

```
    wait_queue_head_t read_queue;
    wait_queue_head_t write_queue;
    struct kfifo mydemo_fifo;
};

struct mydemo_private_data {
    struct mydemo_device *device;
    char name[64];
};
```

我们对这个虚拟设备采用 mydemo_device 数据结构进行抽象，这个数据结构包含了 KFIFO 环形缓冲区，还包含读和写的等待队列头。

另外，我们还抽象了 mydemo_private_data 数据结构，这个数据结构主要包含一些驱动的私有数据。这个简单的设备驱动程序暂时只包含了 name 数组和指向 mydemo_device 数据结构的指针，等以后这个设备驱动实现的功能变多之后，再添加更多其他的成员，如锁、设备打开计数器等。

接下来看看驱动的初始化函数是如何支持多个设备的。

```
#define MYDEMO_MAX_DEVICES  8
static struct mydemo_device *mydemo_device[MYDEMO_MAX_DEVICES];

static int __init simple_char_init(void)
{
    int ret;
    int i;
    struct mydemo_device *device;

    ret = alloc_chrdev_region(&dev, 0, MYDEMO_MAX_DEVICES, DEMO_NAME);
    if (ret) {
        printk("failed to allocate char device region");
        return ret;
    }

    demo_cdev = cdev_alloc();
    if (!demo_cdev) {
        printk("cdev_alloc failed\n");
        goto unregister_chrdev;
    }

    cdev_init(demo_cdev, &demodrv_fops);

    ret = cdev_add(demo_cdev, dev, MYDEMO_MAX_DEVICES);
    if (ret) {
        printk("cdev_add failed\n");
        goto cdev_fail;
    }

    for (i = 0; i < MYDEMO_MAX_DEVICES; i++) {
        device = kmalloc(sizeof(struct mydemo_device), GFP_KERNEL);
        if (!device) {
            ret = -ENOMEM;
            goto free_device;
        }
```

```
        sprintf(device->name, "%s%d", DEMO_NAME, i);
        mydemo_device[i] = device;
        init_waitqueue_head(&device->read_queue);
        init_waitqueue_head(&device->write_queue);

        ret = kfifo_alloc(&device->mydemo_fifo,
                MYDEMO_FIFO_SIZE,
                GFP_KERNEL);
        if (ret) {
            ret = -ENOMEM;
            goto free_kfifo;
        }

        printk("mydemo_fifo=%p\n", &device->mydemo_fifo);

    }

    printk("succeeded register char device: %s\n", DEMO_NAME);

    return 0;

free_kfifo:
    for (i =0; i < MYDEMO_MAX_DEVICES; i++)
        if (&device->mydemo_fifo)
            kfifo_free(&device->mydemo_fifo);
free_device:
    for (i =0; i < MYDEMO_MAX_DEVICES; i++)
        if (mydemo_device[i])
            kfree(mydemo_device[i]);
cdev_fail:
    cdev_del(demo_cdev);
unregister_chrdev:
    unregister_chrdev_region(dev, MYDEMO_MAX_DEVICES);
    return ret;
}
```

MYDEMO_MAX_DEVICES 表示设备驱动最多支持 8 个设备。首先，在模块加载函数 simple_char_init()里使用 alloc_chrdev_region()函数去申请 8 个次设备号。然后，通过 cdev_add() 函数把这 8 个次设备都注册到系统里。最后，为每一个设备都分配 mydemo_device 数据结构，并且初始化其中的等待队列头和 KFIFO 环形缓冲区。

下面我们来看看 open()方法的实现和之前有何不同。

```
static int demodrv_open(struct inode *inode, struct file *file)
{
    unsigned int minor = iminor(inode);
    struct mydemo_private_data *data;
    struct mydemo_device *device = mydemo_device[minor];
    int ret;

    printk("%s: major=%d, minor=%d, device=%s\n", __func__,
            MAJOR(inode->i_rdev), MINOR(inode->i_rdev), device->name);

    data = kmalloc(sizeof(struct mydemo_private_data), GFP_KERNEL);
```

```
    if (!data)
        return -ENOMEM;

    sprintf(data->name, "private_data_%d", minor);

    data->device = device;
    file->private_data = data;

    return 0;
}
```

加粗部分就是和之前 open()方法的不同之处。这里首先会通过次设备号找到对应的 mydemo_device 数据结构，然后分配私有的 mydemo_private_data 数据结构，最后把私有数据的地址存放在 file->private_data 指针里。

最后我们来看看 poll()方法的实现。

```
static const struct file_operations demodrv_fops = {
    .owner = THIS_MODULE,
    .open = demodrv_open,
    .release = demodrv_release,
    .read = demodrv_read,
    .write = demodrv_write,
     .poll = demodrv_poll,
};

static unsigned int demodrv_poll(struct file *file, poll_table *wait)
{
    int mask = 0;
    struct mydemo_private_data *data = file->private_data;
    struct mydemo_device *device = data->device;

    poll_wait(file, &device->read_queue, wait);
        poll_wait(file, &device->write_queue, wait);

    if (!kfifo_is_empty(&device->mydemo_fifo))
        mask |= POLLIN | POLLRDNORM;
    if (!kfifo_is_full(&device->mydemo_fifo))
        mask |= POLLOUT | POLLWRNORM;

    return mask;
}
```

本实验需要写一个应用程序来测试这个 poll()方法是否工作。

```
#include <stdio.h>
#include <stdlib.h>
#include <string.h>
#include <sys/types.h>
#include <sys/stat.h>
#include <sys/ioctl.h>
#include <fcntl.h>
#include <errno.h>
#include <poll.h>
#include <linux/input.h>

int main(int argc, char *argv[])
```

```
{
    int ret;
    struct pollfd fds[2];
    char buffer0[64];
    char buffer1[64];

    fds[0].fd = open("/dev/mydemo0", O_RDWR);
    if (fds[0].fd == -1)
        goto fail;
    fds[0].events = POLLIN;
    fds[0].revents = 0;

    fds[1].fd = open("/dev/mydemo1", O_RDWR);
    if (fds[1].fd == -1)
        goto fail;
    fds[1].events = POLLIN;
    fds[1].revents = 0;

    while (1) {
        ret = poll(fds, 2, -1);
        if (ret == -1)
            goto fail;

        if (fds[0].revents & POLLIN) {
            ret = read(fds[0].fd, buffer0, 64);
            if (ret < 0)
                goto fail;
            printf("%s\n", buffer0);
        }

        if (fds[1].revents & POLLIN) {
            ret = read(fds[1].fd, buffer1, 64);
            if (ret < 0)
                goto fail;

            printf("%s\n", buffer1);
        }
    }

fail:
    perror("poll test");
    exit(EXIT_FAILURE);
}
```

在这个测试程序中，我们打开两个设备，然后分别进行监听。如果其中一个设备的 KFIFO 环形缓冲区中有数据，就把它们读出来，并且输出。

编译并加载设备驱动和测试程序。

```
# 装载驱动和生成设备节点
root@ubuntu:lab7_mydemodrv_poll# insmod mydemo_poll.ko
# 查看mydemo_dev设备的主设备号
root@ubuntu:lab7_mydemodrv_poll # cat /proc/devices
root@ubuntu:lab7_mydemodrv_poll# mknod /dev/mydemo0 c 249 0
root@ubuntu:lab7_mydemodrv_poll# mknod /dev/mydemo1 c 249 1
```

运行测试程序。

```
root@ubuntu:lab7_mydemodrv_poll# ./test &
[1] 1069
root@ubuntu:lab7_mydemodrv_poll# dmesg | tail
[ 1641.328951] mydemo_fifo=0000000022d33c69
[ 1641.329712] mydemo_fifo=000000007158f00f
[ 1641.329823] mydemo_fifo=00000000104902fa
[ 1641.329873] mydemo_fifo=00000000ae8f950d
[ 1641.329910] mydemo_fifo=000000006dbc915b
[ 1641.329940] mydemo_fifo=0000000058175b20
[ 1641.329969] mydemo_fifo=00000000761e9125
[ 1641.329994] succeeded register char device: mydemo_dev
[ 1813.667427] demodrv_open: major=249, minor=0, device=mydemo_dev0
[ 1813.667774] demodrv_open: major=249, minor=1, device=mydemo_dev1
```

使用 cat 命令往设备 0 里写数据。

```
root@ubuntu:lab7_mydemodrv_poll# echo "i am a linuxer" > /dev/mydemo0
i am a linuxer
root@ubuntu:lab7_mydemodrv_poll# dmesg | tail
[ 1910.168214] demodrv_open: major=249, minor=0, device=mydemo_dev0
[ 1910.171052] demodrv_write:mydemo_dev0 pid=553, actual_write =15, ppos=0, ret=0
[ 1910.172128] demodrv_read:mydemo_dev0, pid=1069, actual_readed=15, pos=0
root@ubuntu:lab7_mydemodrv_poll#
```

我们发现测试程序从设备 0 中成功读取了输入信息。

我们再使用 cat 命令往设备 1 里写数据。

```
root@ubuntu:lab7_mydemodrv_poll# echo "hello, device 1" > /dev/mydemo1
hello, device 1
root@ubuntu:lab7_mydemodrv_poll# dmesg | tail
[ 2365.052879] demodrv_open: major=249, minor=1, device=mydemo_dev1
[ 2365.053472] demodrv_write:mydemo_dev1 pid=553, actual_write =16, ppos=0, ret=0
[ 2365.053929] demodrv_read:mydemo_dev1, pid=1069, actual_readed=16, pos=0
```

另外，可以在设备驱动的 poll() 方法中添加输出信息，看看有什么变化。

6.6.3　实验 6-8：为什么不能唤醒读写进程

1．实验目的

本实验将在实验 6-7 中故意制造错误。希望读者通过发现问题和深入调试来解决问题，找到问题的根本原因，从而对字符设备驱动有一个深刻的认识。

2．实验详解

在实验 6-7 的设备驱动中修改部分代码，并故意制造错误。

主要的修改是把 KFIFO 环形缓冲区以及读写等待队列头 read_queue 和 write_queue 都放入 mydemo_private_data 数据结构中。

```
struct mydemo_private_data {
    struct mydemo_device *device;
```

```
    char name[64];
    struct kfifo mydemo_fifo;
      wait_queue_head_t read_queue;
    wait_queue_head_t write_queue;
};
```

在 demodrv_open()函数中分配 kfifo，并初始化等待队列头 read_queue 和 write_queue。

```
static int demodrv_open(struct inode *inode, struct file *file)
{
    unsigned int minor = iminor(inode);
    struct mydemo_private_data *data;
    struct mydemo_device *device = mydemo_device[minor];
    int ret;

    printk("%s: major=%d, minor=%d, device=%s\n", __func__,
            MAJOR(inode->i_rdev), MINOR(inode->i_rdev), device->name);

    data = kmalloc(sizeof(struct mydemo_private_data), GFP_KERNEL);
    if (!data)
        return -ENOMEM;

    sprintf(data->name, "private_data_%d", minor);

    ret = kfifo_alloc(&data->mydemo_fifo,
            MYDEMO_FIFO_SIZE,
            GFP_KERNEL);
    if (ret) {
        kfree(data);
        return -ENOMEM;
    }

    init_waitqueue_head(&data->read_queue);
    init_waitqueue_head(&data->write_queue);

    data->device = device;

    file->private_data = data;

    return 0;
}
```

另外，还需要相应修改 demodrv_read()和 demodrv_write()函数。

编译好设备驱动，并将其复制到 kmodules 目录中。创建设备节点文件，然后加载内核模块。

```
root@ubuntu:lab8# insmod mydemo_error.ko
root@ubuntu:lab8# mknod /dev/mydemo0 c 249 0
root@ubuntu:lab8# mknod /dev/mydemo1 c 249 1
```

在后台使用 cat 命令打开/dev/mydemo0 设备。

```
root@ubuntu:lab8# cat /dev/mydemo0 &
[1] 1548
```

158

```
root@ubuntu:lab8# dmesg | tail
[ 6894.095403] succeeded register char device: my_demo_dev
[ 6991.937557] demodrv_open: major=249, minor=0, device=my_demo_dev0
[ 6991.939729] demodrv_read:my_demo_dev0 pid=1548, going to sleep,
private_data_0
root@ubuntu:lab8#
```

从上述日志可知，系统创建了一个读者进程，即 PID 为 1548 的进程，进程然后进入睡眠状态。使用 echo 命令向/dev/mydemo0 设备中写入字符串。

```
root@ubuntu:lab8# echo "i am study linux now" > /dev/mydemo0

root@ubuntu:lab8# dmesg | tail
[ 7079.537053] demodrv_open: major=249, minor=0, device=my_demo_dev0
[ 7079.538901] wait up read queue, private_data_0
[ 7079.538985] demodrv_write:my_demo_dev0 pid=553, actual_write =21, ppos=0, ret=0
root@ubuntu:lab8_mydemodrv_find_error#
```

从上述日志可知，echo 命令会创建一个写者进程并且写入数据。"wait up read queue"表明写者进程调用了 wake_up_interruptible()函数来唤醒读者进程，但是我们没有看到读者进程读取数据。那么，为什么读者进程没有被真正唤醒呢？

6.7　添加异步通知

6.7.1　异步通知介绍

异步通知有点类似于中断，当请求的设备资源可以获取时，由驱动主动通知应用程序，再由应用程序调用 read()或 write()方法来发起 I/O 操作。异步通知不像我们之前介绍的阻塞操作，它不会造成阻塞，仅在设备驱动满足条件之后才通过信号机制通知应用程序去发起 I/O 操作。

异步通知使用了系统调用的 signal()函数和 sigcation()函数。signal()函数会让一个信号和一个函数对应，每当接收到这个信号时就会调用相应的函数来处理。

6.7.2　实验 6-9：向虚拟设备添加异步通知

1．实验目的

学会如何给字符设备驱动添加异步通知功能。

2．实验详解

为了在字符设备中添加异步通知，需要完成如下几步。

（1）在 mydemo_device 数据结构中添加一个 fasync_struct 数据结构的指针，该指针会构

159

造 fasync_struct 数据结构的链表头。

```
struct mydemo_device {
    char name[64];
    struct device *dev;
    wait_queue_head_t read_queue;
    wait_queue_head_t write_queue;
    struct kfifo mydemo_fifo;
    struct fasync_struct *fasync;
};
```

（2）在内核中使用 fasync_struct 数据结构来描述异步通知。

```
<include/linux/fs.h>

struct fasync_struct {
    spinlock_t        fa_lock;
    int               magic;
    int               fa_fd;
    struct fasync_struct  *fa_next; /* 单链表 */
    struct file       *fa_file;
    struct rcu_head        fa_rcu;
};
```

（3）设备驱动的 file_operations 方法集中有一个 fasync()方法，我们需要实现它。

```
static const struct file_operations demodrv_fops = {
    .owner = THIS_MODULE,
…
    .fasync = demodrv_fasync,
};

static int demodrv_fasync(int fd, struct file *file, int on)
{
    struct mydemo_private_data *data = file->private_data;
    struct mydemo_device *device = data->device;

    return fasync_helper(fd, file, on, &device->fasync);
}
```

这里直接使用 fasync_helper()函数来构造 fasync_struct 类型的节点，并将其添加到系统的链表中。

（4）修改 demodrv_read()函数和 demodrv_write()函数，当请求的资源可用时，调用 kill_fasync()接口函数来发送信号。

```
< demodrv_write()函数的代码片段>

static ssize_t
demodrv_write(struct file *file, const char __user *buf, size_t count, loff_t *ppos)
{
    if (kfifo_is_full(&device->mydemo_fifo)){
        if (file->f_flags & O_NONBLOCK)
            return -EAGAIN;
```

```
        ret = wait_event_interruptible(device->write_queue,
            !kfifo_is_full(&device->mydemo_fifo));
        if (ret)
            return ret;
    }

    ret = kfifo_from_user(&device->mydemo_fifo, buf, count, &actual_write);
    if (ret)
        return -EIO;

    if (!kfifo_is_empty(&device->mydemo_fifo)) {
        wake_up_interruptible(&device->read_queue);
        kill_fasync(&device->fasync, SIGIO, POLL_IN);
    }
    return actual_write;
}
```

在 demodrv_write()函数中，当从用户空间复制数据到 KFIFO 环形缓冲区中时，KFIFO
环形缓冲区不为空，并通过 kill_fasync()接口函数发送 SIGIO 信号给用户程序。

下面来看看如何编写测试程序。

```
#define _GNU_SOURCE
#include <stdio.h>
#include <stdlib.h>
#include <string.h>
#include <unistd.h>
#include <sys/types.h>
#include <sys/stat.h>
#include <sys/ioctl.h>
#include <fcntl.h>
#include <errno.h>
#include <poll.h>
#include <signal.h>

static int fd;

void my_signal_fun(int signum, siginfo_t *siginfo, void *act)
{
    int ret;
    char buf[64];

    if (signum == SIGIO) {
        if (siginfo->si_band & POLLIN) {
            printf("FIFO is not empty\n");
            if ((ret = read(fd, buf, sizeof(buf))) != -1) {
                buf[ret] = '\0';
                puts(buf);
            }
        }
        if (siginfo->si_band & POLLOUT)
            printf("FIFO is not full\n");
    }
}

int main(int argc, char *argv[])
{
```

```
    int ret;
    int flag;
    struct sigaction act, oldact;

    sigemptyset(&act.sa_mask);
    sigaddset(&act.sa_mask, SIGIO);
    act.sa_flags = SA_SIGINFO;
    act.sa_sigaction = my_signal_fun;
    if (sigaction(SIGIO, &act, &oldact) == -1)
        goto fail;

    fd = open("/dev/mydemo0", O_RDWR);
    if (fd < 0)
        goto fail;

    /*设置异步I/O所有权*/
    if (fcntl(fd, F_SETOWN, getpid()) == -1)
        goto fail;

    /*设置SIGIO信号*/
    if (fcntl(fd, F_SETSIG, SIGIO) == -1)
        goto fail;

    /*获取文件flags*/
    if ((flag = fcntl(fd, F_GETFL)) == -1)
        goto fail;

    /*设置文件flags, 设置FASYNC,支持异步通知*/
    if (fcntl(fd, F_SETFL, flag | FASYNC) == -1)
        goto fail;

    while (1)
        sleep(1);
fail:
    perror("fasync test");
    exit(EXIT_FAILURE);
}
```

上述代码首先通过 sigaction()函数设置进程接收指定的信号以及接收信号之后的动作，这里指定接收 SIGIO 信号，信号处理函数是 my_signal_fun()。接下来，打开设备驱动文件，并使用 fcntl()函数让设备驱动文件支持 FASYNC 功能。当测试程序接收到 SIGIO 信号之后，会执行 my_signal_fun()函数并判断事件类型是否为 POLLIN。如果事件类型是 POLLIN，那么可以主动调用 read()函数并把数据读出来。

下面是运行本实验代码的结果。

首先加载内核模块和生成设备节点，然后在后台运行测试程序。

```
root@ubuntu:lab9# insmod mydemo_fasync.ko
# 查看mydemo_dev设备的主设备号
root@ubuntu:lab9# cat /proc/devices
# 这里假设mydemo_dev设备的主设备号为249，有可能会变化
root@ubuntu:lab9# mknod /dev/mydemo0 c 249 0
root@ubuntu:lab9# mknod /dev/mydemo1 c 249 1
root@ubuntu:lab9# ./test &
```

最后使用 echo 命令往设备里写入字符串。

```
# echo "i am linuxer" > /dev/mydemo0
FIFO is not empty
i am linuxer

root@ubuntu:lab9# dmesg | tail
[  363.663719] demodrv_open: major=249, minor=0, device=mydemo_dev0
[  363.663795] demodrv_fasync send SIGIO
[  410.021264] demodrv_open: major=249, minor=0, device=mydemo_dev0
[  410.021422] demodrv_write kill fasync
[  410.021437] demodrv_write:mydemo_dev0 pid=2103, actual_write =13, ppos=0,
ret=0

[  410.022310] demodrv_read:mydemo_dev0, pid=2828, actual_readed=13, pos=0
```

从日志中可以看出，结果符合我们的预期，echo 命令已向设备中写入字符串，可通过 kill_fasync()接口函数给测试程序发送 SIGIO 信号。测试程序接收到该信号之后，主动调用一次 read()函数，把刚才写入的字符串读到用户空间。

6.7.3 实验 6-10：解决驱动的宕机难题

1. 实验目的
学习如何解决宕机问题以及如何分析宕机日志。

2. 实验详解
在实验 6-9 中，有部分读者在 QEMU + ARM64 实验平台上遇到了如下宕机日志，请帮忙分析原因并给出解决方案。

```
root@ubuntu:lab9_mydemodrv_fasync# ./test &
[  253.946713] Unable to handle kernel paging request at virtual address
                00000000e859d451
[  253.950799] Mem abort info:
[  253.951015]   ESR = 0x96000004
[  253.951228]   EC = 0x25: DABT (current EL), IL = 32 bits
[  253.951422]   SET = 0, FnV = 0
[  253.951610]   EA = 0, S1PTW = 0
[  253.951788] Data abort info:
[  253.951920]   ISV = 0, ISS = 0x00000004
[  253.952047]   CM = 0, WnR = 0
[  253.952267] user pgtable: 4k pages, 48-bit VAs, pgdp=0000000065065000
[  253.952943] [00000000e859d451] pgd=0000000000000000
[  253.953945] Internal error: Oops: 96000004 [#1] SMP
[  253.954340] Modules linked in: mydemo_fasync(OE)
[  253.955280] CPU: 3 PID: 776 Comm: test Kdump: loaded Tainted: G   OE
                5.4.0+ #4
[  253.955692] Hardware name: linux,dummy-virt (DT)
[  253.956133] pstate: 20000005 (nzCv daif -PAN -UAO)
[  253.957063] pc : fasync_insert_entry+0x78/0x1c4
[  253.957382] lr : fasync_insert_entry+0x64/0x1c4
[  253.957743] sp : ffff000025023ae0
```

```
[  253.958087]  x29: ffff000025023ae0 x28: ffff000025054600
[  253.958713]  x27: 0000000000000000 x26: 0000000000000000
[  253.958964]  x25: 0000000056000000 x24: 0000000000000015
[  253.959206]  x23: 0000000080001000 x22: 0000ffffa96813f4
[  253.959453]  x21: 00000000ffffffff x20: ffff80001a761000
[  253.959750]  x19: 0000000000000000 x18: 0000000000000000
[  253.960015]  x17: 0000000000000000 x16: 0000000000000000
[  253.960399]  x15: 0000000000000000 x14: 0000000000000000
[  253.960719]  x13: 0000000000000000 x12: 0000000000000000
[  253.961037]  x11: 0000000000000000 x10: 0000000000000000
[  253.961411]  x9 : 0000000000000000 x8 : ffff8000117997cf
[  253.961736]  x7 : 0000000000000000 x6 : ffff00002bde6ee0
[  253.962050]  x5 : 0000000000000000 x4 : ffff8000117c6230
[  253.962320]  x3 : 0000000000000000 x2 : 0000000000000000
[  253.962635]  x1 : c7fc030ff2ac1300 x0 : 00000000e859d439
[  253.963067]  Call trace:
[  253.963280]  fasync_insert_entry+0x78/0x1c4
[  253.963562]  fasync_add_entry+0x50/0x74
[  253.963805]  fasync_helper+0x50/0x58
[  253.964915]  demodrv_fasync+0x68/0x70 [mydemo_fasync]
[  253.965341]  setfl+0x1c0/0x254
[  253.965951]  do_fcntl+0x2e8/0x73c
[  253.966364]  __do_sys_fcntl+0xa4/0xd4
[  253.966652]  __se_sys_fcntl+0x40/0x50
[  253.966894]  __arm64_sys_fcntl+0x44/0x4c
[  253.967180]  __invoke_syscall+0x28/0x30
[  253.967589]  invoke_syscall+0x88/0xbc
[  253.967854]  el0_svc_common+0xc4/0x144
[  253.968124]  el0_svc_handler+0x3c/0x48
[  253.968374]  el0_svc+0x8/0xc
[  253.969148]  Code: f9400fe0 f9001be0 14000012 f9401fe0 (f9400c00)
```

从 "Unable to handle kernel paging request at virtual address 00000000e859d451" 这句日志可以看出，这是典型的空指针访问错误，即 Oops 错误。读者可以先去阅读 12.4 节关于如何分析 Oops 错误的内容，然后再来分析本实验的日志。

6.8　本章小结

字符设备驱动是 Linux 内核中最常见的设备形态之一，编写设备驱动是深入学习 Linux 设备驱动和内核开发的有效方法。

本章通过 9 个实验介绍 Linux 内核中字符设备驱动的编写。我们在实验 6-8 中留了一个问题，它是从实际项目遇到的问题中抽象出来的，解答它的重点是要理解进程的本质，见第 8 章。当使用 cat 命令打开/dev/mydemo0 设备时，相当于创建了一个进程（假设这个进程名为 A，该进程是由 Linux 的 shell 界面创建的）来打开这个设备，然后执行 read()系统调用来读这个设备的数据。因为设备的 FIFO 缓冲区为空，所以进程 A 在设备驱动的 devm_read() 函数的 read_queue 睡眠队列中睡眠了。接着使用 echo 命令向/dev/mydemo0 设备中写入字符串，这时 Linux 的 shell 界面又重新创建了一个新的进程（这里假设是进程 B）。进程 B 打开这个设备，然后执行 write()系统调用以写数据到这个设备的 FIFO 缓冲区，并调用 wake_up_ interruptible()函数去唤醒 read_queue 睡眠队列中的进程。当进程 B 唤醒 read_ queue 睡眠队列中的进程时，进程 A 是否在 read_queue 这个睡眠队列里呢？

答案是否定的，因为在实验 6-8 中 read_queue 睡眠队列被放入 mydemo_private_data 数据结构中，这个数据结构是在进程打开这个设备时才分配的，所以进程 A 和进程 B 看到的不是同一个 mydemo_private_data 数据结构。也就是说，进程 B 唤醒的 read_queue 睡眠队列中根本没有进程 A，因为进程 A 睡眠在自己分配的那个 read_queue 睡眠队列中。

第7章 系统调用

在现代操作系统中，处理器的运行模式通常分成两个空间：一个是内核空间，另一个是用户空间。大部分的应用程序运行在用户空间，而内核和设备驱动运行在内核空间。如果应用程序需要访问硬件资源或者需要内核提供服务，该怎么办呢？

7.1 系统调用的概念

在现代操作系统架构中，内核空间和用户空间之间多了一个中间层，这就是系统调用层，如图 7.1 所示。

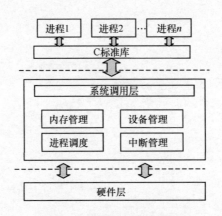

图7.1 现代操作系统架构

系统调用层主要有如下作用。

❑ 为用户空间程序提供一层硬件抽象接口。这能够让应用程序编程者从学习硬件设备底层编程中解脱出来。例如，当需要读写文件时，应用程序编写者不用去关心磁盘类型和介质，以及文件存储在磁盘哪个扇区等底层硬件信息。

❑ 保证系统稳定和安全。应用程序要访问内核就必须通过系统调用层，内核可以在系统调用层对应用程序的访问权限、用户类型和其他一些规则进行过滤，这样可以避免应用程序不正确地访问内核。

- □ 可移植性。可以让应用程序在不修改源代码的情况下，在不同的操作系统或者拥有不同硬件架构的系统中重新编译并且运行。

7.1.1 系统调用和 POSIX 标准

对于应用编程接口（API）和系统调用之间的关系，有的读者可能有点糊涂了。一般来说，应用程序调用用户空间实现的应用编程接口来编程，而不是直接执行系统调用。一个接口函数可以由一个系统调用实现，也可以由多个系统调用实现，甚至完全不使用任何系统调用。因此，一个接口函数没有必要对应一个特定的系统调用。

UNIX 系统在设计的早期就出现了操作系统的 API 层。在 UNIX 的世界里，最通用的系统调用层接口是 POSIX（Portable Operating System Interface of UNIX）标准。POSIX 的诞生和 UNIX 的发展密不可分。UNIX 系统诞生于 20 世纪 70 年代的贝尔实验室，很多商业厂商基于 UNIX 系统发展自己的 UNIX 系统，但是标准不统一。后来 IEEE 制定了 POSIX 标准，但需要注意的是，POSIX 标准针对的是 API 而不是系统调用。判断一个系统是否与 POSIX 兼容时，要看它是否提供一组合适的应用编程接口，而不是看它的系统调用是如何定义和实现的。

Linux 操作系统的 API 通常是以 C 标准库的方式提供的，比如 Linux 中的 libc 库。C 标准库提供了 POSIX 的绝大部分 API 的实现，同时也为内核提供的每个系统调用封装了相应的函数，并且系统调用和 C 标准库封装的函数名称通常是相同的。例如，open 系统调用在 C 标准库中对应的函数是 open 函数。另外，有几个接口函数可能调用封装了不同功能的同一个系统调用，例如 libc 库中实现的 malloc()、calloc()和 free()等函数，这几个函数用来分配和释放虚拟内存（堆上的虚拟内存），它们都是利用 brk 系统调用来实现的。

7.1.2 系统调用表

Linux 系统为每一个系统调用赋予了一个系统调用号，这样当应用程序执行一个系统调用时，应用程序知道执行和调用到哪个系统调用了，从而不会造成混乱。系统调用号一旦分配之后，就不会有任何变更；否则，已经编译好的应用程序就不能运行了。

对于 ARM64 系统来说，系统调用号定义在 arch/arm64/include/asm/unistd32.h 头文件中。

```
<arch/arm64/include/asm/unistd32.h>

#define __NR_restart_syscall 0
__SYSCALL(__NR_restart_syscall, sys_restart_syscall)
#define __NR_exit 1
__SYSCALL(__NR_exit, sys_exit)
#define __NR_fork 2
```

```
__SYSCALL(__NR_fork, sys_fork)
#define __NR_read 3
__SYSCALL(__NR_read, sys_read)
#define __NR_write 4
__SYSCALL(__NR_write, sys_write)
#define __NR_open 5
__SYSCALL(__NR_open, compat_sys_open)
…
```

例如，open 这个系统调用被赋予的系统调用号是 5，因此在所有的 ARM64 系统中，5 这个 open 系统调用号是不能更改的。open 系统调用最终实现在如下函数中。

```
<fs/open.c>

SYSCALL_DEFINE3(open, const char __user *, filename, int, flags, umode_t, mode)
{
    if (force_o_largefile())
        flags |= O_LARGEFILE;

    return do_sys_open(AT_FDCWD, filename, flags, mode);
}
```

SYSCALL_DEFINEx 是一类宏，实现在 include/linux/syscalls.h 头文件中。

```
<include/linux/syscalls.h>

#define SYSCALL_DEFINE1(name, ...) SYSCALL_DEFINEx(1, _##name, __VA_ARGS__)
#define SYSCALL_DEFINE2(name, ...) SYSCALL_DEFINEx(2, _##name, __VA_ARGS__)
#define SYSCALL_DEFINE3(name, ...) SYSCALL_DEFINEx(3, _##name, __VA_ARGS__)
#define SYSCALL_DEFINE4(name, ...) SYSCALL_DEFINEx(4, _##name, __VA_ARGS__)
#define SYSCALL_DEFINE5(name, ...) SYSCALL_DEFINEx(5, _##name, __VA_ARGS__)
#define SYSCALL_DEFINE6(name, ...) SYSCALL_DEFINEx(6, _##name, __VA_ARGS__)
```

其中 SYSCALL_DEFINE1 表示有 1 个参数，SYSCALL_DEFINE2 表示有 2 个参数，以此类推。SYSCALL_DEFINEx 宏的定义如下。

```
#define SYSCALL_DEFINEx(x, sname, ...)                    \
    SYSCALL_METADATA(sname, x, __VA_ARGS__)               \
    __SYSCALL_DEFINEx(x, sname, __VA_ARGS__)
```

这个宏在扩展完之后会变成 sys_open()函数。

```
asmlinkage long __arm64_sys_open(const struct pt_regs *regs);

asmlinkage long __arm64_sys_open(const struct pt_regs *regs)
{
    return __se_sys_open(filename, flags, mode);
}

static long __se_sys_open(const char __user * filename, int flags, umode_t mode)
{
    long ret = __do_sys_open(filename, flags, mode);
    return ret;
}

static inline long __do_sys_open(const char __user * filename, int flags,
umode_t mode)
```

因此，SYSCALL_DEFINE3(open, …)语句展开后会多出两个函数，分别是__arm64_sys_open()和__se_sys_open()函数。其中__arm64_sys_open()函数的地址会存放在系统调用表sys_call_table 中。最后这个函数变成了__do_sys_open()函数。

在 arch/arm64/kernel/sys.c 文件中，__SYSCALL 宏用来设置某个系统调用的函数指针到sys_call_table[]数组中。

```
#define __SYSCALL(nr, sym)   [nr] = (syscall_fn_t)__arm64_##sym,
```

系统在初始化时会把__arm64_sys_xx()函数添加到 sys_call_table[]数组里。因此，sys_call_table 的原型如下。

```
typedef long (*syscall_fn_t)(struct pt_regs *regs);
```

参数为 pt-regs *regs 数据结构。系统调用表如图 7.2 所示。

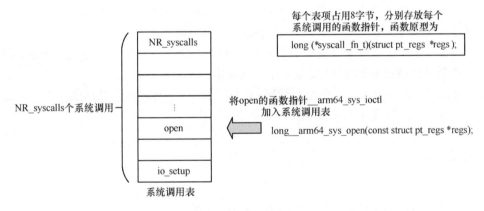

图7.2　系统调用表

7.1.3　用程序访问系统调用

应用程序编写者通常不会直接访问系统调用，而是通过 C 标准库函数来访问系统调用。如果给 Linux 系统新添加了系统调用，那么可以通过直接调用 syscall()函数来访问新添加的系统调用。

```
#include <unistd.h>
#include <sys/syscall.h>   /* 系统调用的定义 */

long syscall(long number, ...);
```

syscall()函数可以直接执行系统调用，第一个参数是系统调用号，比如，对于上面的 open，系统调用号是 5；"..."是可变参数，用来传递参数到内核。以上述的 open 系统调用为例，在应用程序中可以用如下代码直接调用。

```
#define NR_OPEN 5
syscall(NR_OPEN, filename, flags, mode);
```

7.1.4　新增系统调用

　　读者可能有疑惑，既然 Linux 系统为我们提供了几百个系统调用，那么当我们在实际项目中遇到问题时，是否可以新增系统调用呢？

　　在 Linux 系统中新增系统调用是很容易的事情，本章最后会给出实验让读者练习，但是我们不提倡新增系统调用，因为新增系统调用意味着应用程序可能缺乏可移植性。Linux 系统的系统调用必须由 Linux 社区决定，并且和 glibc 社区同步，也就是需要 Linux 和 glibc 同步进行修改。因此，为了新增系统调用，需要在社区里做充分讨论和沟通，这个过程会非常漫长。

　　其实 Linux 内核里提供了很多机制来让用户程序和内核进行信息交互，读者应该充分思考是否可以使用如下方法来实现，而不是考虑新增系统调用。

- ❑　设备节点。在实现一个设备节点之后，就可以对该设备执行 read() 和 write() 等操作，甚至可以通过 ioctl 接口来自定义一些操作。
- ❑　sysfs 接口。sysfs 接口也是一种推荐的让用户程序和内核直接通信的方式，这种方式很灵活，也是 Linux 内核推荐的做法。

7.2　实验

7.2.1　实验 7-1：在树莓派上新增一个系统调用

1．实验目的
通过新增一个系统调用，理解系统调用的实现过程。

2．实验要求
（1）在树莓派上新增一个系统调用，把当前进程的 ID 和 UID 通过参数返回用户空间。
（2）编写一个测试程序来调用这个新增的系统调用。

7.2.2　实验 7-2：在 Linux 主机上新增一个系统调用

1．实验目的
通过新增一个系统调用，理解系统调用的实现过程。

2. 实验要求

- ❏ 在 Linux 平台上新增一个系统调用，把当前进程的 ID 和 UID 通过参数返回到用户空间。
- ❏ 编写一个测试程序来调用这个新增的系统调用。

第 **8** 章　进程管理

进程管理、内存管理以及文件管理是操作系统的三大核心功能，本章将介绍如下内容。

❑　进程。

❑　进程和程序之间的关系。

❑　Linux 内核中抽象进程描述符的方式。

❑　进程的创建和终止。

❑　进程的生命周期。

❑　进程的调度。

❑　在 SMP 多核环境下进程的调度。

8.1　进程

8.1.1　进程的由来

IBM 在 20 世纪设计的多道批处理程序中没有进程（process）这个概念，人们使用的是工作（job）这个术语，后来的设计人员慢慢启用了进程这个术语。顾名思义，进程是执行中的程序，程序在加载到内存中之后就变成了进程，表达如下。

进程 = 程序 + 执行

在计算机的发展历史过程中，为什么需要进程这个概念呢？

在早期的操作系统中，程序都是单个地运行在一台计算机中，CPU 利用率低下。为了提高 CPU 利用率，人们设计了在一台计算机中加载多个程序到内存中并让它们并发运行的方案。每个加载到内存中的程序称为进程（早期叫作工作），操作系统管理着多个进程的并发执行。进程会感觉到自己独占 CPU，这是一种很重要的抽象。

对于操作系统来说，进程是重要且基本的一种抽象，否则操作系统就退回单道程序系统了。进程的抽象是为了提高 CPU 利用率，任何的抽象都需要物理基础，进程的物理基础便是程序。程序在运行之前需要有安身之地，这就是操作系统在装载程序之前要分配合适的内存的原因。此外，操作系统还需要小心翼翼地处理多个进程共享同一块物理内存时可能引发的冲突问题。

作者在 10 年前购买的笔记本电脑使用的还是奔腾单核处理器，可是我们依然可以很流畅地同时做很多事情，比如边听音乐边使用 Word 软件处理文字，同时用邮箱客户端收发邮件等。其实 CPU 在某个瞬间只能运行一个进程，但是在一段时间内，却可以运行多个进程，这样就让人们产生了并行的错觉，这就是常说的"伪并行"。

假设有一个只包含 3 个程序的简易操作系统，这 3 个程序都需要装载到系统的物理内存中才能运行，如图 8.1（a）所示。进程和程序之间的区别是比较微妙的，程序是用来描述某件事情的一些操作序列或算法，而进程是某种类型的活动，进程中有程序、输入、输出以及状态等。例如，如果把做菜这件事情看作进程，那么做菜的工序可以看作程序，大厨可以看作处理器，厨房可以看作运行环境，厨房里有需要的食材和调料以及烹饪工具等，大厨阅读菜谱、取各种原料、炒菜以及上菜等一系列动作的总和可以理解为进程。假设大厨在炒菜的过程中，来了一个紧急的电话，他会记录一下现在菜做到哪一步了（保存进程的当前状态），然后拿起电话来接听，那么这个接听电话的动作就是另一个进程了。这相当于处理器从一个进程（做菜）切换到另一个高优先级的进程（接电话）。等电话接完了，大厨继续原来做菜的工序。做菜和打电话是两个相互独立的进程，但同一时刻只能做一件事情，如图 8.1（c）所示。

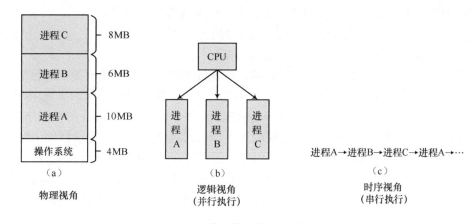

图8.1　进程模型的3个视角

进程和程序的定义可以归纳如下。

❑ 程序通常是指完成特定任务的一系列指令集合或一个可执行文件，其中包含可运行的大量 CPU 指令和相应的数据等信息，不具有生命力。进程则是有生命的个体，其中不仅包含代码段、数据段等信息，还有很多运行时需要的资源。

❑ 进程是一段执行中的程序。一个进程除了包含可执行的代码（比如代码段）外，还包含进程的一些活动信息和数据，比如用于存放函数变量、局部变量以及返回值的用户栈，用于存放进程相关数据的数据段，用于内核中进程间切换的内核栈，以及用于动态分配内存的堆等信息。

- 进程是操作系统分配内存、CPU 时间片等资源的基本单位。
- 进程是用来实现多进程并发执行的实体，用于实现对 CPU 的虚拟化，让每个进程都感觉拥有 CPU。实现 CPU 虚拟化的核心技术是上下文切换（context switch）以及进程调度（scheduling）。

8.1.2 进程描述符

进程是操作系统中调度的实体，需要对进程所必须拥有的资源做抽象描述，这种抽象描述称为进程控制块（Process Control Block，PCB）。进程控制块需要描述如下几类信息。

- 进程的运行状态：包括就绪、运行、等待阻塞、僵尸等状态。
- 程序计数器：记录当前进程运行到哪条指令了。
- CPU 寄存器：主要保存当前运行的上下文，记录 CPU 所有必须保存下来的寄存器信息，以便当前进程调度出去之后还能调度回来并接着运行。
- CPU 调度信息：包括进程优先级、调度队列和调度等相关信息。
- 内存管理信息：进程使用的内存信息，比如进程的页表等。
- 统计信息：包含进程运行时间等相关的统计信息。
- 文件相关信息：包括进程打开的文件等。

因此，进程控制块用来描述进程运行状况以及控制进程运行所需要的全部信息，它是操作系统用来感知进程存在的一种非常重要的数据结构。在任何操作系统的实现中，都需要用数据结构来描述进程控制块，所以在 Linux 内核里面采用名为 task_struct 的数据结构来描述。task_struct 数据结构很大，里面包含进程的所有相关的属性和信息。在进程的生命周期内，进程要和内核的很多模块进行交互，比如内存管理模块、进程调度模块以及文件系统等模块。因此，进程还包含了内存管理、进程调度、文件管理等方面的信息和状态。Linux 内核利用链表 task_list 来存放所有进程描述符，task_struct 数据结构定义在 include/linux/sched.h 文件中。

task_struct 数据结构很大，里面包含的内容很多，可以简单归纳成如下几类。

- 进程属性的相关信息。
- 进程间的关系。
- 进程调度的相关信息。
- 内存管理的相关信息。
- 文件管理的相关信息。
- 信号的相关信息。

❑ 资源限制的相关信息。

1．进程属性的相关信息

进程属性相关信息主要包括和进程状态相关的信息，比如进程状态、进程的 PID 等信息。其中重要的成员如下。

❑ state 成员：用来记录进程的状态，包括 TASK_RUNNING、TASK_INTERRUPTIBLE、TASK_UNINTERRUPTIBLE、EXIT_ZOMBIE、TASK_DEAD 等。

❑ pid 成员：进程唯一的标识符（identifier）。pid 被定义为整数类型，pid 的默认最大值见/proc/sys/kernel/pid_max 节点。

❑ flag 成员：用来描述进程属性的一些标志位，这些标志位是在 include/linux/sched.h 中定义的。例如，进程退出时会设置 PF_EXITING；进程是 workqueue 类型的工作线程时，会设置 PF_WQ_WORKER；fork 完成之后不执行 exec 命令时，会设置 PF_FORKNOEXEC 等。

❑ exit_code 和 exit_signal 成员：用来存放进程的退出值和终止信号，这样父进程就可以知道子进程的退出原因。

❑ pdeath_signal 成员：父进程消亡时发出的信号。

❑ comm 成员：存放可执行程序的名称。

❑ real_cred 和 cred 成员：用来存放进程的一些认证信息，cred 数据结构里包含了 uid、gid 等信息。

2．进程调度的相关信息

进程担负的一个很重要的角色是作为调度实体参与操作系统里的调度，这样就可以实现 CPU 的虚拟化，也就是每个进程都感觉直接拥有了 CPU。宏观上看，各个进程都是并行执行的；但是微观上看，每个进程都是串行执行的。

进程调度是操作系统中一个很热门的核心功能，这里先暂时列出 Linux 内核的 task_struct 数据结构中关于进程调度的一些重要成员。

❑ prio 成员：保存着进程的动态优先级，是调度类考虑的优先级。

❑ static_prio 成员：静态优先级，在进程启动时分配。内核不存储 nice 值，取而代之的是 static_prio。

❑ normal_prio 成员：基于 static_prio 和调度策略计算出来的优先级。

❑ rt_priority 成员：实时进程的优先级。

❑ sched_class 成员：调度类。

❑ se 成员：普通进程调度实体。

❑ rt 成员：实时进程调度实体。

❑ dl 成员：deadline 进程调度实体。

❑ policy 成员：用来确定进程的类型，比如是普通进程还是实时进程。

❑　cpus_allowed 成员：进程可以在哪几个 CPU 上运行。

3．进程间的关系

系统中最初的第一个进程是 idle 进程（或者叫作进程 0），此后的每个进程都有一个创建它的父进程，进程本身也可以创建其他的进程，父进程可以创建多个进程，在进程的家族中，有父进程、子进程，还有兄弟进程。

其中重要的成员如下。

❑　real_parent 成员：指向当前进程的父进程的 task_struct 数据结构。
❑　children 成员：指向当前进程的子进程的链表。
❑　sibling 成员：指向当前进程的兄弟进程的链表。
❑　group_leader 成员：进程组的组长。

4．内存管理和文件管理的相关信息

进程在加载运行之前需要加载到内存中，因此进程描述符必须包含与抽象描述内存相关的信息，还有一个指向 mm_struct 数据结构的指针 mm。此外，进程在生命周期内总是需要通过打开文件、读写文件等操作来完成一些任务，这就和文件系统密切相关了。

其中重要的成员如下。

❑　mm 成员：指向进程所管理内存的总的抽象的数据结构 mm_struct。
❑　fs 成员：保存一个指向文件系统信息的指针。
❑　files 成员：保存一个指向进程的文件描述符表的指针。

8.1.3　进程的生命周期

虽然每个进程都是独立的个体，但是进程间经常需要做相关沟通和交流，典型的例子是文本进程需要等待键盘的输入。典型的操作系统中的进程如图 8.2 所示，其中包含如下状态。

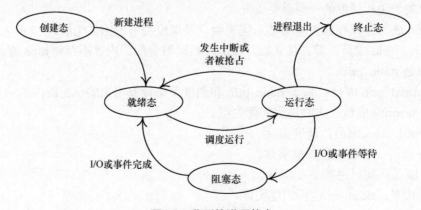

图8.2　典型的进程状态

❑　创建态：创建了新进程。
❑　就绪态：进程获得了可以运行的所有资源和准备条件。
❑　运行态：进程正在 CPU 中执行。
❑　阻塞态：进程因为等待某项资源而被暂时移出 CPU。
❑　终止态：进程消亡。

Linux 内核也为进程定义了 5 种状态，如图 8.3 所示，和上述典型的进程状态略有不同。

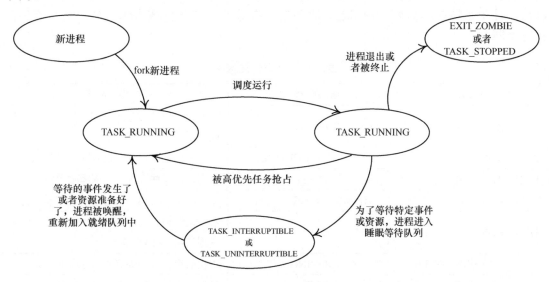

图8.3　Linux内核的进程状态

❑　TASK_RUNNING（可运行态或就绪态）：这种状态的英文描述是正在运行的意思，可是在 Linux 内核里不一定是指进程正在运行，所以很容易让人混淆。它是指进程处于可执行状态，或许正在执行，或许在就绪队列中等待执行。因此，Linux 内核对当前正在执行的进程没有给出明确的状态，不像典型操作系统里给出两个很明确的状态，比如就绪态和运行态。这种状态是运行态和就绪态的集合，所以读者需要额外注意。

❑　TASK_INTERRUPTIBLE（可中断睡眠态）：进程进入睡眠状态（被阻塞）以等待某些条件的达成或者某些资源的就位，一旦条件达成或者资源就位，Linux 内核就可以把进程的状态设置成可运行态（TASK_RUNNING）并加入就绪队列。也有人将这种状态称为浅睡眠状态。

❑　TASK_UNINTERRUPTIBLE（不可中断态）：这种状态和上面的 TASK_INTERRUPTIBLE 状态类似，唯一不同的是，进程在睡眠等待时不受干扰，对信号不做任何反应，所以这种状态又称为不可中断态。通常，使用 ps 命令看到的被标记为 D 状态的进程，就是处于不可中断态的进程,不可以发送 SIGKILL 信号终止它们,因为它们不响应信号。也有人把这种状态称为深度睡眠状态。

❑ __TASK_STOPPED(终止态):进程停止运行了。

❑ EXIT_ZOMBIE(僵尸态):进程已经消亡,但是 task_struct 数据结构还没有释放,这种状态叫作僵尸状态,每个进程在自己的生命周期中都要经历这种状态。子进程退出时,父进程可以通过 wait()或 waitpid()来获取子进程消亡的原因。

上述 5 种状态在某种条件下是可以相互转换的,如表 8.1 所示。也就是说,进程可以从一种状态转换到另外一种状态,比如进程在等待某些条件或资源时从可运行态转换到可中断态。

表 8.1　进程状态转换表

起 始 状 态	结 束 状 态	转 换 原 因
TASK_RUNNING	TASK_RUNNING	Linux进程的状态没有变化,但是有可能进程在调度器里被移入或移出
TASK_RUNNING	TASK_INTERRUPTIBLE	进程等待某些资源,进入睡眠等待队列
TASK_RUNNING	TASK_UNINTERRUPTIBLE	进程等待某些资源,进入睡眠等待队列
TASK_RUNNING	__TASK_STOPPED	进程收到SIGSTOP信号或者进程被跟踪
TASK_RUNNING	EXIT_ZOMBIE	进程已经被杀死,处于僵尸状态,等待父进程调用wait()函数
TASK_INTERRUPTIBLE	TASK_RUNNING	进程获得了等待的资源,进程进入就绪态
TASK_UNINTERRUPTIBLE	TASK_RUNNING	进程获得了等待的资源,进程进入就绪态

对于进程状态的设置,虽然可以通过简单的赋值语句来设置,比如:

```
p->state = TASK_RUNNING;
```

但是建议读者采用 Linux 内核提供的两个常用的接口函数来设置进程的状态。

```
#define set_current_state(state_value)                    \
    do {                                                  \
        smp_store_mb(current->state, (state_value));      \
    } while (0)
```

set_current_state()在设置进程状态时会考虑 SMP 多核环境下的高速缓存一致性问题。

8.1.4　进程标识

在创建时会为进程分配唯一的号码来标识,这个号码就是进程标识符(Process Identifier,PID)。PID 存放在进程描述符的 pid 字段中,PID 是 int 类型。为了循环使用 PID,内核使用

bitmap 机制来管理当前已经分配的 PID 和空闲的 PID，bitmap 机制可以保证每个进程在创建时都能分配到唯一的号码。

除了 PID 之外，Linux 内核还引入了线程组的概念。一个线程组中的所有线程都使用和该线程组中主线程相同的 PID，即该线程组中第一个线程的 PID，它会被存入 task_struct 数据结构的 tgid 成员中。这与 POSIX 1003.1c 标准里的规定有关，一个多线程应用程序中的所有线程都必须有相同的 PID，这样就可以通过 PID 把信号发送给线程组里所有的线程。比如一个进程在创建之后，这时只有这个进程自己，它的 PID 和 TGID 是一样的。当这个进程创建一个新的线程之后，新线程有属于自己的 PID，但是它的 TGID 还是指父进程的 TGID，因为它和父进程同属一个线程组。

getpid 系统调用会返回当前进程的 TGID 而不是线程的 PID，因为多线程应用程序中的所有线程都共享相同的 PID。

系统调用 gettid 会返回线程的 PID。

8.1.5　进程间的家族关系

Linux 内核维护了进程之间的家族关系，比如：

❑ Linux 内核在启动时会有一个 init_task 进程，它是系统中所有进程的"鼻祖"，称为进程 0 或 idle 进程。当系统没有进程需要调度时，调度器就会执行 idle 进程。idle 进程在内核启动（start_kernel()函数）时静态创建，所有的核心数据结构都预先静态赋值。

❑ 系统初始化快完成时会创建一个 init 进程，也就是常说的进程 1，它是所有用户进程的祖先，从这个进程开始，所有的进程都将参与调度。

❑ 如果进程 A 创建了进程 B，那么进程 A 称为父进程，进程 B 称为子进程。

❑ 如果进程 B 创建了进程 C，那么进程 A 和进程 C 之间的关系就是祖孙关系。

❑ 如果进程 A 创建了 Bi（$1 \leqslant i \leqslant n$）个进程，那么这些进程之间为兄弟关系。

作为进程描述符的 task_struct 数据结构使用 4 个成员来描述进程间的关系，如表 8.2 所示。

表 8.2　4 个成员

成　　员	描　　述
real_parent	指向创建了进程A的描述符，如果进程A的父进程不存在了，则指向进程1（init进程）的进程描述符
parent	指向进程的当前父进程，通常和real_parent一致
children	将所有的子进程都链接成一个链表，这是链表头
sibling	将所有的兄弟进程都链接成一个链表，链表头在父进程的sibling成员中

init_task 进程的 task_struct 数据结构在 init/init_task.c 文件中静态初始化。

```
<init/init_task.c>

struct task_struct init_task
= {
#ifdef CONFIG_THREAD_INFO_IN_TASK
    .thread_info    = INIT_THREAD_INFO(init_task),
    .stack_refcount = ATOMIC_INIT(1),
#endif
    .state      = 0,
    .stack      = init_stack,
    .usage      = ATOMIC_INIT(2),
    .flags      = PF_KTHREAD,
    .prio       = MAX_PRIO - 20,
    .static_prio    = MAX_PRIO - 20,
    .normal_prio    = MAX_PRIO - 20,
    .policy     = SCHED_NORMAL,
    .cpus_allowed   = CPU_MASK_ALL,
    .nr_cpus_allowed= NR_CPUS,
    .mm       = NULL,
    .active_mm  = &init_mm,
    ...
};
```

此外，系统中所有进程的 task_struct 数据结构都通过 list_head 类型的双向链表链在一起，因此每个进程的 task_struct 数据结构都包含一个 list_head 类型的 tasks 成员。这个进程链表的头是 init_task 进程，也就是所谓的进程 0。init_task 进程的 tasks.prev 字段指向链表中最后插入的那个进程的 task_struct 数据结构的 tasks 成员。另外，如果这个进程的下面有线程组（进程的 pid==tgid），那么线程会加入线程组的 thread_group 链表中。

next_task() 宏用来遍历下一个进程的 task_struct 数据结构，next_thread() 用来遍历线程组中下一个线程的 task_struct 数据结构。

```
#define next_task(p) \
    list_entry_rcu((p)->tasks.next, struct task_struct, tasks)

struct task_struct *next_thread(const struct task_struct *p)
{
    return list_entry_rcu(p->thread_group.next,
            struct task_struct, thread_group);
}
```

Linux 内核提供了一个很常用的宏 for_each_process(p)，用来扫描系统中所有的进程。这个宏从 init_task 进程开始遍历，一直循环到 init_task 为止。另外，宏 for_each_process_thread() 用来遍历系统中所有的线程。

```
#define next_task(p) \
    list_entry_rcu((p)->tasks.next, struct task_struct, tasks)

#define for_each_process(p) \
    for (p = &init_task ; (p = next_task(p)) != &init_task ; )
```

```
#define for_each_process_thread(p, t)      \
    for_each_process(p) for_each_thread(p, t)
```

8.1.6 获取当前进程

在内核编程中，为了访问进程的相关信息，通常需要获取进程的 task_struct 数据结构的指针。Linux 内核提供了 current 宏，用它可以很方便地找到当前正在运行的进程的 task_struct 数据结构。current 宏的实现和具体的系统架构相关。在有的系统架构中，使用专门的寄存器来存放指向当前进程的 task_struct 数据结构的指针。

在 Linux 4.0 内核中，以 ARM32 为例，进程的内核栈大小通常是 8KB，也就是两个物理页面的大小[①]。内核栈里存放了 thread_union 数据结构，内核栈的底部存放了 thread_info 数据结构，顶部往下的空间用于内核栈空间。current()宏首先通过 ARM32 的 SP 寄存器来获取当前内核栈的地址，对齐后可以获取 thread_info 数据结构的指针，最后通过 thread_info->task 成员获取 task_struct 数据结构，如图 8.4 所示。

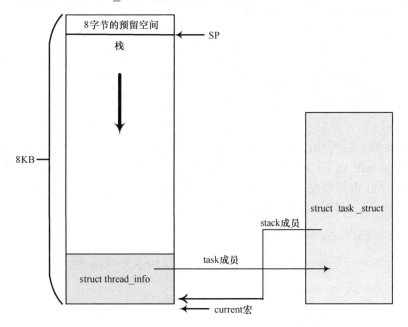

图8.4　在Linux 4.0内核中获取当前进程的task_struct数据结构

在 Linux 5.4 内核中，获取当前进程的内核栈的方式已经发生了巨大的变化。系统新增加了一个配置选项 CONFIG_THREAD_INFO_IN_TASK，目的是允许把 thread_info 数据结构

---

① 内核栈大小通常和架构相关，ARM32 架构中内核栈大小是 8KB，ARM64 架构中内核栈大小是 16KB。

存放在 task_struct 数据结构中。在 ARM64 代码中，CONFIG_THREAD_INFO_IN_TASK 这个配置默认是打开的。

```
<include/linux/sched.h>

struct task_struct {
    struct thread_info      thread_info;
    /* -1 unrunnable, 0 runnable, >0 stopped: */
    volatile long           state;
    …
}
```

在 ARM64 代码中，可以把 thread_info 数据结构从进程的内核栈搬移到 task_struct 数据结构里。这样做的目的有两个：一是，在某些栈溢出的情况下可以防止 thread_info 数据结构的内容被破坏；二是，如果栈的地址被泄露，这种方法可以防止被攻击或者使攻击变得困难。thread_info 数据结构定义在 arch/arm64/include/asm/thread_info.h 头文件中。

```
<arch/arm64/include/asm/thread_info.h>

struct thread_info {
    unsigned long       flags;
    mm_segment_t        addr_limit;
    union {
        u64       preempt_count;
        struct {
            u32 count;
            u32 need_resched;
        } preempt;
    };
};
```

thread_info 数据结构相比 Linux 4.0 中的版本去掉了一些成员，比如指向进程描述符的 task 指针。获取 task_struct 数据结构的方法也发生了变化。在内核态，ARM64 处理器运行在 EL1 下，sp_el0 寄存器在 EL1 上下文中没有使用。利用 sp_el0 寄存器来存放 task_struct 数据结构的地址是一种简洁有效的办法。

```
<arch/arm64/include/asm/current.h>

static __always_inline struct task_struct *get_current(void)
{
    unsigned long sp_el0;

    asm ("mrs %0, sp_el0" : "=r" (sp_el0));

    return (struct task_struct *)sp_el0;
}

#define current get_current()
```

在 Linux 5.4 中，获取当前进程的 task_struct 数据结构的流程如图 8.5 所示。

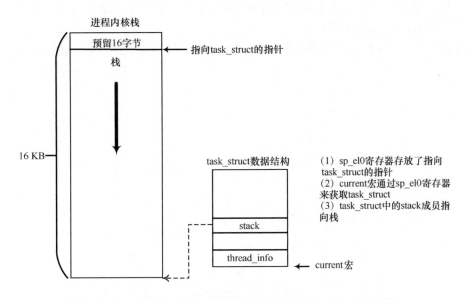

图8.5 在Linux 5.4内核中获取当前进程的task_struct数据结构

8.2 进程的创建和终止

最新版本的 POSIX 标准[①]中定义了进程创建和终止的操作系统层面的原语。进程创建包括 fork()和 execve()函数族,进程终止包括 wait()、waitpid()、kill()以及 exit()函数族。Linux 在实现过程中为了提高效率,把 POSIX 标准的 fork 原语扩展成了 vfork 和 clone 两个原语。

当你使用 GCC 将一个最简单的程序(比如 hello world 程序)编译成 ELF 可执行文件后,在 shell 提示符下输入该可执行文件并且按 Enter 键,这个程序就开始执行了。其实,在这里 shell 会通过调用 fork()来创建一个新的进程,然后调用 execve()来执行这个新的进程。Linux 进程的创建和执行通常是由两个单独的函数(即 fork()和 execve())完成的。fork()通过写时复制技术复制当前进程的相关信息来创建一个全新的子进程。这时子进程和父进程运行在各自的进程地址空间中,但是共享相同的内容。另外,它们有各自的 PID。execve()函数负责读取可执行文件,将其装入子进程的地址空间并开始运行,这时父进程和子进程才开始分道扬镳。

POSIX 标准中还规定了 posix_spawn()函数,它把 fork()和 exec()的功能结合了起来,形成单一的 spawn 操作——创建一个新进程并且执行程序。Linux 的 glibc 函数库实现了该函数。

---

① 参考《Single UNIX® Specification, Version 4, 2018 Edition》。

我们最常见的一种场景是在 shell 界面中输入命令，然后等待命令返回。若从进程创建和终止的角度看，经历的过程如下。

shell 读取命令、解析命令、创建子进程并执行命令，然后父进程等待子进程终止，如图 8.6 所示。

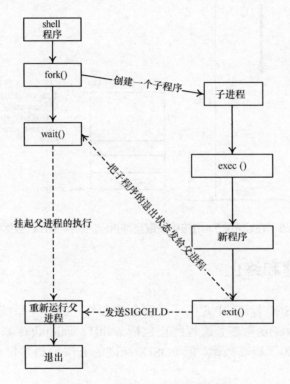

图8.6　shell执行一条命令的过程

Linux 内核提供了相应的系统调用，比如 sys_fork、sys_exec、sys_vfork 以及 sys_clone 等。另外，C 函数库提供了这些系统调用的封装函数。

在 Linux 内核中，fork()、vfork()、clone()以及创建内核线程的函数接口都是通过调用_do_fork () 函数来完成的，只是调用的参数不一样。

```
<不同的调用参数>
fork实现:
    _do_fork(SIGCHLD, 0, 0, NULL, NULL, 0);

vfork实现:
    _do_fork(CLONE_VFORK | CLONE_VM | SIGCHLD, 0, 0, NULL, NULL, 0);

clone实现:
    _do_fork(clone_flags, newsp, 0, parent_tidptr, child_tidptr, tls);
```

内核线程:
```
    _do_fork(flags|CLONE_VM|CLONE_UNTRACED, (unsigned long)fn, (unsigned
long)arg, NULL, NULL, 0);
```

8.2.1 写时复制技术

在传统的 UNIX 操作系统中，创建新进程时会复制父进程拥有的所有资源，这样进程的创建就变得很低效。每次创建子进程时都要把父进程的进程地址空间的内容复制到子进程，但是子进程还不一定全盘接收，甚至完全不用父进程的资源。子进程执行 execve() 系统调用之后，完全有可能和父进程分道扬镳。

现代操作系统都采用写时复制（Copy On Write，COW）技术进行优化。写时复制技术就是父进程在创建子进程时不需要复制进程地址空间的内容给子进程，只需要复制父进程的进程地址空间的页表给子进程，这样父子进程就可以共享相同的物理内存。当父子进程中有一方需要修改某个物理页面的内容时，触发写保护的缺页异常，然后才把共享页面的内容复制出来，从而让父子进程拥有各自的副本。也就是说，进程地址空间以只读的方式共享，当需要写入时才发生复制，如图 8.7 所示。写时复制技术可以推迟甚至避免复制数据，在现代操作系统中有广泛的应用。

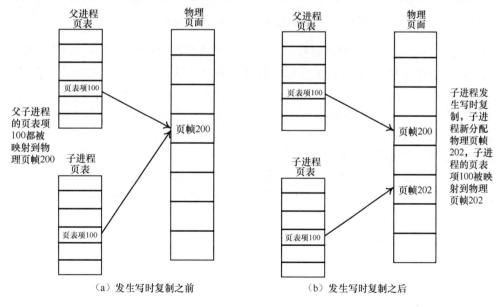

（a）发生写时复制之前　　　　　　　　　　（b）发生写时复制之后

图8.7　写时复制技术

在采用了写时复制技术的 Linux 内核中，用 fork() 函数创建一个新进程的开销变得很小，免去了复制父进程整个地址空间内容的巨大开销,现在只需要复制父进程的页表,开销很小。

8.2.2 fork()函数

正如前面所说的,fork 原语是 POSIX 标准中定义的最基本的进程创建函数。读者可以通过 Linux 系统中的 man 命令来查看 Linux 编程手册中关于 fork 原语的介绍,如图 8.8 所示。

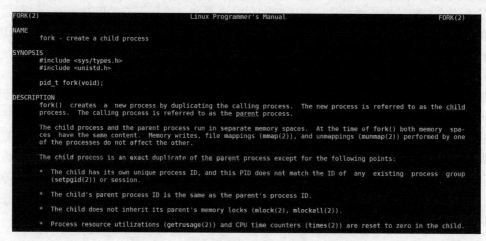

```
FORK(2)                          Linux Programmer's Manual                          FORK(2)

NAME
       fork - create a child process

SYNOPSIS
       #include <sys/types.h>
       #include <unistd.h>

       pid_t fork(void);

DESCRIPTION
       fork()  creates  a  new process by duplicating the calling process.  The new process is referred to as the child
       process.  The calling process is referred to as the parent process.

       The child process and the parent process run in separate memory spaces.  At the time of fork() both memory  spa-
       ces  have  the  same content.  Memory writes, file mappings (mmap(2)), and unmappings (munmap(2)) performed by one
       of the processes do not affect the other.

       The child process is an exact duplicate of the parent process except for the following points:

       *  The child has its own unique process ID, and this PID does not match the ID of  any  existing  process  group
          (setpgid(2)) or session.

       *  The child's parent process ID is the same as the parent's process ID.

       *  The child does not inherit its parent's memory locks (mlock(2), mlockall(2)).

       *  Process resource utilizations (getrusage(2)) and CPU time counters (times(2)) are reset to zero in the child.
```

图8.8 Linux编程手册中关于fork原语的介绍

如果使用 fork()函数来创建子进程,子进程和父进程将拥有各自独立的进程地址空间,但是共享物理内存资源,包括进程上下文、进程栈、内存信息、打开的文件描述符、进程优先级、根目录、资源限制、控制终端等。在创建期间,子进程和父进程共享物理内存空间,当它们开始运行各自的程序时,它们的进程地址空间开始分道扬镳,这得益于写时复制技术的优势。

子进程和父进程有如下一些区别。

❑ 子进程和父进程的 ID 不一样。
❑ 子进程不会继承父进程的内存方面的锁,比如 mlock()。
❑ 子进程不会继承父进程的一些定时器,比如 setitimer()、alarm()、timer_create()。
❑ 子进程不会继承父进程的信号量,比如 semop()。

fork()函数在用户空间的 C 函数库中的定义如下。

```
#include <unistd.h>
#include <sys/types.h>

pid_t fork(void);
```

fork()函数会返回两次,一次是在父进程,另一次是在子进程。如果返回值为 0,说明这是子进程。如果返回值为正数,说明这是父进程,父进程会返回子进程的 ID。如果返回−1,

表示创建失败。

　　fork()函数通过系统调用进入 Linux 内核，然后通过_do_fork()函数来实现。

```
SYSCALL_DEFINE0(fork)
{
    return _do_fork(SIGCHLD, 0, 0, NULL, NULL, 0);
}
```

　　fork()函数只使用 SIGCHLD 标志位，在子进程终止后发送 SIGCHLD 信号通知父进程。fork()是重量级调用，为子进程建立了一个基于父进程的完整副本，然后子进程基于此运行。为了减少工作量，子进程采用写时复制技术，只复制父进程的页表，不复制页面内容。当子进程需要写入新内容时才触发写时复制机制，并为子进程创建一个副本。

　　fork()函数也有一些缺点，尽管使用了写时复制技术，但还是需要复制父进程的页表，在某些场景下会比较慢，所以有了后来的 vfork 原语和 clone 原语。

8.2.3　vfork()函数

　　vfork()函数和 fork()函数很类似，但是 vfork()的父进程会一直阻塞，直到子进程调用exit()或 execve()为止。在 fork()还没有实现写时复制之前，UNIX 系统的设计者很关心在fork()之后马上执行 execve()造成的地址空间浪费和效率低下问题，因此设计了 vfork()这个系统调用。

```
#include <sys/types.h>
#include <unistd.h>

pid_t vfork(void);
```

　　vfork()函数通过系统调用进入 Linux 内核，然后通过_do_fork()函数来实现。

```
SYSCALL_DEFINE0(vfork)
{
    return _do_fork(CLONE_VFORK | CLONE_VM | SIGCHLD, 0,
          0, NULL, NULL, 0);
}
```

　　vfork()的实现比 fork()多了两个标志位，分别是 CLONE_VFORK 和 CLONE_VM。CLONE_VFORK 表示父进程会被挂起，直至子进程释放虚拟内存资源。CLONE_VM 表示父子进程运行在相同的进程地址空间中。vfork()的另一个优势是连父进程的页表项复制动作也被省去了。

8.2.4　clone()函数

　　clone()函数通常用来创建用户线程。Linux 内核中没有专门的线程，而是把线程当成普通进程来看待，在内核中还以 task_struct 数据结构来描述，而没有用特殊的数据结构或者调度算法来描述线程。

clone()函数功能强大，可以传递众多参数，可以有选择地继承父进程的资源，比如可以和 vfork()一样与父进程共享进程地址空间，从而创建线程；也可以不和父进程共享进程地址空间，甚至可以创建兄弟关系进程。

```
/* glibc库的封装*/
#include <sched.h>

int clone(int (*fn)(void *), void *child_stack,
        int flags, void *arg, ...);

/* 原始的系统调用*/
long clone(unsigned long flags, void *child_stack,
             void *ptid, void *ctid,
             struct pt_regs *regs);
```

以 glibc 封装的 clone()函数为例，fn 是子进程执行的函数指针；child_stack 用于为子进程分配栈；flags 用于设置 clone 标志位，表示需要从父进程继承哪些资源；arg 是传递给子进程的参数。

clone()函数通过系统调用进入 Linux 内核，然后通过_do_fork()函数来实现。

```
SYSCALL_DEFINE5(clone, unsigned long, clone_flags,
         unsigned long, newsp,
         int __user *, parent_tidptr,
         int __user *, child_tidptr,
         unsigned long, tls)
    {
      return _do_fork(clone_flags, newsp, 0, parent_tidptr, child_tidptr,
                   tls);
    }
```

8.2.5　内核线程

内核线程（kernel thread）其实就是运行在内核地址空间中的进程，它和普通用户进程的区别在于内核线程没有独立的进程地址空间，也就是 task_struct 数据结构中的 mm 指针被设置为 NULL，因而只能运行在内核地址空间中，和普通进程一样参与系统调度。所有的内核线程都共享内核地址空间。常见的内核线程有页面回收线程"kswapd"等。

Linux 内核提供了多个接口函数来创建内核线程。

```
kthread_create(threadfn, data, namefmt, arg...)
kthread_run(threadfn, data, namefmt, ...)
```

kthread_create()接口函数创建的内核线程被命名为 namefmt。namefmt 可以接受类似于 printk()的格式化参数，新建的内核线程将运行 threadfn()函数。新建的内核线程处于不可运行状态，需要调用 wake_up_process()函数来将其唤醒并添加到就绪队列中。

要创建一个马上可以运行的内核线程，可以使用 kthread_run()函数。

内核线程最终还是通过 _do_fork()函数来实现。

```
pid_t kernel_thread(int (*fn)(void *), void *arg, unsigned long flags)
{
    return _do_fork(flags|CLONE_VM|CLONE_UNTRACED, (unsigned long)fn,
        (unsigned long)arg, NULL, NULL, 0);
}
```

8.2.6 do_fork()函数

在内核中，fork()、vfork()以及 clone()这 3 个系统调用都通过调用同一个函数（即_do_fork()函数）来实现，该函数定义在 fork.c 文件中。

```
<kernel/fork.c>

long _do_fork(unsigned long clone_flags,
      unsigned long stack_start,
      unsigned long stack_size,
      int __user *parent_tidptr,
      int __user *child_tidptr,
      unsigned long tls)
```

_do_fork()函数有 6 个参数，具体含义如下。

❑ clone_flags：创建进程的标志位集合。
❑ stack_start：用户态栈的起始地址。
❑ stack_size：用户态栈的大小，通常设置为 0。
❑ parent_tidptr：指向用户空间中地址的指针，指向父进程的 ID。
❑ child_tidprt：指向用户空间中地址的指针，指向子进程的 ID。
❑ tls：传递的 TLS 参数。

clone_flags 常见的标志位如表 8.3 所示。

表 8.3 clone_flags 常见的标志位

标 志 位	含 义
CLONE_VM	父子进程共享进程地址空间
CLONE_FS	父子进程共享文件系统信息
CLONE_FILES	父子进程共享打开的文件
CLONE_SIGHAND	父子进程共享信号处理函数以及被阻断的信号
CLONE_PTRACE	父进程被跟踪，子进程也会被跟踪

（续表）

标 志 位	含 义
CLONE_VFORK	在创建子进程时启用Linux内核的完成量机制。wait_for_completion()会使父进程进入睡眠等待，直到子进程调用execve()或exit()释放内存资源
CLONE_PARENT	指定子进程和父进程拥有同一个父进程
CLONE_THREAD	父子进程在同一个线程组里
CLONE_NEWNS	为子进程创建新的命名空间
CLONE_SYSVSEM	父子进程共享System V等语义
CLONE_SETTLS	为子进程创建新的TLS（Thread Local Storage）
CLONE_PARENT_SETTID	设置父进程的TID
CLONE_CHILD_CLEARTID	清除子进程的TID
CLONE_UNTRACED	保证没有进程可以跟踪这个新创建的进程
CLONE_CHILD_SETTID	设置子进程的TID
CLONE_NEWUTS	为子进程创建新的utsname命名空间
CLONE_NEWIPC	为子进程创建新的ipc命名空间
CLONE_NEWUSER	为子进程创建新的user命名空间
CLONE_NEWPID	为子进程创建新的pid命名空间
CLONE_NEWNET	为子进程创建新的network命名空间
CLONE_IO	复制I/O上下文

_do_fork()函数主要用于调用 copy_process()函数以创建子进程的 task_struct 数据结构，以及从父进程复制必要的内容到子进程的 task_struct 数据结构中，从而完成子进程的创建，如图 8.9 所示。

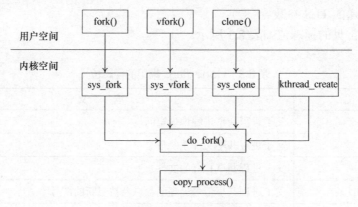

图8.9 _do_fork()函数

8.2.7 终止进程

　　系统中有源源不断的进程诞生，当然，也有进程会终止。进程的终止有两种方式：一种方式是主动终止，包括显式地执行 exit()系统调用或者从某个程序的主函数返回；另一种方式是被动终止，在接收到终止的信号或异常时终止。

　　进程的主动终止主要有如下两条途径。

- ❑　从 main()函数返回，链接程序会自动添加 exit()系统调用。
- ❑　主动执行 exit()系统调用。

　　进程的被动终止主要有如下 3 条途径。

- ❑　进程收到一个自己不能处理的信号。
- ❑　进程在内核态执行时产生了一个异常。
- ❑　进程收到 SIGKILL 等终止信号。

　　当一个进程终止时，Linux 内核会释放它所占有的资源，并把这条消息告知父进程。一个进程的终止可能有两种情况。

- ❑　它有可能先于父进程终止，这时子进程会变成僵尸进程，直到父进程调用 wait()才算最终消亡。
- ❑　它也有可能在父进程之后终止，这时 init 进程将成为子进程新的父进程。

　　exit()系统调用会把退出码转换成内核要求的格式，并且调用 do_exit()函数来处理。

```
SYSCALL_DEFINE1(exit, int, error_code)
{
    do_exit((error_code&0xff)<<8);
}
```

8.2.8 僵尸进程和托孤进程

　　当一个进程通过 exit()系统调用被终止之后，该进程将处于僵尸状态。在僵尸状态中，除了进程描述符依然保留之外，进程的所有资源都已经归还给内核。Linux 内核这么做是为了让系统可以知道子进程的终止原因等信息，因此进程终止时所需要做的清理工作和释放进程描述符是分开的。当父进程通过 wait()系统调用获取了已终止的子进程的信息之后，内核才会释放子进程的 task_struct 数据结构。

```
asmlinkage long sys_wait4(pid_t pid, int __user *stat_addr,
            int options, struct rusage __user *ru);
asmlinkage long sys_waitid(int which, pid_t pid,
          struct siginfo __user *infop,
          int options, struct rusage __user *ru);
asmlinkage long sys_waitpid(pid_t pid, int __user *stat_addr, int options);
```

Linux 内核实现了几个与等待相关的系统调用，如 sys_wait4、sys_waitid 和 sys_waitpid 等，主要功能如下。

❑　获取进程终止的原因等信息。

❑　销毁进程的 task_struct 数据结构等最后的资源。

所谓托孤进程，是指如果父进程先于子进程消亡，那么子进程就变成孤儿进程，这时 Linux 内核会让它托孤给 init 进程（1 号进程），于是 init 进程就成了子进程的父进程。

8.2.9　进程 0 和进程 1

进程 0 是指 Linux 内核在初始化阶段从无到有创建的一个内核线程，它是所有进程的祖先，有好几个别名，比如进程 0、idle 进程或 swapper 进程。进程 0 的进程描述符是在 init/init_task.c 文件中静态初始化的。

```
<init/init_task.c>
struct task_struct init_task
= {
    .state      = 0,
    .stack      = init_stack,
    .active_mm  = &init_mm,
    ...
};
```

初始化函数 start_kernel()在初始化完内核所需要的所有数据结构之后会创建另一个内核线程，这个内核线程就是进程 1 或 init 进程。进程 1 的 ID 为 1，并与进程 0 共享所有的数据结构。

```
static noinline void __init_refok rest_init(void)
{
    …
    kernel_thread(kernel_init, NULL, CLONE_FS);
    …
}
```

创建完 init 进程之后，进程 0 将会执行 cpu_idle()函数。当 CPU 上的就绪队列中没有其他可运行的进程时，调度器才会选择执行进程 0，并让 CPU 进入空闲（idle）状态。在 SMP 中，每个 CPU 都有一个进程 0。

进程 1 会执行 kernel_init()函数，它会通过 execve()系统调用装入可执行程序 init，最后进程 1 变成一个普通进程。这些就是常见的"/sbin/init""/bin/init"或"/bin/sh"等可执行的 init 以及 systemd 程序。

进程 1 在从内核线程变成普通进程 init 之后，它的主要作用是根据/etc/inittab 文件的内容启动所需要的任务，包括初始化系统配置、启动一个登录对话等。下面是/etc/inittab 文件的示例。

```
::sysinit:/etc/init.d/rcS
::respawn:-/bin/sh
::askfirst:-/bin/sh
::ctrlaltdel:/bin/umount -a -r
```

8.3 进程调度

进程调度的概念比较简单。假设在只有单核处理器的系统中，同一时刻只有一个进程可以拥有处理器资源，那么其他的进程只能在就绪队列（runqueue）中等待，等到处理器空闲之后才有机会获取处理器资源并运行。在这种场景下，操作系统就需要从众多的就绪进程中选择一个最合适的进程来运行，这就是进程调度器（scheduler）。进程调度器产生的最大原因是为了提高处理器的利用率。一个进程在运行的过程中有可能需要等待某些资源，比如等待磁盘操作的完成、等待键盘输入、等待物理页面的分配等。如果处理器和进程一起等待，那么明显会浪费处理器资源，所以一个进程在睡眠等待时，调度器可以调度其他进程来运行，这样就提高了处理器的利用率。

8.3.1 进程的分类

站在处理器的角度看进程的行为，你会发现有的进程一直占用处理器，有的进程只需要处理器的一部分计算资源即可。所以进程按照这个标准可以分成两类：一类是 CPU 消耗型（CPU-Bound），另外一类是 I/O 消耗型（I/O-Bound）。

CPU 消耗型的进程会把大部分时间用在执行代码上，也就是一直占用 CPU。一个常见的例子就是执行 while 循环。实际上，常用的例子就是执行大量数学计算的程序，比如 MATLAB 等。

I/O 消耗型的进程大部分时间在提交 I/O 请求或者等待 I/O 请求，所以这种类型的进程通常只需要很少的处理器计算资源即可，比如需要键盘输入的进程或者等待网络 I/O 的进程。

有时候，鉴别一个进程是 CPU 消耗型还是 I/O 消耗型其实挺困难的，一个典型的例子就是 Linux 图形服务器 X-window 进程，它既是 I/O 消耗型也是 CPU 消耗型。所以，调度器有必要在系统吞吐率和系统响应性方面做出一些妥协和平衡。Linux 内核的调度器通常倾向于提高系统的响应性，比如提高桌面系统的实时响应等。

8.3.2 进程的优先级和权重

操作系统中最经典的进程调度算法是基于优先级调度。优先级调度的核心思想是把进程按照优先级进行分类，紧急的进程优先级高，不紧急、不重要的进程优先级低。调度器总是从就绪队列中选择优先级高的进程进行调度，而且优先级高的进程分配的时间片也会比优先级低的进程多，这体现了一种等级制度。

Linux 系统最早采用 nice 值来调整进程的优先级。nice 值的背后思想是要对其他进程友好（nice），通过降低优先级来支持其他进程消耗更多的处理器时间。范围是-20～+19，默认值是 0。nice 值越大，优先级反而越低；nice 值越低，优先级越高。值-20 表示这个进程的任务是非常重要的，优先级最高；而 nice 值为 19 的进程则允许其他所有进程都可以比自己优先享有宝贵的 CPU 时间，这也是 nice 这一名称的由来。

内核使用 0～139 的数值表示进程的优先级，数值越低优先级越高。优先级 0～99 供实时进程使用，优先级 100～139 供普通进程使用。另外，在用户空间中有一个传统的 nice 变量，它用来映射到普通进程的优先级，取值范围是 100～139。

优先级在 Linux 中的划分方式如下。

❑　普通进程的优先级：100～139。

❑　实时进程的优先级：0～99。

❑　deadline 进程的优先级：-1。

task_struct 数据结构中有 4 个成员，用来描述进程的优先级。

```
struct task_struct {
    …
int prio;
int static_prio;
int normal_prio;
unsigned int rt_priority;
…
};
```

❑　static_prio 是静态优先级，在进程启动时分配。内核不存储 nice 值，取而代之的是 static_prio。NICE_TO_PRIO()宏可以把 nice 值转换成 static_prio。之所以被称为静态优先级，是因为它不会随着时间而改变，用户可以通过 nice 或 sched_setscheduler 等系统调用来修改该值。

❑　normal_prio 是基于 static_prio 和调度策略计算出来的优先级，在创建进程时会继承父进程的 normal_prio。对于普通进程来说，normal_prio 等同于 static_prio；对于实时进程，会根据 rt_priority 重新计算 normal_prio，详见 effective_prio()函数。

❑　prio 保存着进程的动态优先级，也是调度类考虑使用的优先级。有些情况下需要暂时提高进程的优先级，例如实时互斥量等。

❑　rt_priority 是实时进程的优先级。

在 Linux 内核中，除了使用优先级来表示进程的轻重缓急之外，在实际的调度器中也可使用权重的概念来表示进程的优先级。为了计算方便，Linux 内核约定 nice 值 0 对应的权重值为 1024，其他 nice 值对应的权重值可以通过查表的方式来获取。内核预先计算好了表 sched_prio_to_ weight[40]，表的下标对应 nice 值，即-20～19 的整数。

```
<kernel/sched/core.c>

const int sched_prio_to_weight[40] = {
    88761,    71755,    56483,    46273,    36291,
```

```
    29154,    23254,    18705,    14949,    11916,
     9548,     7620,     6100,     4904,     3906,
     3121,     2501,     1991,     1586,     1277,
     1024,      820,      655,      526,      423,
      335,      272,      215,      172,      137,
      110,       87,       70,       56,       45,
       36,       29,       23,       18,       15,
};
```

用户空间提供了 nice()函数来调整进程的优先级。

```
#include <unistd.h>

int nice(int inc);
```

另外，getpriority()和 setpriority()系统调用可以用来获取和修改自身或其他进程的 nice 值。

```
#include <sys/time.h>
#include <sys/resource.h>

int getpriority(int which, id_t who);
int setpriority(int which, id_t who, int prio);
```

8.3.3 调度策略

进程调度依赖于调度策略（schedule policy），Linux 内核把相同的调度策略抽象成了调度类（schedule class）。不同类型的进程采用不同的调度策略，目前 Linux 内核中默认实现了 5 个调度类，分别是 stop、deadline、realtime、CFS 和 idle，它们分别使用 sched_class 来定义，并且通过 next 指针串联在一起，如图 8.10 所示。

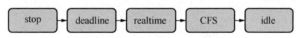

图8.10　Linux中的调度类

Linux 支持的 5 个调度类的对比分析如表 8.4 所示。

表 8.4　调度类的对比分析

调 度 类	调 度 策 略	使 用 范 围	说　明
stop	无	最高优先级，比deadline进程的优先级高	❏ 可以抢占任何进程。 ❏ 在每个CPU上实现一个名为"migration/N"的内核线程，N表示CPU的编号。该内核线程的优先级最高，可以抢占任何进程的执行，一般用来执行特殊的功能。 ❏ 用于负载均衡机制中的进程迁移、softlockup检测、CPU热插拔、RCU等

（续表）

调 度 类	调 度 策 略	使 用 范 围	说 明
deadline	SCHED_DEADLINE	最高优先级的实时进程，优先级为–1	用于调度有严格时间要求的实时进程，比如视频编解码等
realtime	SCHED_FIFO SCHED_RR	普通实时进程，优先级为0～99	用于普通的实时进程，比如IRQ线程化
CFS	SCHED_NORMAL SCHED_BATCH SCHED_IDLE	普通进程，优先级为100～139	由CFS来调度
idle	无	最低优先级的进程	当就绪队列中没有其他进程时进入idle调度类，idle调度类会让CPU进入低功耗模式

用户空间程序可以使用调度策略 API 函数（比如 sched_setscheduler()）来设定用户进程的调度策略。其中，SCHED_NORMAL、SCHED_BATCH 以及 SCHED_IDLE 使用完全公平调度器（CFS），SCHED_FIFO 和 SCHED_RR 使用 realtime 调度器，SCHED_DEADLINE 使用 deadline 调度器。

```
<include/uapi/linux/sched.h>

/*
 * 调度策略
 */
#define SCHED_NORMAL        0
#define SCHED_FIFO          1
#define SCHED_RR            2
#define SCHED_BATCH         3
/* SCHED_ISO: 保留的调度策略但尚未实现 */
#define SCHED_IDLE          5
#define SCHED_DEADLINE      6
```

SCHED_RR（循环）调度策略表示优先级相同的进程以循环分享时间的方式执行。进程每次使用 CPU 的时间为一个固定长度的时间片。进程会保持占有 CPU，直到下面的某个条件得到满足。

- ❑　时间片用完。
- ❑　自愿放弃 CPU。
- ❑　进程终止。
- ❑　被高优先级进程抢占。

SCHED_FIFO（先进先出）调度策略与 SCHED_RR 调度策略类似，只不过没有时间片的概念。一旦进程获取了 CPU 控制权，就会一直执行下去，直到下面的某个条件得到满足。

- ❑　自愿放弃 CPU。

❑ 进程终止。

❑ 被更高优先级进程抢占。

SCHED_BATCH（批处理）调度策略是普通进程调度策略。这种调度策略会让调度器认为进程是 CPU 密集型的。因此，调度器对这类进程的唤醒惩罚（wakeup penalty）比较小。在 Linux 内核里，此类调度策略使用完全公平调度器。

SCHED_NORMAL（以前称为 SCHED_OTHER）分时调度策略是非实时进程的默认调度策略。所有普通类型的进程的静态优先级都为 0，因此，任何使用 SCHED_FIFO 或 SCHED_RR 调度策略的就绪进程都会抢占它们。Linux 内核没有实现这类调度策略。

SCHED_IDLE 空闲调度策略用于运行低优先级的任务。

Linux 内核中提供了一些宏来判断属于哪个调度策略，主要是通过优先级来判断。

```
<kernel/sched/sched.h>
static inline int idle_policy(int policy)
{
    return policy == SCHED_IDLE;
}
static inline int fair_policy(int policy)
{
    return policy == SCHED_NORMAL || policy == SCHED_BATCH;
}

static inline int rt_policy(int policy)
{
    return policy == SCHED_FIFO || policy == SCHED_RR;
}

static inline int dl_policy(int policy)
{
    return policy == SCHED_DEADLINE;
}
```

POSIX 标准里还规定了一组接口函数，用来获取和设置进程的调度策略及优先级。

```
#include <sched.h>
int sched_setscheduler(pid_t pid, int policy,
        const struct sched_param *param);

int sched_getscheduler(pid_t pid);

int sched_setparam(pid_t pid, const struct sched_param *param);

int sched_getparam(pid_t pid, struct sched_param *param);
```

sched_setscheduler()系统调用修改进程的调度策略和优先级。sched_getscheduler()系统调用获取进程的调度策略。sched_getparam()和 sched_setparam()接口函数可以获取和设置调度策略及优先级参数。

struct sched_param 数据结构里包含了调度参数，目前只有进程优先级一个参数。

```
struct sched_param {
    int sched_priority;
};
```

8.3.4　时间片

时间片（time slice）是操作系统进程调度中一个很重要的术语，它表示进程被调度进来与被调度出去之间所能持续运行的时间长度。通常操作系统都会规定默认的时间片，但是很难确定多长的时间片是合适的。时间片过长的话会导致交互型进程得不到及时响应，时间片过短的话会增大进程切换带来的处理器消耗。所以，I/O 消耗型和 CPU 消耗型进程之间的矛盾很难得到平衡。I/O 消耗型的进程不需要很长的时间片，而 CPU 消耗型的进程则希望时间片越长越好。

早期的 Linux 中的调度器采用的是固定时间片，但是现在的 CFS 已经抛弃固定时间片的做法，而是采用进程权重占比的方法来公平地划分 CPU 时间，这样进程获得的 CPU 时间就与进程的权重以及 CPU 上的总权重有了关系。权重和优先级相关，优先级高的进程权重也高，有机会占用更多的 CPU 时间；而优先级低的进程权重也低，那么理应占用较少的 CPU 时间。

8.3.5　经典调度算法

1962 年，由 Corbato 等人提出的多级反馈队列（Multi-Level Feedback Queue，MLFQ）算法对操作系统进程调度器的设计产生了深远的影响。很多操作系统进程调度器基于多级反馈队列算法，比如 Solaris、FreeBSD、Windows NT、Linux 的 $O(1)$调度器等，因此 Corbato 在 1990 年获得了图灵奖。

多级反馈队列算法的核心思想是把进程按照优先级分成多个队列，相同优先级的进程在同一个队列中。

如图 8.11 所示，系统中有 5 个优先级，每个优先级有一个队列，队列 5 的优先级最高，队列 1 的优先级最低。

多级反馈队列算法有如下几条基本规则。

规则 1：如果进程 A 的优先级大于进程 B 的优先级，那么调度器选择进程 A。

规则 2：如果进程 A 和进程 B 的优先级一样，那么它们同属一个队列，可使用轮转调度算法来选择。

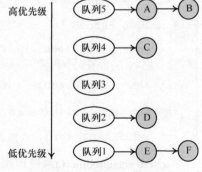

图8.11　多级反馈队列算法

其实多级反馈队列算法的精髓在于"反馈"二字，也就是说，调度器可以动态地修改进程的优先级。进程可以大致分成两类：一类是 I/O 消耗型，这类进程很少会完全占用时间片，通常情况下在发送 I/O 请求或者在等待 I/O 请求，比如等待鼠标操作、等待键盘输入等，这里进程和系统的用户体验很相关；另一类是 CPU 消耗型，这类进程会完全占用时间片，比如计算密集型的应用程序、批处理应用程序等。多级反馈队列算法需要区分进程属于哪种类型，然后做出不同的反馈。

规则 3：当一个新进程进入调度器时，把它放入优先级最高的队列里。

规则 4a：当一个进程吃满时间片时，说明这是一个 CPU 消耗型的进程，需要把优先级降一级，从高优先级队列中迁移到低一级的队列里。

规则 4b：当一个进程在时间片还没有结束之前放弃 CPU 时，说明这是一个 I/O 消耗型的进程，优先级保持不变，维持原来的高优先级。

多级反馈队列算法看起来很不错，可是在实际应用过程中还是有不少问题的。

第一个问题就是产生饥饿，当系统中有大量的 I/O 消耗型的进程时，这些 I/O 消耗型的进程会完全占用 CPU，因为它们的优先级最高，所以那些 CPU 消耗型的进程就得不到 CPU 时间片，从而产生饥饿。

第二个问题是有些进程会欺骗调度器。比如，有的进程在时间片快要结束时突然发起一个 I/O 请求并且放弃 CPU，那么按照规则 4b，调度器会把这种进程判断为 I/O 消耗型的进程，从而欺骗调度器，继续保留在高优先级的队列里面。这种进程 99% 的时间在占用时间片，到了最后时刻还会巧妙利用规则欺骗调度器。如果系统中有大量的这种进程，那么系统的交互性就会变差。

第三个问题是，一个进程在生命周期里，有可能一会儿是 I/O 消耗型的，一会儿是 CPU 消耗型的，所以很难判断一个进程究竟是哪种类型。

针对第一个问题，多级反馈队列算法提出了一种改良方案，也就是在一定的时间周期后，把系统中的全部进程都提升到最高优先级，相当于系统中的进程过了一段时间又重新开始一样。

规则 5：每隔时间周期 S 之后，把系统中所有进程的优先级都提到最高级别。

规则 5 可以解决进程饥饿的问题，因为系统每隔一段时间（S）就会把低优先级的进程提高到最高优先级，这样低优先级的 CPU 消耗型的进程就有机会和那些长期处于高优先级的 I/O 消耗型的进程同场竞技了。然而，将时间周期 S 设置为多少合适呢？如果 S 太长，那么 CPU 消耗型的进程会饥饿；如果 S 太短，那么会影响系统的交互性。

针对第二个问题，需要对规则 4 做一些改进。

新的规则 4：当一个进程使用完时间片后，不管它是否在时间片的最末尾发生 I/O 请求从而放弃 CPU，都把它的优先级降一级。

经过改进后的规则 4 可以有效地避免进程的欺骗行为。

在介绍完多级反馈队列算法的核心实现后，在实际工程应用中还有很多问题需要思考和解决，其中一个最难的问题是参数如何确定和优化。比如，系统需要设计多少个优先级队列？时间片应该设置成多少？规则 5 中的时间间隔 S 又应该设置成多少，才能实现既不会让进程饥饿，也不会降低系统的交互性？这些问题很难回答，需要具体问题，具体分析。

现在很多 UNIX 系统中采用了多级反馈队列算法的变种，它们允许动态改变时间片，也就是不同的优先级队列有不同的时间片。例如，高优先级队列里通常都是 I/O 消耗型的进程，因而设置的时间片比较短，比如 10ms。低优先级队列里通常是 CPU 消耗型的进程，可以将时间片设置得长一些，比如 20ms。Sun 公司开发的 Solaris 操作系统也是基于多级反馈队列算法的，它提供了一个表（table）来让系统管理员优化这些参数；FreeBSD（4.3 版本）则使用了另一种变种——名为 decay-usage 的变种算法，该算法使用公式来动态计算这些参数。

Linux 2.6 里使用的 $O(1)$ 调度器就是多级反馈队列算法的一个变种，但是由于交互性能常常达不到令人满意的程度，因此需要加入大量难以维护和阅读的代码来修复各种问题。该调度器在 Linux 2.6.23 之后被 CFS 取代。

8.3.6　Linux $O(n)$调度算法

$O(n)$ 调度器是 Linux 内核最早采用的一种基于优先级的调度算法。Linux 2.4 内核以及更早期的 Linux 内核都采用这种算法。

就绪队列是一个全局链表，从就绪队列中查找下一个最佳就绪进程和就绪队列里进程的数目有关，因为耗费的时间为 $O(n)$，所以称为 $O(n)$ 调度器。当就绪队列里的进程很多时，选择下一个就绪进程会变得很慢，从而导致系统整体性能下降。

每个进程在创建时都会被赋予一个固定时间片。当前进程的时间片使用完之后，调度器会选择下一个进程来运行。当所有进程的时间片都用完之后，才会对所有进程重新分配时间片。

8.3.7　Linux $O(1)$调度算法

Linux 2.6 采用 Red Hat 公司 Ingo Molnar 设计的 $O(1)$ 调度算法，该调度算法的核心思想基于 Corbato 等人提出的多级反馈队列算法。

每个 CPU 维护一个自己的就绪队列，从而减少了锁的争用。

就绪队列由两个优先级数组组成，分别是活跃优先级数组和过期优先级数组。每个优先级数组包含 MAX_PRIO（140）个优先级队列，也就是每个优先级对应一个队列，其中前 100 个对应实时进程，后 40 个对应普通进程。这样设计的好处在于，调度器选择下一个被调度进程就显得高效和简单多了，只需要在活跃优先级数组中选择优先级最高，并且队列中有就绪进程的优先级队列即可。这里使用位图来定义给定优先级队列中是否有可运行的进程，如果有，则位图中相应的位会被置 1。

这样选择下一个被调度进程的时间就变成了查询位图操作，而且和系统中就绪进程的数量不相关，由于时间复杂度为 $O(1)$，因此称为 $O(1)$ 调度器。

当活跃优先级数组中的所有进程用完时间片之后,活跃优先级数组和过期优先级数组会进行互换。

8.3.8　Linux CFS 算法

CFS 抛弃了以前使用固定时间片和固定调度周期的算法,而采用进程权重值的比重来量化和计算实际运行时间。另外,引入**虚拟时间(vruntime)**的概念,也称为虚拟运行时间;作为对照,还引入**真实时间(real runtime)**的概念,也称为真实运行时间,也就是进程在物理时钟下实际运行的时间。每个进程的虚拟时间是实际运行时间与 nice 值 0 对应的权重的比值。进程按照各自不同的速率比在物理时钟节拍内前进。nice 值小的进程优先级高,权重大,由于虚拟时间比真实时间过得慢,因此可以获得比较长的运行时间;nice 值大的进程优先级低,权重小,虚拟时间比真实时间过得快,因此可以获得比较短的运行时间。CFS 总是选择虚拟时间最小的进程(即选择 vruntime 最短的进程),它就像一个多级变速箱,nice 值为 0 的进程是基准齿轮,其他各个进程在不同的变速比下相互追赶,从而达到公正公平。

如图 8.12 所示,假设系统中只有 3 个进程 A、B 和 C,它们的 nice 值都为 0,也就是权重值都是 1024。它们分配到的运行时间相同,都应该分配到 1/3 的运行时间。如果 A、B、C 三个进程的权重值不同呢?当进程的 nice 值不等于 0 时,它们的虚拟时间过得和真实时间就不一样了。nice 值小的进程,优先级高,虚拟时间比真实时间过得慢;反之,nice 值大的进程,优先级低,虚拟时间比真实时间过得快。

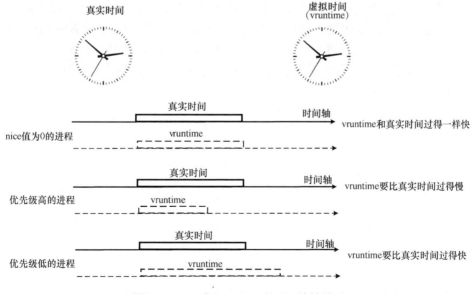

图8.12　CFS中vruntime和nice值的关系

所以，CFS 的核心是计算进程的 vruntime 以及选择下一个运行的进程。

1．vruntime 的计算

Linux 内核使用 load_weight 数据结构来记录调度实体的权重信息。

```
<include/linux/sched.h>
struct load_weight {
    unsigned long weight;
    u32 inv_weight;
};
```

其中，weight 是调度实体的权重；inv_weight 是 inverse weight 的缩写，表示权重的中间计算结果，稍后会介绍如何使用。调度实体的数据结构中已经内嵌了 load_weight 数据结构，用于描述调度实体的权重。

```
<include/linux/sched.h>
struct sched_entity {
    struct load_weight load;
…
}
```

我们在代码中经常通过 p->se.load 来获取进程 p 的权重信息。nice 值的范围是−20～19，进程默认的 nice 值为 0。这些值的含义类似于级别，可以理解成 40 个等级，nice 值越高，优先级越低，反之亦然。例如，一个 CPU 密集型应用程序的 nice 值如果从 0 增加到 1，那么它相对于其他 nice 值为 0 的应用程序将少获得 10%的 CPU 时间。因此，进程每降低一个 nice 级别，优先级则提高一个级别，相应的进程多获得 10%的 CPU 时间；反之，进程每提升一个 nice 级别，优先级则降低一个级别，相应的进程少获得 10%的 CPU 时间。为了计算方便，内核约定 nice 值为 0 的权重值为 1024，其他 nice 值对应的权重值可以通过查表的方式[①]来获取。内核预先计算好了一个表 sched_prio_to_weight[40]，表的下标对应 nice 值[−20～19]。

```
<kernel/sched/core.c>
const int sched_prio_to_weight[40] = {
    88761,    71755,    56483,    46273,    36291,
    29154,    23254,    18705,    14949,    11916,
     9548,     7620,     6100,     4904,     3906,
     3121,     2501,     1991,     1586,     1277,
     1024,      820,      655,      526,      423,
      335,      272,      215,      172,      137,
      110,       87,       70,       56,       45,
       36,       29,       23,       18,       15,
};
```

---

① 查表是一种比较快的优化方法。比如，写一个函数来计算 prio_to_weight 永远也没有查表来得快。再比如，程序中需要用到 100 以内的质数，预先定义好 100 以内的一个质数表，查表的方式要比使用函数的方式快很多。

前文所述的 10%的影响是相对及累加的。例如，如果一个进程增加了 10%的 CPU 时间，则另外一个进程减少 10%，那么差距大约是 20%，因此这里使用系数 1.25 来计算。举个例子，进程 A 和进程 B 的 nice 值都为 0，那么权重值都是 1024，它们获得的 CPU 时间占比都是 50%，计算公式为 1024/(1024+1024)=50%。假设进程 A 增大 nice 值为 1，进程 B 的 nice 值不变，那么进程 B 应该获得 55%的 CPU 时间，进程 A 应该获得 45%。我们利用 prio_to_weight[]表来计算，对于进程 A，820/(1024+820) ≈ 44.5%，而对于进程 B，1024/(1024+820) ≈ 55.5%。

Linux 内核还提供了另外一个表 sched_prio_to_wmult[40]，它也是预先计算好的。

```
<kernel/sched/core.c>

const u32 sched_prio_to_wmult[40] = {
        48388,     59856,     76040,     92818,    118348,
       147320,    184698,    229616,    287308,    360437,
       449829,    563644,    704093,    875809,   1099582,
      1376151,   1717300,   2157191,   2708050,   3363326,
      4194304,   5237765,   6557202,   8165337,  10153587,
     12820798,  15790321,  19976592,  24970740,  31350126,
     39045157,  49367440,  61356676,  76695844,  95443717,
    119304647, 148102320, 186737708, 238609294, 286331153,
};
```

sched_prio_to_wmult 表的计算方法如式（8.1）所示。

$$inv\_weight = \frac{2^{32}}{weight} \tag{8.1}$$

其中，inv_weight 是 inverse weight 的缩写，表示权重被倒转了，这是为了后面计算方便。

Linux 内核提供了一个函数来查询这两个表，然后把值存放在 p->se.load 数据结构中，也就是存放在 load_weight 数据结构中。

```
static void set_load_weight(struct task_struct *p)
{
    int prio = p->static_prio - MAX_RT_PRIO;
    struct load_weight *load = &p->se.load;

    load->weight = scale_load(sched_prio_to_weight[prio]);
    load->inv_weight = sched_prio_to_wmult[prio];
}
```

sched_prio_to_wmult[]表有什么用途呢？

CFS 中有一个用来计算虚拟时间的核心函数 calc_delta_fair()，计算方法如式（8.2）所示。

$$vruntime = \frac{delta\_exec \times nice\_0\_weight}{weight} \tag{8.2}$$

其中，vruntime 表示进程的虚拟运行时间，delta_exec 表示真实运行时间，nice_0_weight 表示 nice 值为 0 的权重值，weight 表示进程的权重值。

2．调度类

每个调度类都定义了一套操作方法集，可调用 CFS 的 task_fork 方法以执行一些 fork() 相关的初始化工作。调度类定义的操作方法集如下。

```
[kernel/sched/fair.c]

const struct sched_class fair_sched_class = {
    .next                   = &idle_sched_class,
    .enqueue_task           = enqueue_task_fair,
    .dequeue_task           = dequeue_task_fair,
    .yield_task             = yield_task_fair,
    .yield_to_task          = yield_to_task_fair,
    .check_preempt_curr     = check_preempt_wakeup,
    .pick_next_task         = pick_next_task_fair,
    .put_prev_task          = put_prev_task_fair,

#ifdef CONFIG_SMP
    .select_task_rq         = select_task_rq_fair,
    .migrate_task_rq        = migrate_task_rq_fair,
    .rq_online              = rq_online_fair,
    .rq_offline             = rq_offline_fair,
    .task_waking            = task_waking_fair,
#endif
    .set_curr_task          = set_curr_task_fair,
    .task_tick              = t ask_tick_fair,
    .task_fork              = task_fork_fair,
    .prio_changed           = prio_changed_fair,
    .switched_from          = switched_from_fair,
    .switched_to            = switched_to_fair,
    .get_rr_interval        = get_rr_interval_fair,
    .update_curr            = update_curr_fair,
#ifdef CONFIG_FAIR_GROUP_SCHED
    .task_move_group        = task_move_group_fair,
#endif
};
```

3．选择下一个进程

CFS 选择下一个进程来运行的规则比较简单，就是挑选 vruntime 值最小的进程。CFS 使用红黑树来组织就绪队列，因此可以快速找到 vruntime 值最小的那个进程，只需要查找树中最左侧的叶子节点即可。

CFS 通过 pick_next_task_fair() 函数来调用调度类中的 pick_next_task() 方法。

8.3.9　进程切换

__schedule() 是调度器的核心函数，作用是让调度器选择和切换到一个合适的进程并运行。调度的时机可以分为如下 3 种。

❏　阻塞操作：比如互斥量（mutex）、信号量（semaphore）、等待队列（wait queue）等。

❏　在中断返回前和系统调用返回用户空间时，检查 TIF_NEED_RESCHED 标志位以判断是否需要调度。

❑　将要被唤醒的进程不会马上调用 schedule()，而是会被添加到 CFS 就绪队列中，并且设置 TIF_NEED_RESCHED 标志位。那么被唤醒的进程什么时候被调度呢？这要根据内核是否具有可抢占功能（CONFIG_PREEMPT=y）分两种情况。

如果内核可抢占，则根据以下情况进行处理。

❑　如果唤醒动作发生在系统调用或者异常处理上下文中，那么在下一次调用 preempt_enable()时会检查是否需要抢占调度。

❑　如果唤醒动作发生在硬中断处理上下文中，那么在硬件中断处理返回前会检查是否要抢占当前进程。

如果内核不可抢占，则根据以下情况进行处理。

❑　当前进程调用 cond_resched()时会检查是否需要调度。

❑　主动调用 schedule()。

❑　系统调用或者异常处理完后返回用户空间时。

❑　中断处理完成后返回用户空间时。

前文提到的硬件中断返回前和硬件中断返回用户空间前是两个不同的概念。前者在每次硬件中断返回前都会检查是否有进程需要被抢占调度，而不管中断发生点是在内核空间还是用户空间；后者仅当中断发生点在用户空间时才会检查。

1.　进程调度

在 Linux 内核里，schedule()是内部使用的接口函数，有不少其他函数会直接调用该函数。除此之外，schedule()函数还有不少变种。

❑　preempt_schedule()用于可抢占内核的调度。

❑　preempt_schedule_irq()用于可抢占内核的调度，在中断结束返回时会调用该函数。

❑　schedule_timeout(signed long timeout)，进程睡眠到 timeout 指定的超时时间为止。

schedule()函数的核心代码片段如下。

```
static void sched schedule(void)
{
    next = pick_next_task(rq, prev);

    if (likely(prev != next)) {
        rq = context_switch(rq, prev, next);
    }
}
```

这里主要实现了两个功能：一个是选择下一个要运行的进程，另一个是调用 context_switch()函数来进行上下文切换。

2.　进程切换

操作系统会把当前正在运行的进程挂起并且恢复以前挂起的某个进程的执行，这个过程称为进程切换或者上下文切换。Linux 内核实现进程切换的核心函数是 context_switch()。

每个进程可以拥有属于自己的进程地址空间,但是所有进程都必须共享 CPU 的寄存器等资源。所以,在切换进程时必须把 next 进程在上一次挂起时保存的寄存器值重新装载到 CPU 里。在进程恢复执行前必须装入 CPU 寄存器的数据,则称为硬件上下文。进程的切换可以总结为如下两步。

（1）切换进程的进程地址空间,也就是切换 next 进程的页表到硬件页表中,这是由 switch_mm()函数实现的。

（2）切换到 next 进程的内核态栈和硬件上下文,这是由 switch_to()函数实现的。硬件上下文提供了内核执行 next 进程所需要的所有硬件信息。

3.　switch_mm()函数

switch_mm()函数实质上是把新进程的页表基地址设置到页表基地址寄存器。对于 ARM64 处理器,switch_mm()函数的主要作用是完成 ARM 架构相关的硬件设置,例如刷新 TLB 以及设置硬件页表等。

在运行进程时,除了高速缓存（cache）会缓存进程的数据外,MMU 内部还有叫作 TLB（Translation Lookaside Buffer,快表）的硬件单元,TLB 会为了加快虚拟地址到物理地址的转换速度而将部分页表项内容缓存起来,避免频繁访问页表。当 prev 进程运行时,CPU 内部的 TLB 和高速缓存会缓存 prev 进程的数据。如果在切换到 next 进程时没有刷新 prev 进程的数据,那么因为 TLB 和高速缓存中缓存了 prev 进程的数据,有可能导致 next 进程访问的虚拟地址被翻译成 prev 进程缓存的数据,造成数据不一致和系统不稳定,因此切换进程时需要对 TLB 执行刷新操作（在 ARM 架构中也称为失效操作）。但是这种方法不合理,对整个 TLB 执行刷新操作后,next 进程将面对空白的 TLB,因此刚开始执行时会出现很严重的 TLB 未命中和高速缓存未命中,导致系统性能下降。

如何提高 TLB 的性能?这是最近几十年来芯片设计人员和操作系统设计人员共同努力的方向。从 Linux 内核角度看,地址空间可以划分为内核地址空间和用户空间;对于 TLB 来说,可以划分成全局（global）类型和进程独有（process-specific）类型。

- 全局类型的 TLB:内核空间是所有进程共享的空间,因此这部分空间的虚拟地址到物理地址的翻译是不会变化的,可以理解为全局的。
- 进程独有类型的 TLB:用户地址空间是每个进程独有的地址空间。将 prev 进程切换到 next 进程时,TLB 中缓存的 prev 进程的相关数据对于 next 进程是无用的,因此可以刷新,这就是所谓的进程独有类型的 TLB。

为了支持进程独有类型的 TLB,ARM 架构提出了一种硬件解决方案,叫作 ASID（Address Space ID）,这样 TLB 就可以识别哪些 TLB 项是属于某个进程的。ASID 方案使得每个 TLB 项包含一个 ASID,ASID 用于标识每个进程的地址空间。TLB 命中查询的标准,则在原来的虚拟地址判断之上加上了 ASID 条件。因此,有了 ASID 硬件机制的支持,进程的切换就不需要刷新整个 TLB，即使 next 进程访问相同的虚拟地址，prev 进程缓存的 TLB 项也不会影响到 next 进程，因为 ASID 机制从硬件上保证了 prev 进程和 next 进程的 TLB 不会产生冲突。

4．switch_to()函数

处理完 TLB 和页表基地址后，还需要进行栈空间的切换，这样 next 进程才能开始运行，这正是 switch_to()函数的目的。

```
<include/asm-generic/switch_to.h>

#define switch_to(prev, next, last)              \
    do {                                         \
        ((last) = __switch_to((prev), (next)));  \
    } while (0)
```

switch_to()函数一共有 3 个参数，第一个表示将要被调度出去的进程 prev，第二个表示将要被调度进来的进程 next，第三个参数 last 是什么意思呢？

进程切换还有一个比较神奇的地方，对此我们有不少疑惑。

- ❑ 为什么 switch_to()函数有 3 个参数？prev 和 next 就够了，为何还需要 last？
- ❑ switch_to()函数后面的代码（如 finish_task_switch(prev)），该由谁来执行？什么时候执行？

如图 8.13（a）所示，switch_to()函数被分成两部分，前半部分是"代码 A0"，后半部分是"代码 A1"，这两部分代码其实都属于同一个进程。

如图 8.13（b）所示，假设现在进程 A 在 CPU0 上执行了 switch_to(A, B, last)函数以主动切换到进程 B 来运行，于是进程 A 执行了"代码 A0"，然后运行了 switch_to()函数。在 switch_to()函数里，CPU0 切换到了进程 B 的硬件上下文，让进程 B 运行。注意，这时候进程 B 会直接从自己的进程代码中运行，而不会运行"代码 A1"。进程 A 则被换出，也就是说，进程 A 睡眠了。注意，在这个时间点，"代码 A1"暂时没有执行；last 指向进程 A。

如图 8.13（c）所示，经过一段时间后，某个 CPU 上的某个进程（这里假设是进程 X）执行了 switch_to(X, A, last)函数，要从进程 X 切换到进程 A 来运行。注意，这时候进程 A 相当于从 CPU0 切换到 CPUn。进程 X 睡眠了，进程 A 被加载到 CPUn 上运行，并且是从上次睡眠点开始运行，也就是开始执行"代码 A1"片段，这时 last 指向进程 X。"代码 A1"是 finish_task_switch(last)函数，通常在这个场景下会对进程 X 进行一些清理工作，也就是说，进程 A 重新得到运行。但是在运行进程 A 自己的代码之前，需要对进程 X 做一些收尾工作，于是 switch_to()的第三个参数有了妙用。

综上所述，next 进程执行 finish_task_switch(last)函数来对 last 进程进行清理工作，通常 last 进程指的是 prev 进程。需要注意的是，这里执行的 finish_task_switch()函数属于 next 进程，只不过是把 last 进程的进程描述符作为参数传递给 finish_task_switch() 函数。

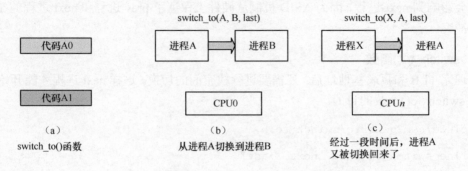

图8.13 switch_to()函数

task_struct 数据结构里的 thread_struct 用来存放和具体架构相关的一些信息。对于 ARM64 架构来说，thread_struct 数据结构定义在 arch/ arm64/include/asm/processor.h 文件中。

```
<arch/arm64/include/asm/processor.h>

struct thread_struct {
    struct cpu_context  cpu_context;
    struct {
        unsigned long   tp_value;
        unsigned long   tp2_value;
        struct user_fpsimd_state fpsimd_state;
    } uw;

    unsigned int        fpsimd_cpu;
    void               *sve_state;
    unsigned int        sve_vl;
    unsigned int        sve_vl_onexec;
    unsigned long       fault_address;
    unsigned long       fault_code;
    struct debug_info   debug;
};
```

❑ cpu_context：保存进程上下文相关的信息到 CPU 相关的通用寄存器中。
❑ tp_value：TLS 寄存器。
❑ tp2_value：TLS 寄存器。
❑ fpsimd_state：与 FP 和 SMID 相关的状态。
❑ fpsimd_cpu：FP 和 SMID 的相关信息。
❑ sve_state：SVE 寄存器。
❑ sve_vl：SVE 向量的长度。
❑ sve_vl_onexec：下一次执行之后 SVE 向量的长度。
❑ fault_address：异常地址。

❑　fault_code：异常错误值，从 ESR_EL1 中读出。

cpu_context 是一种非常重要的数据结构，它勾画了在切换进程时，CPU 需要保存哪些寄存器，我们称为进程硬件上下文。对于 ARM64 处理器来说，在切换进程时，我们需要把 prev 进程的 x19～x28 寄存器以及 fp、sp 和 pc 寄存器保存到 cpu_context 数据结构中，然后把 next 进程中上一次保存的 cpu_context 数据结构的值恢复到实际硬件的寄存器中，这样就完成了进程的上下文切换。

cpu_context 数据结构的定义如下。

```
<arch/arm64/include/asm/processor.h>

struct cpu_context {
    unsigned long x19;
    unsigned long x20;
    unsigned long x21;
    unsigned long x22;
    unsigned long x23;
    unsigned long x24;
    unsigned long x25;
    unsigned long x26;
    unsigned long x27;
    unsigned long x28;
    unsigned long fp;
    unsigned long sp;
    unsigned long pc;
};
```

进程的上下文切换的流程如图 8.14 所示。在进程切换过程中，进程硬件上下文中重要的寄存器已保存到 prev 进程的 cpu_context 数据结构中，进程硬件上下文包括 x19～x28 寄存器、fp 寄存器、sp 寄存器以及 pc 寄存器，如图 8.14（a）所示。然后，把 next 进程存储的上下文恢复到 CPU 中，如图 8.14（b）所示。

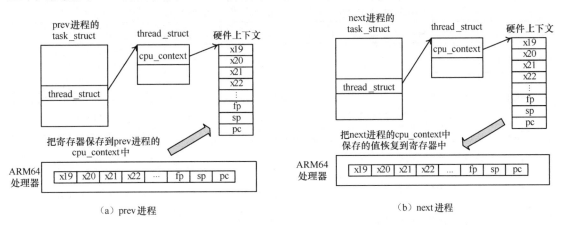

图8.14　在切换进程时保存硬件上下文

8.3.10　与调度相关的数据结构

本节介绍与调度相关的几个重要数据结构的定义。

1．task_struct

进程可采用进程描述符（Process Control Block，PCB）来抽象和描述，Linux 内核则使用 task_struct 数据结构来描述。进程描述符 task_struct 用来描述进程运行状况以及控制进程运行所需要的全部信息，是 Linux 用来感知进程存在的一种非常重要的数据结构，其中与调度相关的常见成员如表 8.5 所示。

表 8.5　进程描述符中与调度相关的常见成员

成　　员	类　　型	说　　明
state	volatile long	进程的当前状态
on_cpu	int	进程处于运行（running）状态
cpu	unsigned int	进程正在哪个CPU上执行
wake_cpu	int	进程上一次是在哪个CPU上执行
prio	int	进程动态优先级
static_prio	int	进程静态优先级
normal_prio	int	基于static_prio和调度策略计算出来的优先级
rt_priority	unsigned int	实时进程优先级
sched_class	const struct sched_class *	调度类
se	struct sched_entity	普通进程调度实体
rt	struct sched_rt_entity	实时进程调度实体
dl	struct sched_dl_entity	deadline进程调度实体

2．sched_entity

进程调度有一种非常重要的数据结构 sched_entity，称为调度实体，这种数据结构描述了进程作为调度实体参与调度所需要的所有信息，例如 load 表示调度实体的权重，run_node 表示调度实体在红黑树中的节点。sched_entity 数据结构定义在 include/ linux/sched.h 头文件中。

```
<include/linux/sched.h>

struct sched_entity {
    struct load_weight      load;
    …
};
```

sched_entity 数据结构的重要成员如表 8.6 所示。

表 8.6　sched_entity 数据结构的重要成员

成　　员	类　　型	说　　明
load	struct load_weight	调度实体的权重
runnable_weight	unsigned long	进程在可运行状态（runnable）下的权重，这个值等于进程的权重
run_node	struct rb_node	调度实体作为节点被插入CFS的红黑树中
exec_start	u64	调度实体的虚拟时间的起始时间
sum_exec_runtime	u64	调度实体的总运行时间，这是真实时间
vruntime	u64	调度实体的虚拟时间
avg	struct sched_avg	负载相关信息

3. rq

rq 数据结构是描述 CPU 的通用就绪队列，rq 数据结构中记录了一个就绪队列所需的全部信息，不仅包括一个 CFS 的数据结构 cfs_rq、一个实时进程调度器的数据结构 rt_rq 和一个 deadline 调度器的数据结构 dl_rq，还包括就绪队列的 load 权重等信息。数据结构 rq 的定义如下。

```
struct rq {
    unsigned int nr_running;
    struct load_weight load;
    struct cfs_rq cfs;
    struct rt_rq rt;
    struct dl_rq dl;
    struct task_struct *curr, *idle, *stop;
    u64 clock;
    u64 clock_task;
    int cpu;
    int online;
    …
};
```

数据结构 rq 的重要成员如表 8.7 所示。

表 8.7　数据结构 rq 的重要成员

名　　称	类　　型	说　　明
nr_running	unsigned int	就绪队列中可运行（runnable）进程的数量
cpu_load[]	unsigned long	每个就绪队列维护一个cpu_load[]数组，在每个调度滴答（scheduler tick）重新计算，让CPU的负载显得更加平滑
load	struct load_weight	就绪队列的权重

（续表）

名　　称	类　　型	说　　明
nr_load_updates	unsigned long	记录cpu_load[]更新的次数
nr_switches	u64	记录进程切换的次数
cfs	struct cfs_rq	指向CFS的就绪队列
rt	struct rt_rq	指向实时进程的就绪队列
dl	struct dl_rq	指向deadline进程的就绪队列
curr	struct task_struct *	指向正在执行的进程
idle	struct task_struct *	指向idle进程
stop	struct task_struct *	指向系统的stop进程

　　系统中的每个 CPU 都有一个就绪队列，它是 Per-CPU 类型的，换言之，每个 CPU 都有一个 rq 数据结构。使用 this_rq()可以获取当前 CPU 的数据结构 rq。

```
<kernel/sched/sched.h>

DECLARE_PER_CPU_SHARED_ALIGNED(struct rq, runqueues);

#define cpu_rq(cpu)          (&per_cpu(runqueues, (cpu)))
#define this_rq()            this_cpu_ptr(&runqueues)
#define task_rq(p)           cpu_rq(task_cpu(p))
#define cpu_curr(cpu)        (cpu_rq(cpu)->curr)
#define raw_rq()             raw_cpu_ptr(&runqueues)
```

4. cfs_rq

cfs_rq 数据结构表示 CFS 的就绪队列，它的定义如下。

```
<kernel/sched/sched.h>

struct cfs_rq {
    struct load_weight load;
    unsigned int nr_running, h_nr_running;
    u64 exec_clock;
    u64 min_vruntime;
    struct sched_entity *curr, *next, *last, *skip;
    unsigned long runnable_load_avg, blocked_load_avg;
    …
};
```

cfs_rq 数据结构的重要成员如表 8.8 所示。

表 8.8　cfs_rq 数据结构的重要成员

名　　称	类　　型	说　　明
load	struct load_weight	就绪队列的总权重
runnable_weight	unsigned long	就绪队列中可运行状态的权重

（续表）

名　称	类　型	说　明
nr_running	unsigned int	可运行状态的进程数量
exec_clock	u64	统计就绪队列的总执行时间
min_vruntime	u64	单步递增，用于跟踪整个CFS就绪队列中红黑树里的vruntime最小值
tasks_timeline	struct rb_root_cached	CFS红黑树的根
curr	struct sched_entity*	指向当前正在运行的进程
next	struct sched_entity*	用于切换进程时下一个即将运行的进程
avg	struct sched_avg	基于PELT算法的负载计算

使用 task_cfs_rq() 函数可以取出当前进程对应的 CFS 就绪队列。

```
#define task_thread_info(task)    ((struct thread_info *)(task)->stack)

static inline unsigned int task_cpu(const struct task_struct *p)
{
    return p->cpu;
}

#define cpu_rq(cpu)          (&per_cpu(runqueues, (cpu)))
#define task_rq(p)           cpu_rq(task_cpu(p))

static inline struct cfs_rq *task_cfs_rq(struct task_struct *p)
{
    return &task_rq(p)->cfs;
}
```

5．调度类的操作方法

每个调度类都定义了一套操作方法，如表 8.9 所示。

表 8.9　调度类的操作方法

操　作　方　法	说　明
enqueue_task	把进程加入就绪队列中
dequeue_task	把进程移出就绪队列
yield_task	用于sched_yield()系统调用
yield_to_task	用于yield_to()接口函数
check_preempt_curr	检查是否需要抢占当前进程
pick_next_task	从就绪队列中选择一个最优进程来运行
put_prev_task	把prev进程重新加入就绪队列中
select_task_rq	为进程选择一个最优的CPU就绪队列

（续表）

操 作 方 法	说　　明
migrate_task_rq	迁移进程到一个新的就绪队列
task_woken	处理进程被唤醒的情况
set_cpus_allowed	设置进程可运行的CPU范围
rq_online	设置就绪队列的状态为online
rq_offline	关闭就绪队列
set_curr_task	设置当前正在运行的进程的相关信息
task_tick	处理时钟滴答
task_fork	处理fork新进程与调度相关的一些初始化信息
task_dead	处理进程已经终止的情况
switched_from	用于切换了调度类的情况
switched_to	切换到下一个进程来运行
prio_changed	改变进程优先级
update_curr	更新就绪队列的运行时间，对于CFS调度类是更新虚拟时间

　　Linux 内核中调度器相关数据结构的关系如图 8.15 所示，虽然看起来很复杂，但其实它们是有关联的。

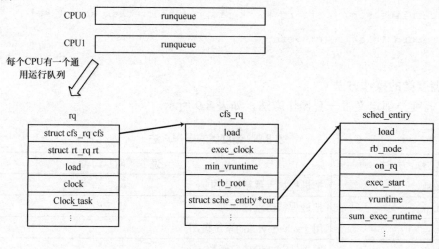

图8.15　调度器的数据结构关系图

8.4　多核调度

　　之前我们在介绍进程调度器时都假设系统只有一个 CPU，现在绝大部分的设备是多核处理器。在多核处理器中，以 SMP 类型的多核形态最常见。SMP（Symmetrical Multi-Processing）的全称是"对称多处理"技术，是指在一台计算机上汇集了一组处理器，这些处理器都是对等的，它们之间共享内存子系统和系统总线。

图 8.16 所示为 4 核的 SMP 处理器架构，在 4 核处理器中，每个物理 CPU 核心拥有独立的 L1 缓存且不支持超线程技术，分成两个簇（cluster）——簇 0 和簇 1，每个簇包含两个物理 CPU 核，簇中的 CPU 核共享 L2 缓存。

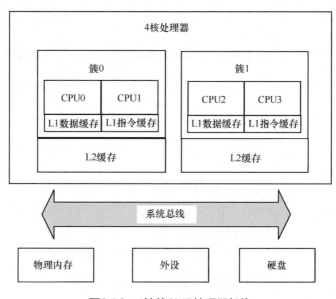

图8.16　4核的SMP处理器架构

8.4.1　调度域和调度组

根据处理器的实际物理属性，CPU 和 Linux 内核的分类如表 8.10 所示。

表 8.10　CPU 和 Linux 内核的分类

CPU	Linux 内核	说　明
超线程（SMT, Simultaneous MultiThreading）	CONFIG_SCHED_SMT	一个物理核心可以有两个或更多个执行线程，被称为超线程技术。超线程使用相同的CPU资源且共享L1高速缓存，迁移进程不会影响高速缓存的利用率
多核（MC, Multi-Core）	CONFIG_SCHED_MC	每个物理核心独享L1高速缓存，多个物理核心可以组成簇，簇里的CPU共享L2高速缓存
处理器（SoC）	内核称为DIE	SoC级别

Linux 内核使用数据结构 sched_domain_topology_level 来描述 CPU 的层次关系，本节中简称为 **SDTL**。

```
<include/linux/sched/topology.h>
struct sched_domain_topology_level {
    sched_domain_mask_f mask; //函数指针，用于指定某个SDTL的cpumask位图。
    sched_domain_flags_f sd_flags; //函数指针，用于指定某个SDTL的标志位。
    int          flags;
    struct sd_data      data;
};
```

另外，Linux 内核默认定义了数组 default_topology[]来概括 CPU 物理域的层次结构。

```
<kernel/sched/topology.c>

/*
 * CPU拓扑关系，从下往上
 */
static struct sched_domain_topology_level default_topology[] = {
#ifdef CONFIG_SCHED_SMT
    { cpu_smt_mask, cpu_smt_flags, SD_INIT_NAME(SMT) },
#endif
#ifdef CONFIG_SCHED_MC
    { cpu_coregroup_mask, cpu_core_flags, SD_INIT_NAME(MC) },
#endif
    { cpu_cpu_mask, SD_INIT_NAME(DIE) },
    { NULL, },
};

struct sched_domain_topology_level *sched_domain_topology = default_topology;
```

从 default_topology[]数组的角度看，DIE 类型是标配，SMT 和 MC 类型需要在配置内核时与实际硬件架构配置相匹配，这样才能发挥硬件的性能和均衡效果。目前，ARM64 架构的配置文件里支持 CONFIG_SCHED_MC 和 CONFIG_SCHED_SMT。

初始化调度层级时至少要包含 mask 函数指针、sd_flags 函数指针以及 flags 标志位。比如，cpu_smt_mask()函数描述了 SMT 层级的 CPU 位图组成方式，cpu_coregroup_mask()函数描述了 MC 层级的 CPU 位图组成方式，cpu_cpu_mask()函数描述了 DIE 层级的 CPU 位图组成方式。

sd_flags 函数指针指定了调度层级的标志位。比如，SMT 调度层级中的 sd_flags 函数指针 cpu_smt_flags()指定了 SMT 调度层级包括 SD_SHARE_CPUCAPACITY 和 SD_SHARE_PKG_RESOURCES 两个标志位。

```
static inline int cpu_smt_flags(void)
{
    return SD_SHARE_CPUCAPACITY | SD_SHARE_PKG_RESOURCES;
}
```

再比如，MC 调度层级的 sd_flags 函数指针 cpu_core_flags()指定了 MC 调度层级只包括 SD_ SHARE_PKG_RESOURCES 标志位。

```
static inline int cpu_core_flags(void)
{
    return SD_SHARE_PKG_RESOURCES;
}
```

调度域标志位如表 8.11 所示。

表 8.11　调度域标志位

调度域标志位	说　明
SD_LOAD_BALANCE	表示对调度域的运行做负载均衡调度
SD_BALANCE_NEWIDLE	表示当CPU空闲后对运行做负载均衡调度
SD_BALANCE_EXEC	表示一个进程在执行exec系统调用时会重新选择一个最优的CPU来运行，见sched_exec()函数
SD_BALANCE_FORK	表示在fork一个新进程后会选择一个最优的CPU来运行这个新的进程，见wake_up_new_task()函数
SD_BALANCE_WAKE	表示在唤醒一个进程时会选择一个最优的CPU来唤醒该进程，见wake_up_process()函数
SD_WAKE_AFFINE	支持wake affine特性
SD_ASYM_CPUCAPACITY	表示调度域有不同架构的CPU，比如ARM公司的大小核架构（big.LITTLE）
SD_SHARE_CPUCAPACITY	表示调度域中的CPU都是可以共享CPU资源的，主要用来描述SMT调度层级
SD_SHARE_POWERDOMAIN	表示调度域的CPU可以共享电源域。
SD_SHARE_PKG_RESOURCES	表示调度域的CPU可以共享高速缓存
SD_ASYM_PACKING	用来描述与SMT调度层级相关的一些例外
SD_NUMA	用来描述NUMA调度层级
SD_PREFER_SIBLING	表示可以在兄弟调度域中迁移进程

　　Linux 内核使用 sched_domain 数据结构来描述调度层级，从 default_topology[]数组可知，系统默认支持 DIE 类型层级、SMT 类型层级以及 MC 类型层级。另外，可在调度域里划分调度组，然后使用 sched_group 数据结构来描述调度组，调度组是负载均衡调度的最小单位。在最低层级的调度域中，通常用调度组描述 CPU 核心。

　　在支持 NUMA 架构的处理器中，假设支持 SMT 技术，那么整个系统的调度域和调度组的关系如图 8.17 所示，可在默认的调度层级中新增 NUMA 层级的调度域。

　　在超大系统中，系统会频繁访问调度域数据结构。为了提升系统的性能和可扩展性，调度域数据结构 sched_domain 采用 Per-CPU 变量来构建。

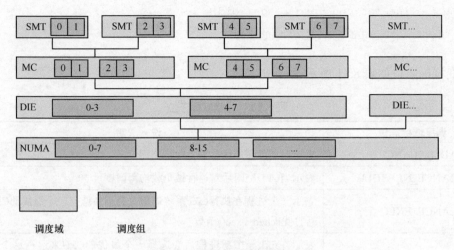

图8.17　调度域和调度组的关系

8.4.2　负载的计算

例 8-1

假设在如图 8.18 所示的双核处理器里，CPU0 的就绪队列里有 4 个进程，CPU1 的就绪队列里有两个进程，那么究竟哪个 CPU 上的负载重呢？

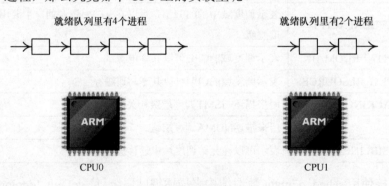

图8.18　CPU上的负载比较（1）

假设上述 6 个进程的 nice 值是相同的，也就是优先级和权重都相同，那么明显可以看出 CPU0 的就绪队列里有 4 个进程，相比 CPU1 的就绪队列里的进程数目要多，从而得出 CPU0 上的负载相比 CPU1 更重的结论。

$$CPU \text{ 上的负载} = \text{就绪队列的总权重} \tag{8.3}$$

为了计算 CPU 上的负载，最简单的方法是计算 CPU 的就绪队列中所有进程的权重，如式（8.3）所示。在 Linux 早期的实现中，采用就绪队列中可运行状态进程的总权重来衡量

CPU 上的负载的。

　　但是，仅考虑优先级和权重是有问题的，因为没有考虑进程的行为，有的进程使用的 CPU 是突发性的，有的是恒定的，有的是 CPU 密集型的，也有的是 I/O 密集型的。为进程调度考虑优先级权重的方法虽然可行，但是如果延伸到多 CPU 之间的负载均衡，结果就显得不准确了。

例 8-2

　　在如图 8.19 所示的双核处理器里，CPU0 和 CPU1 的就绪队列里都只有一个进程在运行，而且进程的优先级和权重相同。但是，CPU0 上的进程一直在占用 CPU，而 CPU1 上的进程走走停停，那么究竟 CPU0 和 CPU1 上的负载是不是相同呢？

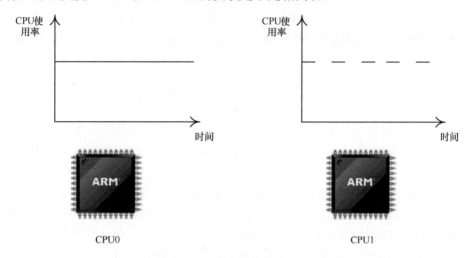

图8.19　CPU上的负载比较（2）

　　从例 8-1 中的判断条件看，两个 CPU 上的负载是一样的。但是，从我们的直观感受看，CPU0 上的进程一直占用 CPU，CPU0 是一直满负荷运行的，而 CPU1 上的进程走走停停，CPU 使用率不高。为什么会得出不一样的结论呢？

　　这是因为例 8-1 使用的计算方法没有考虑进程在时间因素下的作用，也就是没有考虑历史负载对当前负载的影响。对于那些长时间不活动而突然短时间访问 CPU 的进程或者访问磁盘被阻塞等待的进程，它们的历史负载要比 CPU 密集型进程的小很多，例如做矩阵乘法运算的进程。

　　那么该如何计算历史负载对 CPU 上的负载的影响呢？

　　下面用经典的电话亭例子来说明问题。假设现在有一个电话亭（好比是 CPU），有 4 个人要打电话（好比是进程），电话管理员（好比是内核调度器）按照最简单的规则轮流给每个打电话的人分配 1 分钟的时间，时间到了，就马上把电话亭使用权转给下一个人，还需要继续打电话的人只能到后面排队（好比是就绪队列）。那么管理员如何判断哪个人是电话的重度使用者呢？可以使用式（8.4）。

$$电话使用率 = \sum \frac{active\_use\_time}{period} \tag{8.4}$$

电话使用率的计算方式就是将每个使用者使用电话的时间除以分配时间。使用电话的时间和分配时间是不一样的，例如在分配的 1min 里，一个人查询电话本用了 20 s，打电话只用了 40s，那么 active_use_time 是 40s，period 是 60s。因此，电话管理员通过计算一段统计时间里每个人的电话平均使用率便可知道哪个人是电话的高频使用者。

类似的情况有很多，例如现在很多人都是低头族，是手机的高频使用者，现在你要比较过去 24 小时内身边的人谁是最严重的低头族。那么以 1 小时为 1 个周期，统计过去 24 个周期内的手机使用率，比较大小，即可知道哪个人是最严重的低头族。

通过电话亭的例子，我们可以反推到 CPU 上的负载的计算上。CPU 上的负载的计算公式如下。

$$CPU 上的负载 = \left(\frac{运行时间}{总时间} \right) \times 就绪队列总权重 \tag{8.5}$$

其中，运行时间是指就绪队列占用 CPU 的总时间；总时间是指采样的总时间，包括 CPU 处于空闲的时间以及 CPU 正在运行的时间；就绪队列总权重是指就绪队列里所有进程的总权重。

式（8.5）相比式（8.4）考虑了运行时间对负载的影响，这就解决了例 8-2 中的问题。当运行时间无限接近于采样的总时间时，我们认为 CPU 上的负载等于就绪队列中所有进程的权重之和，运行时间越短，CPU 上的负载就越小。总之，式（8.5）把负载这个概念量化到了权重，这样不同运行行为的进程就有了量化的标准来衡量负载，本书把这种用运行时间与总时间的比值来计算的权重，称为**量化负载**。另外，我们把时间与权重的乘积称为**工作负载**，类似电学中的功率，功率是电压和电流的乘积。

式（8.5）并不完美，因为它把历史工作负载和当前工作负载平等对待了。物理学知识让我们知道，信号在传输介质中的传播过程中，会有一部分能量转化成热能或者被传输介质吸收，从而造成信号强度不断减弱，这种现象称为衰减（decay），如图 8.20 所示。因此，历史工作负载在时间轴的变化下也会有衰减效应。

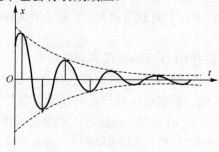

图8.20　物理学中的衰减

因此，自 Linux 3.8 内核以后，进程的负载计算不仅要考虑权重，而且要跟踪每个调度实体的历史负载情况，因而称为 PELT（Per-Entity Load Tracking）。PELT 算法引入了"accumulation of an infinite geometric series"这个概念，英文字面意思是无穷几何级数的累加，本书把这个概念简单称为**历史累计计算**。

Linux 内核借鉴了电话使用率的计算方法，计算进程的可运行时间与总时间的比值，然后乘以进程的权重，作为量化负载。我们把前文提到的量化负载和历史累计衰减这两个概念合并起来，称为**历史累计衰减量化负载**，简称**量化负载**（decay_avg_ load）。Linux 内核使用量化负载这个概念来计算和比较进程以及就绪队列的负载。

根据量化负载的定义，量化负载的计算如式（8.6）所示。

$$decay\_avg\_load = \left(\frac{decay\_sum\_runnable\_time}{decay\_sum\_period\_time} \right) weight \qquad (8.6)$$

其中，decay_avg_load 表示**量化负载**；decay_sum_runnable_time 指的是就绪队列或调度实体在可运行状态下的所有历史累计衰减时间；decay_sum_period_time 指的是就绪队列或调度实体在所有的采样周期里全部时间的累加衰减时间。通常从进程开始执行时就计算和累计这些值。weight 表示调度实体或就绪队列的权重。

计算进程的量化负载的意义在于能够把负载量化到权重里。当一个进程的 decay_sum_runnable_time 无限接近 decay_sum_period_time 时，它的量化负载就无限接近权重值，说明这个进程一直在占用 CPU，满负荷工作，CPU 占用率很高。一个进程的 decay_sum_runnable_time 越小，它的量化负载就越小，说明这个进程的工作负荷很小，占用的 CPU 资源很少，CPU 占用率很低。这样，我们就对负载实现了统一和标准化的量化计算，不同行为的进程就可以进行标准化的负载计算和比较了。

8.4.3　负载均衡算法

SMP 负载均衡机制从注册软中断开始，系统每次调度 tick 中断时，都会检查当前是否需要处理 SMP 负载均衡。rebalance_domains()函数是负载均衡的核心入口。

load_balance()函数中的主要流程如下。

❑ 负载均衡以当前 CPU 开始，由下至上地遍历调度域，从最底层的调度域开始做负载均衡。

❑ 允许做负载均衡的首要条件是当前 CPU 是调度域中的第一个 CPU，或者当前 CPU 是空闲 CPU。详见 should_we_balance()函数。

❑ 在调度域中查找最繁忙的调度组，更新调度域和调度组的相关信息，最后计算出调度域的不均衡负载值。

❑ 在最繁忙的调度组中找出最繁忙的 CPU，然后把繁忙 CPU 中的进程迁移到当前

221

CPU 上，迁移的负载量为不均衡负载值。

8.4.4　Per-CPU 变量

Per-CPU 变量是 Linux 内核中同步机制的一种。当系统中的所有 CPU 都访问共享的一个变量 v 时，如果 CPU0 修改了变量 v 的值，而 CPU1 也在同时修改变量 v 的值，就会导致变量 v 的值不正确。一种可行的办法就是在 CPU0 访问变量 v 时使用原子加锁指令，这样 CPU1 访问变量 v 时就只能等待了，但这样做有两个比较明显的缺点。

- ❑　原子操作是比较耗时的。
- ❑　在现代处理器中，每个 CPU 都有 L1 缓存，因而多个 CPU 同时访问同一个变量就会导致缓存一致性问题。当某个 CPU 对共享的数据变量 v 进行修改后，其他 CPU 上对应的缓存行需要做无效操作，这对性能是有损耗的。

Per-CPU 变量是为了解决上述问题而出现的一种有趣的特性，它为系统中的每个处理器都分配自身的副本。这样在多处理器系统中，当处理器只能访问属于自己的那个变量副本时，不需要考虑与其他处理器的竞争问题，还能充分利用处理器本地的硬件缓存来提升性能。

1．Per-CPU 变量的定义和声明

Per-CPU 变量的定义和声明有两种方式。一种是静态声明，另一种是动态分配。

静态的 Per-CPU 变量可通过 DEFINE_PER_CPU 和 DECLARE_PER_CPU 宏来定义和声明。这类变量与普通变量的主要区别在于它们存放在一个特殊的段中。

```
#define DECLARE_PER_CPU(type, name)                \
    DECLARE_PER_CPU_SECTION(type, name, "")

#define DEFINE_PER_CPU(type, name)                 \
    DEFINE_PER_CPU_SECTION(type, name, "")
```

用于动态分配和释放 per-cpu 变量的 API 函数如下。

```
#define alloc_percpu(type)                         \
    (typeof(type) __percpu *)__alloc_percpu(sizeof(type),     \
                    __alignof__(type))

void free_percpu(void __percpu *ptr)
```

2．使用 Per-CPU 变量

对于静态定义的 Per-CPU 变量，可以通过 get_cpu_var()和 put_cpu_var()函数来访问和修改，这两个函数内置了关闭和打开内核抢占的功能。另外需要注意的是，这两个函数需要配对使用。

```
#define get_cpu_var(var)                            \
(*({                                                \
```

```
    preempt_disable();                  \
    this_cpu_ptr(&var);                 \
}))

#define put_cpu_var(var)                \
do {                                    \
    (void)&(var);                       \
    preempt_enable();                   \
} while (0)
```

动态分配的 Per-CPU 变量需要通过下面的接口函数来访问。

```
#define put_cpu_ptr(var)                \
do {                                    \
    (void)(var);                        \
    preempt_enable();                   \
} while (0)

#define get_cpu_ptr(var)                \
({                                      \
    preempt_disable();                  \
    this_cpu_ptr(var);                  \
})
```

8.5　实验

8.5.1　实验 8-1：fork 和 clone 系统调用

1. 实验目的

了解和熟悉 Linux 内核中 fork 和 clone 系统调用的用法。

2. 实验要求

（1）使用 fork()函数创建一个子进程，然后在父进程和子进程中分别使用 printf 语句来判断谁是父进程和子进程。

（2）使用 clone()函数创建一个子进程。如果父进程和子进程共同访问一个全局变量，结果会如何？如果父进程比子进程先消亡，结果会如何？

（3）如下代码中会输出几个"_"？

```
int main(void)
{
    int i;
    for(i=0; i<2; i++){
        fork();
        printf("_\n");
    }
    wait(NULL);
    wait(NULL);
```

```
    return 0;
}
```

8.5.2　实验 8-2：内核线程

1．实验目的

了解和熟悉 Linux 内核中是如何创建内核线程的。

2．实验要求

（1）写一个内核模块，创建一组内核线程，每个 CPU 一个内核线程。

（2）在每个内核线程中，输出当前 CPU 的状态，比如 ARM64 通用寄存器的值、SPSR_EL1、当前异常等级等。

（3）在每个内核线程中，输出当前进程的优先级等信息。

8.5.3　实验 8-3：后台守护进程

1．实验目的

了解和熟悉 Linux 是如何创建和使用后台守护进程的。

2．实验要求

（1）写一个用户程序，创建一个守护进程。

（2）该守护进程每隔 5s 查看当前内核的日志中是否有 Oops 错误。

8.5.4　实验 8-4：进程权限

1．实验目的

了解和熟悉 Linux 是如何进行进程的权限管理的。

2．实验要求

写一个用户程序，限制该用户程序的一些资源，比如进程的最大虚拟内存空间等。

8.5.5　实验 8-5：设置优先级

1．实验目的

了解和熟悉 Linux 中 getpriority()和 setpriority()系统调用的用法。

2．实验要求

（1）写一个用户进程，使用 setpriority()函数修改进程的优先级，然后使用 getpriority()函数来验证。

（2）可以通过一个 for 循环来依次修改进程的优先级（–20～19）。

8.5.6　实验 8-6：Per-CPU 变量

1．实验目的

学会 Linux 内核中 Per-CPU 变量的用法。

2．实验要求

写一个简单的内核模块，创建一个 Per-CPU 变量，并且初始化该 Per-CPU 变量，修改该 Per-CPU 变量的值，然后输出这些值。

第 **9** 章　内存管理

内存管理是操作系统中最复杂的一个模块，它包含的内容相当丰富。从硬件角度看，操作系统中内存管理的大部分功能都是围绕硬件展开的，如分段机制、分页机制等。计算机硬件的发展，特别是从原始的内存管理到分段机制，再到现在广泛使用的分页机制，硬件的变化影响着软件的实现。因此，在深入学习内存管理之前，有必要去了解一下内存管理的硬件方面的知识。

9.1　从硬件角度看内存管理

9.1.1　内存管理的"远古时代"

在操作系统还没有出来之前，程序被存放在卡片上，计算机每读取一张卡片就运行一条指令，这种从外部存储介质上直接运行指令的方法效率很低。后来出现了内存存储器，也就是说程序要运行，首先要加载，然后执行，这就是所谓的"存储程序"。这一概念开启了操作系统快速发展的道路，直至后来出现的分页机制。在以上演变历史中，出现了不少内存管理思想。

□　单道编程的内存管理。所谓"单道"，就是整个系统只有一个用户进程和一个操作系统，形式上有点类似于 Unikernel 系统。这种模型下，用户程序总是加载到同一个内存地址并运行，所以内存管理很简单。实际上不需要任何的内存管理单元，程序使用的地址就是物理地址，而且也不需要保护地址。但是缺点也很明显：其一，无法运行比实际物理内存大的程序；其二，系统只运行一个程序，会造成资源浪费；其三，无法迁移到其他的计算机中运行。

□　多道编程的内存管理。"多道"就是系统可以同时运行多个进程。内存管理中出现了固定分区和动态分区两种技术。

固定分区，就是在系统编译阶段主存被划分成许多静态分区，进程可以装入大于或等于自身大小的分区。固定分区实现简单，操作系统管理开销也比较小。但是缺点也很明显：一是程序大小和分区的大小必须匹配；二是活动进程的数目比较固定；三是地址空间无法增长。

因为固定分区有缺点，人们自然想到了动态分区的方法。动态分区的思想也比较简单，就是在一整块内存中首先划出一块内存给操作系统本身使用，剩下的内存空间给用户进程使用。当第一个进程 A 运行时，先从这一大片内存中划出一块与进程 A 大小一样的内存给进程 A 使用。当第二个进程 B 准备运行时，可以从剩下的空闲内存中继续划出一块和进程 B 大小相等的内存给进程 B 使用，以此类推。这样进程 A 和进程 B 以及后面进来的进程就可以实现动态分区了。

如图 9.1 所示，假设现在有一块 32MB 大小的内存，一开始操作系统使用了最低的 4MB 大小，剩余的内存要留给 4 个用户进程使用（如图 9.1（a）所示）。进程 A 使用了操作系统往上的 10MB 内存，进程 B 使用了进程 A 往上的 6MB 内存，进程 C 使用了进程 B 往上的 8MB 内存。剩余的 4MB 内存不足以装载进程 D，因为进程 D 需要 5MB 内存（如图 9.1（b）所示），于是这块内存的末尾就形成了第一个空洞。假设在某个时刻操作系统需要运行进程 D，但系统中没有足够的内存，那么需要选择一个进程来换出，以便为进程 D 腾出足够的空间。假设操作系统选择进程 B 来换出，这样进程 D 就装载到原来进程 B 的地址空间里，于是产生了第二个空洞（如图 9.1（c）所示）。假设操作系统在某个时刻需要运行进程 B，这也需要选择一个进程来换出，假设进程 A 被换出，于是系统中又产生了第三个空洞（如图 9.1（d）所示）。

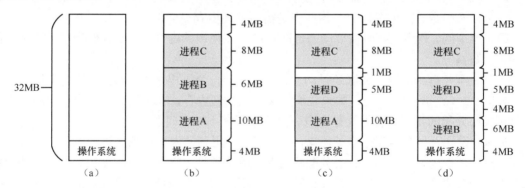

图9.1 动态分区

这种动态分区方法在开始时是很好的，但是随着时间的推移会出现很多内存空洞，内存的利用率也随之下降，这些内存空洞便是我们常说的内存碎片。为了解决内存碎片化的问题，操作系统需要动态地移动进程，使得进程占用的空间是连续的，并且所有的空闲空间也是连续的。整个进程的迁移是一个非常耗时的过程。

总之，不管是固定分区还是动态分区，都存在很多问题。

❑ **进程地址空间保护问题**。所有的用户进程都可以访问全部的物理内存，所以恶意程序可以修改其他程序的内存数据，这使得进程一直处于危险和担惊受怕的状态下。即使系统里所有的进程都不是恶意进程，但是进程 A 依然可能不小心修改了进程 B 的数据，从而导致进程 B 运行崩溃。这明显违背了"进程地址空间需要保护"的原则，也就是地址空间要相对独立。因此，每个进程的地址空间都应该受到保护，以免被其他进程有意或无意地损害。

❑ **内存使用效率低**。如果即将运行的进程所需要的内存空间不足，就需要选择一个进程进行整体换出，这种机制导致大量的数据需要换出和换入，效率非常低下。

❑ **程序运行地址重定位问题**。从图 9.1 可以看出，进程在每次换出换入时运行的地址都是不固定的，这给程序的编写带来一定的麻烦，因为访问数据和指令跳转时的目标地址通常是固定的，所以就需要使用重定位技术了。

由此可见，上述 3 个重大问题需要一个全新的解决方案，而且这个方案在操作系统层面已经无能为力，必须在处理器层面才能解决，因此产生了分段机制和分页机制。

9.1.2　地址空间的抽象

如果站在内存使用的角度看，进程大概在 3 个地方需要用到内存。

❑ 进程本身会占用内存，比如代码段以及数据段用来存储程序本身需要的数据。

❑ 栈空间。程序运行时需要分配内存空间来保存函数调用关系、局部变量、函数参数以及函数返回值等内容，这些也是需要消耗内存空间的。

❑ 堆空间。程序运行时需要动态分配程序需要使用的内存，比如存储程序需要使用的数据等。

不管是刚才提到的固定分区还是动态分区，对于一个进程来说，都需要包含上述 3 种内存，如图 9.2（a）所示。但是，如果我们直接使用物理内存，在编写这样一个程序时，就需要时刻关心分配的物理内存地址是多少、内存空间够不够等问题。

后来，设计人员对内存建立了抽象，把上述 3 种用到的内存抽象成进程地址空间或虚拟内存。对于进程来说，它不用关心分配的内存在哪个地址，它只管分配使用。最终由处理器来处理进程对内存的请求，中间做转换，把进程请求的虚拟地址转换成物理地址。这个转换过程称为地址转换（address translation），而进程请求的地址，我们可以理解为虚拟地址（virtual address），如图 9.2（b）所示。我们在处理器里对进程地址空间做了抽象，让进程感觉到自己可以拥有全部的物理内存。进程可以发出地址访问请求，至于这些请求能不能完全满足，那就是处理器的事情了。总之，进程地址空间是对内存的重要抽象，让内存虚拟化得到了实现。进程地址空间、进程的 CPU 虚拟化以及文件对存储地址空间的抽象，共同组成了操作系统的 3 个元素。

进程地址空间的概念引入了虚拟内存，而这种思想可以解决刚才提到的 3 个问题。

- ❑ 隔离性和安全性。虚拟内存机制可以提供这样的隔离性，因为每个进程都感觉自己拥有了整个地址空间，可以随意访问，然后由处理器转换到实际的物理地址。所以，进程 A 没法访问到进程 B 的物理内存，也没办法做破坏。
- ❑ 效率。后来出现的分页机制可以解决动态分区出现的内存碎片化和效率问题。
- ❑ 重定位问题。进程换入和换出时访问的地址变成相同的虚拟地址。进程不用关心具体物理地址在什么地方。

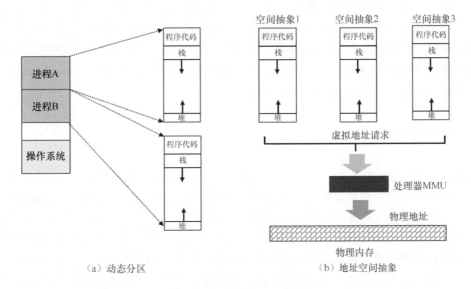

（a）动态分区　　　　　　　　　　　　（b）地址空间抽象

图9.2　动态分区和地址空间抽象

9.1.3　分段机制

基于进程地址空间这个概念，人们最早想到的一种机制叫作分段（segmentation）机制，其基本思想是把程序所需的内存空间的虚拟地址映射到某个物理地址空间。

分段机制可以解决地址空间保护问题，进程 A 和进程 B 会被映射到不同的物理地址空间中，它们在物理地址空间中是不会有重叠的。因为进程看的是虚拟地址空间，不关心实际映射到了哪个物理地址。如果一个进程访问了没有映射的虚拟地址空间，或者访问了不属于该进程的虚拟地址空间，那么 CPU 会捕捉到这次越界访问，并且拒绝此次访问。同时 CPU 会发送异常错误给操作系统，由操作系统去处理这些异常情况，这就是我们常说的缺页异常。另外，对于进程来说，它不再需要关心物理地址的布局，它访问的地址是虚拟地址空间，只需要按照原来的地址编写程序以及访问地址，程序就可以无缝地迁移到不同的系统上了。

分段机制解决问题的思路可以总结为增加虚拟内存（virtual memory）。进程运行时看到的地址是虚拟地址，然后需要通过 CPU 提供的地址映射方法，把虚拟地址转换成实际的物理地址。这样多个进程在同时运行时，就可以保证每个进程的虚拟内存空间是相互隔离的，操作系统只需要维护虚拟地址到物理地址的映射关系。

分段机制虽然有了比较明显的改进，但是内存使用效率依然比较低。分段机制对虚拟内存到物理内存的映射依然以进程为单位，也就是说，当物理内存不足时，换出到磁盘的依然是整个进程，因此会导致大量的磁盘访问，从而影响系统性能。站在进程的角度看，对整个进程进行换出和换入的方法还是不太合理。进程在运行时，根据局部性原理，只有一部分数据一直在使用，若把那些不常用的数据交换出磁盘，就可以节省很多系统带宽，而把那些常用的数据驻留在物理内存中也可以得到比较好的性能。因此，人们在分段机制之后又发明了一种新的机制，这就是分页（paging）机制。

9.1.4　分页机制

程序运行所需要的内存往往大于实际物理内存，采用传统的动态分区方法会把整个程序交换到交换磁盘，这不仅费时费力，而且效率很低。后来出现了分页机制，分页机制引入了虚拟存储器的概念，它的核心思想是让程序的一部分不使用的内存可以交换到交换磁盘，而程序正在使用的内存继续保留在物理内存中。因此，当一个程序运行在虚拟存储器空间中时，它的大小由处理器的位宽决定，比如 32 位处理器，它的位宽是 32 位，它的地址范围是 0～4GB。64 位处理器的虚拟地址位宽是 48 位，因此它可以访问 0x0000000000000000～0x0000FFFFFFFFFFFF 以及 0xFFFF000000000000～0xFFFFFFFFFFFFFFFF 这两段空间。在使能了分页机制的处理器中，我们通常把处理器能寻址的地址空间称为虚拟地址空间（virtual address）。和虚拟存储器对应的是物理存储器（physical memory），它对应着系统中使用的物理存储设备的地址空间，比如 DDR 内存颗粒等。在没有使能分页机制的系统中，处理器直接寻址物理地址，把物理地址发送到内存控制器；而在使能了分页机制的系统中，处理器直接寻址虚拟地址，这个地址不会直接发给内存控制器，而是先发送给内存管理单元（Memory Management Unit，MMU）。MMU 负责虚拟地址到物理地址的转换和翻译工作。在虚拟地址空间里可按照固定大小来分页，典型的页面粒度为 4KB，现代处理器都支持大粒度的页面，比如 16KB、64KB 甚至 2MB 的巨页。而在物理内存中，空间也是分成和虚拟地址空间大小相同的块，称为页帧（page frame）。程序可以在虚拟地址空间里任意分配虚拟内存，但只有当程序需要访问或修改虚拟内存时操作系统才会为其分配物理页面，这个过程叫作请求调页（demand page）或者缺页异常（page fault）。

虚拟地址 va[31:0]可以分成两部分：一部分是虚拟页面内的偏移量（page offset），以 4KB 页为例，va[11:0]是虚拟页面偏移量；另一部分用来寻找属于哪个页，这称为虚拟页帧号

（Virtual Page Frame Number，VPN）。物理地址也基本类似，PA[11:0]表示物理页帧的偏移量，剩余部分表示物理页帧号（Physical Frame Number，PFN）。MMU 的工作内容就是把虚拟页帧号转换成物理页帧号。处理器通常使用一张表来存储 VPN 到 PFN 的映射关系，这张表称为页表（Page Table，PT）。页表中的每一项称为页表项（Page Table Entry，PTE）。若将整张页表存放在寄存器中，则会占用很多硬件资源，因此通常的做法是把页表放在主内存里，通过页表基地址寄存器来指向这种页表的起始地址。如图 9.3 所示，处理器发出的地址是虚拟地址，通过 MMU 查询页表，处理器便得到了物理地址，最后把物理地址发送给内存控制器。

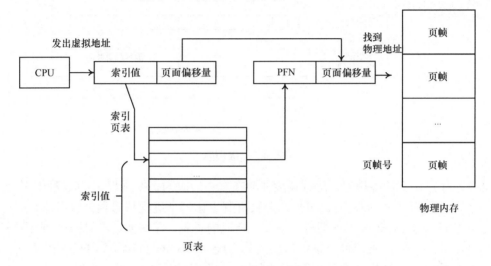

图9.3　页表查询过程

下面以最简单的一级页表为例，如图 9.4 所示，处理器采用一级页表，虚拟地址空间的位宽是 32 位，寻址范围是 4GB 大小，物理地址空间的位宽也是 32 位，最大支持 4GB 物理内存，另外页面的大小是 4KB。为了能映射整个 4GB 地址空间，需要 4GB/4KB=2^{20} 个页表项，每个页表项占用 4 字节，需要 4MB 大小的物理内存来存放这张页表。VA[11:0]是页面偏移，VA[31:12]是 VPN，可作为索引值在页表中查询页表项。页表类似于数组，VPN 类似于数组的下标，用于查找数组中对应的成员。页表项包含两部分：一部分是 PFN，它代表页面在物理内存中的帧号（即页帧号），页帧号加上 VA[11:0]页内偏移量就组成了最终物理地址 PA；另一部分是页表项的属性，比如图 9.4 中的 v 表示有效位。若有效位为 1，表示这个页表项对应的物理页面在物理内存中，处理器可以访问这个页面的内容；若有效位为 0，表示这个页表项对应的物理页面不在内存中，可能在交换磁盘中。如果访问该页面，那么操作系统会触发缺页异常，可在缺页异常中处理这种情况。当然，实际的处理器中还有很多其他的属性位，比如描述这个页面是否为脏、是否可读可写等。

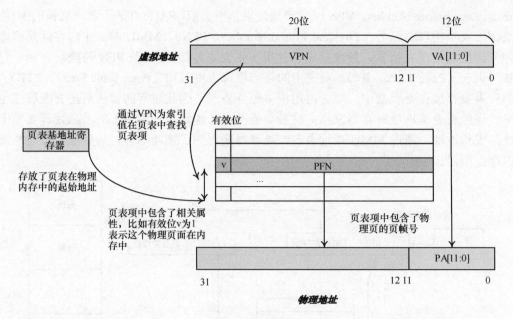

图9.4　一级页表

通常操作系统支持多进程，进程调度器会在合适的时间切换进程 A 到进程 B 来运行，比如当进程 A 使用完时间片时。另外，分页机制也让每个进程都感觉到自己拥有了全部的虚拟地址空间。为此，每个进程拥有一套属于自己的页表，在切换进程时需要切换页表基地址。比如上面的一级页表，每个进程需要为其分配 4MB 的连续物理内存来存储页表，这是无法接受的，因为这样太浪费内存了。为此，人们设计了多级页表来减少页表占用的内存空间。如图 9.5 所示，把页表分成一级页表和二级页表，页表基地址寄存器指向一级页表的基地址，一级页表的页表项里存放了一个指针，指向二级页表的基地址。当处理器执行程序时，只需要把一级页表加载到内存中，并不需要把所有的二级页表都装载到内存中，而是根据物理内存的分配和映射情况逐步创建和分配二级页表。这样做有两个原因：一是程序不会马上使用完所有的物理内存；二是对于 32 位系统来说，通常系统配置的物理内存小于4GB，比如 512MB 内存等。

　　图 9.5 展示了 ARMv7-A 二级页表查询过程，VA[31:20]被用作一级页表的索引值，一共有 12 位，最多可以索引 4096 个页表项；VA[19:12]被用作二级页表的索引值，一共有 8 位，最多可以索引 256 个页表项。当操作系统复制一个新的进程时，首先会创建一级页表，分配16 KB 页面。在本场景中，一级页表有 4096 个页表项，每个页表项占 4 字节，因此一级页表一共是 16 KB。当操作系统准备让进程运行时，会设置一级页表在物理内存中的起始地址到页表基地址寄存器中。进程在执行过程中需要访问物理内存，因为一级页表的页表项是空的，触发缺页异常。在缺页异常里分配一个二级页表，并且把二级页表的起始地址填充到一

级页表的相应页表项中。接着，分配一个物理页面，然后把这个物理页面的 PFN 填充到二级页表的对应页表项中，从而完成页表的填充。随着进程的执行，需要访问越来越多的物理内存，于是操作系统逐步地把页表填充并建立起来。

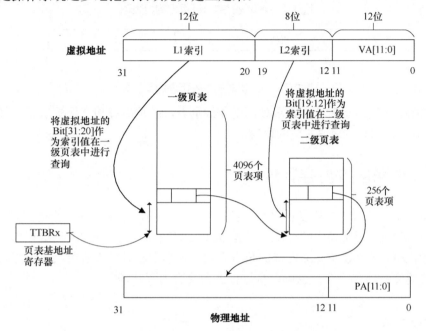

图9.5 ARMv7-A二级页表查询过程

当 TLB 未命中时，处理器的 MMU 页表查询过程如下。

❑ 处理器根据页表基地址控制寄存器（TTBCR）和虚拟地址来判断使用哪个页表基地址寄存器，是 TTBR0 还是 TTBR1。页表基地址寄存器中存放着一级页表的基地址。

❑ 处理器根据虚拟地址的 Bit[31:20]作为索引值，在一级页表中找到页表项，一级页表一共有 4096 个页表项。

❑ 一级页表的页表项中存放有二级页表的物理基地址。处理器使用虚拟地址的Bit[19:12]作为索引值，在二级页表中找到相应的页表项，二级页表有 256 个页表项。

❑ 二级页表的页表项里存放了 4KB 页的物理基地址。这样，处理器就完成了页表的查询和翻译工作。

参见图 9.6 所示的 4KB 映射的一级页表的页表项，Bit[31:10]指向二级页表的物理基地址。

参见图 9.7 所示的 4KB 映射的二级页表的页表项，Bit[31:12]指向 4KB 大小页面的物理基地址。

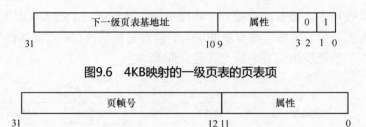

图9.6　4KB映射的一级页表的页表项

图9.7　4KB映射的二级页表的页表项

对于 ARM64 处理器来说，通常会使用 4 级页表，但是原理和 2 级页表是一样的。关于 4 级页表的介绍，可以参考 3.6 节的内容。

9.2　从软件角度看内存管理

若站在 Linux 使用者的角度看内存管理，经常使用的命令是 free。若站在 Linux 应用编程角度看内存管理，经常使用的分配函数是 malloc() 和 mmap()（分配大块虚拟内存时通常使用 mmap() 函数）。若站在 Linux 内核的角度看内存管理，看到的内容就会丰富很多。可以从系统模块的角度看内存管理，也可以从进程的角度看内存管理。

9.2.1　free 命令

free 命令是 Linux 使用者最常用的查看系统内存的命令，它可以显示当前系统已使用的和空闲的内存情况，包括物理内存、交换内存和内核缓存区内存等信息。

free 命令的选项比较简单，常用的选项如下。

❑　-b：以字节为单位显示内存使用情况。
❑　-k：以千字节为单位显示内存使用情况。
❑　-m：以兆字节为单位显示内存使用情况。
❑　-g：以吉字节为单位显示内存使用情况。
❑　-o：不显示缓冲区调节列。
❑　-s<间隔秒数>：持续观察内存使用状况。
❑　-t：显示内存总和列。
❑　-V：显示版本信息。

下面是在一台 Linux 机器中使用 free -m 命令看到的内存情况。

```
$ free -m
       total     used     free    shared  buff/cache  available
Mem:    7763     5507      907         0        1348        1609
Swap:  16197     2940    13257
```

可以看到，这台 Linux 机器上一共有 7763MB 物理内存。

- ❑ total：系统中总的内存。这里有两种内存：一种是"Mem"，指的是物理内存；另一种是"Swap"，指的是交换磁盘。
- ❑ used：程序使用的内存。
- ❑ free：未被分配的物理内存大小。
- ❑ shared：共享内存大小，主要用于进程间通信。
- ❑ buff/cache：buff 指的是 buffers，用来给块设备做缓存；而 cache 指的是 page cache，用来给打开的文件做缓存，以提高访问文件的速度。
- ❑ available：这是 free 命令新添加的一个选项。当内存短缺时，系统可以回收 buffers 和 page cache。那么公式 available = free + buffers + page cache 对不对呢？其实在现在的 Linux 内核中，这个公式不完全正确，因为 buffers 和 page cache 里并不是所有的内存都可以回收，比如共享内存段、tmpfs 和 ramfs 等就属于不可回收部分。所以这个公式应该变成 available = free + buffers + page cache − 不可回收部分。

9.2.2 从应用编程角度看内存管理

相信学习过 C 的读者都不会对 malloc() 函数感到陌生。malloc() 函数是 Linux 应用编程中最常用的虚拟内存分配函数。在 C 标准库里，常用的内存管理编程函数如下。

```
void *malloc(size_t size);
void free(void *ptr);


void *mmap(void *addr, size_t length, int prot, int flags,
           int fd, off_t offset);
int munmap(void *addr, size_t length);

int getpagesize(void);

int mprotect(const void *addr, size_t len, int prot);

int mlock(const void *addr, size_t len);
int munlock(const void *addr, size_t len);

int madvise(void *addr, size_t length, int advice);
void *mremap(void *old_address, size_t old_size,
           size_t new_size, int flags, ... /* void *new_address */);

int remap_file_pages(void *addr, size_t size, int prot,
           ssize_t pgoff, int flags);
```

在实际编写 Linux 应用程序时，除了需要了解这些函数的实际含义和用法外，还需要了解这些 API 内部实现的基本原理。例如，我们都知道 malloc() 函数分配出来的是进程地址空间里的虚拟内存，可是什么时候分配物理内存呢？如果使用 malloc()函数分配 100 字节的缓冲区，那么内核中究竟会给它分配多大的物理内存呢？参考如下代码片段中的 func1()和 func2()函数，它们的分配行为会有哪些不一样呢？

```c
#include <stdio.h>

int func1()
{
    char *p = malloc(100);
    ...
}

int func2()
{
    char *p = malloc(100);
    memset(p, 0x55, 100);
    ...
}
```

我们可以从上述角度进一步思考内存管理。

9.2.3　从内存布局图角度看内存管理

要了解一个系统的内存管理，首先必须了解这个系统的内存是如何布局的。就好比我们到了一个陌生的景区，首先看到的是这个景区的地图，上面会列出景区都有哪些景点和推荐的游乐场。对于 Linux 系统来说，绘制出对应的内存布局图有助于我们对内存管理的理解。

ARM64 架构处理器采用 48 位物理寻址机制，最多可以寻找 256TB 的物理地址空间。对于目前的应用来说已经足够了，不需要扩展到 64 位的物理寻址。虚拟地址同样最多支持 48 位寻址，所以在处理器架构的设计上，把虚拟地址空间划分为两个空间，每个空间最多支持 256TB。Linux 内核在大多数架构中把虚拟地址空间划分为用户空间和内核空间。

❑ 用户空间：0x0000000000000000～0x0000ffffffffffff。
❑ 内核空间：0xffff000000000000～0xffffffffffffffff。

64 位的 Linux 内核中没有高端内存这个概念，因为 48 位的寻址空间已经足够大了。在 QEMU Virt 实验平台上，ARM64 架构的 Linux 5.4 内核的内存布局图如图 9.8 所示。

从图 9.8 可以看出 Linux 5.4 内核在 ARM64 架构下的布局。

❑ modules 区域：0xffff000008000000～0xffff000010000000，大小为 128 MB。
❑ vmalloc 区域：0xffff000010000000～0xffff7dffbfff0000，大小为 129022 GB。
❑ 固定映射（fixed）区域：0xffff7dfffe7f9000～0xffff7dfffec00000，大小为 4124 KB。
❑ PCI I/O 区域：0xffff7dfffee00000～0xffff7dfffffe00000，大小为 16 MB。
❑ vmemmap 区域：0xffff7e0000000000～0xffff800000000000，大小为 2048 GB。
❑ 线性映射区：0xffff800000000000～0xffffffffffffffff，大小为 128 TB。

```
Virtual kernel memory layout:
    modules : 0xffff000008000000 - 0xffff000010000000   (  128 MB)
    vmalloc : 0xffff000010000000 - 0xffff7dffbfff0000   (129022 GB)
      .text : 0xffff000010080000 - 0xffff000011730000   ( 23232 KB)
      .init : 0xffff000011a60000 - 0xffff000011ee0000   (  4608 KB)
    .rodata : 0xffff000011730000 - 0xffff000011a53000   (  3212 KB)
      .data : 0xffff000011ee0000 - 0xffff000011ff8a00   (  1123 KB)
       .bss : 0xffff000011ff8a00 - 0xffff000012076970   (   504 KB)
      fixed : 0xffff7dfffe7f9000 - 0xffff7dfffec00000   (  4124 KB)
    PCI I/O : 0xffff7dfffee00000 - 0xffff7dfffef00000   (    16 MB)
    vmemmap : 0xffff7e0000000000 - 0xffff800000000000   (  2048 GB maximum)
              0xffff7e0001000000 - 0xffff7e0001000000   (    16 MB actual)
     memory : 0xffff800000000000 - 0xffff800040000000   (  1024 MB)
    PAGE_OFFSET   : 0xffff800000000000
    kimage_voffset: 0xfffffffffd0000000
    PHYS_OFFSET   : 0x40000000
    start memory  : 0x40000000
```

图9.8   Linux 5.4内核在ARM64架构下的内存布局图[①]

- ❑ vmemmap 区域：0xffffffdffffe00000～0xffffffffffffe00000，大小为 2048GB。
- ❑ 内存线性映射区域：0xffff000000000000～0xffff000040000000，大小为 1024MB[②]。这里是物理内存线性映射区域。
- ❑ PAGE_OFFSET 表示物理内存在内核空间里做线性映射（linear mapping）的起始地址，在 ARM64 架构下的 Linux 中该值被定义为 0xffff000000000000。Linux 内核在初始化时会对物理内存全部做一次线性映射，将它们映射到内核空间的虚拟地址。该值定义在 arch/arm64/include/asm/memory.h 头文件中。
- ❑ KIMAGE_VADDR 表示将内核映像文件映射到内核空间的起始虚拟地址。该值等于 MODULES_END 的值，MODULES_END 表示模块区域的虚拟地址的结束地址。
- ❑ kimage_voffset 表示内核映像虚拟地址和物理地址之间的偏移量。
- ❑ PHYS_OFFSET 表示物理内存在地址空间中的偏移量，有不少 SoC 在设计时就没有把物理内存的起始地址固定在 0x0 地址处，比如在 QEMU Virt 平台上，物理内存的偏移量是 0x40000000，即物理内存的起始地址为 0x40000000。

编译器在编译目标文件并且链接完之后，即可知道内核映像文件最终的大小，接下来打包成二进制文件，该操作由 arch/arm64/kernel/vmlinux.ld.S 控制，其中也划定了内核的内存布局。

内核映像本身占据的内存空间位于 _text 段到 _end 段，并且可分为如下几个段。

- ❑ 代码段：_text 和 _etext 分别为代码段的起始与结束地址，其中包含了编译后的内核代码。
- ❑ init 段：__init_begin 和 __init_end 分别为 init 段的起始与结束地址，其中包含了大部分模块的初始化数据。
- ❑ 数据段：_sdata 和 _edata 为数据段的起始和结束地址，其中保存了大部分内核变量。
- ❑ BSS 段：__bss_start 和 __bss_stop 分别为 BSS 段的起始与结束地址，其中包含了初始化为零的数据以及未初始化的全局变量和静态变量。

上述几个段的大小在编译和链接时可根据内核配置来确定，因为每种配置的代码段的和

---

① 此内存布局图中的.text 段、.init 段、.rodata 段、.data 段以及.bss 段的地址和大小可能会有变化，它们和内核配置以及编译有关。

② 我们使用的 QEMU Virt 平台指定了 1GB 物理内存，实际上这里的内存线性映射区域最大可以支持 128TB。

数据段的长度都不相同，这取决于要编译哪些内核模块，但是起始地址_text 总是相同的。内核编译完之后，会生成 System.map 文件，查询这个文件就可以找到这些地址的具体值。读者需要注意，这些段的起始和结束地址都是链接地址，也就是内核空间的虚拟地址。

```
<System.map文件>

ffff000010080000 t _head
ffff000010080000 T _text
...
ffff000011a60000 T stext
ffff000011a60000 T __init_begin
...
ffff000011730000 R _etext
ffff000011730000 R __start_rodata
...
ffff000011a53000 R __end_rodata

ffff000011ee0000 D __init_end
ffff000011ee0000 D _sdata
...
ffff000011ff8a00 D _edata
```

综上所述，Linux 5.0 内核在 ARM64 架构下的内存布局如图 9.9 所示。

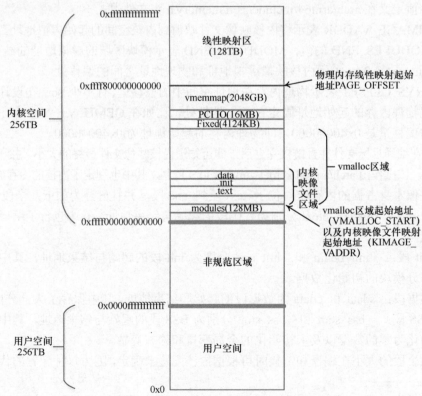

图9.9　ARM64架构下的Linux系统内存布局

9.2.4 从进程角度看内存管理

操作系统是为进程服务的，从进程的角度看内存管理是一个不错的选择。在 Linux 系统中，应用程序最流行的可执行文件格式是 ELF（Executable Linkable Format），这是一种对象文件格式，用来定义不同类型的对象文件中都存放了什么东西以及以什么格式存放这些东西。ELF 的结构如图 9.10 所示。ELF 最开始的部分是 ELF 文件头（ELF header），其中包含了用于描述整个文件的基本属性，如 ELF 文件版本、目标机器型号、程序入口地址等信息。ELF 文件头的后面是程序的各个段（section），包括代码段、数据段、BSS 段等。后面是段头表，用来描述 ELF 文件中包含的所有段的信息，如每个段的名字、段的长度、在文件中的偏移量、读写权限以及段的其他属性等，后面紧跟着的是字符串表和符号表等。

ELF 文件头
代码段
数据段
BSS 段
其他段
段头表
字符串表
符号表
⋮

图9.10 ELF的结构

下面介绍常见的几个段，这些段与内核映像中的段的含义基本类似。

- ❑ 代码（.text）段：程序源代码编译后的机器指令存放在代码段里。
- ❑ 数据（.data）段：存放已初始化的全局变量和局部静态变量。
- ❑ BSS（.bss）段：用来存放未初始化的全局变量和局部静态变量。

下面编写一个简单的 C 语言程序。

```
#include <stdio.h>
#include <string.h>
#include <stdlib.h>
#include <unistd.h>

#define SIZE (100*1024)

int main()
{
        char * buf = malloc(SIZE);
        memset(buf, 0x58, SIZE);
        printf("malloc buffer 0x%p\n", buf);
        while (1)
                sleep(10000);
}
```

这个 C 语言程序很简单，它首先通过 malloc()函数来分配 100KB 的内存，然后通过 memset()函数来写这块内存，最后的 while 循环是为了不让这个程序退出。我们可通过如下命令把它编译成 ELF 文件。

```
$aarch64-linux-gnu-gcc –static test.c –o test.elf
```

可以使用 objdump 或 readelf 工具来查看 ELF 文件包含哪些段。

```
$ aarch64-linux-gnu-readelf -S test.elf
There are 32 section headers, starting at offset 0x86078:

Section Headers:
 [Nr] Name              Type             Address          Offset
      Size              EntSize          Flags Link Info Align
 [ 4] .init             PROGBITS         0000000000400220  00000220
      0000000000000014  0000000000000000  AX      0    0    4
 [10] .rodata           PROGBITS         000000000044ff20  0004ff20
      0000000000019a38  0000000000000000  A       0    0    16
 [25] .data             PROGBITS         000000000047f018  0006f018
      0000000000001a00  0000000000000000  WA      0    0    8
 [26] .bss              NOBITS           0000000000480a18  00070a18
      00000000000015e0  0000000000000000  WA      0    0    8
W (write), A (alloc), X (execute), M (merge), S (strings), I (info),
L (link order), O (extra OS processing required), G (group), T (TLS),
C (compressed), x (unknown), o (OS specific), E (exclude),
p (processor specific)
```

可以看到，刚才编译的 test.elf 可执行文件一共有 32 个段，除了常见的代码段、数据段之外，还有一些其他的段，这些段在进程装载时起辅助作用，暂时先不用关注它们。程序在编译和链接时会尽量把相同权限属性的段分配在同一个内存空间里。例如，把可读、可执行的段放在一起，包括代码段、init 段等；把可读、可写的段放在一起，包括.data 段和.bss 段等。ELF 把这些属性相似并且链接在一起的段叫作分段，进程在装载时是按照这些分段来映射可执行文件的。描述这些分段的结构叫作程序头（program header），程序头描述了 ELF 文件是如何映射到进程地址空间的，这是我们比较关心的要点。我们可以通过 "readelf -l" 命令来查看这些程序头。

```
$ aarch64-linux-gnu-readelf -l test.elf

Elf file type is EXEC (Executable file)
Entry point 0x4002b4
There are 6 program headers, starting at offset 64

Program Headers:
  Type           Offset             VirtAddr           PhysAddr
                 FileSiz            MemSiz             Flags  Align
  LOAD           0x0000000000000000 0x0000000000400000 0x0000000000400000
                 0x000000000006e2bf 0x000000000006e2bf R E    0x10000
  LOAD           0x000000000006e9f8 0x000000000047e9f8 0x000000000047e9f8
                 0x0000000000002020 0x0000000000003628 RW     0x10000
  NOTE           0x0000000000000190 0x0000000000400190 0x0000000000400190
                 0x0000000000000044 0x0000000000000044 R      0x4
  TLS            0x000000000006e9f8 0x000000000047e9f8 0x000000000047e9f8
                 0x0000000000000020 0x0000000000000060 R      0x8
  GNU_STACK      0x0000000000000000 0x0000000000000000 0x0000000000000000
                 0x0000000000000000 0x0000000000000000 RW     0x10
  GNU_RELRO      0x000000000006e9f8 0x000000000047e9f8 0x000000000047e9f8
                 0x0000000000000608 0x0000000000000608 R      0x1

 Section to Segment mapping:
```

```
  Segment Sections...
   00     .note.ABI-tag .note.gnu.build-id .rela.plt .init .plt .text
__libc_freeres_fn __libc_thread_freeres_fn .fini .rodata __libc_subfreeres
__libc_IO_vtables __libc_atexit
__libc_thread_subfreeres .eh_frame .gcc_except_table

 01     .tdata .init_array .fini_array .jcr .data.rel.ro .got .got.plt .data
  .bss __libc_freeres_ptrs
   02     .note.ABI-tag .note.gnu.build-id
   03     .tdata .tbss
   04
   05     .tdata .init_array .fini_array .jcr .data.rel.ro .got
```

从上面可以看到，之前的 32 个段被分成了 6 个分段，我们只关注其中两个 "LOAD"
类型的分段。因为它们在装载时需要被映射，其他的分段只是在装载时起辅助作用。第
一个 LOAD 类型的分段具有只读和可执行权限，包含.init 段、.text 段、.rodata 段等常见
的段，映射的虚拟地址是 0x400000，长度是 0x6e2bf。第二个 LOAD 类型的分段具有可
读可写权限，包含.data 段和.bss 段等常见的段，映射的虚拟地址是 0x47e9f8，长度是
0x2020。

上面是从静态的角度，我们也可以从动态的角度看进程的内存管理。Linux 系统提供了
"proc" 文件系统来窥探 Linux 内核的运行情况，每个进程运行之后，在/proc/pid/maps 节点
会列出当前进程的地址映射情况。

```
# cat /proc/721/maps
00400000-0046f000 r-xp 00000000 00:26 52559883          test.elf
0047e000-00481000 rw-p 0006e000 00:26 52559883          test.elf
272dd000-272ff000 rw-p 00000000 00:00 0                 [heap]
ffffa97ea000-ffffa97eb000 r--p 00000000 00:00 0         [vvar]
ffffa97eb000-ffffa97ec000 r-xp 00000000 00:00 0         [vdso]
ffffcb6c6000-ffffcb6e7000 rw-p 00000000 00:00 0         [stack]
```

第 1 行显示了 0x400000～0x46f000 这段进程地址空间，属性是只读并且可执行的，也
就是我们之前看到的代码段的程序头。

第 2 行显示了 0x47e000～0x48100 这段进程地址空间，属性是可读可写的，也就是我们
之前看到的数据段的程序头。

第 3 行显示了 0x272dd000～0x272ff000 这段进程地址空间，，这段进程地址空间也叫
作堆（heap）空间，也就是我们通常使用 malloc()函数分配的内存，大小是 140KB。test
进程使用 malloc()函数分配了 100KB 的内存，Linux 内核会分配比 100KB 稍微大一点
的内存空间。

第 4 行显示了名为 vvar 的特殊映射。

第 5 行显示了 VDSO 的特殊映射，VDSO 的英文全称是 Virtual Dynamic Shared Object，
它用于解决内核和 libc 之间的版本问题。

第 6 行显示了 test 进程的栈（stack）空间。

这里所说的进程地址空间，在 Linux 内核中可使用名为 VMA 的术语来描述，VMA 是

vm_area_struct 数据结构的简称，我们在 9.4 节会详细介绍。

另外，/proc/pid/smaps 节点会提供地址映射的更多细节，以代码段的 VMA 和堆的 VMA 为例。

```
# cat /proc/721/smaps
# 代码段的VMA的详细信息
00400000-0046f000 r-xp 00000000 00:26 52559883      test.elf
Size:                 444 KB
KernelPageSize:         4 KB
MMUPageSize:            4 KB
Rss:                  180 KB
Pss:                  180 KB
Shared_Clean:           0 KB
Shared_Dirty:           0 KB
Private_Clean:        180 KB
Private_Dirty:          0 KB
Referenced:           180 KB
Anonymous:              0 KB
LazyFree:               0 KB
AnonHugePages:          0 KB
ShmemPmdMapped:         0 KD
Shared_Hugetlb:         0 KB
Private_Hugetlb:        0 KB
Swap:                   0 KB
SwapPss:                0 KB
Locked:                 0 KB
THPeligible:    0
VmFlags: rd ex mr mw me dw
…
272dd000-272ff000 rw-p 00000000 00:00 0                              [heap]
Size:                 136 KB
KernelPageSize:         4 KB
MMUPageSize:            4 KB
Rss:                  112 KB
Pss:                  112 KB
Shared_Clean:           0 KB
Shared_Dirty:           0 KB
Private_Clean:          0 KB
Private_Dirty:        112 KB
Referenced:           112 KB
Anonymous:            112 KB
LazyFree:               0 KB
AnonHugePages:          0 KB
ShmemPmdMapped:         0 KB
Shared_Hugetlb:         0 KB
Private_Hugetlb:        0 KB
Swap:                   0 KB
SwapPss:                0 KB
Locked:                 0 KB
THPeligible:    1
VmFlags: rd wr mr mw me ac
…
```

下面我们就可以根据上面获得的信息绘制一张从 test 进程角度看内存管理的概览图，

如图 9.11 所示。

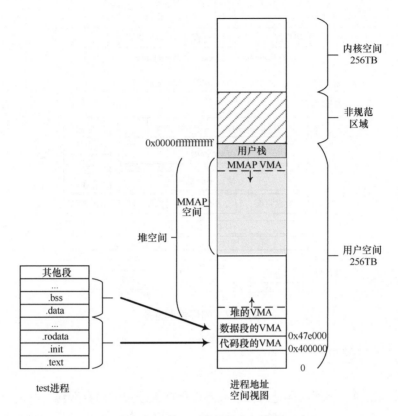

图9.11　从test进程看内存管理

9.2.5　从内核角度看内存管理

内存管理很复杂，涉及的内容很多。如果用分层来描述，内存空间可以分成 3 个层次，分别是用户空间层、内核空间层和硬件层，如图 9.12 所示。

用户空间层可以理解为 Linux 内核内存管理为用户空间暴露的系统调用接口，例如 brk、mmap 等系统调用。通常 libc 库会封装成常见的 C 语言函数，例如 malloc()和 mmap()等。

内核空间层包含的模块相当丰富。用户空间和内核空间的接口是系统调用，因此内核空间层首先需要处理这些内存管理相关的系统调用，例如 sys_brk、sys_mmap、sys_madvise 等。接下来包括的就是 VMA 管理、缺页中断管理、匿名页面、文件缓存页面、页面回收、反向映射、slab 分配器、页表管理等模块了。

最下面的是硬件层，包括处理器的 MMU、TLB 和高速缓存部件，以及板载的 DDR 物理内存。

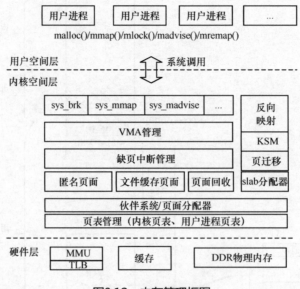

图9.12 内存管理框图

9.3 物理内存管理

在大多数人眼里，物理内存是内存条或者焊接在板子上的内存颗粒。而在操作系统眼里，物理内存是一大块或好几大块连续的内存。那么，究竟怎么管理和妥善使用这些物理内存呢？这是一门学问，好比现在投资领域中流行的资产管理和配置。在操作系统眼里，物理内存是很珍贵的资源，容不得半点马虎。本节讨论物理内存的管理，包括物理内存的分配和释放。在内核中分配物理内存没有在进程中分配虚拟内存那么容易，需要思考的问题比较多，列举如下。

- ❏ 当内存不足时，该如何分配？
- ❏ 系统运行时间长了会产生很多内存碎片，该怎么办？
- ❏ 如何分配几十字节的小块内存？
- ❏ 如何提高系统分配物理内存的效率？

9.3.1 物理页面

32 位的处理器是按照数据位宽寻址的，也就是术语"字"（word），但是处理器在处理物理内存时不是按照字来分配的,因为现在的处理器都采用分页机制来管理内存。因此,处理器内部有名为MMU的硬件单元,MMU会处理虚拟内存到物理内存的映射关系,也就是做页表的翻译(walk through)工作。站在处理器的角度,管理物理内存的最小单位是页。Linux内核使用page数据结构来描述物理页面。

物理页面的大小通常是4KB,但是有些架构下的处理器可以支持大于4KB的页面,比如支持8KB、16KB或64KB的页面。目前Linux内核默认使用4KB的页面。

Linux内核内存管理的实现以page数据结构为核心,类似于城市的地标(如上海的东方明珠),其他的内存管理设施为之服务,例如VMA管理、缺页中断、反向映射、页面的分配与回收等。page数据结构定义在include/linux/mm_types.h头文件中,可大量使用C语言的联合体(union)来优化数据结构的大小,由于每个物理页面都需要用page数据结构来跟踪和管理它的使用情况,因此管理成本很高。

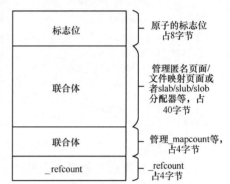

图9.13　struct page数据结构

page数据结构可以分成4部分,如图9.13所示。

- ❑ 8字节的标志位。
- ❑ 5个字(5个字在32位处理器上是20字节,在64位处理器上是40字节)的联合体,用于匿名页面和文件映射页面、slab/slub/slob分配器以及混合页面等。
- ❑ 4字节的联合体,用来管理_mapcount等引用计数。
- ❑ 4字节的_refcount。

下面对page数据结构的重要成员做一些介绍。

1. flags 成员

flags成员是页面的标志位集合,标志位是内存管理中非常重要的部分,具体定义在include/linux/page-flags.h文件中,一些重要的标志位如下。

```
0 enum pageflags {
1     PG_locked,          /*页面已经上锁,不要访问 */
2     PG_error,           /*表示页面发生了I/O错误*/
3     PG_referenced,      /*用来实现LRU算法中的第二次机会算法*/
4     PG_uptodate,        /*表示页面内容是有效的,当页面上的读操作完成后,设置该标志位*/
5     PG_dirty,           /*表示页面内容被修改过,为脏页*/
6     PG_lru,             /*表示该页在LRU链表中*/
7     PG_active,          /*表示该页在活跃的LRU链表中*/
8     PG_slab,            /*表示该页属于由slab分配器创建的slab*/
9     PG_owner_priv_1,    /*由页面的所有者使用,如果是文件高速缓存页面,那么可由文件系统使用*/
10    PG_arch_1,          /*与架构相关的页面状态位*/
```

```
11  PG_reserved,         /*表示该页不可换出*/
12  PG_private,          /* 表示该页是有效的, 当page->private包含有效值时会设置该标志位。
                            如果页面是文件缓存页面, 那么可能包含一些文件系统相关的数据信息*/
13  PG_private_2,            /* 如果是文件缓存页面, 那么可能包含fs aux data */
14  PG_writeback,           /* 页面正在回写 */
15  PG_compound,            /* 这是混合页面*/
16  PG_swapcache,           /* 这是交换页面 */
17  PG_mappedtodisk,        /* 在磁盘中分配了blocks */
18  PG_reclaim,             /* 马上要被回收了 */
19  PG_swapbacked,          /* 页面支持RAM/swap */
20  PG_unevictable,         /* 页面是不可收回的*/
21  #ifdef CONFIG_MMU
22  PG_mlocked,             /* VMA处于mlocked状态 */
23  #endif
24  __NR_PAGEFLAGS,
25};
```

❑ PG_locked 表示页面已经上锁了。如果设置了该标志位，则说明页面已经被锁定，内存管理的其他模块不能访问这个页面，以防发生竞争。

❑ PG_error 表示页面操作过程中发生了错误。

❑ PG_referenced 和 PG_active 用于控制页面的活跃程度，在 kswapd 页面回收中使用。

❑ PG_uptodate 表示页面数据已经从块设备中成功读取。

❑ PG_dirty 表示页面内容发生改变，页面为脏页，也就是页面的内容被改写后还没有和外部存储器进行过同步操作。

❑ PG_lru 表示页面已加入 LRU 链表中。Linux 内核使用 LRU 链表来管理活跃和不活跃页面。

❑ PG_slab 表示页面用于 slab 分配器。

❑ PG_writeback 表示页面的内容正在向块设备进行回写。

❑ PG_swapcache 表示页面处于交换缓存。

❑ PG_swapbacked 表示页面具有 swap 缓存功能，通常匿名页面才可以写回 swap 分区。

❑ PG_reclaim 表示页面马上要被回收。

❑ PG_unevictable 表示页面不可以被回收。

❑ PG_mlocked 表示页面对应的 VMA 处于 mlocked 状态。

Linux 内核定义了一些标准宏，用于检查页面是否设置了某个特定的标志位或者用于操作某些标志位。这些宏的名称都有一定的模式，具体如下。

❑ PageXXX()用于检查页面是否设置了 PG_XXX 标志位。例如，PageLRU(page)检查 PG_lru 标志位是否置位，PageDirty(page)检查 PG_dirty 标志位是否置位。

❑ SetPageXXX()用于设置页面的 PG_XXX 标志位。例如，SetPageLRU(page)用于设置 PG_lru 标志位，SetPageDirty(page)用于设置 PG_dirty 标志位。

❑ ClearPageXXX()用于无条件地清除某个特定的标志位。

这些宏实现在 include/linux/page-flags.h 文件中。

```
#define TESTPAGEFLAG(uname, lname)                       \
static inline int Page##uname(const struct page *page)   \
            { return test_bit(PG_##lname, &page->flags); }
#define SETPAGEFLAG(uname, lname)                         \
static inline void SetPage##uname(struct page *page)      \
            { set_bit(PG_##lname, &page->flags); }

#define CLEARPAGEFLAG(uname, lname)                       \
static inline void ClearPage##uname(struct page *page)    \
            { clear_bit(PG_##lname, &page->flags); }
```

flags 标志成员除了存放上述重要的标志位之外，还有另一个很重要的作用，就是存放 SECTION 编号、NODE 编号、ZONE 编号和 LAST_CPUID 等。flags 标志成员具体存放的内容与内核配置相关，例如 SECTION 编号和 NODE 编号与 CONFIG_SPARSEMEM/CONFIG_SPARSEMEM_VMEMMAP 配置相关，LAST_CPUID 与 CONFIG_NUMA_BALANCING 配置相关。

图 9.14 是 ARM64 QEMU Virt 平台上的 page->flags 布局。其中，Bit[43:0]用于存放页面标志位，Bit[59:44]用于 NUMA 平衡算法中的 LAST_CPUID，Bit[61:60]用于存放 zone 编号，Bit[63:62]用于存放内存节点编号。

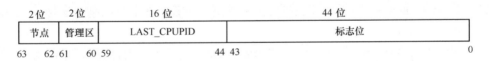

图9.14 ARM64 QEMU Virt平台上的page->flags布局

2. _refcount 和 _mapcount 成员

_refcount 和 _mapcount 是 struct page 数据结构中非常重要的两个引用计数，并且都是 atomic_t 类型的变量。

_refcount 表示内核中引用页面的次数。

❑ 当 _refcount 的值为 0 时，表示空闲或即将要被释放的页面。

❑ 当 _refcount 的值大于 0 时，表示页面已经被分配且内核正在使用，暂时不会被释放。

Linux 内核提供了用于加减 _refcount 的接口函数，读者应该通过这些接口函数来使用 _refcount。

❑　get_page()：将_refcount 加 1。

❑　put_page()：将_refcount 减 1。若_refcount 减 1 后等于 0，就会释放页面。

这两个接口函数实现在 include/linux/mm.h 文件中。

```
<include/linux/mm.h>

static inline void get_page(struct page *page)
{
    page_ref_inc(page);
}

static inline void put_page(struct page *page)
{
    if (put_page_testzero(page))
        __put_page(page);
}
```

get_page()函数调用 page_ref_inc()来增加引用计数，然后使用 atomic_inc()函数原子地增加引用计数。

put_page()函数首先使用 put_page_testzero()函数将引用计数 1 并且判断引用计数是否为 0。如果_refcount 减 1 之后等于 0，就会调用__put_page()来释放页面。

_mapcount 表示页面被进程映射的个数，即已经映射了多少个 PTE。每个用户进程都拥有各自独立的虚拟空间（256TB）和一份独立的页表，所以有可能出现多个用户进程地址空间同时映射到一个物理页面的情况，RMAP 系统就是利用这个特性实现的。_mapcount 主要用于 RMAP 系统。

❑　若_mapcount 等于−1，表示没有 pte 页表映射到页面中。

❑　若_mapcount 等于 0，表示只有父进程映射了页面。匿名页面刚分配时，_mapcount 初始化为 0。

内核代码不会直接去检查_refcount 和_mapcount，而是采用内核提供的两个宏来统计某个页面的_count 和_mapcount。

```
static inline int page_mapcount(struct page *page)
static inline int page_count(struct page *page)
```

在 Linux 内核内存管理中，很多复杂的代码逻辑都依靠这两个引用计数来进行，比如页面分配机制、反向映射机制、页面回收机制等，因此这是管理物理页面的核心机制。

3. mapping 字段

mapping 字段很有意思，当页面被用于文件缓存时，mapping 指向一个与文件缓存关联的 address_space 对象。这个 address_space 对象是属于内存对象（比如索引节点）的页面集合。

当用于匿名页面（anonymous page）时，mapping 指向 anon_vma 数据结构，主要用于反向映射（reverse mapping）。

4. lru 字段

lru 字段主要用在页面回收的 LRU 链表算法中。LRU 链表算法定义了多个链表，比如活跃链表（active list）和非活跃链表（inactive list）等。在 slab 机制中，lru 字段还被用来把一个 slab 添加到 slab 满链表、slab 空闲链表和 slab 部分满链表中。

5. virtual 字段

virtual 字段是指向页面对应的虚拟地址的指针。在高端内存情况下，高端内存不会线性映射到内核地址空间。在这种情况下，这个字段的值为 NULL，只有当需要时才动态映射这些高端内存页面。

内核使用 page 数据结构来描述物理页面，我们可以看到管理这些页面时需要如下信息。

- ❑ 内核知道当前页面的状态（通过 flags 字段）。
- ❑ 内核需要知道一个页面是否空闲，即有没有被分配出去，也要知道有多少个进程或内存路径使用了这个页面（使用_count 和 _mapcount）。
- ❑ 内核需要知道谁在使用这个页面，比如使用者是用户空间进程的匿名页面还是内容缓存（通过 mapping 字段）。
- ❑ 内核需要知道这个页面是否被 slab 机制使用（通过 lru、s_mem 等字段）。
- ❑ 内核需要知道这个页面是否属于线性映射（通过 virtual 字段）。

内核可以通过 page 数据结构中的字段知道很多东西，但是我们发现其中并没有描述具体是哪个物理页面，比如页面的物理地址。

其实 Linux 内核为每个物理页面都分配了一个 page 数据结构，并采用 mem_map[]数组的形式来存放这些 page 数据结构，它们和物理页面是一对一的映射关系，如图 9.15 所示。因此，page 数据结构不需要用成员来描述物理页面的起始物理地址。page 数据结构的 mem_map[]数组定义在 mm/memory.c 文件中，而初始化是在 free_area_init_node()->alloc_node_mem_map()函数中完成的。

```
struct page *mem_map;
EXPORT_SYMBOL(mem_map);
```

每个物理页面都对应一个 page 数据结构，因此 Linux 内核社区对 page 数据结构的大小管控相当严格。page 数据结构通常只有几十字节，而一个物理页面有 4096 字节。假设 page 数据结构占用 40 字节，那么相当于需要浪费 1/100 的内存来存放这些 page 数据结构。因此，当在 page 数据结构中新增一个变量或指针时，系统相当于需要 1/1000 的内存来存放新增的这个变量或指针。假设系统有 10GB 内存，于是就要浪费其中的 10MB 空间，这种情况挺可怕的。

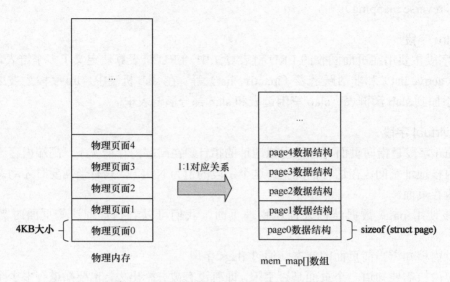

图9.15　物理页面和page数据结构的对应关系

9.3.2　内存管理区

出于地址数据线位宽的原因，32 位处理器通常最多支持 4GB 的物理内存。当然，如果使能 ARM 的 LPAE（Large Physical Address Extension）特性，就可以支持更大的物理内存。在 4GB 的地址空间中，通常内核空间只有 1GB 大小，这对于大小为 4GB 的物理内存是无法进行一一线性映射的。因此，Linux 内核的做法是把物理内存分成两部分，其中一部分是线性映射的物理内存。如果用内存管理区（zone）的概念来描述，那就是 ZONE_NORMAL。剩余的另一部分叫作高端内存（high memory），也同样用内存管理区的概念来描述，称为 ZONE_HIGHMEM。内存管理区的分布和架构相关，比如在 x86 架构中，ISA 设备就不能在整个 32 位的地址空间中执行 DMA 操作，因为 ISA 设备只能访问物理内存的前 16MB，所以在 x86 架构中会有 ZONE_DMA 管理区。在 x86_64 和 ARM64 架构中，由于有足够大的内核空间可以线性映射物理内存，因此不需要 ZONE_HIGHMEM 这个内存管理区了。

- ❑ ZONE_DMA：用于执行 DMA 操作，只适用于 Intel x86 架构，ARM 架构没有这个内存管理区。
- ❑ ZONE_NORMAL：用于线性映射物理内存。
- ❑ ZONE_HIGHMEM：用于管理高端内存，这些高端内存是不能线性映射到内核地址空间的。注意，在 64 位的处理器中不需要这个内存管理区。

1．内存管理区描述符

Linux 内核抽象了一种数据结构来描述这些内存管理区，称为内存管理区描述符。使用的数据结构是 zone，它定义在 include/linux/mmzone.h 文件中。

zone 数据结构的主要成员如下。

[include/linux/mmzone.h]

```
struct zone {
    /* 内存管理区的只读域 */
    unsigned long watermark[NR_WMARK];
    long lowmem_reserve[MAX_NR_ZONES];
    struct pglist_data    *zone_pgdat;
    struct per_cpu_pageset __percpu *pageset;
    unsigned long         zone_start_pfn;
    unsigned long         managed_pages;
    unsigned long         spanned_pages;
    unsigned long         present_pages;
    const char            *name;

    /* 内存管理区的写敏感域 */
    ZONE_PADDING(_pad1_)
    struct free_area      free_area[MAX_ORDER];
    unsigned long         flags;
    spinlock_t            lock;

    /* 内存管理区的统计信息 */
    ZONE_PADDING(_pad3_)
    atomic_long_t         vm_stat[NR_VM_ZONE_STAT_ITEMS];
} ____cacheline_internodealigned_in_smp;
```

首先，zone 数据结构经常会被访问到，因此该数据结构要求以 L1 高速缓存对齐，见____cacheline_internodealigned_in_smp 属性。Zone 数据结构总体来说可以分成以下 3 部分。

- ❑ 只读域。
- ❑ 写敏感域。
- ❑ 统计信息。

这里采用 ZONE_PADDING()使后面的变量与 L1 缓存行对齐，以提高字段的并发访问性能，避免发生缓存伪共享（cache false sharing），这是一种通过填充方式解决缓存伪共享的方法。

另外，一个内存节点最多有几个内存管理区，因此内存管理区数据结构不像 page 数据结构那样对数据结构的大小特别敏感，这里可以为了性能而浪费空间。

- ❑ watermark：每个内存管理区在系统启动时会计算出 3 个水位，分别是 WMARK_MIN、WMARK_LOW 和 WMARK_HIGH 水位，这在页面分配器和 kswapd 页面回收中会用到。

- ❑ lowmem_reserve：内存管理区中预留的内存。
- ❑ zone_pgdat：指向内存节点。
- ❑ pageset：用于维护 Per-CPU 变量上的一系列页面，以减少自旋锁的争用。
- ❑ zone_start_pfn：内存管理区中开始页面的页帧号。
- ❑ managed_pages：内存管理区中被伙伴系统管理的页面数量。
- ❑ spanned_pages：内存管理区包含的页面数量。
- ❑ present_pages：内存管理区中实际管理的页面数量。对于一些架构来说，值和 spanned_pages 相等。
- ❑ free_area：管理空闲区域的数组，包含管理链表等。
- ❑ lock：并行访问时用于对内存管理区进行保护的自旋锁。注意，自旋锁保护的是 zone 数据结构本身，而不是保护内存管理区描述的内存地址空间。
- ❑ vm_stat：内存管理区计数。

2．辅助操作函数

Linux 内核提供了几个常用的内存管理区的辅助操作函数，它们定义在 include/linux/mmzone.h 文件中。

```
#define for_each_zone(zone)                  \
    for (zone = (first_online_pgdat())->node_zones; \
        zone;                       \
        zone = next_zone(zone))

static inline int is_highmem(struct zone *zone);

#define zone_idx(zone)        ((zone) - (zone)->zone_pgdat->node_zones)
```

其中，for_each_zone()用来遍历系统中所有的内存管理区，is_highmem()函数用来检测内存管理区是否属于 ZONE_HIGHMEM，zone_idx()宏用来返回当前内存管理区所在的内存节点的编号。

9.3.3　分配和释放页面

分配物理页面是内存管理中最核心的事情之一，也许读者听说过 Linux 内核的内存页面基于伙伴系统（buddy system）算法来管理，但伙伴系统算法不是 Linux 内核独创的。

伙伴系统是操作系统中最常用的动态存储管理方法之一。当用户提出申请时，伙伴系统分配一块大小合适的内存给用户；在用户释放时，回收内存块。在伙伴系统中，内存块的大小是 2 的 order 次幂个页面。在 Linux 内核中，order 的最大值用 MAX_ORDER 来表示，通常是 11，也就是把所有的空闲页面分组成 11 个内存块链表，这些内存块链表分别包含 1 个、2 个、4 个、8 个、16 个、32 个、64 个、128 个、256 个、524 个、1024 个连续的页面。1024 个页面对应着一块 4MB 大小的连续物理内存。

在早期的伙伴系统中，空闲页块的管理实现比较简单，如图 9.16 所示。内存管理区数据结构中有一个 free_area 数组，它的大小是 MAX_ORDER，这个数组中有一个链表，链表的成员是 2 的 order 次幂个页面大小的空闲内存块。

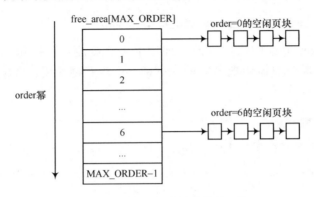

图9.16　早期Linux内核的伙伴系统

1．页面分配函数

Linux 内核提供了几个常用的页面分配的接口函数，它们都是以页为单位进行分配的，其中最核心的一个接口函数如下。

```
static inline struct page * alloc_pages(gfp_t gfp_mask, unsigned int order)
```

alloc_pages()函数用来分配 2 的 order 次幂个连续的物理页面，返回值是第一个物理页面的 page 数据结构。第一个参数是 gfp_mask 分配掩码；第二个参数是 order，请求的 order 不能大于 MAX_ORDER，MAX_ORDER 通常是 11。

另一个很常见的接口函数是__get_free_pages()，定义如下。

```
unsigned long __get_free_pages(gfp_t gfp_mask, unsigned int order)
```

__get_free_pages()函数返回的是所分配内存的内核空间虚拟地址，如果是线性映射的物理内存，则直接返回线性映射区域的内核空间虚拟地址。__get_free_pages()函数不会使用高端内存，如果一定要使用高端内存，最佳的办法是使用 alloc_pages()函数以及 kmap()函数的搭配。注意，在 64 位处理器的 Linux 内核中没有高端内存这个概念，它只实现在 32 位处理器的 Linux 内核中。注意，这里使用 page_address()函数来转换。

```
void *page_address(const struct page *page)
```

如果需要分配一个物理页面，可以使用如下两个封装好的接口函数，它们最后还是调用了 alloc_pages()函数，只是 order 的值为 0。

```
#define alloc_page(gfp_mask) alloc_pages(gfp_mask, 0)

#define __get_free_page(gfp_mask) \
        __get_free_pages((gfp_mask), 0)
```

如果需要返回一个全部填充为 0 的页面，可以使用如下这个接口函数。

```
unsigned long get_zeroed_page(gfp_t gfp_mask)
```

使用 alloc_page()分配的物理页面，理论上讲有可能被随机填充了某些垃圾信息，因此在有些敏感的场合中需要把分配的内存清零，然后再使用，这样可以减少不必要的麻烦。

2. 页面释放函数

页面释放函数主要有如下几个。

```
void __free_pages(struct page *page, unsigned int order);
#define __free_page(page) __free_pages((page), 0)
#define free_page(addr) free_pages((addr), 0)
```

释放页面时需要特别注意参数，传递错误的 page 指针或 order 值会引起系统崩溃。__free_pages()函数的第一个参数是待释放页面的 page 指针，第二个参数是 order 值。__free_page()函数用来释放单个页面。

3. 分配掩码 gfp_mask

分配掩码是很重要的一个参数，它影响着页面分配的整个流程。因为 Linux 是一种通用的操作系统，所以页面分配器被设计得比较复杂。它既要高效，又要兼顾很多种情况，特别是在内存紧张的情况下。gfp_mask 其实已被定义成一个 unsigned 类型的变量。

```
typedef unsigned __bitwise__ gfp_t;
```

gfp_mask 分配掩码定义在 include/linux/gfp.h 文件中，其中的标志位在 Linux 4.4 内核中被重新归类，大致可以分成如下几类。

❑　内存管理区修饰符（zone modifier）。
❑　移动修饰符（mobility and placement modifier）。
❑　水位修饰符（watermark modifier）。
❑　页面回收修饰符（page reclaim modifier）。
❑　行动修饰符（action modifier）。

下面详细介绍各种修饰符。

内存管理区修饰符主要用来表示应当从哪些内存管理区中分配物理内存。内存管理区修饰符使用 gfp_mask 的最低 4 位来表示。内存管理区修饰符的标志位如表 9.1 所示。

表9.1 内存管理区修饰符的标志位

标 志 位	描 述
__GFP_DMA	从ZONE_DMA中分配内存
__GFP_DMA32	从ZONE_DMA32中分配内存
__GFP_HIGHMEM	优先从ZONE_HIGHMEM中分配内存
__GFP_MOVABLE	页面可以被迁移或回收，比如用于内存规整机制

移动修饰符主要用来指示分配出来的页面具有的迁移属性，移动修饰符的标志位如表9.2所示。在 Linux 2.6.24 内核中，为了解决外碎片化的问题，引入了迁移类型，因此在分配内存时也需要指定所分配的页面具有哪些移动属性。

表9.2 移动修饰符的标志位

标 志 位	描 述
__GFP_RECLAIMABLE	在slab分配器中指定SLAB_RECLAIM_ACCOUNT标志位，表示slab分配器中使用的页面可以通过shrinkers来回收
__GFP_HARDWALL	使能cpuset内存分配策略
__GFP_THISNODE	从指定的内存节点中分配内存，并且没有回退机制
__GFP_ACCOUNT	分配过程会被kmemcg记录

水位修饰符用来控制是否可以访问系统紧急预留的内存，水位修饰符的标志位如表 9.3 所示。

表9.3 水位修饰符的标志位

标 志 位	描 述
__GFP_HIGH	表示内存分配具有高优先级，并且分配请求是很有必要的，分配器可以使用紧急的内存池
__GFP_ATOMIC	表示在分配内存的过程中不能执行页面回收或睡眠动作，并且内存分配具有很高的优先级。常见的使用场景是在中断上下文中分配内存
__GFP_MEMALLOC	在分配过程中允许访问所有的内存，包括系统预留的紧急内存。内存分配进程通常要保证在分配内存的过程中很快会有内存被释放，比如进程退出或者页面被回收
__GFP_NOMEMALLOC	在分配过程中不允许访问系统紧急预留的内存

常用的页面回收修饰符的标志位如表9.4 所示。

表9.4 页面回收修饰符的标志位

标　志　位	描　　述
__GFP_IO	允许开启I/O传输
__GFP_FS	允许调用底层的文件系统。清除这个标志位通常是为了避免死锁的发生，如果相应的文件系统操作路径已经持有锁，而内存分配过程又递归地调用到文件系统的相应操作路径，则可能会产生死锁
__GFP_DIRECT_RECLAIM	在分配内存的过程中会调用直接页面回收机制
__GFP_KSWAPD_RECLAIM	表示当到达内存管理区的低水位时会唤醒kswapd内核线程去异步地回收内存，直到内存管理区恢复到高水位为止
__GFP_RECLAIM	用来允许或禁止直接页面回收和kswapd内核线程
__GFP_REPEAT	当分配失败时会继续尝试
__GFP_NOFAIL	当分配失败时会无限尝试下去，直到分配成功为止。当分配者希望分配内存不失败时，应该使用这个标志位，而不是自己写一个while循环来不断地调用页面分配接口函数
__GFP_NORETRY	当直接页面回收和内存规整等机制都使用了但还是无法分配内存时，就不用重复尝试分配了，直接返回NULL

常见的行动修饰符的标志位如表 9.5 所示。

表9.5 行动修饰符的标志位

标　志　位	描　　述
__GFP_COLD	分配的内存不会马上被使用，通常会返回一个cache-cold页面
__GFP_NOWARN	关闭分配过程中的一些错误报告
__GFP_ZERO	返回一个全部填充为0的页面
__GFP_NOTRACK	不被kmemcheck机制跟踪
__GFP_OTHER_NODE	在远端的一个内存节点上分配，通常会在khugepaged内核线程中使用

表 9.1～表 9.5 列出了 5 大类的分配掩码，对于内核开发者或驱动开发者来说，要正确使用这些标志位是一件很困难的事情，因此人们定义了一些常用的分配掩码的组合，叫作类型标志位（type flag），如表 9.6 所示。类型标志位提供了内核开发中常用的分配掩码的组合，我们推荐开发者使用这些类型标志位。

表 9.6　类型标志位

类型标志位	描　述
GFP_ATOMIC	调用者不能睡眠,但可以访问系统预留的内存,这个标志位通常用在中断处理程序、持有自旋锁或者其他不能睡眠的地方
GFP_KERNEL	分配内存时最常用的标志位之一。操作可能会被阻塞,分配过程可能会引起睡眠
GFP_NOWAIT	分配不允许睡眠等待
GFP_NOIO	不需要启动任何I/O操作,比如使用直接回收机制去丢弃干净的页面或者为slab分配的页面
GFP_NOFS	不会访问任何文件系统的接口和操作
GFP_USER	用户空间的进程被用来分配内存,这些内存可以被内核或硬件使用。常见的场景是硬件使用的DMA缓冲区要映射到用户空间,比如显卡的缓冲区
GFP_DMA/ GFP_DMA32	使用ZONE_DMA或ZONE_DMA32来分配内存
GFP_HIGHUSER	用户空间的进程被用来分配内存,优先使用ZONE_HIGHMEM,这些内存可以被映射到用户空间,内核空间不会直接访问这些内存,另外这些内存不能被迁移
GFP_HIGHUSER_MOVABLE	类似GFP_HIGHUSER,但是页面可以被迁移
GFP_TRANSHUGE/ GFP_TRANSHUGE_LIGHT	通常用于THP页面分配

上面这些都是常用的类型标志位,但在实际使用过程中还需要注意以下事项。

❏ GFP_KERNEL 是最常见的类型标志位之一,主要用于分配内核使用的内存。需要注意的是分配过程会引起睡眠,当在中断上下文以及不能睡眠的内核路径里调用该分配掩码时需要特别警惕,因为会引起死锁或者其他系统异常。

❏ GFP_ATOMIC 这个标志位正好和 GFP_KERNEL 相反,前者可以用在不能睡眠的内存分配路径中,比如中断处理程序、软中断以及 tasklet 等。GFP_KERNEL 可以让调用者睡眠等待系统回收页面以释放一些内存,但 GFP_ATOMIC 不可以,所以有可能会分配失败。

❏ GFP_USER、GFP_HIGHUSER 和 GFP_HIGHUSER_MOVABLE 这几个标志位都是用来为用户空间进程分配内存的。不同之处在于,GFP_HIGHUSER 首先使用高端内存,GFP_HIGHUSER_MOVABLE 优先使用高端内存并且分配的内存具有可迁移属性。

❏ GFP_NOIO 和 GFP_NOFS 都会产生阻塞,它们用来避免某些其他的操作。GFP_NOIO 表示在分配过程中绝不会启动任何磁盘 I/O 操作。GFP_NOFS 表示可以启动磁盘 I/O 操作,但是不会启动文件系统的相关操作。举个例子,假设进程 A 在执行打开文件的操作中需要分配内存，这时内存短缺，那么进程 A 会睡眠等待，系统的 OOM Killer 机制会选择其他进程来终止。假设选择了进程 B，而进程 B 退出时需要执行一些文件系统操作，这些操作可能会去申请一个锁，而恰巧进程 A 持有这个锁，所以死锁就发生了。

❑　使用这些类型标志位时需要注意页面的迁移类型，通过 GFP_KERNEL 分配的页面通常是不可迁移的，通过 GFP_HIGHUSER_MOVABLE 分配的页面是可迁移的。

9.3.4　关于内存碎片化

内存碎片化是内存管理中的一个比较难以解决的问题。Linux 内核在采用伙伴系统算法时考虑了如何减少内存碎片化。在伙伴系统算法中，两个什么样的内存块可以成为伙伴呢？其实伙伴系统算法有如下 3 个基本条件需要满足。

❑　两个内存块的大小相同。

❑　两个内存块的地址连续。

❑　两个内存块必须是从同一个大的内存块中分离出来的。

如图 9.17 所示，8 个页面大小的大内存块 $A0$ 可以划分成两个小内存块 $B0$ 和 $B1$，它们都只有 4 个页面大小。$B0$ 还可以继续划分成 $C0$ 和 $C1$，它们是只有两个页面大小的内存块。$C0$ 可以继续划分成 $P0$ 和 $P1$ 两个小内存块，它们只有一个物理页面大小。

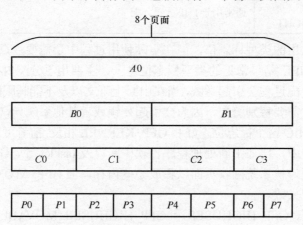

图9.17　内存块的划分

第一个条件是说两个内存块必须大小相同，如图 9.17 所示，$B0$ 内存块和 $B1$ 内存块就是大小相同的。第二个条件是说两个内存块的地址必须连续，伙伴就是邻居的意思。第三个条件是说两个内存块必须是从同一个大的内存块中分离出来的，下面进行具体解释。

如图 9.18 所示，$P0$ 和 $P1$ 为伙伴，它们都是从 $C0$ 分离出来的；$P2$ 和 $P3$ 为伙伴，它们是从 C1 分离出来的。把 P1 和 P2 合并成新的内存块 C_new0，然后把 P4、P5、P6 和 P7 合并成大的内存块 B_new0，你会发现即使 P0 和 P3 变成空闲页面，这 8 个页面的内存块也无法继续合并成一个新的大内存块。P0 和 C_new0 无法合并成一个大的内存块，因为它们两个大小不一样，同样 C_new0 和 P3 也不能继续合并。因此，P0 和 P3 就变成了空洞，这就产生了外碎片化（external fragmentation）。随着时间的推移，外碎片化会变得越来越严重，内存利用率也随之下降。

外碎片化导致的一个比较严重的后果是明明系统有足够的内存，但是无法分配出一大段连续的物理内存供页面分配器使用。因此，伙伴系统算法在设计时就考虑了如何避免外碎片化问题。

学术上常用的解决外碎片化问题的技术叫作内存规整（memory compaction），也就是利用移动页面的位置让空闲页面连成一片。但是在早期的 Linux 内核中，这种方法不一定有效。内核分配的物理内存有很多种用途，比如内核本身使用的内存、硬件需要使用的内存（如 DMA 缓冲区）、用户进程分配的内存（如匿名页面）等。如果从页面的迁移属性看，用户进程分配使用的内存是可以迁移的，但是内核本身使用的内存页面是不能随便迁移的。假设在一大块物理内存中有一小块内存被内核本身使用，但是因为这一小块内存不能被迁移，导致这一大块内存不能变成连续的物理内存。如图 9.19 所示，C1 是分配给内核使用的内存，即使 C0、C2 和 C3 都是空闲内存块，它们也不能被合并成一大块连续的物理内存。

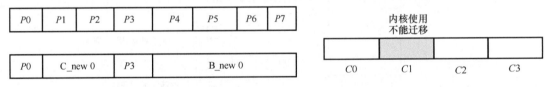

图9.18　合并伙伴内存块　　　　图9.19　不能合并成大块连续内存

为什么内核本身使用的页面不能被迁移呢？因为要迁移这种页面，首先需要把物理页面的映射关系断开，然后重新去建立映射关系。

在断开映射关系的过程中，如果内核继续访问这个页面，就会访问不正确的指针和内存，导致内核出现 Oops 错误，甚至导致系统崩溃（crash）。内核作为敏感区域，必须保证使用的内存是安全的。这和用户进程不太一样，用户进程使用的页面在断开映射关系之后，如果用户进程继续访问这个页面，就会产生缺页异常。在缺页异常处理中，可以重新分配物理页面，然后和虚拟内存建立映射关系。这个过程对于用户进程来说是安全的。

在 Linux 2.6.24 的开发阶段，社区专家就引入了防止碎片的功能，叫作反碎片法（anti-fragmentation）。这里说的反碎片法，其实就是利用迁移类型来实现的。迁移类型是按照页块（page block）来划分的，一个页块的大小正好是页面分配器所能分配的最大内存大小，即 2 的 MAX_ORDER-1 次幂字节，通常是 4 MB。

页面的类型如下。

❑ 不可移动类型 UNMOVABLE：特点就是在内存中有固定的位置，不能移动到其他地方，比如内核本身需要使用的内存就属于此类。使用 GFP_KERNEL 标志位分配的内存就不能迁移。简单来说，内核使用的内存都属于此类，包括 DMA 缓冲区等。

❑ 可移动类型 MOVABLE：表示可以随意移动的页面，这里通常是指属于应用程序的页面，比如通过 malloc 分配的内存、通过 mmap 分配的匿名页面等。这些页面是可以安全迁移的。

❑ 可回收的页面：这些页面不能直接移动，但是可以回收。页面的内容可以重新读回或取回，最典型的例子就是使用 slab 机制分配的对象。

因此，伙伴系统中的 free_area 数据结构中包含了 MIGRATE_TYPES 个链表，这里相当于内存管理区中根据 order 的大小有 0～MAX_ORDER−1 个 free_area。每个 free_area 根据 MIGRATE_TYPES 类型又有几个相应的链表，如图 9.20 所示，读者可以比较图 9.20 和图 9.16 之间的区别。

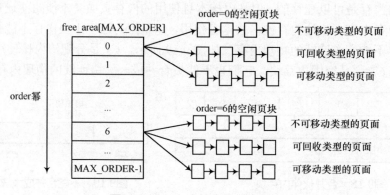

图9.20　Linux内核中的伙伴系统

在运用了这种技术的 Linux 内核中，所有页块里面的页面都是同一种迁移类型，中间不会再掺杂其他类型的页面。

9.3.5　分配小块内存

当内核需要分配几十字节的小块内存时，若使用页面分配器分配页面，就显得有些浪费资源了，因此必须有一种用来管理小块内存的新的分配机制。slab 机制最早是由 Sun 公司的工程师在 Solaris 操作系统中开发的，后来被移植到 Linux 内核中。slab 这个名字来源于内部使用的数据结构，可以理解为内存池。

slab 后来有两个变种：一个是 slob 机制，另一个是 slub 机制。slab 在大型服务器上的表现不是特别好，主要有两个缺点：一个是 slab 分配器使用的元数据开销比较大，所谓的元数据开销可以理解为管理成本；另一个是在嵌入式系统中，slab 分配器的代码量和复杂度都很高，所以出现了 slob 机制。考虑到 slab 机制相当经典，我们以 slab 机制为例来进行讲述。

内核中经常会对一些常用的数据结构反复地进行分配和释放，例如内核中的 mm_struct 数据结构、task_struct 数据结构，那么内核该怎么应对呢？

有的读者也许认为可以在内核中建立一种类似伙伴系统的算法，但需要基于 2 的 order 次幂字节，对于几十字节的小内存块，就不用分配页面了。这体现了 kmalloc 机制的实现思想，kmalloc 机制的确也是基于 2 的 order 次幂字节来实现的。

如果我们把这个想法延伸一下，例如现在需要经常分配 mm_struct 数据结构，为何不把 mm_struct 数据结构作为对象来看待呢？在内存不紧张时，我们可以创建基于 mm_struct 数据结构的对象缓存池，并预先分配若干空闲对象，这样当内核需要时就可以慷慨地把空闲对象拿出来了。速度是相当快的，比从伙伴系统中急急忙忙地分配页面，然后划分成小内存块的方式快了好几个数量级。伙伴系统基于 2 的 order 次幂个页面来管理，但是我们常用的一些数据结构，比如 mm_struct 不可能正好是页面的整数倍，一定会有内存浪费。另外，从 Linux 的页面分配器中申请物理页面，有可能会被阻塞，也就是发生睡眠等待，所以有时很快，有时很慢，特别是在内存紧张时。

1. slab 分配接口

slab 分配器提供了如下接口来创建、释放 slab 描述符和分配缓存对象。

```
#创建slab描述符
struct kmem_cache *
kmem_cache_create(const char *name, size_t size, size_t align,
        unsigned long flags, void (*ctor)(void *))

#释放slab描述符
void kmem_cache_destroy(struct kmem_cache *s)

#分配缓存对象
void *kmem_cache_alloc(struct kmem_cache *, gfp_t flags);

#释放缓存对象
void kmem_cache_free(struct kmem_cache *, void *);
```

kmem_cache_create()函数有如下参数。

❑ name：slab 描述符的名称。
❑ size：缓存对象的大小。
❑ align：缓存对象需要对齐的字节数。
❑ flags：分配掩码。
❑ ctor：对象的构造函数。

例如，在 ext4 文件系统中就可以使用 kmem_cache_create()创建自己的 slab 描述符。

[fs/ext4/extens_status.c]

```
#创建名为"ext4_pending_reservation"的slab描述符
int __init ext4_init_pending(void)
{
    ext4_pending_cachep = kmem_cache_create("ext4_pending_reservation",
                        sizeof(struct pending_reservation),
                        0, (SLAB_RECLAIM_ACCOUNT), NULL);
    if (ext4_pending_cachep == NULL)
        return -ENOMEM;
    return 0;
}

#销毁名为"ext4_pending_reservation"的slab描述符
void ext4_exit_pending(void)
{
    kmem_cache_destroy(ext4_pending_cachep);
}
```

2．slab 分配思想

前文提到，内核常常需要分配几十字节的小块内存，仅仅为此就分配物理页面显得非常浪费内存。早期的 Linux 内核实现了以 2 的 n 次幂字节为大小的内存块大小分配算法，这种算法非常类似伙伴系统算法。这种简单的算法虽然减少了内存浪费，但是并不高效。

更好的选择是来自 Sun 公司的 slab 算法，这种算法最早实现在 Solaris 2.4 系统中。slab 算法有如下新特性。

❑　把分配的内存块当作对象（object）来看待。可以自定义构造函数（constructor）和析构函数（destructor）来初始化和释放对象的内容。

❑　slab 对象释放之后不会马上被丢弃，而是继续保留在内存中，有可能稍后会马上被用到，这样就不需要重新向伙伴系统申请内存。

❑　slab 算法不仅可以根据特定大小的内存块来创建 slab 描述符，比如内存中常见的数据结构、打开文件对象等，这样可以有效避免内存碎片的产生，还可以快速获得频繁访问的数据结构。slab 算法也支持基于 2 的 n 次幂字节大小的分配模式。

❑　slab 算法创建了多层的缓冲池，充分利用了空间换时间的思想，未雨绸缪，有效解决了效率问题。

❑　每个 CPU 都有本地对象缓冲池，避免了多核之间的锁争用问题。

❑　每个内存节点都有共享对象缓冲池。

如图 9.21 所示，每个 slab 描述符都会建立共享缓冲池和本地对象缓冲池。

slab 机制最核心的分配思想是在空闲时建立缓存对象池，包括本地对象缓冲池和共享对象缓冲池。

所谓的本地对象缓冲池，就是在创建每个 slab 描述符时为每个 CPU 创建一个本地缓存池，这样当需要从 slab 描述符中分配空闲对象时，就可以优先从当前 CPU 的本地缓存池中分配内存。所谓的本地缓存池，就是本地 CPU 可以访问的缓冲池。给每个 CPU 创建一个本地缓冲池是一个很棒的主意，这样可以减少多核 CPU 之间的锁的竞争，本地缓冲池只属于本地的 CPU，其他 CPU 不能使用。

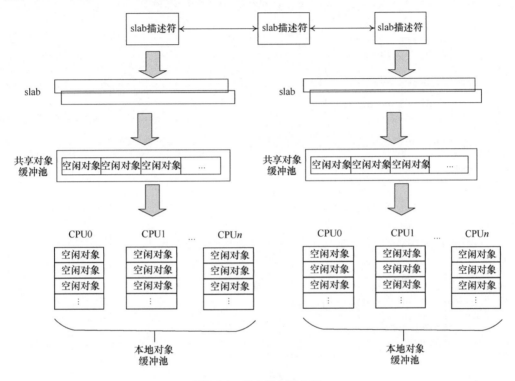

图9.21 slab机制的架构

共享对象缓冲池由所有 CPU 共享。当本地对象缓存池里没有空闲对象时，就会从共享对象缓冲池中取一批空闲对象搬移到本地对象缓冲池中。

1）slab 描述符

kmem_cache 是 slab 分配器中的核心数据结构，我们把它称为 slab 描述符。kmem_cache 数据结构的定义如下。

[include/linux/slab_def.h]

```
0  /*
1   * kmem_cache数据结构的核心成员
2   */
3  struct kmem_cache {
4      struct array_cache __percpu *cpu_cache;
5
```

263

```
6
7    unsigned int batchcount;
8    unsigned int limit;
9    unsigned int shared;
10
11   unsigned int size;
12   struct reciprocal_value reciprocal_buffer_size;
13
14
15  unsigned int flags;
16  unsigned int num;
17
18
19
20  unsigned int gfporder;
21
22
23  gfp_t allocflags;
24
25  size_t colour;
26  unsigned int colour_off;
27  struct kmem_cache *freelist_cache;
28  unsigned int freelist_size;
29
30
31  void (*ctor)(void *obj);
32
33
34  const char *name;
35   struct list_head list;
36  int refcount;
37  int object_size;
38  int align;
39
40
41  struct kmem_cache_node *node[MAX_NUMNODES];
42};
43
```

每个 slab 描述符都用一个 kmem_cache 数据结构来抽象描述。

☐ cpu_cache：Per-CPU 变量的 array_cache 数据结构，每个 CPU 一个，表示本地 CPU
的对象缓冲池。

☐ batchcount：表示在当前 CPU 的本地对象缓冲池 array_cache 为空时，从共享对象缓
冲池或 slabs_partial/slabs_free 列表中获取的对象的数目。

☐ limit：当本地对象缓冲池中的空闲对象的数目大于 limit 时，会主动释放 batchcount
个对象，便于内核回收和销毁 slab。

☐ shared：用于多核系统。

☐ size：对象的长度，这个长度要加上 align 对齐字节。

☐ flags：对象的分配掩码。

- □ num：一个 slab 中最多可以有多少个对象。
- □ gfporder：一个 slab 中占用 $2^{gfporder}$ 个页面。
- □ colour：一个 slab 中可以有多少个不同的缓存行。
- □ colour_off：着色区的长度，和 L1 缓存行大小相同。
- □ freelist_size：每个对象要占用 1 字节来存放 freelist。
- □ name：slab 描述符的名称。
- □ object_size：对象的实际大小。
- □ align：对齐的长度。
- □ node：slab 节点。在 NUMA 系统中，每个节点有一个 kmem_cache_node 数据结构。但在 ARM Vexpress 平台上，只有一个节点。

array_cache 数据结构的定义如下。

```
struct array_cache {
    unsigned int avail;
    unsigned int limit;
    unsigned int batchcount;
    unsigned int touched;
    void *entry[];
};
```

slab 描述符会给每个 CPU 提供一个对象缓冲池（array_cache）。

- □ batchcount/limit：和 struct kmem_cache 数据结构中的语义一样。
- □ avail：对象缓冲池中可用对象的数目。
- □ touched：从缓冲池中移除一个对象时，将 touched 置 1；而当收缩缓冲池时，将 touched 置 0。
- □ entry：保存对象的实体。

2）slab 的内存布局

slab 的内存布局通常由三部分组成。

- □ 着色区（cache color）。
- □ n 个 slab 对象。
- □ freelist 管理区（Slab Management Array）。freelist 管理区是一个数组，其中的每个成员占用一字节，每个成员代表一个 slab 对象。

Linux 5.0 内核支持 3 种 slab 内存布局模式：

- □ 传统模式。传统的布局模式如图 9.21 所示。
- □ OFF_SLAB 模式。slab 的管理数据不在 slab 中，可额外分配内存用于管理。
- □ OBJFREELIST_SLAB 模式。这是 Linux 4.6 内核新增的一种模式，目的是高效利用 slab 中的内存。可将最后一个 slab 对象的空间作为 freelist 管理区。

传统模式下的 slab 内存布局如图 9.22 所示，这种布局由一个或多个（2 的 order 次幂）连续的物理页面组成。注意，这是连续的物理页面。

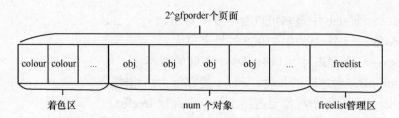

图9.22　传统模式下的slab内存布局

那么一个 slab 究竟可以有多少个页面呢？一般可根据缓存对象（object）大小、align 大小等参数来统一计算，这种方式最经济、最合适。最后你会计算出来一个 slab 里面最多可以有多少个着色区。这是 slab 机制所特有的，但是在 slub 机制里已经去掉了。着色区后面紧跟着对象，最后是 freelist 管理区。

3）slab 机制

图 9.23 是 slab 机制的系统架构。

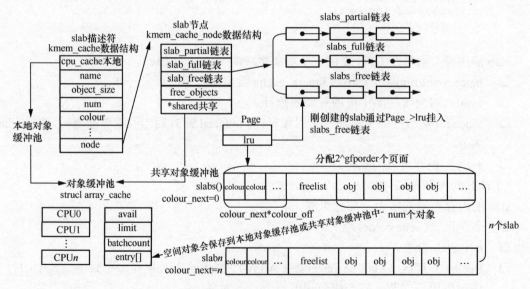

图9.23　slab机制的系统架构

下面来看看 slab 机制是如何运作的。

slab 机制分两步完成。第一步是使用 kmem_cache_create()函数创建一个 slab 描述符，可使用 kmem_cache 数据结构来描述。kmem_cache 数据结构里有两个主要成员，一个是指向本地对象缓冲池的指针，另一个是指向 slab 节点的 node 指针。每个内存节点都有一个 slab 节点，但通常 ARM 只有一个内存节点，这里就假设系统只有一个 slab 节点。剩下的信息用来描述这个 slab 描述符，比如这个 slab 对象的大小、名字以及 align 等信息。

这个 slab 节点里有 3 个链表，分别是 slab 空闲链表、slab 满链表和 slab partial 链表。这些链表的成员是 slab 而不是对象。另外，这个 slab 节点里还有一个指针指向一个共享缓冲池，共享缓冲池和本地缓冲池是相对的。

第二步是从这个 slab 描述符中分配空闲对象。CPU 要从这个 slab 描述符中分配空闲对象，首先就要访问当前 CPU 对应的这个 slab 描述符里的本地缓冲池。如果本地缓冲池里有空闲对象，就直接获取，不会有其他 CPU 过来竞争。如果本地缓冲池里没有空闲对象，那么需要到共享缓冲池里查询是否有空闲对象。如果有，就从共享缓冲池里搬移几个空闲对象到自己的缓冲池中。

可是刚才创建 slab 描述符时，本地缓冲池和共享缓冲池里都是空的，没有空闲对象，那么 slab 是怎么建立的呢？

为了建立 slab 使用的物理页面，需要向页面分配器申请，这个过程可能会睡眠。如图 9.22 所示，建好一个 slab 之后，就把这个 slab 添加到 slab 节点的 slab 空闲链表里，所以 slab 中的 3 个链表的成员是 slab 而不是对象。这里是通过 slab 的第一个页面的 lru 成员挂入链表的。另外，空闲对象会被搬移到共享缓冲池和本地缓冲池，供分配器使用。

4）slab 回收

slab 回收就是 slab 的运行机制。当然，slab 不能只分配，不用的 slab 还是会被回收的。如果一个 slab 描述符中有很多空闲对象，那么系统是否要回收一些空闲对象，从而释放内存归还系统呢？这是必须考虑的问题，否则系统会有大量的 slab 描述符，每个 slab 描述符还有大量不用的、空闲的 slab 对象。

slab 系统以两种方式来回收内存。

❑ 使用 kmem_cache_free 释放一个对象。当发现本地对象缓冲池和共享对象缓冲池中的空闲对象数目 ac->avail 大于或等于缓冲池的极限值 ac->limit 时，系统会主动释放 bathcount 个对象。当系统中的所有空闲对象的数目大于极限值，并且这个 slab 没有活跃对象时，系统就会销毁这个 slab，从而回收内存。

❑ slab 系统还注册了一个定时器，以定时扫描所有的 slab 描述符，回收一部分空闲对象。达到条件的 slab 也会被销毁，实现函数为 cache_reap()。

3. kmalloc 机制

内核中常用的 kmalloc()函数的核心是 slab 机制。类似于伙伴系统机制，kmalloc 机制按照内存块的大小（2 的 order 次幂字节）创建多个 slab 描述符，例如 16 字节、32 字节、64 字节、128 字节等大小，系统会分别创建名为 kmalloc-16、kmalloc-32、kmalloc-64 等的 slab 描述符。当系统启动时，以上操作在 create_kmalloc_caches()函数中完成。例如，要分配 30 字节的小内存块，可以使用"kmalloc(30, GFP_KERNEL)"。接下来，系统会从名为 "kmalloc-32" 的 slab 描述符中分配一个对象。

```
void *kmalloc(size_t size, gfp_t flags)
void kfree(const void *);
```

9.4　虚拟内存管理

编写过应用程序的读者应该知道如何使用 C 语言标准库的 API 函数来动态分配虚拟内存。在 64 位系统中，每个用户进程最多可以拥有 256TB 大小的虚拟地址空间，通常要远大于物理内存，那么如何管理这些虚拟地址空间呢？用户进程通常会多次调用 malloc()或使用 mmap()的接口映射文件到用户空间来进行读写等操作，这些操作都会要求在虚拟地址空间中分配内存块，内存块基本上是离散的。malloc()是用户态常用的用于分配内存的接口函数，mmap()是用户态常用的用于建立文件映射或匿名映射的函数。

这些进程地址空间在内核中使用 vm_area_struct（简称 VMA，也称为进程地址空间或进程线性区）数据结构来描述。由于这些地址空间归属于各个用户进程，因此在用户进程的 mm_struct 数据结构中也有相应的成员，用于对这些 VMA 进行管理。

9.4.1　进程地址空间

进程地址空间（process address space）是指进程可寻址的虚拟地址空间。在 64 位的处理器中，进程可以寻址 256TB 的用户态地址空间，但是进程没有权限去寻址内核空间的虚拟地址，只能通过系统调用的方式间接访问。而用户空间的进程地址空间则可以被合法访问，地址空间又称为内存区域（memory area）。进程可以通过内核的内存管理机制动态地添加和删除这些内存区域，这些内存区域在 Linux 内核中采用 VMA 数据结构来抽象描述。

每个内存区域具有相关的权限，比如可读、可写或可执行权限。如果一个进程访问了不在有效范围内的内存区域，或者非法访问了内存区域，或者以不正确的方式访问了内存区域，那么处理器会报告缺页异常。可在 Linux 内核的缺页异常处理中处理这些情况，严重的会报告"Segment Fault"段错误并终止进程。

内存区域包含如下内容。

- ❑　代码段映射，可执行文件中包含只读并可执行的程序头，如代码段和.init 段等。
- ❑　数据段映射，可执行文件中包含可读可写的程序头，如数据段和.bss 段等。
- ❑　用户进程栈。通常是在用户空间的最高地址，从上往下延伸。它包含栈帧，里面包含了局部变量和函数调用参数等。注意不要和内核栈混淆，进程的内核栈独立存在并由内核维护，主要用于上下文切换。
- ❑　MMAP 映射区域。位于用户进程栈的下面，主要用于 mmap 系统调用，比如映射一个文件的内容到进程地址空间等。
- ❑　堆映射区域。malloc()函数分配的进程虚拟地址就在这段区域。

进程地址空间里的每个内存区域相互不能重叠。如果两个进程都使用 malloc()函数来分配内存，并且分配的虚拟内存的地址是一样的，那么是不是说明这两个内存区域重叠了呢？

如果理解了进程地址空间的本质，就不难回答这个问题了。进程地址空间是每个进程可以寻址的虚拟地址空间，每个进程在运行时都仿佛拥有了整个 CPU 资源，这就是所谓的"CPU 虚拟化"。因此，每个进程都有一套页表，这样每个进程地址空间就是相互隔离的。即使进程地址空间的虚拟地址是相同的，但是经过两套不同页表的转换之后，它们也会对应不同的物理地址。

9.4.2 内存描述符 mm_struct

Linux 内核需要管理每个进程的所有内存区域以及它们对应的页表映射，所以必须抽象出一个数据结构，这就是 mm_struct 数据结构。进程的进程控制块（PCB）——数据结构 task_struct 中有一个指针 mm 指向这个 mm_struct 数据结构。

mm_struct 数据结构定义在 include/linux/mm_types.h 文件中，下面是它的主要成员。

```
struct mm_struct {
    struct vm_area_struct *mmap;
    struct rb_root mm_rb;
    unsigned long (*get_unmapped_area) (struct file *filp,
            unsigned long addr, unsigned long len,
            unsigned long pgoff, unsigned long flags);
    unsigned long mmap_base;
    pgd_t * pgd;
    atomic_t mm_users;
    atomic_t mm_count;
    spinlock_t page_table_lock;
    struct rw_semaphore mmap_sem;
    struct list_head mmlist;
    unsigned long total_vm;
    unsigned long start_code, end_code, start_data, end_data;
    unsigned long start_brk, brk, start_stack;
    …
};
```

- ❑ mmap：进程里所有的 VMA 将形成一个单链表，mmap 是这个单链表的头。
- ❑ mm_rb：VMA 红黑树的根节点。
- ❑ get_unmapped_area：用来判断虚拟内存是否有足够的空间，返回一段没有映射过的空间的起始地址。这个函数会用到具体的处理器架构的实现，比如对于 ARM 架构，Linux 内核就有相应的函数实现。
- ❑ mmap_base：指向 mmap 区域的起始地址。在 32 位处理器中，mmap 映射的起始地址是 0x40000000。
- ❑ pgd：指向用户进程的 PGD（一级页表）。
- ❑ mm_users：记录正在使用该进程地址空间的进程数目，如果两个线程共享该进程地址空间，那么 mm_users 的值等于 2。
- ❑ mm_count：mm_struct 结构体的主引用计数。
- ❑ mmap_sem：用来保护进程地址空间 VMA 的一个读写信号量。

❑ mmlist：所有的 mm_struct 数据结构都会连接到一个双向链表，该双向链表的链头是 init_mm 内存描述符，也就是 init 进程的地址空间。

❑ start_code 和 end_code：分别表示代码段的起始地址和结束地址。

❑ start_data 和 end_data：分别表示数据段的起始地址和结束地址。

❑ start_brk：堆空间的起始地址。

❑ brk：表示当前堆中的 VMA 的结束地址。

❑ total_vm：已经使用的进程地址空间的总和。

从进程的角度观察内存管理，可以沿着 mm_struct 数据结构进行延伸和思考，如图 9.24 所示。

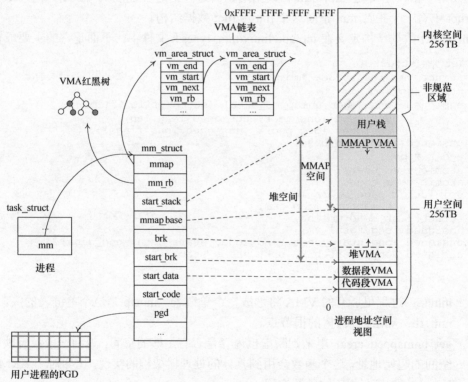

图9.24　mm_struct数据结构

9.4.3　VMA 管理

VMA 数据结构定义在 **mm_types.h** 文件中，它的主要成员如下。

```
<include/linux/mm_types.h>

struct vm_area_struct {
```

```
    unsigned long vm_start;
    unsigned long vm_end;
    struct vm_area_struct *vm_next, *vm_prev;
    struct rb_node vm_rb;
    unsigned long rb_subtree_gap;
    struct mm_struct *vm_mm;
    pgprot_t vm_page_prot;
    unsigned long vm_flags;
    struct {
        struct rb_node rb;
        unsigned long rb_subtree_last;
    } shared;
    struct list_head anon_vma_chain;
    struct anon_vma *anon_vma;
    const struct vm_operations_struct *vm_ops;
    unsigned long vm_pgoff;
    struct file * vm_file;
    void * vm_private_data;
    struct mempolicy *vm_policy;
};
```

struct vm_area_struct 数据结构的各个成员的含义如下。

❑ vm_start 和 vm_end：指定 VMA 在进程地址空间中的起始地址和结束地址。

❑ vm_next 和 vm_prev：进程的 VMA 被链接成一个链表。

❑ vm_rb：VMA 作为一个节点加入红黑树中，每个进程的 mm_struct 数据结构中都有这样一棵红黑树 mm->mm_rb。

❑ vm_mm：指向 VMA 所属进程的 mm_struct 数据结构。

❑ vm_page_prot：VMA 的访问权限。

❑ vm_flags：用于描述 VMA 的一组标志位。

❑ anon_vma_chain 和 anon_vma：用于管理 RMAP。

❑ vm_ops：指向许多方法的集合，这些方法用于在 VMA 中执行各种操作，通常用于文件映射。

❑ vm_pgoff：指定文件映射的偏移量，这个变量的单位不是字节，而是页面的大小（PAGE_SIZE）。对于匿名页面来说，这个变量的值可以是 0 或 vm_addr/PAGE_SIZE。

❑ vm_file：指向 File 实例，描述一个被映射的文件。

mm_struct 数据结构是描述进程内存管理的核心数据结构，并且提供了管理 VMA 所需的信息，这些信息的概况如下。

```
<include/linux/mm_types.h>

struct mm_struct {
    struct vm_area_struct *mmap;
    struct rb_root mm_rb;
    ...
};
```

每个 VMA 都要连接到 mm_struct 中的链表和红黑树，以方便查找。

❑ mmap 形成了一个单链表，进程中所有的 VMA 都连接到这个链表，链表头是 mm_struct->mmap。

❑ mm_rb 是红黑树的根节点，每个进程都有一棵 VMA 的红黑树。

VMA 按照起始地址以递增的方式插入 mm_struct->mmap 链表。当进程拥有大量的 VMA 时，扫描链表和查找特定的 VMA 是非常低效的操作，例如在进行云计算的机器中，所以内核通常要靠红黑树来协助，以便提高查找速度。

从进程的角度看 VMA，我们可以从进程的 task_struct 数据结构里顺藤摸瓜找到进程所有的 VMA，如图 9.25 所示。

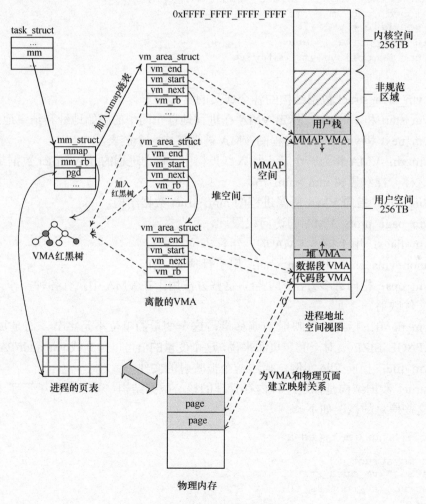

图9.25　从进程的角度看VMA

❑ task_struct 数据结构中有一个 mm 成员指向进程的 mm_struct 数据结构。

❑ 可以通过 mm_struct 数据结构中的 mmap 成员来遍历所有的 VMA。

❑ 也可以通过 mm_struct 数据结构中的 mm_rb 成员来遍历和查找 VMA。

❑ mm_struct 数据结构的 pgd 成员指向进程的页表，每个进程都有一份独立的页表。

❑ 当 CPU 第一次访问 VMA 虚拟地址空间时会触发缺页异常。在缺页异常处理中，可以分配物理页面，然后利用分配的物理页面来创建 PTE 并且填充页表，完成虚拟地址到物理地址的映射关系的建立。

9.4.4 VMA 属性

作为进程地址空间中的区间，VMA 是有属性的，比如可读可写、共享等属性。vm_flags 成员描述了这些属性，涉及 VMA 的全部页面信息，包括如何映射页面、如何访问每个页面的权限等信息，VMA 属性标志位如表 9.7 所示。

表 9.7 VMA 属性标志位

VMA 属性标志位	描 述
VM_READ	可读属性
VM_WRITE	可写属性
VM_EXEC	可执行
VM_SHARED	允许被多个进程共享
VM_MAYREAD	允许设置VM_READ属性
VM_MAYWRITE	允许设置VM_WRITE属性
VM_MAYEXEC	允许设置VM_EXEC属性
VM_MAYSHARE	允许设置VM_SHARED属性
VM_GROWSDOWN	允许向低地址增长
VM_UFFD_MISSING	表示适用于用户态的缺页异常处理
VM_PFNMAP	表示使用纯正的页帧号，不需要使用内核的page数据结构来管理物理页面
VM_DENYWRITE	表示不允许写入
VM_UFFD_WP	用于页面的写保护跟踪
VM_LOCKED	表示这段VMA的内存会立刻分配物理内存，并且页面被锁定，不会交换到交换磁盘
VM_IO	表示I/O内存映射（memory mapped I/O）

（续表）

VMA 属性标志位	描　　述
VM_SEQ_READ	表示应用程序会顺序读这段VMA的内容
VM_RAND_READ	表示应用程序会随机读这段VMA的内容
VM_DONTCOPY	表示在进行fork时不要复制这段VMA
VM_DONTEXPAND	通过mremap()系统调用禁止VMA扩展
VM_ACCOUNT	在创建IPC共享VMA时检测是否有足够的空闲内存用于映射
VM_HUGETLB	用于巨页的映射
VM_SYNC	表示同步的缺页异常
VM_ARCH_1	与架构相关的标志位
VM_WIPEONFORK	表示不会从父进程相应的VMA中复制页表到子进程的VMA中
VM_DONTDUMP	表示VMA不包含在核心转储文件里
VM_SOFTDIRTY	软件模拟实现的脏位，用于一些特殊的架构，需要打开CONFIG_MEM_SOFT_DIRTY配置
VM_MIXEDMAP	表示混合使用了纯正的页帧号以及page数据结构的页面，比如使用vm_insert_page()函数插入VMA中
VM_HUGEPAGE	表示在madvise系统调用中使用MADV_HUGEPAGE标志位来标记VMA
VM_NOHUGEPAGE	表示在madvise系统调用中使用MADV_NOHUGEPAGE标志位来标记VMA
VM_MERGEABLE	表示VMA是可以合并的，可用于KSM机制
VM_SPECIAL	表示VMA既不能合并，也不能锁定，它是VM_IO ｜ VM_DONTEXPAND ｜ VM_PFNMAP ｜ VM_MIXEDMAP的集合

上述 VMA 属性可以任意组合，但是最终仍要落实到硬件机制上，即落实到页表项的属性中，如图 9.26 所示。vm_area_struct 数据结构中有两个成员与此相关：一个是 vm_flags 成员，用于描述 VMA 的属性；另一个是 vm_page_prot 成员，用于把 VMA 属性标志位转换成处理器相关的页表项的属性，这和具体架构相关。

在创建新的 VMA 时，使用 vm_get_page_prot()函数可以把 vm_flags 标志位转换成具体的页表项的硬件标志位。

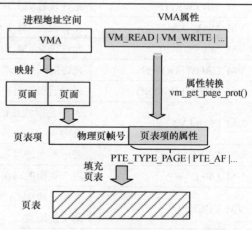

图9.26　将VMA属性转换成页表项的属性

```
<mm/mmap.c>

pgprot_t vm_get_page_prot(unsigned long vm_flags)
{
    pgprot_t ret = __pgprot(pgprot_val(protection_map[vm_flags &
            (VM_READ|VM_WRITE|VM_EXEC|VM_SHARED)]) );

    return ret;
}
```

这个转换过程得益于内核预先定义好了一个内存属性数组 protection_map[]，我们只需要根据 vm_flags 标志位来查询这个数组即可。在这里，通过查询 protection_map[]数组可以得到页表项的属性。

```
<mm/mmap.c>

pgprot_t protection_map[16] = {
    __P000, __P001, __P010, __P011, __P100, __P101, __P110, __P111,
    __S000, __S001, __S010, __S011, __S100, __S101, __S110, __S111
};
```

protection_map[]数组的每个成员代表属性的一个组合，比如 __P000 表示无效的页表项属性，__P001 表示只读属性，__P100 表示可执行属性（PAGE_EXECONLY）等。

```
#define __P000    PAGE_NONE
#define __P001    PAGE_READONLY
#define __P010    PAGE_READONLY
#define __P011    PAGE_READONLY
#define __P100    PAGE_EXECONLY
#define __P101    PAGE_READONLY_EXEC
#define __P110    PAGE_READONLY_EXEC
#define __P111    PAGE_READONLY_EXEC

#define __S000    PAGE_NONE
#define __S001    PAGE_READONLY
#define __S010    PAGE_SHARED
#define __S011    PAGE_SHARED
#define __S100    PAGE_EXECONLY
#define __S101    PAGE_READONLY_EXEC
#define __S110    PAGE_SHARED_EXEC
#define __S111    PAGE_SHARED_EXEC
```

下面以只读属性（PAGE_READONLY）为例来看看其中究竟包含哪些页表项的标志位。

```
#define PAGE_READONLY    __pgprot(_PAGE_DEFAULT | PTE_USER | PTE_RDONLY |
PTE_NG | PTE_PXN | PTE_UXN)

#define _PAGE_DEFAULT        (_PROT_DEFAULT | PTE_ATTRINDX(MT_NORMAL))

#define _PROT_DEFAULT        (PTE_TYPE_PAGE | PTE_AF | PTE_SHARED)
```

把上面的宏全部展开，我们可以得到页表项的如下标志位。

❑　PTE_TYPE_PAGE：表示这是一个基于页面的页表项，只设置页表项的 Bit[1:0]两位。

❑　PTE_AF：设置访问位。

- ❑ PTE_SHARED：设置内存缓存共享属性。
- ❑ MT_NORMAL：设置内存属性为 normal。
- ❑ PTE_USER：设置 AP 访问位，允许以用户权限来访问该内存。
- ❑ PTE_NG：设置该内存对应的 TLB 只属于该进程。
- ❑ PTE_PXN：表示该内存不能在特权模式下执行。
- ❑ PTE_UXN：表示该内存不能在用户模式下执行。
- ❑ PTE_RDONLY：表示只读属性。

9.4.5　VMA 查找操作

1. 查找 VMA

通过虚拟地址来查找 VMA 是内核中的常用操作。内核提供了一个接口函数来实现这种查找操作。

```
struct vm_area_struct *find_vma(struct mm_struct *mm, unsigned long addr)
struct vm_area_struct *
    find_vma_prev(struct mm_struct *mm, unsigned long addr,
        struct vm_area_struct **pprev)

static inline struct vm_area_struct * find_vma_intersection(struct mm_struct * mm,
    unsigned long start_addr, unsigned long end_addr)
```

find_vma()函数可根据给定地址（addr）查找满足如下条件之一的 VMA，其工作属性如图 9.27 所示。

- ❑ addr 在 VMA 空间范围内，即 vma->vm_start ≤ addr < vma->vm_end。
- ❑ 距离 addr 最近并且结束地址大于 addr。

因此，该函数寻址第一个包含 addr 或 vma->vm_start 大于 addr 的 VMA，若没有找到这样的 VMA，则返回 NULL。由于返回的 VMA 的首地址可能大于 addr，因此 addr 有可能不包含在返回的 VMA 范围里。

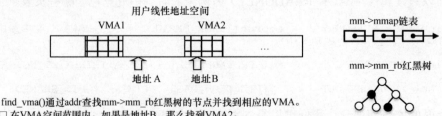

find_vma()通过addr查找mm->mm_rb红黑树的节点并找到相应的VMA。
□ 在VMA空间范围内。如果是地址B，那么找到VMA2。
□ 距离地址addr最近并且小于VMA的结束地址。如果是地址A，那么找到VMA2。

图9.27　find_vma()的工作属性

find_vma_intersection()是另一个接口函数，用于查找 start_addr、end_addr 和现存的 VMA 有重叠的 VMA，可基于 find_vma()来实现。

find_vma_prev()函数的逻辑和 find_vma()一样，但是返回 VMA 的前继成员 vma->vm_prev。

2. 插入 VMA

insert_vm_struct()是内核提供的用于插入 VMA 的核心接口函数。

```
int insert_vm_struct(struct mm_struct *mm, struct vm_area_struct *vma)
```

insert_vm_struct()函数会向 VMA 链表和红黑树插入一个新的 VMA。参数 mm 是进程的内存描述符，vma 是要插入的线性区 VMA。

3. 合并 VMA

在新的 VMA 被加入进程的地址空间时，内核会检查它是否可以与一个或多个现存的 VMA 合并。vma_merge()函数用于将一个新的 VMA 和附近的 VMA 合并。

```
struct vm_area_struct *vma_merge(struct mm_struct *mm,
    struct vm_area_struct *prev, unsigned long addr,
    unsigned long end, unsigned long vm_flags,
    struct anon_vma *anon_vma, struct file *file,
    pgoff_t pgoff, struct mempolicy *policy)
```

vma_merge()函数的参数多达 9 个。其中，mm 是相关进程的 mm_struct 数据结构。prev 是紧接着新 VMA 的前继节点的 VMA，一般通过 find_vma_links()函数来获取。addr 与 end 是新 VMA 的起始地址和结束地址。vm_flags 是新 VMA 的标志位。如果新的 VMA 属于一个文件映射，则参数 file 指向 file 数据结构。参数 proff 指定文件映射偏移量。参数 anon_vma 是匿名映射的 anon_vma 数据结构。

9.4.6 malloc()函数

malloc()函数是 C 语言中的内存分配函数。

假设系统中有进程 A 和进程 B，它们分别使用 testA()和 testB()函数来分配内存。

```
//为进程A分配内存
void testA(void)
{
    char * bufA = malloc(100);
    …
    *bufA = 100;
    …
}

//为进程B分配内存
```

```
void testB(void)
{
    char * bufB = malloc(100);
    mlock(bufB, 100);
    …
}
```

C 语言初学者经常会有如下困扰。

❑ malloc()函数是否马上就分配物理内存？testA()和 testB()分别在何时分配物理内存？

❑ 假设不考虑 libc 的因素，如果 malloc()函数分配 100 字节，那么实际上内核会分配 100 字节吗？

❑ 假设使用 printf()输出的指针 bufA 和 bufB 指向的地址是一样的，那么在内核中这两块虚拟内存是否会"打架"呢？

malloc()是 C 语言标准库里封装的一个核心函数。C 语言标准库在做一些处理后会调用 Linux 内核系统，进而使用系统调用 brk。也许读者还不太熟悉 brk 系统调用，原因在于很少有人会直接使用系统调用 brk 向系统申请内存。如果把 malloc()想象成零售商，那么 brk 就是代理商。malloc()函数会为用户进程维护一个本地的小仓库，当进程需要使用更多的内存时就向这个小仓库"要货"，小仓库存量不足时就通过代理商 brk 向内核"批发"。brk 系统调用的定义如下。

```
SYSCALL_DEFINE1(brk, unsigned long, brk)
```

在 32 位 Linux 内核中，每个用户进程拥有 3GB 的用户态的虚拟空间；而在 64 位 Linux 内核中，每个进程可以拥有 256TB 的用户态的虚拟空间。那么这些虚拟空间是如何划分的呢？

用户进程的可执行文件由代码段和数据段组成，数据段包括所有的静态分配的数据空间，例如全局变量和静态局部变量等。在可执行文件装载时，内核就已分配好空间，包括虚拟地址和物理页面，并建立好二者的映射关系。用户进程的用户栈从 TASK_SIZE（0x1_0000_0000_0000）指定的虚拟空间的顶部开始，由顶向下延伸，而 brk 分配的空间是从数据段的顶部 end_data 到用户栈的底部。所以动态分配空间时会从进程的 end_data 开始，每分配一块空间，就把这个边界往上推进一段，同时内核和进程都会记录当前边界的位置。

TASK_SIZE 的大小和处理器支持的最大虚拟地址位宽有关，以 48 位宽为例，TASK_SIZE 为 0x1_0000_0000_0000。

ARM64 进程的地址空间布局如图 9.28 所示。

使用 C 语言的读者知道，malloc()函数很经典，使用起来也很简单、便捷，可是内核实现并不简单。回到本章开头的问题，malloc()函数其实就是用来为用户空间分配进程地址空间的，用内核的术语来讲就是分配一块 VMA，相当于一个空的纸箱子。那么什么时候才往纸箱子里装东西呢？一是到了真正使用箱子时才往里面装东西，二是分配箱子时就已经装了想要的东西。

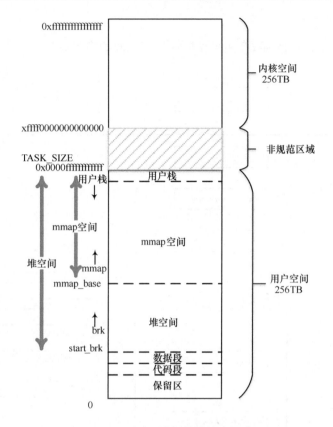

图9.28　ARM64进程的地址空间布局

进程 A 中的 testA() 函数就是第一种情况。当使用这段内存时，CPU 去查询页表，发现页表为空，CPU 触发缺页异常，然后在缺页异常里一页一页地分配内存，需要一页就给一页。

进程 B 中的 testB() 函数是第二种情况——直接分配已装满的纸箱子，你需要的虚拟内存都已经分配了物理内存并建立了页表映射。

假设不考虑 C 语言标准库这个因素，malloc() 分配 100 字节，那么内核会分配多少字节呢？处理器的 MMU 处理的最小单元是页，所以内核在分配内存以及建立虚拟地址和物理地址间映射关系时都以页为单位。PAGE_ALIGN(addr) 宏会让地址按页面大小对齐。

这两个进程的 malloc() 分配的虚拟地址是一样的，那么在内核中这两个虚拟地址空间会"打架"吗？其实每个用户进程都有自己的一份页表，mm_struct 数据结构中的 pgd 成员则指向这份页表的基地址，在使用 fork() 函数创建新进程时也会初始化一份页表。每个进程都有一个 mm_struct 数据结构，里面包含一份属于进程自己的页表、一棵管理 VMA 的红黑树以及链表。进程本身的 VMA 会挂入属于自己的红黑树和链表，所以即使进程 A 和进程 B 使用 malloc() 分配内存后返回相同的虚拟地址，它们也是两个不同的 VMA，分别由两份不同的页表来管理。

图 9.29 展示了 malloc() 函数在用户空间和内核空间的实现流程。

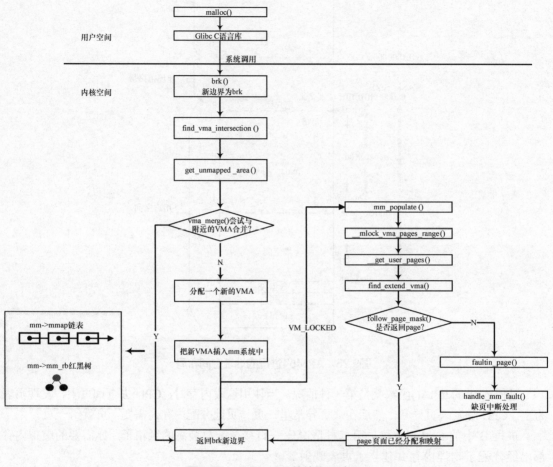

图9.29　malloc()函数的实现流程

9.4.7　mmap()/munmap()函数

mmap()/munmap() 函数是用户空间中最常用的两个系统调用接口函数，无论是在用户程序中分配内存、读写大文件、链接动态库文件，还是在多进程间共享内存，都可以看到 mmap()/munmap() 函数的身影。mmap()/munmap() 的函数声明如下。

```
#include <sys/mman.h>

void *mmap(void *addr, size_t length, int prot, int flags,
```

```
            int fd, off_t offset);
int munmap(void *addr, size_t length);
```

- ❑ addr：用于指定映射到进程地址空间的起始地址。为了保持应用程序的可移植性，一般设置为 NULL，让内核来选择合适的地址。
- ❑ length：表示映射到进程地址空间的大小。
- ❑ prot：用于设置内存映射区域的读写属性等。
- ❑ flags：用于设置内存映射的属性，例如共享映射、私有映射等。
- ❑ fd：表示这是文件映射，fd 是打开文件的句柄。
- ❑ offset：在进行文件映射时，表示文件的偏移量。

prot 参数通常表示映射页面的读写权限，取值如下。

- ❑ PROT_EXEC：表示映射的页面是可以执行的。
- ❑ PROT_READ：表示映射的页面是可以读取的。
- ❑ PROT_WRITE：表示映射的页面是可以写入的。
- ❑ PROT_NONE：表示映射的页面是不可以访问的。

flags 参数也很重要，取值如下。

- ❑ MAP_SHARED：创建共享映射的区域。多个进程可以通过共享映射的方式来映射文件，这样其他进程就可以看到映射内容的改变，修改后的内容会同步到磁盘文件中。
- ❑ MAP_PRIVATE：创建私有的写时复制的映射。多个进程可以通过私有映射的方式来映射文件，这样其他进程就不会看到映射内容的改变，修改后的内容也不会同步到磁盘文件中。
- ❑ MAP_ANONYMOUS：创建匿名映射，也就是没有关联到文件的映射。
- ❑ MAP_FIXED：使用参数 addr 创建映射，如果在内核中无法映射指定的地址，那么 mmap()返回创建失败的消息，参数 addr 要求按页对齐。如果 addr 与 length 指定的进程地址空间和已有的 VMA 区域重叠，那么内核会调用 do_munmap()函数把这段重叠区域销毁，然后重新映射新的内容。
- ❑ MAP_POPULATE：对于文件映射来说，预读文件内容到映射区域，该特性只支持私有映射。

从参数 fd 可以看出映射是否和文件相关联，因此在 Linux 内核中映射可以分成匿名映射和文件映射。

- ❑ 匿名映射：没有对应的相关文件，这种映射的内存区域的内容会被初始化为 0。
- ❑ 文件映射：映射和实际文件相关联，通常是把文件的内容映射到进程地址空间，这样应用程序就可以像操作进程地址空间一样读写文件，如图 9.30 所示。

最后，根据文件关联性和映射区域是否共享等属性，映射又可以分成如下 4 种情况。

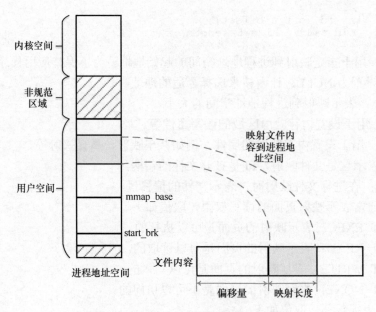

图9.30　映射文件内容到进程地址空间

- 私有匿名映射，通常用于内存分配。
- 私有文件映射，通常用于加载动态库。
- 共享匿名映射，通常用于进程间共享内存。
- 共享文件映射，通常用于内存映射 I/O 和进程间通信。

1．私有匿名映射

当参数 fd=−1 且 flags= MAP_ANONYMOUS | MAP_PRIVATE 时，创建的 mmap 映射是私有匿名映射。私有匿名映射最常见的用途是，当需要分配的内存大于 **MMAP_THRESHOLD**（128KB）时，glibc 会默认使用 mmap 代替 brk 来分配内存。

2．共享匿名映射

当参数 fd=−1 且 flags= MAP_ANONYMOUS | MAP_SHARED 时，创建的 mmap 映射是共享匿名映射。共享匿名映射让相关进程共享一块内存区域，通常用于父子进程之间通信。

创建共享匿名映射的方式有如下两种。

- 参数 fd=−1 且 flags= MAP_ANONYMOUS | MAP_SHARED。在这种情况下，do_mmap_pgoff()->mmap_region()函数最终会调用 shmem_zero_setup()以打开"/dev/zero"这个特殊的设备文件。
- 直接打开"/dev/zero"设备文件，然后使用这个文件句柄来创建 mmap 映射。

上述两种方式最终都会调用 shmem 模块来创建共享匿名映射。

3．私有文件映射

创建文件映射时，如果把 flags 标志位设置为 MAP_PRIVATE，就会创建私有文件映射。私有文件映射最常用的场景是加载动态共享库。

4．共享文件映射

创建文件映射时，如果把 flags 标志位被设置为 MAP_SHARED，就会创建共享文件映射。如果为 prot 参数指定了 PROT_WRITE，那么打开文件时需要指定 O_RDWR 标志位。共享文件映射通常有如下两个应用场景。

- ❑ 读写文件。把文件内容映射到进程地址空间，同时对映射的内容做修改，内核的回写机制最终会把修改的内容同步到磁盘中。
- ❑ 进程间通信。进程之间的进程地址空间相互隔离，一个进程不能访问另一个进程的地址空间。如果多个进程同时映射到某个相同的文件，就实现了多进程间的共享内存通信。如果一个进程对映射内容做了修改，那么另一个进程可以看到所做的修改。

mmap 机制在 Linux 内核中实现的代码框架和 brk 机制非常类似，mmap 机制如图 9.31 所示，其中有很多关于 VMA 的操作。另外，mmap 机制和缺页异常机制结合在一起会变得复杂很多。

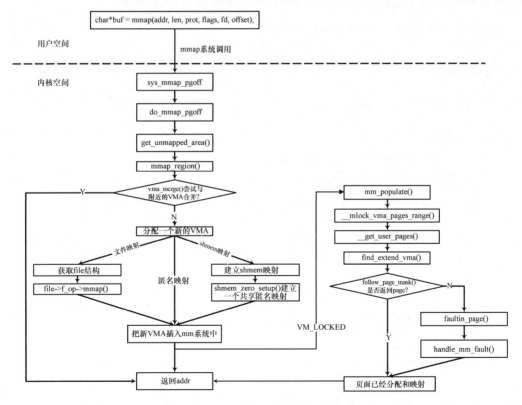

图9.31 mmap系统调用的实现流程

9.5　缺页异常

在之前介绍 malloc() 和 mmap() 这两个用户态接口函数的内核实现时，它们只建立了进程地址空间，在用户空间里可以看到虚拟内存，但没有建立虚拟内存和物理内存之间的映射关系。当进程访问这些还没有建立映射关系的虚拟内存时，处理器自动触发缺页异常（有些书中也称为"缺页中断"），Linux 内核必须处理此异常。缺页异常是内存管理中最复杂和重要的一部分，需要考虑很多的细节，包括匿名页面、KSM 页面、文件缓存页面、写时复制、私有映射和共享映射等。

缺页异常处理依赖于处理器的架构，因此缺页异常的底层处理流程实现在内核代码中特定架构的部分。下面以 ARM64 为例来介绍底层缺页异常处理的过程。

ARMv8 架构把异常分成同步异常和异步异常两种。通常异步异常指的是中断，而同步异常指的是异常。

当处理器有异常发生时，处理器会首先跳转到 ARM64 的异常向量表中。Linux 5.4 内核中关于异常向量表的描述保存在 arch/arm64/kernel/entry.S 汇编文件中。

```
<arch/arm64/kernel/entry.S>

/*
 * 异常向量表
 */
    .pushsection ".entry.text", "ax"

    .align  11
ENTRY(vectors)
    # SP0类型的当前异常等级的异常向量表
    kernel_ventry   1, sync_invalid
    kernel_ventry   1, irq_invalid
    kernel_ventry   1, fiq_invalid
    kernel_ventry   1, error_invalid

    # SPx类型的当前异常等级的异常向量表
    kernel_ventry   1, sync
    kernel_ventry   1, irq
    kernel_ventry   1, fiq_invalid
    kernel_ventry   1, error

    # AArch64类型的低异常等级的异常向量表
    kernel_ventry   0, sync
    kernel_ventry   0, irq
    kernel_ventry   0, fiq_invalid
    kernel_ventry   0, error

    # AArch32类型的低异常等级的异常向量表
```

```
    kernel_ventry   0, sync_compat, 32          // Synchronous 32-bit EL0
    kernel_ventry   0, irq_compat, 32           // IRQ 32-bit EL0
    kernel_ventry   0, fiq_invalid_compat, 32   // FIQ 32-bit EL0
    kernel_ventry   0, error_compat, 32         // Error 32-bit EL0
END(vectors)
```

ARMv8 架构中有一个与存储访问失效相关的寄存器，即异常综合信息寄存器（Exception Syndrome Register，ESR）[①]。

ESR 的格式如图 9.32 所示。

图9.32　ESR

ESR 一共包含 4 个字段。

❑　第 32～63 位是保留的位。

❑　第 26～31 位是异常类型（Exception Class，EC），这个字段指示发生异常的类型，同时用来索引 ISS 域（第 0～24 位）。

❑　第 25 位（IL）表示同步异常的指令长度。

❑　第 0～24 位（ISS，Instruction Specific Syndrome）表示具体的异常指令编码。异常指令编码依赖于不同的异常类型，不同的异常类型有不同的编码格式。

除了 ESR 之外，ARMv8 架构还提供了另外一个寄存器——失效地址寄存器（Fault Address Register，FAR）。这个寄存器保存了发生异常时的虚拟地址。

以发生在 EL1 下的数据异常为例，当异常发生后，处理器会首先跳转到 ARM64 的异常向量表中。在查询异常向量表后跳转到 el1_sync()函数里，并使用 el1_sync()函数读取 ESR 的值以判断异常类型。根据异常类型，跳转到不同的处理函数里。对于发生在 EL1 下的数据异常，会跳转到 el1_da()汇编函数里。在 el1_da()汇编函数里读取失效地址寄存器的值，直接调用 C 的 do_mem_abort()函数。系统通过异常状态表预先列出常见的地址失效处理方案，以页面转换失效和页面访问权限失效为例，do_mem_abort()函数最终的解决方案是调用 do_page_fault()来修复。

9.5.1　do_page_fault()函数

缺页异常处理的核心函数是 do_page_fault()，该函数的实现和具体的架构相关。do_page_fault()函数的实现流程如图 9.33 所示。

---

① 详见《ARM Architecture Reference Manual, ARMv8, for ARMv8-A architecture profile》v8.4 版本的 D12.2.36 节。

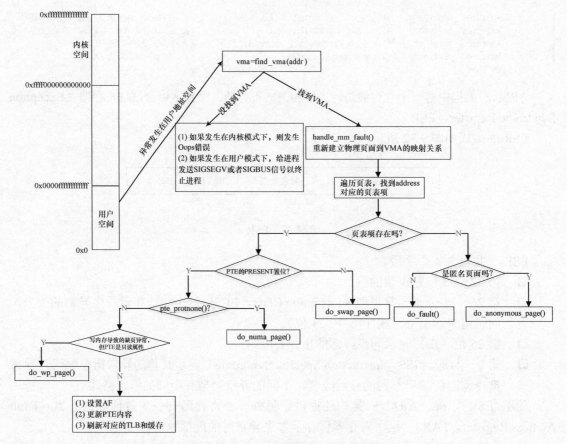

图9.33　do_page_fault()函数的实现流程

9.5.2　匿名页面缺页异常

在 Linux 内核中，没有关联到文件映射的页面称为匿名页面，例如采用 malloc()函数分配的内存或者采用 mmap 机制分配的匿名映射的内存等。在缺页异常处理中，匿名页面处理的核心函数是 do_anonymous_page()，代码实现在 mm/memory.c 文件中。

9.5.3　文件映射缺页中断

在 Linux 内核中，关联具体文件的内存映射称为文件映射，产生的物理内存叫作页高速缓存。当页面是文件映射时，通常会定义 VMA 的 fault()方法。

```
struct vm_operations_struct {
    void (*open)(struct vm_area_struct * area);
```

```
    void (*close)(struct vm_area_struct * area);
    int (*fault)(struct vm_area_struct *vma, struct vm_fault *vmf);
    void (*map_pages)(struct vm_area_struct *vma, struct vm_fault *vmf);
    int (*page_mkwrite)(struct vm_area_struct *vma, struct vm_fault *vmf);
    int (*access)(struct vm_area_struct *vma, unsigned long addr,
            void *buf, int len, int write);
    const char *(*name)(struct vm_area_struct *vma);
    struct page *(*find_special_page)(struct vm_area_struct *vma,
                unsigned long addr);
};
```

fault()方法表示当想要访问的物理页面不在内存中时，该方法会被缺页中断处理函数调用。

9.5.4　写时复制缺页异常

写时复制（Copy-On-Write，COW）是一种可以推迟甚至避免复制数据的技术，在 Linux 内核中主要用在 fork 系统调用里。当执行 fork 系统调用以创建一个新的子进程时，内核不需要复制父进程的整个进程地址空间给子进程，而是让父进程和子进程共享同一个副本。只有当需要写入时，数据才会被复制，从而使父进程和子进程拥有各自的副本。于是，资源的复制只有在需要写入时才进行，在此之前可通过只读的方式来共享。

当一方需要写入原本父子进程共享的页面时，缺页异常就会产生，do_wp_page()函数就会处理那些用户试图修改 PTE 没有可写属性的页面，重新分配一个页面并且复制旧页面的内容到这个新的页面中。

9.6　内存短缺

在 Linux 系统中，当内存有盈余时，内核会尽量多地使用内存作为文件缓存，从而提高系统的性能。文件缓存页面会加入文件类型的 LRU 链表中，当系统内存紧张时，文件缓存页面会被丢弃，被修改的文件缓存会被回写到存储设备中，与块设备同步之后便可释放出物理内存。现在的应用程序越来越转向内存密集型，无论系统中有多少物理内存都是不够用的，因此 Linux 系统会使用存储设备当作交换分区，内核将很少使用的内存换出到交换分区，以便释放出物理内存，这个过程称为页交换（swapping），这种处理机制统称为页面回收（page reclaim）。

9.6.1　页面回收算法

在操作系统的发展过程中，有很多页面回收算法，其中每个算法都有各自的优点和缺点。

Linux 内核中采用的页面回收算法主要是 LRU 算法和第二次机会算法。

1. LRU 算法

LRU 是 Least Recently Used（最近最少使用）的英文缩写。LRU 算法假定最近不使用的页面在较短的时间内也不会频繁使用。在内存不足时，这些页面将成为被换出的候选者。内核使用双向链表来定义 LRU 链表，并且根据页面的类型分为 LRU_ANON 和 LRU_FILE。每种类型根据页面的活跃性分为活跃 LRU 和不活跃 LRU，所以内核中一共有如下 5 种 LRU 链表。

- □ 不活跃的匿名页面链表（LRU_INACTIVE_ANON）。
- □ 活跃的匿名页面链表（LRU_ACTIVE_ANON）。
- □ 不活跃的文件映射页面链表（LRU_INACTIVE_FILE）。
- □ 活跃的文件映射页面链表（LRU_ACTIVE_FILE）。
- □ 不可回收的页面链表（LRU_UNEVICTABLE）。

LRU 链表之所以要分成这样，是因为当内存紧缺时总是优先换出文件缓存页面而不是匿名页面。大多数情况下，文件缓存页面不需要回写磁盘，除非页面内容被修改了，而匿名页面总是要被写入交换分区才能被换出。LRU 链表按照内存管理区来配置，也就是每个内存管理区中都有一整套 LRU 链表，因此内存管理区数据结构中有一个成员 lruvec 指向这些链表。枚举类型 lru_list 列出了上述各种 LRU 链表类型，lruvec 数据结构中则定义了上述各种 LRU 链表。

经典 LRU 算法如图 9.34 所示。

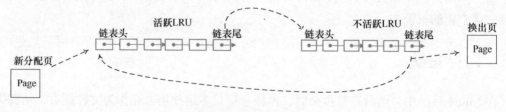

图9.34 经典LRU算法

2. 第二次机会算法

第二次机会算法在经典 LRU 算法的基础上做了一些改进。在经典 LRU 链表（FIFO 链表）中，新产生的页面加入 LRU 链表的开头，并将 LRU 链表中现存的页面向后移动一个位置。当系统内存短缺时，LRU 链表尾部的页面将会离开并被换出。当系统再次需要这些页面时，这些页面会重新置于 LRU 链表的开头。显然，这种设计不是很巧妙，在换出页面时，没有考虑页面是频繁使用还是很少使用。也就是说，频繁使用的页面依然会因为在 LRU 链表的末尾而被换出。

第二次机会算法的改进是为了避免把经常使用的页面置换出去。当选择置换页面时，依然和 LRU 算法一样，选择最早置入链表的页面，即链表末尾的页面。第二次机会算法设置了一个访问位（硬件控制的位）①。检查页面的访问位，如果访问位是 0，就淘汰此页面；如果访问位是 1，就给它第二次机会，并选择下一个页面来换出。当页面得到第二次机会时，它的访问位被清 0，如果该页面在此期间再次被访问过，则访问位置为 1。这样，给了第二次机会的页面将不会被淘汰，直至所有其他页面被淘汰过（或者也给了第二次机会）为止。因此，如果一个页面经常被使用，那么其访问位总保持为 1，因而一直不会被淘汰。

Linux 内核使用 PG_active 和 PG_referenced 这两个标志位来实现第二次机会算法。PG_active 表示该页是否活跃，PG_referenced 表示该页是否被引用过，主要函数如下。

❑ mark_page_accessed()。

❑ page_referenced()。

❑ page_check_references()。

9.6.2 OOM Killer 机制

当页面回收机制也不能满足页面分配器的需求时，OOM Killer 就是最后一个可以借助的重要工具了。它会选择占用内存比较高的进程来终止，从而释放出内存。

OOM Killer 机制提供了几个参数来调整进程在 OOM Killer 中的行为。

❑ /proc/<pid>/oom_score_adj：可以设置为–1 000～1 000 的数值，当设置为–1 000 时，表示不会被 OOM Killer 选中。

❑ /proc/<pid>/oom_adj：值介于–17～15，值越大，越容易被 OOM Killer 选中；值越小，被选中的可能性越小。当值为–17 时，表示进程永远不会被选中。oom_adj 是要被 oom_score_adj 替代的，这里只是为了兼容旧的内核版本而暂时保留，以后会被废弃。

❑ /proc/<pid>/oom_score：表示当前进程的 OOM 分数。

9.7 内存管理日志信息以及调试信息

内存管理是一个相对复杂的内核模块，错综复杂的数据结构让人摸不着头脑。Linux 内核为了帮助大家从宏观上把握系统内存的使用情况，在几大核心数据结构中有相应的统计计数，比如物理页面使用情况、伙伴系统分配情况、内存管理区的物理页面使用情况等。

9.7.1 vm_stat 计数

内存管理模块定义了 3 个全局的 vm_stat 计数，其中 vm_zone_stat 是与 zone 相关的计数，vm_numa_stat 是与 NUMA 相关的计数，vm_node_stat 则是与内存节点相关的计数。

---

① 对于 Linux 内核来说，PTE_YOUNG 标志位是硬件控制的位，PG_active 和 PG_referenced 是软件控制的位。

```
<mm/vmstat.c>

atomic_long_t
vm_zone_stat[NR_VM_ZONE_STAT_ITEMS]__cacheline_aligned_in_smp;

atomic_long_t
vm_numa_stat[NR_VM_NUMA_STAT_ITEMS]__cacheline_aligned_in_smp;

atomic_long_t
vm_node_stat[NR_VM_NODE_STAT_ITEMS]__cacheline_aligned_in_smp;
```

另外，zone 数据结构中也包含了与页面相关的统计计数。

```
<include/linux/mmzone.h>

struct zone {
    …
    atomic_long_t vm_stat[NR_VM_ZONE_STAT_ITEMS];
    …
}
```

数据结构 pglist_data 包含了与页面相关的统计计数。

```
<include/linux/mmzone.h>

typedef struct pglist_data {
    …
    atomic_long_t vm_stat[NR_VM_NODE_STAT_ITEMS];
    …
}
```

内核提供了几个接口函数来统计页面计数，包括获取计数、增加计数和递减计数等。

```
static inline void zone_page_state_add(long x, struct zone *zone,
                enum zone_stat_item item)

static inline void node_page_state_add(long x, struct pglist_data *pgdat,
                enum node_stat_item item)

static inline unsigned long global_zone_page_state(enum zone_stat_item item)

static inline unsigned long global_node_page_state(enum node_stat_item item)

void inc_zone_page_state(struct page *page, enum zone_stat_item item)

void dec_zone_page_state(struct page *page, enum zone_stat_item item)
```

❑ zone_page_state_add()函数的作用是增加 x 个 item 类型的页面计数到内存管理区的 vm_stat 数组和全局的 vm_zone_stat 数组中。

❑ node_page_state_add()函数的作用是增加 x 个 item 类型的页面计数到内存节点的 vm_stat 数组和全局的 vm_node_stat 数组中。

❑ global_zone_page_state()函数的作用是读取全局的 vm_zone_stat 数组中的 item 类型页面的计数。

- ❑ global_node_page_state()函数的作用是读取全局的 vm_node_stat 数组中的 item 类型页面的计数。
- ❑ inc_zone_page_state()函数的作用是增加内存管理区中的 item 类型页面的计数。
- ❑ dec_zone_page_state()函数的作用是递减内存管理区中的 item 类型页面的计数。

9.7.2　meminfo 分析

在 Linux 系统中，查看系统内存最准确的方法是展开"/proc/meminfo"这个节点，从而显示当前时刻系统中所有物理页面的信息。

```
rlk@ubuntu:~# cat /proc/meminfo
MemTotal:        737696 KB
MemFree:         574684 KB
MemAvailable:    611380 KB
Buffers:           4616 KB
Cached:           91284 KB
SwapCached:           0 KB
Active:           42676 KB
Inactive:         68768 KB
Active(anon):     15668 KB
Inactive(anon):    4704 KB
Active(file):     27008 KB
Inactive(file):   64064 KB
Unevictable:          0 KB
Mlocked:              0 KB
SwapTotal:            0 KB
SwapFree:             0 KB
…
```

meminfo 节点实现在 meminfo_proc_show()函数中，保存在 fs/proc/meminfo.c 文件中。meminfo 节点显示的条目如表 9.8 所示。

表 9.8　meminfo 节点显示的条目

条　　目	描述（实现）
MemTotal	系统当前可用物理内存总量，可通过读取全局变量_totalram_pages来获得
MemFree	系统当前剩余空闲物理内存，可通过读取全局变量vm_zone_stat[]数组中的NR_FREE_PAGES类型来获得
MemAvailable	系统中可使用页面的数量，可使用si_mem_available()函数来计算。 公式为MemAvailable = memfree + page cache + reclaimable−totalreserve_pages 这里包括了活跃的文件映射页面（LRU_ACTIVE_FILE）、不活跃的文件映射页面（LRU_INACTIVE_FILE）、可回收的slab页面（NR_SLAB_RECLAIMABLE）以及其他可回收的内核页面（NR_KERNEL_MISC_RECLAIMABLE）等，最后减去系统保留的页面

（续表）

条　　目	描述（实现）
Buffers	用于block层的缓存，可通过nr_blockdev_pages()函数来计算
Cached	用于文件缓存的页面 计算公式为Cached = NR_FILE_PAGES – 交换缓存 – Buffers
SwapCached	用于统计交换缓存的数量，交换缓存类似于文件缓存页面，只不过前者对应的是交换分区，而文件缓存页面对应的是文件。这里表示匿名页面曾经被交换出去，现在又被交换回来，但是页面内容还在交换缓存中
Active	包括活跃的匿名页面与活跃的文件映射页面
Inactive	包括不活跃的匿名页面与不活跃的文件映射页面
Active(anon)	活跃的匿名页面
Inactive(anon)	不活跃的匿名页面
Active(file)	活跃的文件映射页面
Inactive(file)	不活跃的文件映射页面
Unevictable	不能回收的页面
Mlocked	不会被交换到交换磁盘的页面，可通过全局的vm_zone_stat[]数组中的NR_MLOCK类型来统计
SwapTotal	交换分区的大小
SwapFree	交换分区的空闲空间大小
Dirty	脏页的数量，可通过全局的vm_node_stat[]数组中的NR_FILE_DIRTY类型来统计
Writeback	正在回写的页面数量，可通过全局的vm_node_stat[]数组中的NR_WRITEBACK类型来统计
AnonPages	统计有反向映射（RMAP）的页面，通常这些页面都是匿名页面并且都被映射到了用户空间，但并不是所有匿名页面都配置了反向映射，比如部分的shmem以及tmpfs页面就没有设置反向映射。可通过全局的vm_node_stat[]数组中的NR_ANON_MAPPED类型来统计
Mapped	统计所有映射到用户地址空间的内容缓存页面，可通过全局的vm_node_stat[]数组中的NR_FILE_MAPPED类型来统计
Shmem	共享内存（基于tmpfs实现的shmem、devtmfs等）页面的数量，可通过全局的vm_node_stat[]数组中的NR_SHMEM类型来统计
KReclaimable	内核可回收的内存，包括可回收的slab页面以及其他可回收的内核页面
Slab	所有slab页面，包括可回收的slab页面和不可回收的slab页面

（续表）

条 目	描述（实现）
SReclaimable	可回收的slab页面
SUnreclaim	不可回收的slab页面
KernelStack	所有进程内核栈的总大小，可通过全局数组vm_zone_stat[]中的NR_KERNEL_STACK_KB类型来统计
PageTables	所有用于页表的页面数量，可通过全局数组vm_zone_stat[]中的NR_PAGETABLE类型来统计
NFS_Unstable	在NFS网络文件系统中，发送到服务器端但是还没有写入磁盘的页面
WritebackTmp	回写过程中使用的临时缓存
VmallocTotal	vmalloc区间的总大小
VmallocUsed	已经使用的vmalloc区间的总大小
Percpu	Percpu机制使用的页面，可通过pcpu_nr_pages()函数来统计
AnonHugePages	统计透明巨页（Transparent Huge Page，THP）的数量
ShmemHugePages	统计在shmem或tmpfs中使用的透明巨页的数量
ShmemPmdMapped	统计使用透明巨页并且映射到用户空间的shmem或tmpfs的页面数量
CmaTotal	CMA机制下使用的内存
CmaFree	CMA机制下空闲的内存
HugePages_Total	普通巨页（hugetlb）的页面数量，普通巨页是预分配的
HugePages_Free	空闲的普通巨页的页面数量
Hugepagesize	普通巨页的大小，通常是2MB或1GB
Hugetlb	普通巨页的总大小，单位是千字节

9.7.3 伙伴系统信息

通过"/proc/buddyinfo"节点可以显示当前系统的伙伴系统简要信息，而通过"/proc/pagetypeinfo"节点（见图 9.35）则可以显示当前系统的伙伴系统详细信息，包括每种迁移类型以及每个 order 链表成员的数量等。

从图 9.35 可知，当前系统只有一个 DMA32 类型的 zone，支持的迁移类型有 Unmovable、Movable、Reclaimable、CMA、HighAtomic 以及 Isolate 等，其中页面数量最多的迁移类型是 Movable。迁移类型的最小单位是页块（page block），在 ARM64 架构中，页块的大小是 2MB，order 为 9，一共 512 个页面。

```
root@benshushu:~# cat /proc/pagetypeinfo
Page block order: 9
Pages per block:  512

Free pages count per migrate type at order       0      1      2      3      4      5      6      7      8      9     10
Node    0, zone    DMA32, type    Unmovable      1      1      2      2      1      0      0      1      1      1      0
Node    0, zone    DMA32, type      Movable      2      0      2      1      2      0      0      0      0      0    196
Node    0, zone    DMA32, type  Reclaimable      2      1      1      2      1      1      1      1      1      0      0
Node    0, zone    DMA32, type   HighAtomic      0      0      0      0      0      0      0      0      0      0      0
Node    0, zone    DMA32, type          CMA      1      1      1      0      1      1      0      1      1      1     15
Node    0, zone    DMA32, type      Isolate      0      0      0      0      0      0      0      0      0      0      0

Number of blocks type     Unmovable      Movable  Reclaimable   HighAtomic          CMA      Isolate
Node 0, zone    DMA32           20          452            8            0           32            0
root@benshushu:~#
```

图9.35　pagetypeinfo节点

读者需要注意，页块的大小和普通巨页有关。当系统配置了 CONFIG_HUGETLB_ PAGE 时，页块的 order 大小等于 HUGETLB_PAGE_ORDER，通常是 9；否则，页块的 order 大小是 10，如图 9.36 所示。

```
#ifdef CONFIG_HUGETLB_PAGE
#define pageblock_order         HUGETLB_PAGE_ORDER
#else
#define pageblock_order         (MAX_ORDER-1)
#endif
```

```
root@benshushu:~# cat /proc/pagetypeinfo
Page block order: 10
Pages per block:  1024

Free pages count per migrate type at order       0      1      2      3      4      5      6      7      8      9     10
Node    0, zone    DMA32, type    Unmovable     22      0      1      1      1      1      0      0      1      0      0
Node    0, zone    DMA32, type      Movable     22      1      1      0      1      0      1      1      0      1    195
Node    0, zone    DMA32, type  Reclaimable      1      3      1      1      1      1      1      0      1      0      0
Node    0, zone    DMA32, type   HighAtomic      0      0      0      0      0      0      0      0      0      0      0
Node    0, zone    DMA32, type          CMA      1      1      1      0      1      1      0      1      1      1     15
Node    0, zone    DMA32, type      Isolate      0      0      0      0      0      0      0      0      0      0      0

Number of blocks type     Unmovable      Movable  Reclaimable   HighAtomic          CMA      Isolate
Node 0, zone    DMA32            9          227            4            0           16            0
root@benshushu:~#
```

图9.36　没有配置hugetlb的情况

9.7.4　查看内存管理区的信息

“/proc/zoneinfo”节点包含当前系统中所有内存管理区的信息。“/proc/zoneinfo”节点包含如下几部分信息。

1）显示当前内存节点的内存统计信息

下面是“/proc/zoneinfo”节点的第一部分信息。

```
<zoneinfo节点信息1>

benshushu:~# cat /proc/zoneinfo
Node 0, zone    DMA32 /*行A*/
  per-node stats /*行B*/
```

```
nr_inactive_anon 1177
nr_active_anon 4516
nr_inactive_file 15937
nr_active_file 6548
…
nr_kernel_misc_reclaimable 0
```

在行 A 中，表示当前是第 0 个内存节点，当前 zone 为 DMA32 类型。

在行 B 中，表示下面要显示内存节点的总体信息。如果当前 zone 是内存节点的第一个 zone，那么会显示内存节点的总信息。可通过 node_page_state() 函数来读取内存节点的数据结构 pglist_data 中的 vm_stat 计数。

上述日志是在 zoneinfo_show_print() 函数里输出的。

```
<mm/vmstat.c>

static void zoneinfo_show_print(struct seq_file *m, pg_data_t *pgdat,
                                struct zone *zone)
```

2）显示当前 zone 的总信息

下面继续查看 zoneinfo 节点信息。

```
<zoneinfo节点信息2>

pages free     143627
      min      5632
      low      7040
      high     8448
      spanned  262144
      present  262144
      managed  184424
      protection: (0, 0, 0)
```

- ❑ pages free：表示这个 zone 的空闲页面的数量。
- ❑ min：表示这个 zone 的最低警戒水位的页面数量。
- ❑ low：表示这个 zone 的低水位的页面数量。
- ❑ high：表示这个 zone 的高水位的页面数量。
- ❑ spanned：表示这个 zone 包含的页面数量。
- ❑ present：表示这个 zone 中实际管理的页面数量。
- ❑ managed：表示这个 zone 中被伙伴系统管理的页面数量。
- ❑ protection：表示这个 zone 预留的内存（lowmem_reserve）。

3）显示 zone 的详细页面信息

接下来显示 zone 的详细页面信息。

```
<zoneinfo节点信息3>

    nr_free_pages 143627
```

```
    nr_zone_inactive_anon 1177
    nr_zone_active_anon 4516
    nr_zone_inactive_file 15937
    numa_local  81554
    numa_other  0
    ...
```

可通过 zone_page_state()函数来读取 zone 数据结构中的 vm_stat 计数。

4）显示每个 CPU 内存分配器的信息

最后显示每个 CPU 内存分配器（percpu memory allocator）的信息。

```
<zoneinfo节点信息4>

pagesets
    cpu: 0
            count: 57
            high:  186
            batch: 31
  vm stats threshold: 24
  ...
  node_unreclaimable: 0
  start_pfn:          262144
```

❑ pagesets：表示每个 CPU 内存分配器中每个 CPU 缓存的页面信息。

❑ node_unreclaimable：表示页面回收失败的次数。

❑ start_pfn：表示这个 zone 的起始页帧号。

9.7.5 查看进程相关的内存信息

进程的数据结构 mm_struct 中有一个 rss_stat 成员，用来记录进程的内存使用情况。

```
<include/linux/mm_types.h>

enum {
    MM_FILEPAGES,    /* 文件映射页面*/
    MM_ANONPAGES,    /* 匿名页面*/
    MM_SWAPENTS,     /* 匿名交换页面*/
    MM_SHMEMPAGES,   /* 共享内存页面 */
    NR_MM_COUNTERS
};

struct mm_rss_stat {
    atomic_long_t count[NR_MM_COUNTERS];
};

struct mm_struct {
    ...
    struct mm_rss_stat rss_stat;
    ...
}
```

进程的数据结构 mm_struct 会记录下面 4 种页面的数量。

❑ MM_FILEPAGES：进程使用的文件映射页面数量。

❑ MM_ANONPAGES：进程使用的匿名页面数量。

❑ MM_SWAPENTS：进程使用的交换页面数量。

❑ MM_SHMEMPAGES：进程使用的共享内存页面数量。

用于增加和递减进程内存计数的接口函数有以下 6 个。

❑ unsigned long get_mm_counter(struct mm_struct *mm, int member)：获取 member 类型计数。

❑ void add_mm_counter(struct mm_struct *mm, int member, long value)：给 member 类型计数增加 value。

❑ void inc_mm_counter(struct mm_struct *mm, int member)：给 member 类型计数加 1。

❑ void dec_mm_counter(struct mm_struct *mm, int member)：给 member 类型计数减 1。

❑ nt mm_counter_file(struct page *page)：当 page 不是匿名页面时，如果设置了 PageSwapBacked，那么返回 MM_SHMEMPAGES；否则，返回 MM_FILEPAGES。

❑ int mm_counter(struct page *page)：返回 page 对应的统计类型。

proc 文件系统的下面是每个进程的相关信息，其中"/proc/PID/status"节点显示了不少和具体进程的内存相关的信息。下面是 sshd 线程的 status 信息，这里只截取了和内存相关的信息。

```
rlk@benshushu:/proc# cat /proc/585/status | grep -E
'Name|Pid|Vm*|Rss*|Vm*|Hu*'

Name:    sshd
Pid:     585
VmPeak:    11796 KB
VmSize:    11796 KB
VmLck:         0 KB
VmPin:         0 KB
VmHWM:      5120 KB
VmRSS:      5120 KB
RssAnon:            700 KB
RssFile:           4420 KB
RssShmem:             0 KB
VmData:      664 KB
VmStk:       132 KB
VmExe:       764 KB
VmLib:      8204 KB
VmPTE:        60 KB
VmSwap:        0 KB
HugetlbPages:          0 KB
```

❑ Name：进程的名称。

❑ Pid：进程的 ID。

❑ **VmPeak**：进程使用的最大虚拟内存，通常情况下等于进程的内存描述符 mm 中的 total_vm 字段。

❑ **VmSize**：进程使用的虚拟内存，等于 mm->total_vm。

❑ **VmLck**：进程锁住的内存，等于 mm->locked_vm。

❑ **VmPin**：进程 pin 住的内存，等于 mm->pinned_vm。

❑ **VmHWM**：进程使用的最大物理内存，通常等于进程使用的匿名页面加上文件映射以及 shmem 共享内存的总和。

❑ **VmRSS**：进程使用的最大物理内存，常常等于 VmHWM，计算公式为 VmRSS = RssAnon + RssFile + RssShmem

❑ **RssAnon**：进程使用的匿名页面，可通过 get_mm_counter(mm, MM_ANONPAGES) 来获取。

❑ **RssFile**：进程使用的文件映射页面，可通过 get_mm_counter(mm, MM_FILEPAGES) 来获取。

❑ **RssShmem**：进程使用的共享内存页面，可通过 get_mm_counter(mm, MM_SHMEMPAGES) 来获取。

❑ **VmData**：进程私有数据段的大小，等于 mm->data_vm。

❑ **VmStk**：进程用户栈的大小，等于 mm->stack_vm。

❑ **VmExe**：进程代码段的大小，可通过内存描述符 mm 中的 start_code 和 end_code 两个成员来计算。

❑ **VmLib**：进程共享库的大小，可通过内存描述符 mm 中的 exec_vm 和 VmExe 来计算。

❑ **VmPTE**：进程页表的大小，可通过内存描述符 mm 中的 pgtables_bytes 成员来获取。

❑ **VmSwap**：进程使用的交换分区的大小，可通过 get_mm_counter(mm, MM_SWAPENTS) 来获取。

❑ **HugetlbPages**：进程使用的 hugetlb 页面的大小，可通过内存描述符中的 hugetlb_usage 成员来获取。

9.7.6　查看系统内存信息的工具

下面介绍两个常见的用于查看系统内存信息的工具——top 命令和 vmstat 命令。

1．top 命令

top 命令是最常用的查看 Linux 系统信息的命令之一，可以实时显示系统中各个进程的资源占用情况。

```
Tasks: 585 total,   1 running, 285 sleeping, 298 stopped,   1 zombie
%Cpu(s):  0.3 us,  0.1 sy,  0.0 ni, 99.5 id,  0.0 wa,  0.0 hi,  0.0 si,  0.0 st
KiB Mem :  7949596 total,   640464 free,  5042036 used,  2267096 buff/cache
```

```
KiB Swap: 16586748 total, 13447420 free,  3139328 used.  2226976 avail Mem

  PID USER       PR  NI    VIRT     RES     SHR S  %CPU %MEM     TIME+ COMMAND
 3958 figo       20   0  453988  117044   77620 S   3.0  1.5  20:27.13 Xvnc4
 4052 figo       20   0  668728   44504   11264 S   2.3  0.6  11:13.86
gnome-terminal-server
    8 root       20   0       0       0       0 S   0.3  0.0  15:07.14 [rcu_sched]
 2850 figo       20   0 1508396  288632   32944 S   0.3  3.6 404:23.96 compiz
 6851 figo       20   0   44116    4156    3004 R   0.3  0.1   0:00.32 top
    2 root       20   0       0       0       0 S   0.0  0.0   0:00.89 [kthreadd]
    4 root        0 -20       0       0       0 S   0.0  0.0   0:00.00 [kworker/0:0H]
    6 root        0 -20       0       0       0 S   0.0  0.0   0:00.00 [mm_percpu_wq]
    7 root       20   0       0       0       0 S   0.0  0.0   0:07.72 [ksoftirqd/0]
    9 root       20   0       0       0       0 S   0.0  0.0   0:00.00 [rcu_bh]
   10 root       rt   0       0       0       0 S   0.0  0.0   0:00.31 [migration/0]
   11 root       rt   0       0       0       0 S   0.0  0.0   0:11.32 [watchdog/0]
```

第 3 行和第 4 行不仅显示了主存（Mem）与交换分区（Swap）的总量、空闲量以及使用量，还显示了缓冲区以及页缓存大小（buff/cache）。

第 5 行显示了进程信息区的统计数据。

- ❑ PID：进程的 ID。
- ❑ USER：进程所有者的用户名。
- ❑ PR：进程优先级。
- ❑ NI：进程的 nice 值。
- ❑ VIRT：进程使用的虚拟内存总量，单位是千字节。
- ❑ RES：进程使用的并且未被换出的物理内存大小，单位是千字节。
- ❑ SHR：共享内存大小，单位是千字节。
- ❑ S：进程的状态（D 表示不可中断的睡眠状态，R 表示运行状态，S 表示睡眠状态，T 表示跟踪/停止状态，Z 表示僵尸状态）。
- ❑ %CPU：上一次更新到现在的 CPU 时间占用百分比。
- ❑ %MEM：进程使用的物理内存百分比。
- ❑ TIME+：进程使用的 CPU 时间总计，单位是 10ms。
- ❑ COMMAND：命令名或命令行。

上面列出了人们常用的统计信息，但还有一些隐藏的统计信息，比如 CODE（可执行代码大小）、SWAP（交换出去的内存大小）、nMaj/nMin（产生缺页异常的次数）等，可以通过 f 键来选择要显示的内容。

除此之外，top 命令还可以在执行过程中使用一些交互命令，比如"M"可以让进程按使用的内存大小排序。

2. vmstat 命令

vmstat 命令也是常见的 Linux 系统监控工具，可以显示系统的 CPU、内存以及 I/O 使用情况。

vmstat 命令通常带有两个参数：第一个参数是时间间隔，单位是秒；第二个参数是采样次数。比如"vmstat 2 5"表示每 2s 采样一次数据，并且连续采样 5 次。

```
figo@figo-OptiPlex-9020:~$ vmstat
procs -----------memory---------- ---swap-- -----io---- -system--
------cpu-----
 r  b   swpd   free    buff  cache   si   so    bi    bo   in   cs us sy id wa st
 0  0 3139328 645744 1242708 1016716    0    0     4     2    0    1  0  0 99  0  0
```

vmstat 命令显示的内存单位是千字节。在大型服务器中，可以使用-S 选项按兆字节或吉字节来显示。

```
figo@figo-OptiPlex-9020:~$ vmstat -S M
procs -----------memory---------- ---swap-- -----io---- -system--
------cpu-----
 r  b   swpd   free    buff  cache   si   so    bi    bo   in   cs us sy id wa st
 0  0   3065   630   1213   992    0    0     4     2    0    1  0  0 99  0  0
```

下面简单介绍 vmstat 命令中各个参数的含义。

- ❑ 　r：表示在运行队列中正在执行和等待的进程数。
- ❑ 　b：表示阻塞的进程。
- ❑ 　swap：表示交换到交换分区的内存大小。
- ❑ 　free：空闲的物理内存大小。
- ❑ 　buff：用作磁盘缓存的大小。
- ❑ 　cache：用于页面缓存的内存大小。
- ❑ 　si：每秒从交换分区读回到内存的大小。
- ❑ 　so：每秒写入交换分区的大小。
- ❑ 　bi：每秒读取磁盘（块设备）的块数量。
- ❑ 　bo：每秒写入磁盘（块设备）的块数量。
- ❑ 　in：每秒中断数，包括时钟中断。
- ❑ 　cs：每秒上下文切换数量。
- ❑ 　us：用户进程执行时间百分比。
- ❑ 　sy：内核系统进程执行时间百分比。
- ❑ 　wa：I/O 等待时间百分比。
- ❑ 　id：空闲时间百分比。

9.8　内存管理实验

Linux 内核的内存管理非常复杂，下面通过几个有趣的实验来加深读者对内存管理的理解。

9.8.1 实验 9-1：查看系统内存信息

1．实验目的

（1）通过熟悉 Linux 系统中常用的内存监测工具来感性地认识和了解内存管理。

（2）在 Ubuntu Linux 下查看系统内存信息。

2．实验要求

（1）熟悉 top 和 vmstat 命令的使用。

（2）Linux 系统中是否还有其他的查看系统内存信息的工具，请下载并尝试使用。

9.8.2 实验 9-2：获取系统的物理内存信息

1．实验目的

了解和熟悉 Linux 内核的物理内存管理方法，比如 page 数据结构的使用，以及 flags 标志位的使用。

2．实验要求

Linux 内核对每个物理页面都通过 page 数据结构来描述，内核为每一个物理页面都分配了这样的 page 数据结构，并且存储到全局数组 mem_map[]中。它们之间是 1:1 的线性映射关系，即 mem_map[]数组的第 0 个元素指向页帧号为 0 的物理页面的 page 数据结构。请写一个简单的内核模块程序，通过遍历 mem_map[]数组来统计当前系统有多少个空闲页面、保留页面、交换缓存页面、slab 页面、脏页面、活跃页面、正在回写的页面等。

9.8.3 实验 9-3：分配内存

1．实验目的

理解 Linux 内核中分配内存的常用接口函数的使用方法和实现原理等。

2．实验要求

（1）分配页面。

写一个内核模块，然后在树莓派或 QEMU 实验平台上做实验。使用 alloc_page()函数分配一个物理页面，然后输出该物理页面的物理地址，同时输出该物理页面在内核空间中的虚拟地址，最后把这个物理页面全部填充为 0x55。

思考一下，如果使用 GFP_KERNEL 或 GFP_HIGHUSER_MOVABLE 作为分配掩码，会有什么不一样？

（2）尝试分配最大的内存。

写一个内核模块，然后在树莓派或 QEMU 实验平台上做实验。测试可以动态分配多大的物理内存块，可使用__get_free_pages()函数来分配。你可以从分配一个物理页面开始，一直加大分配的页面数量，然后看看当前系统最大可以分配多少个连续的物理页面。

注意，请使用 GFP_ATOMIC 作为分配掩码，并思考如何使用该分配掩码。

同样，请使用 kmalloc()函数去测试可以分配多大的内存。

9.8.4　实验 9-4：slab

1．实验目的
了解和熟悉使用 slab 机制分配内存，并理解 slab 机制的原理。

2．实验要求
（1）编写一个内核模块。创建名为"test_object"的 slab 描述符，大小为 20 字节，align 为 8 字节，flags 为 0。然后从这个 slab 描述符中分配一个空闲对象。

（2）查看系统当前所有的 slab。

9.8.5　实验 9-5：VMA

1．实验目的
理解进程地址空间的管理，特别是理解 VMA 的相关操作。

2．实验要求
编写一个内核模块。遍历一个用户进程中的所有 VMA，并且输出这些 VMA 的属性信息，比如 VMA 的大小、起始地址等。然后通过比较/proc/pid/maps 节点中显示的信息看看编写的内核模块是否正确。

9.8.6　实验 9-6：mmap

1．实验目的
理解 mmap 系统调用的使用方法以及实现原理。

2．实验要求
（1）编写一个简单的字符设备程序。分配一段物理内存，然后使用 mmap 系统调用把这段物理内存映射到进程地址空间，用户进程在打开这个驱动之后就可以读写这段物理内存了。你需要实现 mmap()、read()和 write()方法。

（2）在用户空间中写一个简单的测试程序来测试这个字符设备驱动，比如测试 open()、mmap()、read()和 write()方法。

9.8.7　实验 9-7：映射用户内存

1．实验目的

映射用户内存用于把用户空间中的虚拟内存空间传到内核空间。内核空间为其分配物理内存并建立相应的映射关系，然后锁住这些物理内存。这种方法在很多驱动程序中非常常见，比如在 camera 驱动的 V4L2 核心架构中可以使用用户空间内存类型（V4L2_MEMORY_USERPTR）来分配物理内存，camera 驱动的实现使用的是 get_user_pages()函数。

本实验尝试使用 get_user_pages()函数来分配和锁住物理内存。

2．实验要求

（1）编写一个简单的字符设备程序。使用 get_user_pages()函数为用户空间传递下来的虚拟地址空间分配和锁住物理内存。

（2）在用户空间中写一个简单的测试程序来测试这个字符设备驱动。在用户空间中分配内存，初始化一段数据。通过 write()函数把数据写入设备缓存中，然后通过 read()函数把数据从设备缓存中读回来，然后比较内容是否一致。

（3）请读者思考，若在测试程序中使用 malloc()接口函数来分配内存，并且把内存的虚拟地址传递给内核空间的 get_user_pages()函数，会发生什么情况。

9.8.8　实验 9-8：OOM

1．实验目的

了解 OOM 机制的实现原理。

2．实验要求

（1）编写一个简单的应用程序，这个应用程序只分配内存，不释放内存。然后不断地重复执行这个应用程序，直到系统的 OOM Killer 机制起作用。

（2）分析 OOM Killer 输出的日志信息。

第 **10** 章 同步管理

编写内核代码或驱动代码时需要留意共享资源的保护，防止共享资源被并发访问。所谓并发访问，是指多个内核路径同时访问和操作数据，有可能发生相互覆盖共享数据的情况，造成被访问数据的不一致。内核路径可以是内核执行路径、中断处理程序或内核线程等。并发访问可能会造成系统不稳定或产生错误，且很难跟踪和调试。

在早期不支持对称多处理器（SMP）的 Linux 内核中，导致并发访问的因素是中断服务程序，只有在中断发生时，或者内核代码路径显式地要求重新调度并且执行另一个进程时，才有可能发生并发访问。在支持 SMP 的 Linux 内核中，并发运行在不同 CPU 中的内核线程完全有可能在同一时刻并发访问共享数据，并发访问随时可能发生。特别是现在的 Linux 内核已经支持内核抢占，调度器可以抢占正在运行的进程，重新调度其他进程来执行。

在计算机术语中，临界区是指访问和操作共享数据的代码段，这些资源无法同时被多个执行线程访问，访问临界区的执行线程或代码路径称为并发源。为了避免临界区中的并发访问，开发者必须保证访问临界区的原子性，也就是说，在临界区内不能有多个并发源同时执行，整个临界区就像一个不可分割的整体。

在内核中产生并发访问的并发源主要有如下 4 种。

- ❑ 中断和异常：中断发生后，中断处理程序和被中断的进程之间有可能产生并发访问。
- ❑ 软中断和 tasklet：软中断或 tasklet 可能随时被调度执行，从而打断当前正在执行的进程上下文。
- ❑ 内核抢占：调度器支持可抢占特性，这会导致进程之间的并发访问。
- ❑ 多处理器并发执行：在多处理器上可以同时运行多个进程。

上述情况需要将单核和多核系统区别对待。对于单核系统，主要有如下并发源。

- ❑ 中断处理程序可以打断软中断、tasklet 和进程上下文的执行。
- ❑ 软中断和 tasklet 之间不会并发，但是可以打断进程上下文的执行。
- ❑ 在支持抢占的内核中，进程上下文之间会产生并发。
- ❑ 在不支持抢占的内核中，进程上下文之间不会产生并发。

对于 SMP 系统，情况会更为复杂。

- ❑ 同一类型的中断处理程序不会并发，但是不同类型的中断有可能被送到不同的

CPU，因此不同类型的中断处理程序可能存在并发执行。

- 同一类型的软中断会在不同的 CPU 上并发执行。
- 同一类型的 tasklet 是串行执行的，不会在多个 CPU 上并发执行。
- 不同 CPU 上的进程上下文会并发执行。

例如，进程上下文在操作某个临界资源时发生了中断，恰巧某个中断处理程序也访问了这个资源。

在以下情况下，可能会产生并发访问的漏洞。

- 未使用内核同步机制保护资源。
- 进程上下文在访问和修改临界区资源时发生了抢占调度。
- 在自旋锁的临界区中主动睡眠并让出 CPU。
- 两个 CPU 同时修改某个临界区资源。

在实际工程中，真正困难的是如何发现内核代码存在并发访问的可能性并采取有效的保护措施。在编写代码时，应该考虑哪些资源是临界区以及应采取哪些保护机制。如果在设计完代码之后再回溯查找哪些资源需要保护，将会非常困难。

在复杂的内核代码中，找出需要保护的地方是一件不容易的事情，任何可能被并发访问的数据都需要保护。究竟什么样的数据需要保护呢？如果有多个内核代码路径可能访问到该数据，那就应该对该数据加以保护。但有一条原则要记住，是保护资源或数据，而不是保护代码，包括静态局部变量、全局变量、共享的数据结构、缓存、链表、红黑树等各种形式中隐含的资源数据。在内核代码以及驱动的实际编写过程中，对资源数据需要做如下一些思考。

- 除了当前内核代码路径外，是否还有其他内核代码路径会访问资源数据？例如中断处理程序、工作者（worker）处理程序、tasklet 处理程序、软中断处理程序等。
- 当前内核代码路径访问资源数据时被抢占，被调度执行的进程会不会访问该资源数据？
- 进程会不会睡眠阻塞等待资源数据？

Linux 内核提供了多种并发访问的保护机制，例如原子操作、自旋锁、信号量、互斥锁、读写锁、RCU 等，本章将详细分析这些保护机制的实现。了解 Linux 内核中各种锁的实现机制只是第一步，重要的是要想清楚哪些地方是临界区，以及该用什么机制来保护这些临界区。

10.1 原子操作与内存屏障

10.1.1 原子操作

原子操作是指保证指令以原子的方式执行，执行过程不会被打断。在如下代码片段中，假设线程 A 和线程 B 都尝试进行 i++ 操作，线程 A 函数和线程 B 函数执行完毕后，i 的值是多少？

```
static int i =0;

//线程A函数
void thread_A_func()
{
    i++;
}

//线程B函数
void thread_B_func()
{
    i++;
}
```

有的读者可能认为是 2，但也有可能不是 2。

```
    CPU0                                  CPU1
-------------------------------------------------------------
  thread_A_func
    load i= 0
                                        thread_B_func
                                          Load i=0
    i++
                                            i++
    store i (i=1)
                                          store i  (i=1)
```

从上面的代码执行情况看，最终结果也有可能等于 1。因为变量 i 是临界资源，所以 CPU0 和 CPU1 都有可能同时访问，从而发生并发访问。从 CPU 角度看，变量 i 是静态全局变量，存储在数据段中，首先读取变量的值到通用寄存器中，然后在通用寄存器里做 i++ 运算，最后把寄存器的数值写回变量 i 所在的内存。在多处理器架构中，上述动作有可能同时进行。如果线程 B 函数在某个中断处理函数中执行，那么在单处理器架构上依然可能会发生并发访问。

针对上述例子，有的读者认为可以使用加锁的方式，例如使用自旋锁来保证 i++ 操作的原子性，但是加锁操作会导致比较大的开销，用在这里有些浪费。Linux 内核提供了 atomic_t 类型的原子变量，它的实现依赖于不同的架构。atomic_t 类型的具体定义如下。

```
<include/linux/types.h>

typedef struct {
    int counter;
} atomic_t;
```

atomic_t 类型的原子操作函数实现了操作的原子性和完整性，在内核看来，原子操作函数就像一条汇编语句，保证了操作不会被打断，比如上述 i++语句就可能被打断。要保证操作的完整性和原子性，通常需要原子地完成"读-修改-回写"机制，中间不能被打断。在下述过程中，如果有其他 CPU 同时对原子变量进行写操作，就会发生数据完整性问题。

- 读取原子变量的值。
- 修改原子变量的值。
- 把新值写回内存。

因此，处理器必须提供原子操作的汇编指令来完成上述操作，比如 ARM64 处理器提供 cas 指令，x86 处理器提供 cmpxchg 指令。

Linux 内核提供了很多操作原子变量的函数。

1. 基本原子操作函数

Linux 内核提供的基本原子操作函数包括 atomic_read() 和 atomic_set() 函数。

```
<include/asm-generic/atomic.h>

#define ATOMIC_INIT(i)  //声明一个原子变量并初始化为i
#define atomic_read(v)  //读取原子变量v的值
#define atomic_set(v,i) //设置原子变量v的值为i
```

上述两个函数可直接调用 READ_ONCE() 或 WRITE_ONCE() 宏来实现，不包括"读-修改-回写"机制，直接使用上述函数容易引发并发问题。

2. 不带返回值的原子操作函数

不带返回值的原子操作函数主要包括如下函数。

```
atomic_inc(v)     //原子地给v加1
atomic_dec(v)     //原子地给v减1
atomic_add(i,v)   //原子地给v增加i
atomic_and(i,v)   //原子地对v和i做与操作
atomic_or(i,v)    //原子地对v和i做或操作
atomic_xor(i,v)   //原子地对v和i做异或操作
```

上述函数会实现"读-修改-回写"机制，可以避免多处理器并发访问同一个原子变量带来的并发问题。在不考虑具体架构优化问题的情况下，上述函数会调用比较并交换指令（cmpxchg 指令）来实现。以 atomic_{add,sub,inc,dec}() 函数为例，它被实现在 include/asm-generic/atomic.h 文件中。

```
<include/asm-generic/atomic.h>

#define ATOMIC_OP(op, c_op)                                  \
static inline void atomic_##op(int i, atomic_t *v)           \
{                                                            \
    int c, old;                                              \
                                                             \
    c = v->counter;                                          \
    while ((old = cmpxchg(&v->counter, c, c c_op i)) != c)   \
        c = old;                                             \
}
```

3．带返回值的原子操作函数

Linux 内核提供两类带返回值的原子操作函数，一类返回原子变量的旧值，另一类返回原子变量的新值。

返回原子变量新值的接口函数如下。

```
atomic_add_return(int i, atomic_t *v)    //原子地给v加i并且返回最新的v值
atomic_sub_return(int i, atomic_t *v)    //原子地给v减i并且返回最新的v值
atomic_inc_return(v)                     //原子地给v加1并且返回最新的v值
atomic_dec_return(v)                     //原子地给v减1并且返回最新的v值
```

返回原子变量旧值的接口函数如下。

```
atomic_fetch_add(int i, atomic_t *v)    //原子地给v加i并且返回v的旧值
atomic_fetch_sub(int i, atomic_t *v)    //原子地给v减i并且返回v的旧值
atomic_fetch_and(int i, atomic_t *v)    //原子地对v和i做与操作并且返回v的旧值
atomic_fetch_or(int i, atomic_t *v)     //原子地对v和i做或操作并且返回v的旧值
atomic_fetch_xor(int i, atomic_t *v)    //原子地对v和i做异或操作并且返回v的旧值
```

上述两类接口函数都使用比较并交换指令（cmpxchg 指令）来实现"读-修改-回写"机制。

4．原子交换函数

Linux 内核还提供了一类原子交换函数。

```
atomic_cmpxchg(ptr, old, new)              //原子地比较ptr的值是否与old的值相等，若
                                           //相等，就把new的值设置到ptr地址中，返回old的值
atomic_xchg(ptr, new)                      //原子地把new的值设置到ptr地址中
atomic_try_cmpxchg(ptr, old, new)          //与atomic_cmpxchg()函数类似，但是返回
                                           //值发生变化，返回一个布尔值，判断cmpxchg()函数的返回值是否和old的值相等
```

5．引用计数原子函数

Linux 内核还提供了一组用于引用计数的接口函数。

```
atomic_add_unless(atomic_t *v, int a, int u) //比较v的值是否等于u，若不相等，则
                                             //原子地把a+u设置到原子变量v中。
atomic_inc_not_zero(v) //比较v的值是否等于0，若不相等，则原子地给v加1
atomic_inc_and_test(v) //原子地给v加1，然后判断v的新值是否等于0，返回true表示新值为0
atomic_dec_and_test(v) //原子地给v减1，然后判断v的新值是否等于0，返回true表示新值为0
```

上述原子操作函数在内核代码中很常见，特别是在对一些引用计数进行操作时，例如 page 数据结构的 _refcount 和 _mapcount。

6．内嵌内存屏障原语

Linux 内核还提供了一组用于内嵌内存屏障原语的原子函数。

❑　{}_relaxed: 不内嵌内存屏障原语。

❑　{}_acquire: 内置了加载-获取内存屏障原语。

❑　{}_release: 内置了存储-释放内存屏障原语。

以 atomic_cmpxchg()函数为例，内嵌内存屏障原语的变种如下。

```
atomic_cmpxchg_relaxed(v, old, new)
atomic_cmpxchg_acquire(v, old, new)
atomic_cmpxchg_release(v, old, new)
```

10.1.2　内存屏障

ARM 架构中有如下 3 类内存屏障指令。

❑　数据存储屏障（Data Memory Barrier，DMB）指令。

❑　数据同步屏障（Data Synchronization Barrier，DSB）指令。

❑　指令同步屏障（Instruction Synchronization Barrier，ISB）指令。

下面介绍 Linux 内核中的内存屏障接口函数，如表 10.1 所示。

表 10.1　Linux 内核中的内存屏障接口函数

内存屏蔽接口函数	描　　　述
barrier()	编译优化屏障，阻止编译器为了性能优化而进行指令重排
mb()	内存屏障（包括读和写），用于SMP和UP
rmb()	读内存屏障，用于SMP和UP
wmb()	写内存屏障，用于SMP和UP
smp_mb()	用于SMP场合的内存屏障。对于UP场合不存在内存顺序的问题，在UP场合中就是优化屏障，确保汇编和C代码的内存顺序一致
smp_rmb()	用于SMP场合的读内存屏障
smp_wmb()	用于SMP场合的写内存屏障
smp_read_barrier_depends()	读依赖屏障

在 ARM Linux 内核中，内存屏障函数的实现代码如下。

```
<arch/arm64/include/asm/barrier.h>

#define mb()        dsb(sy)
#define rmb()       dsb(ld)
#define wmb()       dsb(st)

#define dma_rmb()   dmb(oshld)
#define dma_wmb()   dmb(oshst)
```

10.2　自旋锁机制

如果临界区只是一个变量，那么原子变量可以解决问题。但临界区大多是数据操作的集合，例如先从一个数据结构中移出数据，进行数据解析，再写回该数据结构或其他数据结构，类似于"read-modify-write"操作；再比如临界区是操作链表的地方等。整个执行过程需要保证原子性，在数据更新完毕前，不能有其他内核代码路径访问和改写这些数据。这个过程中使用原子变量不合适，需要使用锁机制来完成。自旋锁（spinlock）是 Linux 内核中最常见的锁机制。

自旋锁同一时刻只能被一个内核代码路径持有，如果有另一个内核代码路径试图获取一个已经被持有的自旋锁，那么该内核代码路径需要一直忙等待，直到锁的持有者释放该锁为止。如果该锁没有被别人持有（或争用），那么可以立即获得该锁。自旋锁的特性如下。

- ❑ 忙等待的锁机制。在操作系统中，锁的机制分为两类：一类是忙等待，另一类是睡眠等待。自旋锁属于前者，当无法获取自旋锁时会不断尝试，直到获取锁为止。
- ❑ 同一时刻只能有一个内核代码路径可以获得该锁。
- ❑ 要求自旋锁的持有者尽快完成临界区的执行任务。如果临界区执行时间过长，锁外面忙等待的 CPU 会比较浪费，特别是在自旋锁的临界区里不能睡眠。
- ❑ 自旋锁可以在中断上下文中使用。

10.2.1　自旋锁的定义

先看 spinlock 数据结构的定义。

[include/linux/spinlock_types.h]

```
typedef struct spinlock {
    struct raw_spinlock rlock;
} spinlock_t;

typedef struct raw_spinlock {
    arch_spinlock_t raw_lock;
} raw_spinlock_t;

<早期Linux内核中的定义>

typedef struct {
    union {
        u32 slock;
        struct __raw_tickets {
            u16 owner;
            u16 next;
        } tickets;
```

```
    };
} arch_spinlock_t;
```

spinlock 数据结构的定义考虑了不同处理器架构的支持和实时性内核（RT-patch）的要求，定义了 raw_spinlock 和 arch_spinlock_t 数据结构，其中 arch_spinlock_t 数据结构和架构有关。在 Linux 2.6.25 之前，spinlock 数据结构就是一个简单的无符号类型变量，若 slock 的值为 1，表示锁未被持有；若为 0 表示，锁被持有。之前，自旋锁机制的实现比较简洁，特别是在没有锁争用的情况下，但是也存在很多问题，特别是在很多 CPU 争用同一个自旋锁时，会导致严重的不公平及性能下降。当该锁释放时，事实上有可能刚刚释放该锁的 CPU 马上又获得该锁的使用权，或者说同一个 NUMA 节点上的 CPU 有可能抢先获取了该锁，而没有考虑那些已经在锁外面等待了很久的 CPU。因为刚刚释放锁的 CPU 的 L1 高速缓存中存储了该锁，所以能比别的 CPU 更快地获得锁，这对于那些已经等待很久的 CPU 是不公平的。在 NUMA 处理器中，锁争用的情况会严重影响系统的性能。有测试表明，在双 CPU 插槽的 8 核处理器中，自旋锁争用情况愈发明显，有些线程甚至需要尝试 1 000 000 次才能获取锁。为此，在 Linux 2.6.25 内核后，自旋锁实现了一套名为基于排队的 FIFO 算法的自旋锁机制，本书简称为排队自旋锁。

基于排队的 FIFO 算法中的自旋锁仍然使用原来的数据结构，但 slock 被拆分成两部分，如图 10.1 所示，owner 表示锁持有者的等号牌，next 表示外面排队队列中末尾者的等号牌。类似于排队吃饭的场景，在用餐高峰时段，各大饭店人满为患，顾客来晚了都需要排队。为了简化模型，假设某个饭店只有一张饭桌，刚开市时，next 和 owner 都是 0。

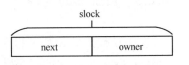

图10.1　slock的拆分

第一个客户 A 来时，因为 next 和 owner 都是 0，所以锁没有人持有。此时因为饭馆还没有顾客，所以客户 A 的编号是 0，直接进餐，这时 next++。

第二个客户 B 来时，因为 next 为 1，owner 为 0，所以锁被人持有。这时服务员给他 1 号的等号牌，让他在饭店门口等待，next++。

第三个客户 C 来时，因为 next 为 2，owner 为 0，所以服务员给他 2 号的等号牌，让他在饭店门口排队等待，next++。

这时第一个客户 A 吃完结账了，owner++，owner 的值变为 1。服务员会让编号和 owner 值相等的客户就餐，客户 B 的编号是 1，所以现在客户 B 就餐。又有新客户来时 next++，服务员分配等号牌；客户结账时 owner++，服务员叫号，owner 值和编号相等的客户就餐。

10.2.2　Qspinlock 的实现

自旋锁是 Linux 内核使用最广泛的一种锁机制，长期以来，内核社区一直关注自旋锁的高效性和可扩展性。在 Linux 2.6.25 内核中，自旋锁已经采用排队自旋算法进行优化，以解决早期自旋锁争用不公平的问题。但是在多处理器和 NUMA 系统中，排队自旋锁仍然存在一个比较严重的问题。假设在一个锁争用激烈的系统中，所有自旋等待锁的线程都在同一个共享变量上自旋，申请和释放锁都在同一个变量上修改，由缓存一致性原理（例如 MESI 协议）导致参与自旋的 CPU 中的缓存行无效。在激烈争用锁的过程中，会导致严重的 CPU 高速缓存行颠簸（CPU cacheline bouncing）现象，即多个 CPU 上的缓存行反复失效，大大降低系统整体性能。

MCS 算法可以解决自旋锁遇到的问题，显著减少 CPU 缓存行颠簸问题。MCS 算法的核心思想是让每个锁的申请者只在本地 CPU 的变量上自旋，而不是在全局变量上自旋。虽然 MCS 算法的设计是针对自旋锁的，但是早期的 MCS 算法只用在读写信号量和互斥锁的自旋等待机制中。Linux 内核版本的 MCS 锁最早是由社区专家 Waiman Long 在 Linux 3.10 中实现的，后来经其他的社区专家不断优化后成为现在的 osq_lock。OSQ 锁是 MCS 锁机制的具体实现。内核社区并没有放弃对自旋锁的持续优化，Linux 4.2 内核中引入了基于 MCS 算法的 Queued spinlock 机制（简称 Qspinlock）。

10.2.3　自旋锁的变种

在驱动代码的编写过程中我们常常会遇到这样一个问题：假设某个驱动中有一个链表 a_driver_list，驱动中的很多操作需要访问和更新该链表，例如 open、ioctl 等。操作链表的地方就是临界区，需要用自旋锁来保护。当处于临界区时，如果发生了外部硬件中断，系统将暂停当前进程的执行而转去处理该中断。假设中断处理程序恰巧也要操作该链表，链表的操作是在临界区，那么在操作之前需要调用 spin_lock() 函数对该链表进行保护。中断处理函数试图获取该自旋锁，但因为它已经被别人持有了，导致中断处理函数进入忙等待状态或睡眠状态。在中断上下文中出现忙等待状态或睡眠状态是致命的，中断处理程序要求"短"和"快"，锁的持有者因为被中断打断而不能尽快释放锁，而中断处理程序一直在忙等待锁，从而导致死锁的发生。Linux 内核中自旋锁的变种 spin_lock_irq() 函数在获取自旋锁时会关闭本地 CPU 中断，从而可以解决该问题。

```
[include/linux/spinlock.h]

static inline void spin_lock_irq(spinlock_t *lock)
{
    raw_spin_lock_irq(&lock->rlock);
}

static inline void __raw_spin_lock_irq(raw_spinlock_t *lock)
{
    local_irq_disable();
    preempt_disable();
```

```
        do_raw_spin_lock();
}
```

spin_lock_irq()函数的实现比 spin_lock()函数多了 local_irq_disable()函数，local_irq_disable()函数用于关闭本地处理器中断，这样在获取自旋锁时可以确保不会发生中断，从而避免发生死锁问题。spin_lock_irq()主要用于防止本地中断处理程序和锁持有者之间发生锁的争用。可能有的读者会有疑问，既然关闭了本地 CPU 中断，那么别的 CPU 依然可以响应外部中断，会不会也有可能死锁呢？锁持有者在 CPU0 上，CPU1 响应了外部中断且中断处理函数同样试图获取该锁，因为 CPU0 上的锁持有者也在继续执行，所以很快会离开临界区并释放锁，这样 CPU1 上的中断处理函数就可以很快获得该锁。

在上述场景中，如果 CPU0 在临界区中发生了进程切换，会是什么情况？注意，进入自旋锁之前已经显式地调用 preempt_disable()关闭了抢占，因此内核不会主动发生抢占。但令人担心的是，驱动编写者主动调用睡眠函数，从而发生了调度。使用自旋锁的重要原则是：拥有自旋锁的临界区代码必须原子执行，不能休眠和主动调度。但在实际工程中，驱动编写者常常容易犯错误。例如调用内存分配函数 kmalloc()时，就有可能因为系统空闲内存不足而睡眠等待，除非显式地使用 GFP_ATOMIC 分配掩码。

spin_lock_irqsave()函数会保存本地 CPU 当前的 irq 状态并且关闭本地 CPU 中断，然后获取自旋锁。local_irq_save()函数会在关闭本地 CPU 中断前把 CPU 当前的中断状态保存到 flags 变量中；在调用 local_irq_restore()函数时再把 flags 变量的值恢复到相关寄存器中，例如 ARM 的 CPSR，这样做的目的是防止破坏中断响应的状态。

自旋锁还有另一个常用的变种 spin_lock_bh()函数，用于处理进程和延迟处理机制导致的并发访问的互斥问题。

10.2.4　自旋锁和 raw_spin_lock

在项目中，如果有的代码使用 spin_lock()，而有的代码使用 raw_spin_lock()，并且发现 spin_lock()直接调用 raw_spin_lock()，读者可能会产生困惑。

这要从 Linux 内核的实时补丁（RT-patch）说起。实时补丁旨在提升 Linux 内核的实时性，允许在自旋锁的临界区内被抢占，并且在临界区内允许进程睡眠等待，这会导致自旋锁的语义被修改。当时内核中大约有 10 000 多处使用了自旋锁，直接修改自旋锁的工作量巨大，但是可以修改那些真正不允许抢占和休眠的地方，大概有 100 多处，因此改为使用 raw_spin_lock()。自旋锁和 raw_spin_lock()的区别在于：在绝对不允许被抢占和睡眠的临界区，应该使用 raw_spin_lock()；否则，使用自旋锁。

因此，对于没有打上实时补丁的 Linux 内核来说，spin_lock()直接调用 raw_spin_lock()；对于打上了实时补丁的 Linux 内核，自旋锁变成可抢占和睡眠的锁，这一点需要特别注意。

10.3　信号量

信号量（semaphore）是操作系统中最常用的同步原语之一。自旋锁是一种实现忙等待的锁，信号量则允许进程进入睡眠状态。简单来说，信号量是一个计数器，它支持两个操作原语——P 和 V 操作。P 和 V 取自荷兰语中的两个单词，分别表示减少和增加，后来美国人把它们改成了 down 和 up。

信号量中最经典的例子莫过于生产者和消费者问题，这是一个在操作系统发展史上最经典的进程同步问题，最早由 Dijkstra 提出。假设生产者生产商品，消费者购买商品，通常消费者需要到实体商店或网上商城购买。可用计算机来模拟这种场景：一个线程代表生产者，另一个线程代表消费者，内存代表商店。生产者线程生产的商品被放置到内存中供消费者线程消费；消费者线程从内存中获取商品，然后释放内存。如果生产者线程生产商品时发现没有空闲内存可用，那么生产者线程必须等待消费者线程释放空闲内存。当消费者线程购买商品时发现商店没货了，那么消费者线程必须等待，直到新的商品生产出来。如果采用自旋锁，当消费者发现商品没货，那就搬个凳子坐在商店门口一直等送货员送货过来；如果采用信号量，商店服务员会记录消费者的电话，等到货了通知消费者来购买。显然，在现实生活中，对于面包等可以很快做好的商品，大家愿意在商店里等；对于家电等商品，大家肯定不会在商店里等。

semaphore 数据结构的定义如下。

[include/linux/semaphore.h]

```
struct semaphore {
    raw_spinlock_t      lock;
    unsigned int        count;
    struct list_head    wait_list;
};
```

❑　lock 是自旋锁变量，用于对信号量数据结构中的 count 和 wait_list 成员提供保护。

❑　count 表示允许进入临界区的内核执行路径个数。

❑　wait_list 链表用于管理所有在该信号量上睡眠的进程，没有成功获取锁的进程会睡眠在这个链表上。

信号量的初始化函数如下。

```
void sema_init(struct semaphore *sem, int val)
```

下面来看 down()操作函数，down()函数有如下一些变种。其中 down()和 down_interruptible()的区别在于：down_interruptible()在争用信号量失败时会进入可中断的睡眠状态，而 down()进入不可中断的睡眠状态。若 down_trylock()函数返回 0，表示成功获取了锁；若返回 1，表示获取锁失败。

```
void down(struct semaphore *sem);
int down_interruptible(struct semaphore *sem);
int down_killable(struct semaphore *sem);
int down_trylock(struct semaphore *sem);
int down_timeout(struct semaphore *sem, long jiffies);
```

与 down() 对应的 up() 操作函数如下。

```
void up(struct semaphore *sem)
```

信号量有一个有趣的特点，它可以同时允许任意数量的锁持有者。信号量的初始化函数为 sema_init(struct semaphore *sem, int count)，其中 count 的值可以大于或等于 1。当 count 大于 1 时，表示允许在同一时刻至多有 count 个锁持有者，操作系统把这种信号量叫作计数信号量；当 count 等于 1 时，同一时刻仅允许一个锁持有者，操作系统把这种信号量称为互斥信号量或二进制信号量。在 Linux 内核中，大多使用 count 为 1 的信号量。相比自旋锁，信号量是允许睡眠的锁。信号量适用于一些情况复杂、加锁时间比较长的应用场景，例如内核与用户空间的复杂交互行为等。

10.4 互斥锁

在 Linux 内核中，还有一种类似信号量的实现叫作互斥锁（mutex）。信号量是在并行处理环境中对多个处理器访问某个公共资源进行保护的机制，互斥锁则用于互斥操作。

信号量根据 count 的初始化大小，可以分为计数信号量和互斥信号量。根据操作系统中著名的"洗手间理论"，信号量相当于一个可以同时容纳 N 个人的洗手间，只要人不满就可以进去，如果人满了就要在外面等待。互斥锁类似于街边的移动洗手间，每次只能一个人进去，里面的人出来后才能让排队中的下一个人使用。既然互斥锁类似于 count 计数等于 1 的信号量，为什么内核社区要重新开发互斥锁，而不是复用信号量机制呢？

互斥锁最早是在 Linux 2.6.16 中由 Red Hat 公司的资源内核专家 Ingo Molnar 设计和实现的。信号量的 count 成员可以初始化为 1，并且 down 和 up 操作也实现了类似于互斥锁的作用，为什么要单独实现互斥锁机制呢？在设计之初，Ingo Molnar 解释信号量在 Linux 内核中的实现没有任何问题，但是互斥锁的语义相对于信号量要简单、轻便一些。在锁争用激烈的测试场景中，互斥锁比信号量执行速度更快，可扩展性更好。另外，互斥锁数据结构的定义比信号量小，这些都是在互斥锁设计之初 Ingo Molnar 提到的优点。互斥锁中的一些优化方案已经被移植到了读写信号量中，例如乐观自旋（optimistic spinning）等待机制已被应用到读写信号量上。

下面来看看 mutex 数据结构的定义。

[include/linux/mutex.h]

```
struct mutex {
    atomic_t        count;
    spinlock_t          wait_lock;
    struct list_head    wait_list;
#if defined(CONFIG_MUTEX_SPIN_ON_OWNER)
    struct task_struct *owner;
#endif
#ifdef CONFIG_MUTEX_SPIN_ON_OWNER
    struct optimistic_spin_queue osq; /* Spinner MCS lock */
#endif
};
```

- ❑ count：原子计数，1 表示没进程持有锁；0 表示锁被持有；负数表示锁被持有且有进程在等待队列中等待。
- ❑ wait_lock：自旋锁，用于保护 wait_list 睡眠等待队列。
- ❑ wait_list：用于管理在互斥锁上睡眠的所有进程，没有成功获取锁的进程会睡眠在此链表上。
- ❑ owner：打开 CONFIG_MUTEX_SPIN_ON_OWNER 选项才会有 owner，用于指向锁持有者的 task_struct 数据结构。
- ❑ osq：用于实现 MCS 锁机制。

互斥锁实现了自旋等待机制，准确地说，应该是互斥锁比读写信号量更早实现了自旋等待机制。自旋等待机制的核心原理如下。

当发现锁持有者正在临界区执行并且没有其他优先级高的进程要被调度时，当前进程坚信锁持有者会很快离开临界区并释放锁，因此与其睡眠等待不如乐观地自旋等待，以减少睡眠唤醒的开销。

在实现自旋等待机制时，内核实现了一套 MCS 锁机制来保证只有一个人自旋等待锁持有者释放锁。

互斥锁的初始化有两种方式：一种是静态使用 DEFINE_MUTEX 宏，另一种是在内核代码中动态使用 mutex_init()函数。

[include/linux/mutex.h]

```
#define DEFINE_MUTEX(mutexname) \
    struct mutex mutexname = __MUTEX_INITIALIZER(mutexname)
```

互斥锁的接口函数比较简单。

```
void __sched mutex_lock(struct mutex *lock)
void __sched mutex_unlock(struct mutex *lock)
```

总的来说，互斥锁比信号量的实现要高效很多。

- ❑ 互斥锁最先实现自旋等待机制。
- ❑ 互斥锁在睡眠之前尝试获取锁。

❑　互斥锁实现了 MCS 锁来避免因多个 CPU 争用锁而导致 CPU 高速缓存行颠簸现象。

正是因为互斥锁的简洁性和高效性，互斥锁的使用场景比信号量要更严格，使用互斥锁需要注意的约束条件如下。

❑　同一时刻只有一个线程可以持有互斥锁。

❑　只有锁持有者可以解锁。不能在一个进程中持有互斥锁，而在另一个进程中释放它。互斥锁不适合内核空间与用户空间的复杂同步场景，信号量和读写信号量比较适合。

❑　不允许递归地加锁和解锁。

❑　当进程持有互斥锁时，进程不可以退出。

❑　互斥锁必须使用官方 API 来初始化。

❑　互斥锁可以睡眠，所以不允许在中断处理程序或中断下半部中使用，例如 tasklet、定时器等。

在实际工程项目中，该如何选择自旋锁、信号量和互斥锁呢？在中断上下文中毫不犹豫地使用自旋锁，如果临界区有睡眠、隐含睡眠的动作及内核 API，应避免选择自旋锁。在信号量和互斥锁中该如何选择呢？除非代码场景不符合上述互斥锁约束中的某一条，否则都优先使用互斥锁。

10.5　读写锁

10.5.1　读写锁的定义

上述介绍的信号量有一个明显的缺点——没有区分临界区的读写属性。读写锁通常允许多个线程并发地读访问临界区，但是写访问只限于一个线程。读写锁能有效地提高并发性，在多处理器系统中允许同时有多个读者访问共享资源，但写者是排他的，读写锁具有如下特性。

❑　允许多个读者同时进入临界区，但同一时刻写者不能进入。

❑　同一时刻只允许一个写者进入临界区。

❑　读者和写者不能同时进入临界区。

读写锁有两种，分别是自旋锁类型和信号量类型。自旋锁类型的读写锁数据结构定义在 include/linux/rwlock_types.h 头文件中。

[include/linux/rwlock_types.h]

```
typedef struct {
    arch_rwlock_t raw_lock;
} rwlock_t;
```

[arch/arm/include/asm/spinlock_types.h]
```
typedef struct {
    u32 lock;
} arch_rwlock_t;
```

常用的函数如下。

❑　rwlock_init()：初始化 rwlock。

❑　write_lock()：申请写者锁。

❑　write_unlock()：释放写者锁。

❑　read_lock()：申请读者锁。

❑　read_unlock()：释放读者锁。

❑　read_lock_irq()：关闭中断并且申请读者锁。

❑　write_lock_irq()：关闭中断并且申请写者锁。

❑　write_unlock_irq()：打开中断并且释放写者锁。

❑　…

和自旋锁一样，读写锁也有关闭中断和下半部的版本。

10.5.2　读写信号量

读写信号量的定义如下。

[include/linux/rwsem.h]

```
struct rw_semaphore {
     long count;
     struct list_head wait_list;
     raw_spinlock_t wait_lock;
#ifdef CONFIG_RWSEM_SPIN_ON_OWNER
     struct optimistic_spin_queue osq; /* MCS锁 */
     struct task_struct *owner;
#endif
};
```

❑　wait_lock 是一个自旋锁变量，用于实现对 rw_semaphore 数据结构中 count 成员的原子操作和保护。

❑　count 用于表示读写信号量的计数。以前，读写信号量的实现用 activity 来表示。若 activity=0，表示没有读者和写者；若 activity=−1，表示有写者；若 activity>0，表示有读者。现在 count 的计数方法已经发生了变化。

❑　wait_list 链表用于管理所有在信号量上睡眠的进程，没有成功获取锁的进程会睡眠在这个链表上。

❑　osq 表示 MCS 锁。

❑　owner 表示当写者成功获锁时，owner 指向锁持有者的 task_struct 数据结构。

count 成员的语义定义如下。

[include/asm-generic/rwsem.h]

```
#ifdef CONFIG_64BIT
# define RWSEM_ACTIVE_MASK       0xffffffffL
#else
# define RWSEM_ACTIVE_MASK       0x0000ffffL
#endif

#define RWSEM_UNLOCKED_VALUE      0x00000000L
#define RWSEM_ACTIVE_BIAS         0x00000001L
#define RWSEM_WAITING_BIAS      (-RWSEM_ACTIVE_MASK-1)
#define RWSEM_ACTIVE_READ_BIAS    RWSEM_ACTIVE_BIAS
#define RWSEM_ACTIVE_WRITE_BIAS  (RWSEM_WAITING_BIAS + RWSEM_ACTIVE_BIAS)
```

把 count 值当作十六进制或十进制数来看待不是代码作者的原本设计意图，其实应该把 count 值分成两个域。Bit[0：15]为低字段域，表示正在持有锁的读者或写者的个数；Bit[16：31]为高字段域，通常为负数，表示有一个正在持有锁或处于等待状态的写者，以及睡眠等待队列中有人在睡眠等待。count 值可以看作二元数，举例如下。

❑   若 RWSEM_ACTIVE_READ_BIAS = 0x00000001，即二元数[0, 1]，表示有一个读者。

❑   若 RWSEM_ACTIVE_WRITE_BIAS = 0xffff0001，即二元数[−1, 1]，表示当前只有一个活跃的写者。

❑   若 RWSEM_WAITING_BIAS = 0xffff0000，即二元数[−1, 0]，表示睡眠等待队列中有人在睡眠等待。

读写信号量的 API 函数的定义如下。

```
init_rwsem(struct rw_semaphore *sem);
void __sched down_read(struct rw_semaphore *sem)
void up_read(struct rw_semaphore *sem)
void __sched down_write(struct rw_semaphore *sem)
void up_write(struct rw_semaphore *sem)
int down_read_trylock(struct rw_semaphore *sem)
int down_write_trylock(struct rw_semaphore *sem)
```

读写锁在内核中应用广泛，特别是在内存管理中，除了前面介绍的 mm->mmap_sem 读写信号量外，还有 RMAP 系统中的 anon_vma->rwsem、address_space 数据结构中的 i_mmap_rwsem 等。

下面再次总结读写锁的重要特性。

❑   down_read()：如果一个进程持有了读者锁，那么允许继续申请多个读者锁，申请写者锁则要睡眠等待。

❑   down_write()：如果一个进程持有了写者锁，那么另一个进程申请写者锁时需要自旋等待，申请读者锁则要睡眠等待。

❑   up_write()/up_read()：如果等待队列中的第一个成员是写者，那么唤醒它；否则，唤醒排在等待队列中最前面的连续几个读者。

10.6　RCU

读-复制-更新（Read-Copy Update，RCU）是 Linux 内核中一种重要的同步机制。Linux 内核中已经有了原子操作、自旋锁、读写锁、读写信号量、互斥锁等锁机制，为什么还要单独设计一种比它们的实现复杂得多的新机制呢？回忆自旋锁、读写信号量和互斥锁的实现，它们都使用了原子操作指令，即原子地访问内存，多 CPU 争用共享的变量会让缓存一致性变得很糟，导致性能下降。以读写信号量为例，除了上述缺点外，读写信号量还有一个致命弱点，就是只允许多个读者同时存在，但是读者和写者不能同时存在。RCU 机制要实现的目标是希望读者线程没有同步开销，或者说同步开销变得很小，甚至可以忽略不计，不需要额外的锁，不需要使用原子操作指令和内存屏障，即可畅通无阻地访问；而把需要同步的任务交给写者线程，写者线程等待所有读者线程完成后才会把旧数据销毁。在 RCU 中，如果有多个写者同时存在，那么需要额外的保护机制。

RCU 机制的原理如下。

RCU 记录了所有指向共享数据的指针的使用者，当要修改共享数据时，首先创建副本，并在副本中修改。所有读访问线程都离开读临界区之后，使用者的指针指向新修改后的副本，并且删除旧数据。

RCU 的一种重要应用场景是链表，可有效地提高遍历读取数据的效率。读取链表成员数据时通常只需要 rcu_read_lock()，允许多个线程同时读取链表，并且允许同时修改链表。为什么这个过程能保证链表访问的正确性呢？

在读者线程遍历链表时，假设另一个线程删除了一个节点。删除线程会把这个节点从链表中移出，但不会直接销毁。RCU 会等到所有读线程读取完之后，才销毁这个节点。

RCU 提供的接口函数如下。

❑ rcu_read_lock()/ rcu_read_unlock()：组成一个 RCU 读临界区。

❑ rcu_dereference()：用于获取被 RCU 保护的指针。读者线程为了访问 RCU 保护的共享数据，需要使用该接口函数创建一个新指针，并且指向 RCU 被保护的指针。

❑ rcu_assign_pointer()：通常用于写者线程。在写者线程完成新数据的修改后，调用该接口函数可以让被 RCU 保护的指针指向新建的数据，用 RCU 术语讲就是发布了更新后的数据。

❑ synchronize_rcu()：同步等待所有现存的读访问完成。

❑ call_rcu()：注册一个回调函数，当所有现存的读访问完成后，调用这个回调函数销毁旧数据。

下面通过一个简单的 RCU 例子来帮助你理解上述接口函数的含义，该例来源于内核源代码中的 Documents/RCU/whatisRCU.txt，并且省略了一些异常处理情况。

[RCU的一个简单例子]

```
0  #include <linux/kernel.h>
1  #include <linux/module.h>
2  #include <linux/init.h>
3  #include <linux/slab.h>
4  #include <linux/spinlock.h>
5  #include <linux/rcupdate.h>
6  #include <linux/kthread.h>
7  #include <linux/delay.h>
8
9  struct foo {
10     int a;
11     struct rcu_head rcu;
12 };
13
14 static struct foo *g_ptr;
15 static void myrcu_reader_thread(void *data)   //读者线程
16 {
17     struct foo *p = NULL;
18
19     while (1) {
20         msleep(200);
21         rcu_read_lock();
22         p = rcu_dereference(g_ptr);
23         if (p)
24             printk("%s: read a=%d\n", __func__, p->a);
25         rcu_read_unlock();
26     }
27 }
28
29 static void myrcu_del(struct rcu_head *rh)
30 {
31     struct foo *p = container_of(rh, struct foo, rcu);
32     printk("%s: a=%d\n", __func__, p->a);
33     kfree(p);
34 }
35
36 static void myrcu_writer_thread(void *p)        //写者线程
37 {
38     struct foo *new;
39     struct foo *old;
40     int value = (unsigned long)p;
41
42     while (1) {
43         msleep(400);
44         struct foo *new_ptr = kmalloc(sizeof (struct foo), GFP_KERNEL);
45         old = g_ptr;
46         printk("%s: write to new %d\n", __func__, value);
47         *new_ptr = *old;
48         new_ptr->a = value;
49         rcu_assign_pointer(g_ptr, new_ptr);
```

```
50          call_rcu(&old->rcu, myrcu_del);
51          value++;
52      }
53  }
54
55  static int __init my_test_init(void)
56  {
57      struct task_struct *reader_thread;
58      struct task_struct *writer_thread;
59      int value = 5;
60
61      printk("figo: my module init\n");
62      g_ptr = kzalloc(sizeof (struct foo), GFP_KERNEL);
63
64      reader_thread = kthread_run(myrcu_reader_thread, NULL, "rcu_reader");
65      writer_thread = kthread_run(myrcu_writer_thread, (void *)(unsigned
            long)value, "rcu_writer");
66
67      return 0;
68  }
69  static void __exit my_test_exit(void)
70  {
71      printk("goodbye\n");
72      if (g_ptr)
73          kfree(g_ptr);
74  }
75  MODULE_LICENSE("GPL");
76  module_init(my_test_init);
```

该例的目的是通过 RCU 机制保护 my_test_init()分配的共享数据结构 g_ptr，另外还创建一个读者线程和一个写者线程来模拟同步场景。

对于读者线程 myrcu_reader_thread：

❑ 通过 rcu_read_lock()和 rcu_read_unlock()来构建一个读临界区。

❑ 调用 rcu_dereference()，获取被保护指针 g_ptr 的副本指针 p，这时指针 p 和 g_ptr 都指向旧的被保护数据。

❑ 读者线程每隔 200ms 读取一次被保护数据。

对于写者线程 myrcu_writer_thread：

❑ 分配新的保护数据 new_ptr，并修改相应数据。

❑ 通过 rcu_assign_pointer()让 g_ptr 指针指向新数据。

❑ 通过 call_rcu()注册一个回调函数，确保对旧数据的所有引用都执行完之后，才调用这个回调函数来删除旧数据。

❑ 写者线程每隔 400ms 修改一次被保护数据。

上述过程如图 10.2 所示。

在所有的读访问完成之后，内核可以释放旧数据。对于何时释放旧数据，内核提供了两个 API 函数——synchronize_rcu()和 call_rcu()。

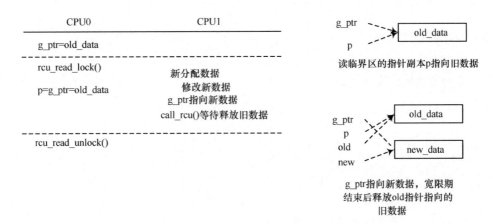

图10.2　RCU时序图

10.7　等待队列

等待队列本质上是一个双向链表，当运行中的进程需要获取一个资源而该资源暂时不能提供时，可以把进程挂入等待队列中等待该资源的释放，进程会进入睡眠状态。

10.7.1　等待队列头

等待队列头的定义如下。

```
<include/linux/wait.h>

struct __wait_queue_head {
    spinlock_t          lock;
    struct list_head    task_list;
};
typedef struct __wait_queue_head wait_queue_head_t;
```

其中，lock 为等待队列的自旋锁，用来保护等待队列的并发访问；task_list 为等待队列的双向链表。

等待队列的初始化有两种方式：一种是通过 DECLARE_WAIT_QUEUE_HEAD 宏来静态初始化，另一种是通过 init_waitqueue_head()函数在程序运行期间动态初始化。

```
//静态初始化
#define DECLARE_WAIT_QUEUE_HEAD(name) \
    wait_queue_head_t name = __WAIT_QUEUE_HEAD_INITIALIZER(name)

//动态初始化
init_waitqueue_head(q)
```

10.7.2　等待队列节点

等待队列节点的定义如下。

```
<include/linux/wait.h>

struct __wait_queue {
    unsigned int        flags;
    void                *private;
    wait_queue_func_t   func;
    struct list_head    task_list;
};
```

❏　flags 为等待队列上的操作行为。

❏　private 为等待队列的私有数据，通常用来指向进程的 task_struct 数据结构。

❏　func 为进程被唤醒时执行的唤醒函数。

❏　task_list 为链表的节点。

等待队列节点的初始化同样有两种方式。

```
//静态初始化一个等待队列节点
#define DECLARE_WAITQUEUE(name, tsk)                    \
    wait_queue_t name = __WAITQUEUE_INITIALIZER(name, tsk)

//动态初始化一个等待队列节点
void init_waitqueue_entry(wait_queue_t *q, struct task_struct *p)
```

10.8　实验

10.8.1　实验 10-1：自旋锁

1．实验目的
了解和熟悉自旋锁的使用。

2．实验要求
写一个简单的内核模块，然后测试如下功能。

❏　在自旋锁里面，调用 alloc_page(GFP_KERNEL)函数来分配内存，观察会发生什么情况。

❏　手动创造递归死锁，观察会发生什么情况。

❏　手动创造 AB-BA 死锁，观察会发生什么情况。

10.8.2 实验 10-2：互斥锁

1．实验目的
了解和熟悉互斥锁的使用。

2．实验要求
在第 5 章的虚拟 FIFO 设备中，我们并没有考虑多个进程同时访问设备驱动的情况，请使用互斥锁对虚拟 FIFO 设备驱动进行并发保护。

我们首先要思考在虚拟 FIFO 设备驱动中有哪些资源是共享资源或临界资源。

10.8.3 实验 10-3：RCU 锁

1．实验目的
了解和熟悉 RCU 锁的使用。

2．实验要求
写一个简单的内核模块，创建一个读者内核线程和一个写者内核线程来模拟同步访问共享变量的情景。

第11章 中断管理

除了前面介绍的内存管理、进程管理、并发与同步之外，操作系统的另一个很重要的功能就是管理众多的外设，例如键盘、鼠标、显示器、无线网卡、声卡等。但是，处理器和外设之间的运算能力及处理速度通常不在一个数量级上。假设现在处理器需要获取一个键盘事件，处理器在发出请求信号之后一直轮询键盘的响应，但是键盘的响应速度比处理器慢得多并且需要等待用户输入，这种响应速度慢且需要等待人机交互的处理非常浪费处理器资源。与其这样，不如当键盘有事件发生时发送一个信号给处理器，让处理器暂停当前的工作来处理这个响应，这比让处理器一直轮询效率要高，这就是中断管理机制产生的背景。

轮询机制也不完全比中断机制差。例如，在网络吞吐量大的应用场景下，网卡驱动采用轮询机制比中断机制效率要高，比如开源组件 DPDK（Data Plane Development Kit）。

本章介绍 ARM64 架构下中断是如何管理的、Linux 内核中的中断管理机制是如何设计与实现的以及常用的下半部机制，例如软中断、tasklet、工作队列机制等。

11.1 Linux 中断管理机制

Linux 内核支持众多的处理器架构，从系统角度看，Linux 内核中的中断管理可以分成如下 4 层。

❑ 硬件层，例如 CPU 和中断控制器的连接。

❑ 处理器架构管理层，例如 CPU 中断异常处理。

❑ 中断控制器管理层，例如 IRQ 中断号的映射。

❑ Linux 内核通用中断处理器层，例如中断注册和中断处理。

不同的架构对中断控制器有着不同的设计理念，例如 ARM 公司提供了通用中断控制器（Generic Interrupt Controller，GIC），x86 架构则采用高级可编程中断控制器（Advanced Programmable Interrupt Controller，APIC）。目前最新版本的 GIC 技术规范是 Version 3/4，Version 2 通常用在 ARMv7 架构的处理器中，例如 Cortex-A7 和 Cortex-A9 等，最多可以支持 8 核；Version 3 和 Version 4 则支持 ARMv8 架构，例如 Cortex-A53 等。本书以 ARM Vexpress

平台[①]为例介绍中断管理的实现，该平台支持 GIC Version 2 技术规范。

11.1.1 ARM 中断控制器

ARM Vexpress V2P-CA15_CA7 平台支持 Cortex A15 和 Cortex-A7 两个 CPU（GIC-V2）集群，中断控制器采用 GIC-400 中断控制器，支持 GIC Version 2（GIC-V2）技术规范，该平台的中断管理框图如图 11.1 所示。GIC-V2 技术规范支持如下中断类型。

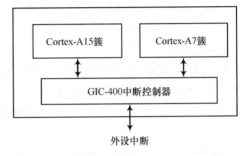

图11.1　ARM Vexpress V2P-CA15_CA7 平台的中断管理框图

- 软件触发中断（Software Generated Interrupt，SGI），通常用于多核之间通信。最多支持 16 个 SGI 中断，硬件中断号为 ID0～ID15。SGI 通常在 Linux 内核中被用作 IPI（Inter-Process Interrupt），IPI 会被送达指定的 CPU。

- 私有外设中断（Private Peripheral Interrupt，PPI），这是每个处理核心私有的中断。最多支持 16 个 PPI 中断，硬件中断号为 ID16～ID31。PPI 通常会被送达指定的 CPU，应用场景有 CPU 本地时钟。

- 共享外设中断（Shared Peripheral Interrupt，SPI），最多可以支持 988 个外设中断，硬件中断号为 ID32～ID1019[②]。

GIC 中断控制器主要由两部分组成，分别是仲裁单元和 CPU 接口（interface）模块。仲裁单元为每一个中断源维护一个状态机，支持的状态如下。

- 不活跃状态（inactive）。
- 等待状态（pending）。
- 活跃状态（active）。
- 活跃并等待状态（active and pending）[③]。

11.1.2 关于 ARM Vexpress V2P 开发板的例子

在芯片设计阶段，对于每一款 ARM SoC，各种中断和外设的分配情况就要固定下来，因此对于底层开发者来说，需要查询 SoC 的数据手册来确定外设的硬件中断号。以 ARM

---

① 详见《ARM CoreTile Express A15×2 A7×3 Technical Reference Manual》。

② GIC-400 中断控制器只支持 480 个 SPI 中断。

③ 关于 GIC 中断控制器的状态机，可以阅读《GIC V2 手册》中 3.2.4 节的内容。

Vexpress V2P 开发板中的 Cortex-A15_A7 MPCore 测试芯片为例，该芯片支持 32 个内部中断和 160 个外部中断。

32 个内部中断用于连接 CPU 核和 GIC 中断控制器。

外部中断的使用情况如下。

- [ ] 30 个外部中断连接到主板的 IOFPGA。
- [ ] Cortex-A15 簇连接 8 个外部中断。
- [ ] Cortex-A7 簇连接 12 个外部中断。
- [ ] 芯片外部连接 21 个外设中断。
- [ ] 还有一些保留的中断。

如表 11.1 所示，我们简单列举了 Vexpress V2P-CA15_CA7 平台的中断分配表，具体情况可查看《ARM CoreTile Express A15×2 A7×3 Technical Reference Manual》文档中的表 2.11。通过 QEMU 虚拟机运行该平台后，在"/proc/interrupts"节点中可以看到系统支持的外设中断信息。

表 11.1　Vexpress V2P-CA15_CA7 平台的中断分配表

GIC 中断号	主板中断序号	中断源	信　　号	描　　　述
0:31	—	MPCore cluster	—	CPU核和GIC的内部私有中断
32	0	IOFPGA	WDOG0INT	看门狗定时器
33	1	IOFPGA	SWINT	软件中断
34	2	IOFPGA	TIM01INT	双定时器0/1中断
35	3	IOFPGA	TIM23INT	双定时器2/3中断
36	4	IOFPGA	RTCINTR	实时时钟中断
37	5	IOFPGA	UART0INTR	串口0中断
38	6	IOFPGA	UART1INTR	串口1中断
39	7	IOFPGA	UART2INTR	串口2中断
40	8	IOFPGA	UART3INTR	串口3中断
42:41	10	IOFPGA	MCI_INTR[1: 0]	多媒体卡中断[1:0]
47	15	IOFPGA	ETH_INTR	以太网中断

```
$ qemu-system-arm -nographic -M vexpress-a15  -m 1024M -kernel
arch/arm/boot/zImage  -append "rdinit=/linuxrc console=ttyAMA0 loglevel=8"
-dtb arch/arm/boot/dts/vexpress-v2p-ca15_a7.dtb
…
/ # cat /proc/interrupts
           CPU0
 18:      6205308     GIC  27 arch_timer
 20:            0     GIC  34 timer
 21:            0     GIC 127 vexpress-spc
 38:            0     GIC  47 eth0
 41:            0     GIC  41 mmci-pl18x (cmd)
 42:            0     GIC  42 mmci-pl18x (pio)
```

```
43:              8      GIC  44  kmi-pl050
44:            100      GIC  45  kmi-pl050
45:             76      GIC  37  uart-pl011
51:              0      GIC  36  rtc-pl031
IPI0:            0  CPU wakeup interrupts
IPI1:            0  Timer broadcast interrupts
IPI2:            0  Rescheduling interrupts
IPI3:            0  Function call interrupts
IPI4:            0  Single function call interrupts
IPI5:            0  CPU stop interrupts
IPI6:            0  IRQ work interrupts
IPI7:            0  completion interrupts
```

以串口 0 设备为例，设备名称为"uart-pl011"，从"/proc/interrupts"节点中可以看到该设备的硬件中断是 GIC-37，硬件中断号为 37，Linux 内核分配的中断号是 45，76 表示已经发生了 76 次中断。

11.1.3　关于 Virt 开发板的例子

QEMU 虚拟机除了支持多款 ARM 开发板外，还支持 Virt 开发板。Virt 开发板模拟的是一款通用的 ARM 开发板，包括内存布局、中断分配、CPU 配置、时钟配置等信息，这些信息目前都在 QEMU 虚拟机的源代码中配置，具体文件是 hw/arm/virt.c。Virt 开发板的中断分配如表 11.2 所示。

表 11.2　Virt 开发板的中断分配

GIC 中断号	主板中断序号	信号	描述
0～31	—	—	CPU核和GIC的内部私有中断
32	0	—	—
33	1	VIRT_UART	串口
34	2	VIRT_RTC	RTC
35	3	VIRT_PCIE	PCIE
39	7	VIRT_GPIO	GPIO
40	8	VIRT_SECURE_UART	安全模式的串口
48	16	VIRT_MMIO	MMIO
80	48	VIRT_SMMU	SMMU
106	74	VIRT_PLATFROM_BUS	平台总线

运行 Linux 5.0 内核的 QEMU 虚拟机后，我们可以通过/proc/interrupt 节点来查看中断分配情况。

```
root@benshushu:~# cat /proc/interrupts
        CPU0
```

```
   3:    24588    GIC-0  27 Level     arch_timer
  35:        6    GIC-0  78 Edge      virtio0
  36:     2712    GIC-0  79 Edge      virtio1
  38:        0    GIC-0  34 Level     rtc-pl031
  39:       44    GIC-0  33 Level     uart-pl011
  40:        0    GIC-0  23 Level     arm-pmu
  42:        0     MSI 16384 Edge       virtio2-config
  43:        8     MSI 16385 Edge       virtio2-input.0
  44:        1     MSI 16386 Edge       virtio2-output.0
IPI0:        0    Rescheduling interrupts
IPI1:        0    Function call interrupts
IPI2:        0    CPU stop interrupts
IPI3:        0    CPU stop (for crash dump) interrupts
IPI4:        0    Timer broadcast interrupts
IPI5:        0    IRQ work interrupts
IPI6:        0    CPU wake-up interrupts
 Err:        0
```

以串口 0 设备为例，设备名称为"uart-pl011"，从"/proc/interrupts"节点中可以看到该设备的硬件中断是 GIC-33，硬件中断号为 33，Linux 内核分配的中断号是 39，44 表示已经发生了 44 次中断。

11.1.4　硬件中断号和 Linux 中断号的映射

写过 Linux 驱动的读者应该知道，中断注册 API 函数 request_irq()/ request_threaded_irq() 使用的是 Linux 内核的软件中断号（或 IRQ 号）而不是硬件中断号。

```
int request_threaded_irq(unsigned int irq, irq_handler_t handler,
          irq_handler_t thread_fn, unsigned long irqflags,
          const char *devname, void *dev_id)
```

其中，参数 irq 在 Linux 内核中称为 IRQ 号或中断线，这是由 Linux 内核管理的虚拟中断号而不是硬件中断号。

内核提供了两种方式来存储 struct irq_desc 数据结构：一是采用基数树的方式，因为内核配置了 CONFIG_SPARSE_ IRQ 选项；二是采用数组的方式，这是内核在早期采用的方法，即定义一个全局数组，每个中断对应一个 irq_desc 数据结构。本节以后者为例，内核提供了 NR_IRQS 宏来表示系统支持的中断数量的最大值，NR_IRQS 和平台相关，例如 Vexpress V2P-CA15_CA7 平台的定义。

[arch/arm/mach-versatile/include/mach/irqs.h]

```
#define IRQ_SIC_END            95
#define NR_IRQS                (IRQ_GPIO3_END + 1)
```

此外，Linux 内核还定义了位图来管理这些中断号。

[kernel/irq/irqdesc.c]

```
# define IRQ_BITMAP_BITS    NR_IRQS
static DECLARE_BITMAP(allocated_irqs, IRQ_BITMAP_BITS);
```

位图变量 allocated_irqs 分配了 NR_IRQS 位，每位表示一个中断号。

另外，还有一个硬件中断号的概念，例如 Virt 开发板中的"串口 0"，它的硬件中断号是 33。33 的由来是 GIC 把 0~31 的硬件中断号预留给了 SGI 和 PPI，外设中断号从 32 开始计算，"串口 0"在主板上的序号是 1，因此它的硬件中断号为 33。

硬件中断号和软件中断号的映射过程如图 11.2 所示。

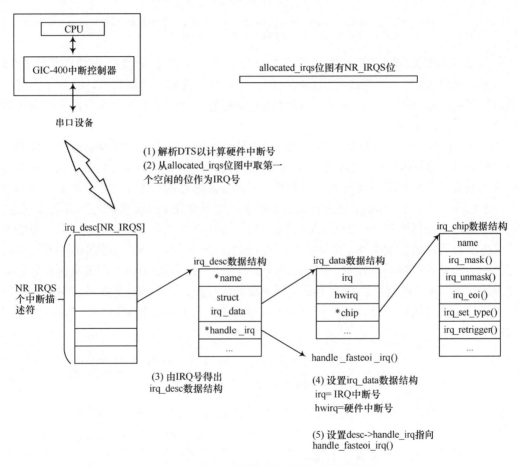

图11.2　硬件中断号和软件中断号的映射过程

11.1.5　注册中断

当一个外设中断发生后，内核会执行一个函数来响应该中断，这个函数通常称为中断处理程序或中断服务例程。中断处理程序是内核用于响应中断的程序[①]，并且运行在中断上下文中（和进程上下文不同）。中断处理程序最基本的工作是通知硬件设备中断已经被接收，不同硬件设备的中断处理程序是不同的，有的常常需要做很多的处理工作，这也是 Linux 内核把中断处理程序分成上半部和下半部的原因。中断处理程序要求快速完成并且退出中断，但是如果中断处理程序需要完成的任务比较繁重，这两个需求就会有冲突，因此上下半部机制就产生了。

　　在编写外设驱动时通常需要注册中断，注册中断的 API 函数如下。

```
static inline int request_irq(unsigned int irq, irq_handler_t handler,
unsigned long flags, const char *name, void *dev)
```

　　request_irq()是比较旧的 API 函数，Linux 2.6.30 中新增了线程化的中断注册函数 request_threaded_irq()[②]。中断线程化是实时 Linux 项目开发的一个新特性，目的是降低中断处理对系统实时延迟的影响。Linux 内核已经把中断处理分成了上下两部分，为什么还需要引入中断线程化机制呢？

　　在 Linux 内核中，中断具有最高的优先级，只要有中断发生，内核就会暂停手头的工作转向中断处理，等到所有挂起等待的中断和软中断处理完毕后才会执行进程调度，因此这个过程会造成实时任务得不到及时处理。中断上下文总是抢占进程上下文，中断上下文不仅指中断处理程序，还包括 softirq、tasklet 等。中断上下文是优化 Linux 实时性的最大挑战之一。假设一个高优先级任务和一个中断同时触发，那么内核首先执行中断处理程序，中断处理程序完成之后有可能触发软中断，也可能有一些 tasklet 任务要执行或有新的中断发生，这样高优先级任务的延迟变得不可预测。中断线程化的目的是把中断处理中一些繁重的任务作为内核线程来运行，实时进程可以有比中断线程更高的优先级。这样高优先级的实时进程可以得到优先处理，实时进程的延迟粒度变得小了很多。当然，并不是所有的中断都可以线程化，例如时钟中断。

```
int request_threaded_irq(unsigned int irq, irq_handler_t handler,
               irq_handler_t thread_fn, unsigned long irqflags,
               const char *devname, void *dev_id)
```

- ❑　irq：IRQ 号，注意，这里使用的是软件中断号，而不是硬件中断号。
- ❑　handler：指主处理程序，有些类似于旧版本 API 函数 request_irq()的中断处理程序，中断发生时会优先执行主处理程序。如果主处理程序为 NULL 且 thread_fn 不为 NULL，那么会执行系统默认的主处理程序——irq_default_primary_handler()。
- ❑　thread_fn：中断线程化的处理程序。如果 thread_fn 不为 NULL，那么会创建一个内

核线程。主处理程序和 thread_fn 不能同时为 NULL。

- ❏ irqflags：中断标志位，如表 11.3 所示。
- ❏ devname：中断名称。
- ❏ dev_id：传递给中断处理程序的参数。

表11.3　中断标志位

中断标志位	描　　述
IRQF_TRIGGER_*	中断触发的类型，有上升沿触发、下降沿触发、高电平触发和低电平触发
IRQF_DISABLED	此标志位已废弃，不建议继续使用①
IRQF_SHARED	多个设备共享一个中断号。需要外设硬件的支持，因为在中断处理程序中要查询的是哪个外设发生了中断，这会给中断处理带来一定的延迟，不推荐使用②
IRQF_PROBE_SHARED	中断处理程序允许共享失配发生
IRQF_TIMER	标记时钟中断
IRQF_PERCPU	属于某个特定CPU的中断
IRQF_NOBALANCING	禁止多CPU之间的中断均衡
IRQF_IRQPOLL	中断被用作轮询
IRQF_ONESHOT	ONESHOT表示一次性触发的中断，不能嵌套。 • 在硬件中断处理完成之后才能打开中断。 • 在中断线程化中保持中断关闭状态，直到中断源的所有thread_fn完成之后才能打开中断。 • 如果在执行request_threaded_irq()时主处理程序为NULL且中断控制器不支持硬件ONESHOT功能，那么应该显式地设置该标志位
IRQF_NO_SUSPEND	在系统挂起（suspend）过程中不要关闭中断
IRQF_FORCE_RESUME	在系统唤醒过程中必须强制打开中断
IRQF_NO_THREAD	表示中断不会被线程化

11.2　软中断和 tasklet

中断管理中有一个很重要的设计理念——上下半部机制。5.1 节介绍的硬件中断管理基本属于上半部的范畴，中断线程化属于下半部的范畴。在中断线程化机制合并到 Linux 内核之前，

---

① 参见 Linux 2.6.35 的补丁。
② 如果中断控制器可以支持足够多的中断源，那么不推荐使用共享中断。共享中断需要一些额外开销，例如发生中断时需要遍历 irqaction 链表，然后 irqaction 链表的主处理程序需要判断是否属于自己的中断。大部分的 ARM SoC 能提供足够多的中断源。

早已经有一些其他的下半部机制，例如 softirq、tasklet 和工作队列（workqueue）等。中断上半部有一条很重要的原则：硬件中断处理程序应该执行得越快越好。也就是说，希望它尽快离开并从硬件中断返回，这么做的原因如下。

- 硬件中断处理程序以异步方式执行，它会打断其他重要代码的执行，为了避免被打断的程序停止时间太长，硬件中断处理程序必须尽快执行完。
- 硬件中断处理程序通常在关中断的情况下执行。所谓的"关中断"，是指关闭本地 CPU 的所有中断响应。关中断之后，本地 CPU 不能再响应中断，因此硬件中断处理程序必须尽快执行完。以 ARM 处理器为例，中断发生时，ARM 处理器会自动关闭本地 CPU 的 IRQ/FIQ，直到从中断处理程序退出时才打开本地中断，整个过程都处于关中断状态。

上半部通常完成整个中断处理任务中的一小部分，例如响应中断表明中断已经被软件接收，在简单的数据处理（如 DMA 操作）以及硬件中断处理完成时发送 EOI 信号给中断控制器等，这些工作对时间比较敏感。此外中断处理还有一些计算任务，例如数据复制、数据包的封装和转发、计算时间比较长的数据处理等，这些任务可以放到中断下半部来执行。Linux 内核并没有用严格的规则约束究竟什么样的任务应该放到下半部来执行，这由驱动开发者决定。中断任务的划分对系统性能会有比较大的影响。

那么下半部具体在什么时候执行呢？这没有确切的时间点，一般是从硬件中断返回后的某一个时间点开始执行。下半部执行的关键点是允许响应所有的中断，处于打开中断的环境。

11.2.1　软中断

软中断是 Linux 内核很早引入的机制，最早可以追溯到 Linux 2.3 开发期间。软中断是预留给系统中对时间要求最严格和最重要的下半部使用的，而且目前驱动中只有块设备和网络子系统使用了软中断。系统静态定义了若干软中断类型，并且 Linux 内核开发者不希望用户再扩充新的软中断类型，如有需要，建议使用 tasklet 机制。已经定义好的软中断类型如下。

```
[include/linux/interrupt.h]

enum
{
    HI_SOFTIRQ=0,
    TIMER_SOFTIRQ,
    NET_TX_SOFTIRQ,
    NET_RX_SOFTIRQ,
    BLOCK_SOFTIRQ,
    BLOCK_IOPOLL_SOFTIRQ,
    TASKLET_SOFTIRQ,
    SCHED_SOFTIRQ,
    HRTIMER_SOFTIRQ,
    RCU_SOFTIRQ,
};
```

可通过枚举类型来静态声明软中断，并且每一种软中断都使用索引来表示一种相对的优先级，索引号越小，软中断的优先级越高，从而在一轮软中断处理中得到优先执行。

- □ HI_SOFTIRQ，优先级为 0，是优先级最高的软中断类型。
- □ TIMER_SOFTIRQ，优先级为 1，是用于定时器的软中断。
- □ NET_TX_SOFTIRQ，优先级为 2，是用于发送网络数据包的软中断。
- □ NET_RX_SOFTIRQ，优先级为 3，是用于接收网络数据包的软中断。
- □ BLOCK_SOFTIRQ 和 BLOCK_IOPOLL_SOFTIRQ，优先级分别是 4 和 5，是用于块设备的软中断。
- □ TASKLET_SOFTIRQ，优先级为 6，是专门为 tasklet 机制准备的软中断。
- □ SCHED_SOFTIRQ，优先级为 7，用于进程调度以及负载均衡。
- □ HRTIMER_SOFTIRQ，优先级为 8，是一种高精度定时器。
- □ RCU_SOFTIRQ，优先级为 9，是专门为 RCU 服务的软中断。

softirq 的接口函数如下。

```
void open_softirq(int nr, void (*action)(struct softirq_action *))

void raise_softirq(unsigned int nr)
```

open_softirq()接口函数可以注册软中断，其中参数 nr 是软中断的序号。

raise_softirq()接口函数用于主动触发软中断。

11.2.2 tasklet

tasklet 是利用软中断实现的一种下半部机制，本质上是软中断的变种，运行在软中断上下文中。Tasklet 可用 tasklet_struct 数据结构来描述。

```
[include/linux/interrupt.h]

struct tasklet_struct
{
    struct tasklet_struct *next;
    unsigned long state;
    atomic_t count;
    void (*func)(unsigned long);
    unsigned long data;
};
```

- □ next：多个 tasklet 可串成一个链表。
- □ state：TASKLET_STATE_SCHED 表示 tasklet 已经被调度，正准备运行。TASKLET_STATE_RUN 表示 tasklet 正在运行中。
- □ count：若为 0，表示 tasklet 处于激活状态；若不为 0，表示 tasklet 被禁止，不允许执行。

❑ func：tasklet 处理程序，类似于软中断中的 action 函数指针。

❑ data：传递参数给 tasklet 处理程序。

每个 CPU 维护两个 tasklet 链表：一个用于普通优先级的 tasklet_vec，另一个用于高优先级的 tasklet_hi_vec，它们都是 Per-CPU 变量。链表中的每个 tasklet_struct 代表一个 tasklet。

[kernel/softirq.c]

```
struct tasklet_head {
    struct tasklet_struct *head;
    struct tasklet_struct **tail;
};

static DEFINE_PER_CPU(struct tasklet_head, tasklet_vec);
static DEFINE_PER_CPU(struct tasklet_head, tasklet_hi_vec);
```

其中，tasklet_vec 使用软中断中的 TASKLET_SOFTIRQ 类型，优先级是 6；而 tasklet_hi_vec 使用软中断中的 HI_SOFTIRQ，优先级是 0，它是所有软中断中优先级最高的。

要在驱动中使用 tasklet 机制，需要首先定义一个 tasklet。tasklet 可以静态声明，也可以动态初始化。

[include/linux/interrupt.h]

```
#define DECLARE_TASKLET(name, func, data) \
struct tasklet_struct name = { NULL, 0, ATOMIC_INIT(0), func, data }

#define DECLARE_TASKLET_DISABLED(name, func, data) \
struct tasklet_struct name = { NULL, 0, ATOMIC_INIT(1), func, data }
```

上述两个宏都会静态地声明一个 tasklet 数据结构，它们的唯一区别在于 count 成员的初始值不同。DECLARE_TASKLET 宏把 count 初始化为 0，表示 tasklet 处于激活状态；而 DECLARE_TASKLET_DISABLED 宏把 count 成员初始化为 1，表示 tasklet 处于关闭状态。

当然，也可以在驱动代码中调用 tasklet_init()函数来动态初始化 tasklet。

```
void tasklet_init(struct tasklet_struct *t,
          void (*func)(unsigned long), unsigned long data)
```

要在驱动代码中调度 tasklet，可以使用 tasklet_schedule()函数。

[include/linux/interrupt.h]

```
static inline void tasklet_schedule(struct tasklet_struct *t)
```

11.2.3　local_bh_disable()/local_bh_enable()

local_bh_disable()和 local_bh_enable()是内核中提供的关闭软中断的锁机制，它们组成的临界区可禁止本地 CPU 在中断返回前执行软中断，简称 BH 临界区。local_bh_disable()/local_bh_enable()是关于 BH 的接口函数，运行在进程上下文中，内核的网络子系统中有大量使用它们的例子。

11.2.4　小结

软中断是 Linux 内核中最常见的一种下半部机制，适合系统对性能和实时响应要求很高的场合，例如网络子系统、块设备、高精度定时器、RCU 等。

- □　软中断类型是静态定义的，Linux 内核不希望驱动开发者新增软中断类型。
- □　软中断的回调函数在开中断的环境下执行。
- □　同一类型的软中断可以在多个 CPU 上并行执行。以 TASKLET_SOFTIRQ 类型的软中断为例，多个 CPU 可以同时执行 tasklet_schedule()，并且多个 CPU 可能同时从中断处理返回，然后同时触发和执行 TASKLET_SOFTIRQ 类型的软中断。
- □　假如有驱动开发者要新增软中断类型，那么软中断的处理程序需要考虑同步问题。
- □　软中断的回调函数不能睡眠。
- □　软中断的执行时间点是在硬件中断返回前，即退出硬中断上下文时，首先检查是否有等待的软中断，然后才检查是否需要抢占当前进程。因此，软中断上下文总是抢占进程上下文。

tasklet 是基于软中断的一种下半部机制。

- □　tasklet 可以静态定义，也可以动态初始化。
- □　tasklet 是串行执行的。一个 tasklet 在执行 tasklet_schedule()时会绑定某个 CPU 的 tasklet_vec 链表，它必须在该 CPU 上执行完 tasklet 的回调函数后才会和该 CPU 解绑。
- □　TASKLET_STATE_SCHED 和 TASKLET_STATE_RUN 标志位巧妙地构成了串行执行。

11.3　工作队列机制

工作队列机制是除了软中断和 tasklet 以外最常用的下半部机制之一。工作队列的基本原理是把 work（需要推迟执行的函数）交由一个内核线程执行，并且总是在进程上下文中执行。工作队列的优点是利用进程上下文来执行中断下半部操作，因此工作队列允许重新调度和睡眠，是异步执行的进程上下文，另外还能解决因软中断和 tasklet 执行时间过长而导致系统实时性下降等问题。

当驱动程序或内核子系统在进程上下文中有异步执行的工作任务时，可以使用工作项来描述工作任务。把工作项添加到一个队列中，然后由一个内核线程执行工作任务的回调函数。

这里内核线程称为 worker。

工作队列是在 Linux 2.5.x 内核开发期间被引入的机制。早期工作队列的设计比较简单，由多线程（multi-threaded，每个 CPU 默认一个工作线程）和单线程（single threaded，用户可以自行创建工作线程）组成，在长期测试中人们发现如下问题。

- □ 内核线程数量太多。虽然系统中有默认的一套工作线程，但是很多驱动和子系统喜欢自行创建工作线程，例如调用 create_workqueue()函数，这导致在大型系统（CPU 数量比较多）中，在内核启动结束之后可能就已经耗尽了系统的 PID 资源。
- □ 并发性比较差。多线程的工作线程和 CPU 是一一绑定的，假设 CPU0 上的工作线程有 A、B 和 C，执行 A 上的回调函数时 A 进入了睡眠状态，CPU0 把 A 调度出去，执行其他的进程。对于 B 和 C 来说，它们只能等待 CPU0 重新调度，尽管其他 CPU 比较空闲，但没有办法迁移到其他 CPU 上。
- □ 死锁问题。系统有一个默认的工作队列 kevents，如果有很多工作线程运行在默认的 kevents 上，并且它们有一些数据上的依赖关系，那么很有可能会产生死锁。解决办法是为每一个有可能产生死锁的工作线程创建专职的工作线程，这样又回到上述第一个问题了。

因此，社区专家 Tejun Heo 在 Linux 2.6.36 中提出了一套解决方案——并发托管工作队列（Concurrency-Managed WorkQueue，CMWQ）。执行工作任务的线程称为 worker 或工作线程。工作线程会串行化地执行挂入队列中的所有工作。如果队列中没有工作，那么工作线程就会变成空闲（idle）状态。为了管理众多工作线程，CMWQ 提出了工作线程池的概念，工作线程池有两种：一种是 BOUND 类型的，可以理解为 Per-CPU 类型，每个 CPU 都有工作线程池；另一种是 UNBOUND 类型的，不和具体的 CPU 绑定。这两种工作线程池都会定义两个线程池，一个给普通优先级的工作线程使用，另一个给高优先级的工作线程使用。这些工作线程池中的线程数量是动态分配和管理的，而不是固定的。当工作线程睡眠时，会检查是否需要唤醒更多的工作线程，如有需要，就唤醒同一工作线程池中空闲状态的工作线程。

11.3.1　工作队列的类型

用于创建工作队列的接口函数有很多，并且基本上和旧版本的工作队列兼容。

[include/linux/workqueue.h]

```
#define alloc_workqueue(fmt, flags, max_active, args…)      \
    __alloc_workqueue_key((fmt), (flags), (max_active),     \
            NULL, NULL, ##args)
```

最常见的一个接口函数是 alloc_workqueue()，它有 3 个参数，分别是 name、flags 和 max_active。其他的接口函数都和该接口函数类似，只是调用的 flags 不相同。

- ❑ **WQ_UNBOUND**：工作任务会加入 UNBOUND 工作队列，UNBOUND 工作队列中的工作线程没有绑定到具体的 CPU。UNBOUND 类型的工作不需要进行额外的同步管理，UNBOUND 工作线程池会尝试尽快执行自己的工作。这类工作会牺牲一部分性能（局部原理带来的性能提升），但是比较适用于如下场景。
  - ➢ 一些应用会在不同的 CPU 上跳跃，如果创建 BOUND 类型的工作队列，就会创建很多没用的工作线程。
  - ➢ 长时间运行的 CPU 消耗类型的应用（标记为 WQ_CPU_INTENSIVE）通常会创建 UNBOUND 类型的工作队列，进程调度器会管理这类工作线程在哪个 CPU 上运行。
- ❑ **WQ_FREEZABLE**：标记为 WQ_FREEZABLE 的工作队列会参与系统挂起过程，这会让工作线程在处理完当前所有的工作之后才完成进程的冻结，并且这个过程中不会开始新工作，直到进程被解冻。
- ❑ **WQ_MEM_RECLAIM**：当内存紧张时，创建新的工作线程可能会失败，系统还有救助者内核线程（用于接管这种情况）。
- ❑ **WQ_HIGHPRI**：属于高优先级的线程池，拥有比较低的 nice 值。
- ❑ **WQ_CPU_INTENSIVE**：属于特别消耗 CPU 资源的一类工作，这类工作的执行会得到系统进程调度器的监管。排在这类工作后面的 non-CPU-intensive 类型的工作可能会推迟执行。
- ❑ **__WQ_ORDERED**：表示在同一时间只能执行一个工作。

系统在初始化时会创建系统默认的工作队列，这里使用了用于创建工作队列的接口函数 alloc_workqueue()。

```
<kernel/workqueue.c>
static int __init init_workqueues(void)
{
  …

  system_wq = alloc_workqueue("events", 0, 0);
  system_highpri_wq = alloc_workqueue("events_highpri", WQ_HIGHPRI, 0);
  system_long_wq = alloc_workqueue("events_long", 0, 0);
  system_unbound_wq = alloc_workqueue("events_unbound", WQ_UNBOUND,
                  WQ_UNBOUND_MAX_ACTIVE);
  system_freezable_wq = alloc_workqueue("events_freezable",
                  WQ_FREEZABLE, 0);
  system_power_efficient_wq = alloc_workqueue("events_power_efficient",
                  WQ_POWER_EFFICIENT, 0);
  system_freezable_power_efficient_wq =
      alloc_workqueue("events_freezable_power_efficient",
                  WQ_FREEZABLE | WQ_POWER_EFFICIENT,
                  0);
  …
}
early_initcall(init_workqueues);
```

339

- ❑ 普通优先级的 BOUND 类型的工作队列 system_wq，名称为 "events"，可以理解为默认工作队列。
- ❑ 高优先级的 BOUND 类型的工作队列 system_highpri_wq，名称为 "events_highpri"。
- ❑ UNBOUND 类型的工作队列 system_unbound_wq，名称为 "system_unbound"。
- ❑ freezable 类型的工作队列 system_freezable_wq，名称为 "events_freezable"。
- ❑ 省电类型的工作队列 system_power_efficient_wq，名称为 "events_power_efficient"。

11.3.2　使用工作队列

Linux 内核推荐驱动开发者使用默认的工作队列，而不是新建工作队列。要使用系统默认的工作队列，首先需要初始化工作，内核提供了相应的宏 INIT_WORK()。

[include/linux/workqueue.h]

```
#define INIT_WORK(_work, _func)                        \
    __INIT_WORK((_work), (_func), 0)

#define __INIT_WORK(_work, _func, _onstack)            \
    do {                                               \
            __init_work((_work), _onstack);            \
            (_work)->data = (atomic_long_t) WORK_DATA_INIT(); \
            INIT_LIST_HEAD(&(_work)->entry);           \
            (_work)->func = (_func);                   \
    } while (0)

#define WORK_DATA_INIT()        ATOMIC_LONG_INIT(WORK_STRUCT_NO_POOL)
```

初始化工作后，就可以调用 schedule_work() 函数把工作挂入系统默认的工作队列。

[include/linux/workqueue.h]

```
static inline bool schedule_work(struct work_struct *work)
{
        return queue_work(system_wq, work);
}
```

schedule_work() 函数会把工作挂入系统默认的 BOUND 类型的工作队列 system_wq，该工作队列是在执行 init_workqueues() 时创建的。

11.3.3　小结

在驱动开发中使用 workqueue 是比较简单的，特别是使用系统默认的工作队列 system_wq，步骤如下。

（1）使用 INIT_WORK() 宏声明工作及其回调函数。

（2）通过 schedule_work() 调度工作。

（3）通过 cancel_work_sync()取消工作。

此外，有的驱动会自己创建工作队列，特别是网络子系统、块设备子系统等，步骤如下。

（1）使用 alloc_workqueue()创建新的工作队列。

（2）使用 INIT_WORK()宏声明工作及其回调函数。

（3）在新的工作队列上调度工作，即调用 queue_work()。

（4）刷新工作队列中的所有工作，即调用 flush_workqueue()。

Linux 内核还提供了一种将工作队列机制和计时器机制相结合的延时机制——delayed_work。

11.4　实验

11.4.1　实验 11-1：tasklet

1．实验目的

了解和熟悉 Linux 内核的 tasklet 机制的使用。

2．实验要求

（1）写一个简单的内核模块，初始化一个 tasklet，在 write()函数里调用 tasklet 回调函数，在 tasklet 回调函数中输出用户程序写入的字符串。

（2）写一个应用程序，测试以上功能。

11.4.2　实验 11-2：工作队列

1．实验目的

了解和熟悉 Linux 内核的工作队列机制的使用。

2．实验要求

（1）写一个简单的内核模块，初始化一个工作队列，在 write()函数里调用工作队列回调函数，在工作队列回调函数中输出用户程序写入的字符串。

（2）写一个应用程序，测试以上功能。

11.4.3　实验 11-3：定时器和内核线程

1．实验目的

了解和熟悉 Linux 内核的定时器与内核线程机制的使用。

2．实验要求

写一个简单的内核模块，首先定义一个定时器来模拟中断，再新建一个内核线程。当定时器到来时，唤醒内核线程，然后在内核线程的主程序中输出该内核线程的相关信息，如 PID、当前 jiffies 等信息。

第 **12** 章　调试和性能优化

本章通过实验的方式介绍 Linux 内核中常用的调试和优化技巧。本章的实验可以在 QEMU 虚拟机或 Ubuntu Linux 20.04 系统中进行。

性能优化是计算机中永恒的话题，可让程序尽可能运行得更高效。在计算机的发展历史中，人们总结出性能优化的一些相关理论，主要的理论如下。

- ❏ 二八定律：对于大部分事物，80%的结果是由 20%的原因引起的。这是优化可行的理论基础，也启发了程序逻辑优化的侧重点。
- ❏ 木桶定律：木桶的容量取决于最短的那根木板。这个原理直接指明了优化方向，即先找到短板（热点）再优化。

实际项目中的性能优化主要分为 5 个部分，也就是经典的 PAROT 模型，如图 12.1 所示。

- ❏ 采样（profile）：对要进行优化的程序进行采样。不同的应用场景有不同的采样工具，比如 Linux 内核里有 perf 工具、Intel 公司有 Vturn 工具。
- ❏ 分析（analyze）：分析性能的瓶颈和热点。
- ❏ 定位问题（root）：找出问题的根本原因。
- ❏ 优化（optimize）：优化性能瓶颈。
- ❏ 测试（test）：性能测试。

图12.1　性能优化中经典的 PAROT模型

本章将介绍 Linux 内核和应用开发中常用的性能分析与调试工具，还将介绍相关技巧。

12.1　printk()输出函数和动态输出

12.1.1　printk()输出函数

很多内核开发者最喜欢的调试工具之一是 printk()。printk()是内核提供的格式化输出函数，它和 C 标准库提供的 printf()函数类似。printk()函数和 printf()函数的一个重要区别是前者提供了输出等级，内核根据这个等级来判断是否在终端或串口中输出结果。从作者多年的工程实践经验来看，使用 printk() 是最简单有效的调试方法。

```
[include/linux/kern_levels.h]

#define KERN_EMERG   KERN_SOH "0"    /* 最高等级，系统可能处于工作不正常状态 */
#define KERN_ALERT   KERN_SOH "1"    /* 非常紧急 */
#define KERN_CRIT    KERN_SOH "2"    /* 紧急 */
#define KERN_ERR     KERN_SOH "3"    /* 错误等级*/
#define KERN_WARNING KERN_SOH "4"    /* 警告等级*/
#define KERN_NOTICE  KERN_SOH "5"    /* 提示等级 */
#define KERN_INFO    KERN_SOH "6"    /* 信息等级 */
#define KERN_DEBUG   KERN_SOH "7"    /* 调试等级 */
```

Linux 内核为 printk() 定义了 8 个输出等级，KERN_EMERG 等级最高，KERN_DEBUG 等级最低。在配置内核时，有一个宏用来设定系统默认的输出等级 CONFIG_MESSAGE_LOGLEVEL_DEFAULT，通常设置为 4。只有当输出等级高于 4 时才会输出到终端或串口。通常在产品开发阶段，会把系统的默认等级设置到最低，以便在开发测试阶段暴露更多的问题和调试信息，在产品发布时再把输出等级设置为 0 或 4。

```
<arch/arm64/configs/debian_defconfig>

CONFIG_MESSAGE_LOGLEVEL_DEFAULT=8 //将默认输出等级设置为8，表示打开所有的输出信息
```

此外，还可以通过在启动内核时传递命令行给内核的方法来修改系统默认的输出等级，例如传递 "loglevel=8" 给内核的启动参数。

```
# $ qemu-system-aarch64 -m 1024 -cpu cortex-a57 -M virt -nographic -kernel
arch/arm64/boot/Image -append "noinintrd sched_debug root=/dev/vda
rootfstype=ext4 rw crashkernel=256M loglevel=8" -drive
if=none,file=rootfs_debian_arm64.ext4,id=hd0 -device
virtio-blk-device,drive=hd0
```

在系统运行时，也可以修改系统的输出等级。

```
# cat /proc/sys/kernel/printk      //printk()默认有4个等级
7    4    1    7

# echo 8 > /proc/sys/kernel/printk  //打开所有的输出信息
```

上述内容分别表示控制台输出等级、默认消息输出等级、最低输出等级和默认控制台输出等级。

在实际调试中，输出函数名（__func__）和代码行号（__LINE__）也是一个很好的小技巧。

```
printk(KERN_EMERG "figo: %s, %d", __func__, __LINE__);
```

读者需要注意 printk() 输出格式，如表 12.1 所示，否则在编译时会出现很多的警告。

表 12.1　printk()输出格式

数 据 类 型	printk 格式符
int	%d或%x
unsigned int	%u或%x
long	%ld或%lx
long long	%lld或%llx
unsigned long long	%llu或%llx
size_t	%zu或%zx
ssize_t	%zd或%zx
函数指针	%pf

内核还提供了一些在实际工程中会用到的有趣的输出函数。

❑　内存数据的输出函数 print_hex_dump()。

❑　栈输出函数 dump_stack()。

12.1.2　动态输出

动态输出（dynamic print）是内核子系统开发者最喜欢的输出手段之一。在系统运行时，可以由系统维护者动态地打开和关闭指定的 printk()输出，也可以有选择地打开某些模块的输出，而 printk()是全局的，只能设置输出等级。要使用动态输出，必须在配置内核时打开 CONFIG_DYNAMIC_DEBUG 宏。内核代码里使用了大量的 pr_debug()/dev_dbg()函数来输出信息，这里就使用了动态输出技术。另外，还需要系统挂载 debugfs 文件系统。

动态输出在 debugfs 文件系统中对应的是 control 文件节点。control 文件节点记录了系统中所有使用动态输出技术的文件名路径、输出语句所在的行号、模块名和将要输出的语句等。

```
# cat /sys/kernel/debug/dynamic_debug/control

[...]
mm/cma.c:372 [cma]cma_alloc =_ "%s(cma %p, count %d, align %d)\012"
mm/cma.c:413 [cma]cma_alloc =_ "%s(): memory range at %p is busy, retrying\012"
mm/cma.c:418 [cma]cma_alloc =_ "%s(): returned %p\012"
mm/cma.c:439 [cma]cma_release =_ "%s(page %p)\012"
[...]
```

例如，对于上面的 cma 模块，文件名路径是 mm/cma.c，输出语句所在的行号是 372，所在函数是 cma_alloc()，将要输出的语句是 "%s(cma %p, count %d, align %d)\012"。在使用动态输出技术之前，可以先通过查询 control 文件节点获知系统有哪些动态输出语句，例如 "cat control | grep xxx"。

下面举例说明如何使用动态输出技术。

```
// 打开svcsock.c文件中的所有动态输出语句
# echo 'file svcsock.c +p' > /sys/kernel/debug/dynamic_debug/control

// 打开usbcore模块中的所有动态输出语句
# echo 'module usbcore +p' > /sys/kernel/debug/dynamic_debug/control

// 打开svc_process()函数中的所有动态输出语句
# echo 'func svc_process +p' > /sys/kernel/debug/dynamic_debug/control

// 关闭svc_process()函数中的所有动态输出语句
# echo 'func svc_process -p' > /sys/kernel/debug/dynamic_debug/control

// 打开文件路径中包含usb的文件里的所有动态输出语句
# echo -n '*usb* +p' > /sys/kernel/debug/dynamic_debug/control

// 打开系统所有的动态输出语句
# echo -n '+p' > /sys/kernel/debug/dynamic_debug/control
```

上面是打开动态输出语句的例子，除了能输出 pr_debug()/dev_dbg()函数中定义的输出语句外，还能输出一些额外信息，例如函数名、行号、模块名和线程 ID 等。

- ❑ p：打开动态输出语句。
- ❑ f：输出函数名。
- ❑ l：输出行号。
- ❑ m：输出模块名。
- ❑ t：输出线程 ID。

对于一些调试系统启动方面的代码，例如 SMP 初始化、USB 核心初始化等，这些代码在系统进入 shell 终端时就已经初始化完毕，因此无法及时打开动态输出语句。这时可以在内核启动时传递参数给内核，在系统初始化时动态打开它们，这是实际工程中非常好用的一个技巧。例如，用于调试 SMP 初始化的代码查询到 topology 模块中有一些动态输出语句。

```
/ # cat /sys/kernel/debug/dynamic_debug/control | grep topology
arch/arm64/kernel/topology.c:54 [topology]store_cpu_topology "CPU%u: cluster
%d core %d thread %d mpidr %#016llx\012"
```

在内核的命令行中添加“topology.dyndbg=+plft”字符串。

```
$ qemu-system-aarch64 -m 1024 -cpu cortex-a57 -M virt -smp 4 -nographic -kernel
arch/arm64/boot/Image -append "noinintrd sched_debug root=/dev/vda
rootfstype=ext4 rw crashkernel=256M loglevel=8 topology.dyndbg=+plft " -drive
if=none,file=rootfs_debian_arm64.ext4,id=hd0 -device
virtio-blk-device,drive=hd0 -fsdev
local,id=kmod_dev,path=./kmodules,security_model=none -device
virtio-9p-pci,fsdev=kmod_dev,mount_tag=kmod_mount

[…]
root@ubuntu:~# dmesg | grep "cluster"
[    0.159395] [0] store_cpu_topology:54: CPU1: cluster 0 core 1 thread -1 mpidr
0x00000080000001
[    0.173522] [0] store_cpu_topology:54: CPU2: cluster 0 core 2 thread -1 mpidr
```

```
0x00000080000002
[    0.181006] [0] store_cpu_topology:54: CPU3: cluster 0 core 3 thread -1 mpidr
0x00000080000003
root@ubuntu:~#
```

还可以在各个子系统的 Makefile 中添加 ccflags 来打开动态输出功能。

[.../Makefile]

```
ccflags-y        := -DDEBUG
ccflags-y        += -DVERBOSE_DEBUG
```

12.1.3　实验 12-1：使用 printk()输出函数

1．实验目的

了解如何使用内核的 printk()输出函数进行输出调试。

2．实验要求

（1）写一个简单的内核模块，使用 printk()函数进行输出。

（2）在内核中选择驱动程序或内核代码，使用 printk()函数进行输出调试。

12.1.4　实验 12-2：使用动态输出

1．实验目的

学会使用动态输出的方式来辅助调试。

2．实验要求

（1）选择熟悉的内核模块或驱动模块，打开动态输出功能以观察日志信息。

（2）写一个简单的内核模块，使用 pr_debug()/dev_dbg()函数来添加输出信息，并且在 QEMU 或 Ubuntu Linux 中进行实验。

12.2　proc 和 debugfs

12.2.1　proc 文件系统

Linux 系统中的 proc 和 sys 两个目录提供了一些内核调试参数，为什么这两个不同的目录会同时存在呢？早期的 Linux 内核中是没有 proc 和 sys 这两个目录的，调试参数时显得特别麻烦，只能靠个人对代码的理解程度。后来社区开发了一套虚拟的文件系统，也就是内核和内核模块用来向进程发送消息的机制，这种机制名为 proc。这套虚拟的文件系统可以让用户和内核的内部数据结构进行交互，比如获取进程的有用信息、系统的有用信息等。可以查看某个进程的相关信息，也可以查看系统的信息，比如/proc/meminfo 用来查看内存的管理信息、/proc/cpuinfo 用来观察 CPU 的信息。

proc 文件系统并不是真正意义上的文件系统，虽然在内存中，却不占用磁盘空间。proc 文件系统包含一些结构化的目录和虚拟文件，既可以向用户呈现内核中的一些信息，也可以用作一种从用户空间向内核发送信息的手段。这些虚拟文件在使用查看命令查看时会返回大量信息，但文件本身显示为 0 字节。此外，在这些特殊文件中，大多数文件的时间及日期属性通常为当前系统时间和日期。事实上，ps、top 等 shell 命令就是从 proc 文件系统中读取信息的，且更具可读性。

在 QEMU 虚拟机中运行 ARM64 Linux 的如下 proc 文件系统。

```
/ # cd /proc/
/proc # ls
1             282          7             fb             partitions
10            283          703           filesystems    self
11            285          704           fs             slabinfo
12            293          8             interrupts     softirqs
13            3            9             iomem          stat
14            4            asound        ioports        swaps
15            407          buddyinfo     irq            sys
16            408          bus           kallsyms       sysrq-trigger
17            409          cgroups       kmsg           sysvipc
18            410          cmdline       kpagecount     thread-self
19            427          config.gz     kpageflags     timer_list
2             475          consoles      loadavg        tty
20            490          cpu           locks          uptime
21            5            cpuinfo       meminfo        version
22            592          crypto        misc           vmallocinfo
23            6            device-tree   modules        vmstat
24            603          devices       mounts         zoneinfo
25            604          diskstats     mtd
279           618          driver        net
280           684          execdomains   pagetypeinfo
```

proc 文件系统常用的一些节点如下。

❑ /proc/cpuinfo：CPU 信息（型号、家族、缓存大小等）。

❑ /proc/meminfo：物理内存、交换空间等信息。

❑ /proc/mounts：已加载的文件系统的列表。

❑ /proc/filesystems：被支持的文件系统。

❑ /proc/modules：已加载的模块。

❑ /proc/version：内核版本。

❑ /proc/cmdline：系统启动时输入的内核命令行参数。

❑ /proc/<pid>/：<pid>表示进程的 PID，这些子目录中包含的文件可以提供有关进程的状态和环境的重要细节信息。

❑ /proc/interrupts：中断使用情况。

❑ /proc/kmsg：内核日志信息。

❑ /proc/devices：可用的设备，如字符设备和块设备。

❑ /proc/slabinfo：slab 系统的统计信息。

❑ /proc/uptime：系统正常运行时间。

例如，通过 cat/proc/cpuinfo 可查看当前系统的 CPU 信息。

```
root@ubuntu:~# cat /proc/cpuinfo
processor    : 0
BogoMIPS : 125.00
Features : fp asimd evtstrm aes pmull sha1 sha2 crc32 cpuid
CPU implementer : 0x41
CPU architecture: 8
CPU variant  : 0x1
CPU part : 0xd07
CPU revision : 0
```

再如，查看 PID 为 718 的进程相关信息。

```
/proc/718 # ls -l
total 0
-r--------    1 0          0              0 Apr 28 09:42 auxv
-r--r--r--    1 0          0              0 Apr 28 09:42 cgroup
--w-------    1 0          0              0 Apr 28 09:42 clear_refs
-r--r--r--    1 0          0              0 Apr 28 09:42 cmdline
-rw-r--r--    1 0          0              0 Apr 28 09:42 comm
-rw-r--r--    1 0          0              0 Apr 28 09:42 coredump_filter
-r--r--r--    1 0          0              0 Apr 28 09:42 cpuset
lrwxrwxrwx    1 0          0              0 Apr 28 09:42 cwd -> /proc
-r--------    1 0          0              0 Apr 28 09:42 environ
lrwxrwxrwx    1 0          0              0 Apr 28 09:42 exe -> /bin/busybox
dr-x------    2 0          0              0 Apr 28 09:42 fd
dr-x------    2 0          0              0 Apr 28 09:42 fdinfo
-r--r--r--    1 0          0              0 Apr 28 09:42 limits
-r--r--r--    1 0          0              0 Apr 28 09:42 maps
-rw-------    1 0          0              0 Apr 28 09:42 mem
-r--r--r--    1 0          0              0 Apr 28 09:42 mountinfo
-r--r--r--    1 0          0              0 Apr 28 09:42 mounts
-r--------    1 0          0              0 Apr 28 09:42 mountstats
dr-xr-xr-x    5 0          0              0 Apr 28 09:42 net
dr-x--x--x    2 0          0              0 Apr 28 09:42 ns
-rw-r--r--    1 0          0              0 Apr 28 09:42 oom_adj
-r--r--r--    1 0          0              0 Apr 28 09:42 oom_score
-rw-r--r--    1 0          0              0 Apr 28 09:42 oom_score_adj
-r--------    1 0          0              0 Apr 28 09:42 pagemap
-r--------    1 0          0              0 Apr 28 09:42 personality
lrwxrwxrwx    1 0          0              0 Apr 28 09:42 root -> /
-r--r--r--    1 0          0              0 Apr 28 09:42 smaps
-r--------    1 0          0              0 Apr 28 09:42 stack
-r--r--r--    1 0          0              0 Apr 28 09:42 stat
-r--r--r--    1 0          0              0 Apr 28 09:42 statm
-r--r--r--    1 0          0              0 Apr 28 09:42 status
-r--------    1 0          0              0 Apr 28 09:42 syscall
dr-xr-xr-x    3 0          0              0 Apr 28 09:42 task
-r--r--r--    1 0          0              0 Apr 28 09:42 wchan
```

进程常见的信息如下。

- ❑ attr：提供安全相关的属性。
- ❑ cgroup：进程所属的控制组。
- ❑ cmdline：命令行参数。
- ❑ environ：环境变量值。
- ❑ fd：一个包含所有文件描述符的目录。
- ❑ mem：进程的内存利用情况。
- ❑ stat：进程状态。
- ❑ status：进程当前状态，以可读的方式显示。
- ❑ cwd：当前工作目录的链接。
- ❑ exe：指向进程的命令执行文件。
- ❑ maps：内存映射信息。
- ❑ statm：进程的内存使用信息。
- ❑ root：链接进程的 root 目录。
- ❑ oom_adj、oom_score、oom_score_adj：用于 OOM killer。

12.2.2　sys 文件系统

既然有了 proc 目录，为什么还要 sys 目录呢？

其实在 Linux 内核的开发阶段，很多内核模块会向 proc 目录中乱添加节点和目录，导致 proc 目录中的内容显得杂乱无章。另外，Linux 2.5 在开发期间设计了一套统一的设备驱动模型，从而诞生了 sys 这个新的虚拟文件系统。

这套新的设备模型是为了对计算机上的所有设备统一地进行表示和操作，包括设备本身和设备之间的连接关系。这套模型建立在对 PCI 和 USB 的总线枚举过程的分析之上，这两种总线类型能代表当前系统中的大多数设备类型。比如在常见的 PC 中，CPU 能直接控制的是 PCI 总线设备，而 USB 总线设备是具体的 PCI 设备，外部 USB 设备（比如 USB 鼠标等）则接入 USB 总线设备；当计算机执行挂起的操作时，Linux 内核应该以"外部 USB 设备→USB 总线设备→PCI 总线设备"的顺序通知每一个设备将电源挂起；执行恢复时则以相反的顺序进行通知；如果不按此顺序，则有的设备得不到正确的电源状态变迁的通知，将无法正常工作。sysfs 是在 Linux 统一设备模型的过程中产生的副产品。

现在很多子系统、设备驱动程序已经将 sysfs 作为与用户空间交互的接口。

在 QEMU 虚拟机上运行的 ARM32 Linux 中的 sys 文件系统如下。

```
/sys # ls
block     class     devices    fs        module
bus       dev       firmware   kernel    power
```

sys 文件系统的几个主要目录及功能描述如表 12.2 所示。

表 12.2 sys 文件系统的几个主要目录及功能描述

目　　录	描　　述
block	描述当前系统中所有的块设备
class	根据设备功能分类的设备模型
devices	描述系统中所有的设备，设备可根据类型来分层
fs	描述系统中所有的文件系统
module	描述系统中所有的模块
bus	将系统中所有的设备连接到某个总线
dev	维护按字符设备和块设备的主次号码连接到真实设备的符号连接文件
firmware	与系统加载固件相关的一些接口
kernel	内核可调参数
power	与电源管理相关的可调参数

因此，系统的整体信息可通过 procfs 来获取，设备模型相关信息可通过 sysfs 来获取。

12.2.3　debugfs 文件系统

debugfs 是一种用来调试内核的内存文件系统，内核开发者可以通过 debugfs 和用户空间交换数据，有点类似于前文提到的 procfs 和 sysfs。debugfs 文件系统并不是存储在磁盘上，而是建立在内存中。

进行内核调试时使用的最原始的调试手段是添加输出语句，但是有时我们需要在运行中修改某些内核的数据，这时 printk() 就显得无能为力了。一种可行的办法就是修改内核代码并编译，然后重新运行，但这种办法低效并且在有些场景下系统还不能重启。为此，可使用临时的文件系统把关心的数据映射到用户空间。之前内核实现的 procfs 和 sysfs 可以达到这个目的，但 procfs 是为了反映系统以及进程的状态信息，而 sysfs 用于 Linux 设备驱动模型，因此把私有的调试信息加入这两个虚拟文件系统不太合适。于是内核又添加了一个虚拟文件系统，也就是 debugfs。

debugfs 一般会挂载到/sys/kernel/debug 目录，可以通过 mount 命令来实现。

```
# mount -t debugfs none /sys/kernel/debug
```

12.2.4　实验 12-3：使用 procfs

1. 实验目的

1）写一个内核模块，在/proc 中创建名为"test"的目录。

2）在 test 目录下创建两个节点，分别是"read"和"write"节点。从"read"节点中可以读取内核模块的某个全局变量的值，通过往"write"节点中写数据可以修改某个全局变量的值。

2．实验详解

procfs 文件系统提供了一些常用的 API 函数，这些 API 函数定义在 fs/proc/internal.h 文件中。

proc_mkdir()函数可以在 parent 父目录中创建一个名为 name 的目录，如果将 parent 指定为 NULL，就在/proc 根目录下创建一个目录。

```
struct proc_dir_entry *proc_mkdir(const char *name,
    struct proc_dir_entry *parent)
```

proc_create()函数会创建一个新的文件节点。

```
struct proc_dir_entry *proc_create(
    const char *name, umode_t mode, struct proc_dir_entry *parent,
    const struct file_operations *proc_fops)
```

其中，name 是节点的名称；mode 是节点的访问权限，以 UGO 的模式表示；parent 则指向父进程的 proc_dir_entry 对象；proc_fops 指向文件的操作函数。

比如，misc 驱动在初始化时就创建了一个名为"misc"的文件。

```
<driver/char/misc.c>

static int __init misc_init(void)
{
    int err;
#ifdef CONFIG_PROC_FS
    proc_create("misc", 0, NULL, &misc_proc_fops);
#endif
…
}
```

proc_fops 会指向 misc 文件的操作函数集，比如在 misc 驱动中会定义 misc_proc_fops 操作函数集，里面有 open、read、llseek、release 等文件操作函数。

```
static const struct file_operations misc_proc_fops = {
    .owner   = THIS_MODULE,
    .open    = misc_seq_open,
    .read    = seq_read,
    .llseek  = seq_lseek,
    .release = seq_release,
};
```

下面读取/proc/misc 文件的相关信息，这里列出了系统中有关 misc 设备的信息。

```
/proc # cat misc
 59 ubi_ctrl
 60 memory_bandwidth
```

```
 61 network_throughput
 62 network_latency
 63 cpu_dma_latency
  1 psaux
183 hw_random
```

读者可以参照 Linux 内核中的例子来完成本实验。

12.2.5　实验 12-4：使用 sysfs

1．实验目的
（1）写一个内核模块，在/sys/目录下创建一个名为"test"的目录。

（2）在 test 目录下创建两个节点，分别是"read"和"write"节点。从"read"节点中可以读取内核模块的某个全局变量的值，通过往"write"节点中写数据可以修改某个全局变量的值。

2．实验详解
下面介绍本实验会用到的一些 API 函数。

kobject_create_and_add()函数会动态生成 kobject 数据结构，然后将其注册到 sysfs 文件系统中。其中，name 就是要创建的文件或目录的名称；parent 指向父目录的 kobject 数据结构，若 parent 为 NULL，则说明/sys 目录就是父目录。

```
struct kobject *kobject_create_and_add(const char *name, struct kobject *parent)
```

sysfs_create_group()函数有两个参数，对于第一个参数，在 kobj 目录下创建一个属性集合，并且显示该属性集合中的文件。

```
static inline int sysfs_create_group(struct kobject *kobj,
               const struct attribute_group *grp)
```

第二个参数描述的是一组属性类型。attribute_group 数据结构的定义如下。

```
<include/linux/sysfs.h>
struct attribute_group {
    const char        *name;
    umode_t           (*is_visible)(struct kobject *,
                      struct attribute *, int);
    struct attribute    **attrs;
    struct bin_attribute    **bin_attrs;
};
```

其中，attribute 数据结构用于描述文件的属性。

下面以/sys/kernel/目录下的文件为例来说明它们是如何建立的。

```
/sys/kernel # ls -l
total 0
drwx------  17 0        0           0 Jan  1  1970 debug
-r--r--r--   1 0        0        4096 Apr 29 07:08 fscaps
```

353

```
-r--r--r--    1 0        0              4096 Apr 29 07:08 kexec_crash_loaded
-rw-r--r--    1 0        0              4096 Apr 29 07:08 kexec_crash_size
-r--r--r--    1 0        0              4096 Apr 29 07:08 kexec_loaded
drwxr-xr-x    2 0        0                 0 Apr 29 07:08 mm
-r--r--r--    1 0        0                36 Apr 29 07:08 notes
-rw-r--r--    1 0        0              4096 Apr 29 07:08 profiling
-rw-r--r--    1 0        0              4096 Apr 29 07:08 rcu_expedited
drwxr-xr-x   70 0        0                 0 Apr 29 07:08 slab
-rw-r--r--    1 0        0              4096 Apr 29 07:08 uevent_helper
-r--r--r--    1 0        0              4096 Apr 29 07:08 uevent_seqnum
-r--r--r--    1 0        0              4096 Apr 29 07:08 vmcoreinfo
```

/sys/kernel 目录建立在内核源代码的 kernel/ksysfs.c 文件中。

```
static int __init ksysfs_init(void)
{
    kernel_kobj = kobject_create_and_add("kernel", NULL);
    …
    error = sysfs_create_group(kernel_kobj, &kernel_attr_group);
    return 0;
}
```

首先，这里的 kobject_create_and_add()会在/sys 目录下建立一个名为"kernel"的目录，然后 sysfs_create_group()函数会在 kernel 目录下创建一些属性集合。

```
static struct attribute * kernel_attrs[] = {
    &fscaps_attr.attr,
    &uevent_seqnum_attr.attr,
&profiling_attr.attr,
    NULL
};

static struct attribute_group kernel_attr_group = {
    .attrs = kernel_attrs,
};
```

以 profiling 文件为例，这里实现了 profiling_show()和 profiling_store()两个函数，它们分别对应读操作和写操作。

```
static ssize_t profiling_show(struct kobject *kobj,
            struct kobj_attribute *attr, char *buf)
{
    return sprintf(buf, "%d\n", prof_on);
}
static ssize_t profiling_store(struct kobject *kobj,
            struct kobj_attribute *attr,
            const char *buf, size_t count)
{
    int ret;

    profile_setup((char *)buf);
    ret = profile_init();
    return count;
}
KERNEL_ATTR_RW(profiling);
```

其中，**KERNEL_ATTR_RW** 宏的定义如下。

```
#define KERNEL_ATTR_RO(_name) \
static struct kobj_attribute _name##_attr = __ATTR_RO(_name)

#define KERNEL_ATTR_RW(_name) \
static struct kobj_attribute _name##_attr = \
    __ATTR(_name, 0644, _name##_show, _name##_store)
```

Linux 内核源代码里还有很多设备驱动的例子，读者可以参考这些例子来完成本实验。

12.2.6 实验 12-5：使用 debugfs

1．实验目的

（1）写一个内核模块，在 debugfs 文件系统中创建一个名为"test"的目录。

（2）在 test 目录下创建两个节点，分别是"read"和"write"节点。从"read"节点中可以读取内核模块的某个全局变量的值，通过向"write"节点中写数据可以修改某个全局变量的值。

2．实验详解

debugfs 文件系统中有不少 API 函数可以使用，它们定义在 include/linux/debugfs.h 头文件中。

```
struct dentry *debugfs_create_dir(const char *name,
                    struct dentry *parent)

void debugfs_remove(struct dentry *dentry)

struct dentry *debugfs_create_blob(const char *name, umode_t mode,
            struct dentry *parent,
            struct debugfs_blob_wrapper *blob)

struct dentry *debugfs_create_file(const char *name, umode_t mode,
            struct dentry *parent, void *data,
            const struct file_operations *fops)
```

12.3　ftrace

ftrace 最早出现在 Linux 2.6.27 版本中，不仅设计目标简单，而且基于静态代码插桩技术，不需要用户通过额外的编程就能定义 trace 行为。静态代码插桩技术比较可靠，不会因为用户的不当使用而导致内核崩溃。ftrace 这一名字由 function trace 而来，可利用 gcc 编译器的 profile 特性在所有函数入口处添加一段插桩（stub）代码，ftrace 则通过重载这段代码来实现 trace 功能。gcc 编译器的"-pg"选项会在每个函数入口处加入 mcount 的调用代码，原本 mcount 有 libc 实现，因为内核不会链接 libc 库，所以 ftrace 编写了自己的 mcount stub 函数。

在使用 ftrace 之前，需要确保内核编译了配置选项。

```
CONFIG_FTRACE=y
CONFIG_HAVE_FUNCTION_TRACER=y
CONFIG_HAVE_FUNCTION_GRAPH_TRACER=y
CONFIG_HAVE_DYNAMIC_FTRACE=y
```

```
CONFIG_FUNCTION_TRACER=y
CONFIG_IRQSOFF_TRACER=y
CONFIG_SCHED_TRACER=y
CONFIG_ENABLE_DEFAULT_TRACERS=y
CONFIG_FTRACE_SYSCALLS=y
CONFIG_PREEMPT_TRACER=y
```

ftrace 的相关配置选项比较多，针对不同的跟踪器有各自对应的配置选项。ftrace 通过 debugfs 文件系统向用户空间提供访问接口，因此需要在系统启动时挂载 debugfs。可以修改系统的/etc/fstab 文件或手动挂载。

```
mount -t debugfs debugfs /sys/kernel/debug
```

/sys/kernel/debug/trace 目录的提供了各种跟踪器（tracer）和事件（event），一些常用的选项如下。

- ❑ available_tracers：列出当前系统支持的跟踪器。
- ❑ available_events：列出当前系统支持的事件。
- ❑ current_tracer：设置和显示当前正在使用的跟踪器。使用 echo 命令可以把跟踪器的名字写入 current_tracer 文件，从而切换不同的跟踪器。默认为 nop，表示不执行任何跟踪操作。
- ❑ trace：读取跟踪信息。可通过 cat 命令查看 ftrace 记录下来的跟踪信息。
- ❑ tracing_on：用于开始或暂停跟踪。
- ❑ trace_options：设置 ftrace 的一些相关选项。

ftrace 当前包含多个跟踪器，可方便用户跟踪不同类型的信息，例如进程的睡眠和唤醒、抢占延迟的信息等。通过查看 available_tracers 可以知道当前系统支持哪些跟踪器，如果系统支持的跟踪器中没有用户想要的，那就必须在配置内核时打开，然后重新编译内核。ftrace 常用的跟踪器如表 12.3 所示。

表 12.3　ftrace 常用的跟踪器

ftrace 常用的跟踪器	说　明
nop	不跟踪任何信息。将nop写入current_tracer文件可以清空之前收集到的跟踪信息
function	跟踪内核函数执行情况
function_graph	可以显示类似于C语言的函数调用关系图，比较直观
hwlat	跟踪硬件相关的延时
blk	跟踪块设备的函数
mmiotrace	跟踪内存映射I/O操作
wakeup	跟踪普通优先级的进程从获得调度到被唤醒的最长延迟时间
wakeup_rt	跟踪RT类型的任务从获得调度到被唤醒的最长延迟时间
irqsoff	跟踪关闭中断信息，并记录关闭的最大时长
preemptoff	跟踪关闭禁止抢占信息，并记录关闭的最大时长

12.3.1　irqsoff 跟踪器

当中断关闭（俗称关中断）后，CPU 就不能响应其他的事件。如果这时有一个鼠标中断，那么在下一次开中断时才能响应这个鼠标中断，这段延迟称为中断延迟。向 current_tracer 文件写入 irqsoff 字符串即可打开 irqsoff 来跟踪中断延迟。

```
# cd /sys/kernel/debug/tracing/
# echo 0 > options/function-trace //关闭function-trace可以减少一些延迟
# echo irqsoff > current_tracer
# echo 1 > tracing_on
 [...] //停顿一会儿
# echo 0 > tracing_on
# cat trace
```

下面是 irqsoff 跟踪的结果。

```
# tracer: irqsoff
#
# irqsoff latency trace v1.1.5 on 5.0.0
# --------------------------------------------------------------------
# latency: 259 µs, #4/4, CPU#2 | (M:preempt VP:0, KP:0, SP:0 HP:0 #P:4)
#    -----------------
#    | task: ps-6143 (uid:0 nice:0 policy:0 rt_prio:0)
#    -----------------
#  => started at: __lock_task_sighand
#  => ended at:    _raw_spin_unlock_irqrestore
#
#
#                   _------=> CPU#
#                  / _-----=> irqs-off
#                 | / _----=> need-resched
#                 || / _---=> hardirq/softirq
#                 ||| / _--=> preempt-depth
#                 |||| /      delay
#  cmd     pid    ||||| time  |   caller
#    \   /        ||||| \    |   /
     ps-6143    2d...    0µs!: trace_hardirqs_off <-__lock_task_sighand
     ps-6143    2d..1  259µs+: trace_hardirqs_on <-_raw_spin_unlock_irqrestore
     ps-6143    2d..1  263µs+: time_hardirqs_on <-_raw_spin_unlock_irqrestore
     ps-6143    2d..1  306µs : <stack trace>
 => trace_hardirqs_on_caller
 => trace_hardirqs_on
 => _raw_spin_unlock_irqrestore
 => do_task_stat
 => proc_tgid_stat
 => proc_single_show
 => seq_read
 => vfs_read
 => sys_read
 => system_call_fastpath
```

根据文件的开头可知，当前跟踪器为 irqsoff，当前跟踪器的版本信息为 v1.1.5，运行的内核版本为 5.0.0，当前最大的中断延迟是 259µs，跟踪条目和总共跟踪条目均为 4 个（#4/4）。

另外，VP、KP、SP、HP 暂时没用，#P:4 表示当前系统可用的 CPU 一共有 4 个，task: ps-6143 表示当前发生中断延迟的进程是 PID 为 6143 的进程，名称为 ps。

started at 和 ended at 显示发生中断的开始函数和结束函数分别为__lock_task_sighand 与 _raw_spin_unlock_irqrestore。接下来的 ftrace 信息表示的内容分别如下。

- ❑ cmd：进程的名字为 "ps"。
- ❑ pid：进程的 ID。
- ❑ CPU#：表示进程运行在哪个 CPU 上。
- ❑ irqs-off：这里设置为 "d"，表示中断已经关闭。
- ❑ need_resched：可以设置为以下值。
  - • "N"：表示进程设置了 TIF_NEED_RESCHED 和 PREEMPT_NEED_ RESCHED 标志位，说明需要被调度。
  - • "n"：表示进程仅设置了 TIF_NEED_RESCHED 标志位。
  - • "p"：表示进程仅设置了 PREEMPT_NEED_RESCHED 标志位。
  - • "."：表示不需要调度。
- ❑ hardirq/softirq：可以设置为以下值。
  - • "H"：表示在一次软中断中发生了硬件中断。
  - • "h"：表示硬件中断发生。
  - • "s"：表示软中断发生。
  - • "."：表示没有中断发生。
- ❑ preempt-depth：表示抢占关闭的嵌套层级。
- ❑ time：表示时间戳。如果打开了 latency-format 选项，表示时间从开始跟踪算起，这是相对时间，以方便开发者观察，否则使用系统绝对时间。
- ❑ delay：用一些特殊符号来表示延迟时间，以方便开发者观察。
  - • "$"：表示大于 1s。
  - • "@"：表示大于 100ms。
  - • "*"：表示大于 10 ms。
  - • "#"：表示大于 1000μs。
  - • "!"：表示大于 100μs。
  - • "+"：表示大于 10μs。

最后需要说明的是，文件最开始显示中断延迟为 259μs，但是在<stack trace>里显示为 306μs，这是因为在记录最大延迟信息时需要花费一些时间。

12.3.2　function 跟踪器

function 跟踪器会记录当前系统运行过程中的所有函数。如果只想跟踪某个进程，可以使用 set_ftrace_pid。

```
# cd /sys/kernel/debug/tracing/
# cat set_ftrace_pid
no pid
# echo 3111 > set_ftrace_pid  //跟踪PID为3111的进程
# cat set_ftrace_pid
3111
# echo function > current_tracer
# echo 1 > tracing_on
# usleep 1
# echo 0 > tracing_on
# cat trace
```

ftrace 还支持一种更为直观的跟踪器，名为 function_graph，使用方法和 function 跟踪器类似。

```
# tracer: function_graph
#
# CPU  DURATION                  FUNCTION CALLS
# |     |   |                     |   |   |   |

 0)               |  sys_open() {
 0)               |    do_sys_open() {
 0)               |      getname() {
 0)               |        kmem_cache_alloc() {
 0)   1.382 µs    |          __might_sleep();
 0)   2.478 µs    |        }
 0)               |        strncpy_from_user() {
 0)               |          might_fault() {
 0)   1.389 µs    |            __might_sleep();
 0)   2.553 µs    |          }
 0)   3.807 µs    |        }
 0)   7.876 µs    |      }
 0)               |      alloc_fd() {
 0)   0.668 µs    |        _spin_lock();
 0)   0.570 µs    |        expand_files();
 0)   0.586 µs    |        _spin_unlock();
```

12.3.3　动态 ftrace

只要在配置内核时打开 CONFIG_DYNAMIC_FTRACE 选项，就可以支持动态 ftrace 功能。set_ftrace_filter 和 set_ftrace_notrace 这两个文件可以配对使用，其中，前者设置要跟踪的函数，后者指定不要跟踪的函数。在实际调试过程中，我们通常会被 ftrace 提供的大量信息淹没，因此动态过滤的方法非常有用。available_filter_functions 文件可以列出当前系统支持的所有函数，假如现在我们只想关注 sys_nanosleep()和 hrtimer_interrupt()这两个函数。

```
# cd /sys/kernel/debug/tracing/
# echo sys_nanosleep hrtimer_interrupt > set_ftrace_filter
# echo function > current_tracer
# echo 1 > tracing_on
# usleep 1
```

```
# echo 0 > tracing_on
# cat trace
```

抓取的数据如下。

```
# tracer: function
#
# entries-in-buffer/entries-written: 5/5    #P:4
#
#                             _-----=> irqs-off
#                            / _----=> need-resched
#                           | / _---=> hardirq/softirq
#                           || / _--=> preempt-depth
#                           ||| /     delay
#           TASK-PID   CPU#  ||||     TIMESTAMP  FUNCTION
#             | |       |    ||||        |         |
        usleep-2665  [001] ....  4186.475355: sys_nanosleep
< system_call_fastpath
         <idle>-0    [001] d.h1 4186.475409: hrtimer_interrupt
<-smp_apic_timer_interrupt
        usleep-2665  [001] d.h1 4186.475426: hrtimer_interrupt
<-smp_apic_timer_interrupt
         <idle>-0    [003] d.h1 4186.475426: hrtimer_interrupt
<-smp_apic_timer_interrupt
         <idle>-0    [002] d.h1 4186.475427: hrtimer_interrupt
<-smp_apic_timer_interrupt
```

此外，过滤器还支持如下通配符。

❏ <match>*：匹配所有以 match 开头的函数。

❏ *<match>：匹配所有以 match 结尾的函数。

❏ *<match>*：匹配所有包含 match 的函数。

如果要跟踪所有以 hrtimer 开头的函数，可以使用"echo 'hrtimer_*' > set_ftrace_filter"。另外，还有两个非常有用的操作符："＞"表示会覆盖过滤器里的内容；"＞＞"表示新添加的函数会增加到过滤器中，但不会覆盖。

```
# echo sys_nanosleep > set_ftrace_filter  //往过滤器中添加sys_nanosleep()函数
# cat set_ftrace_filter                   //查看过滤器里的内容
sys_nanosleep

# echo 'hrtimer_*' >> set_ftrace_filter //再向过滤器中添加以hrtimer_开头的函数
# cat set_ftrace_filter
hrtimer_run_queues
hrtimer_run_pending
hrtimer_init
hrtimer_cancel
hrtimer_try_to_cancel
hrtimer_forward
hrtimer_start
hrtimer_reprogram
hrtimer_force_reprogram
hrtimer_get_next_event
hrtimer_interrupt
sys_nanosleep
```

```
hrtimer_nanosleep
hrtimer_wakeup
hrtimer_get_remaining
hrtimer_get_res
hrtimer_init_sleeper

# echo '*preempt*' '*lock*' > set_ftrace_notrace//表示不跟踪包含preempt和lock的函数

# echo > set_ftrace_filter                    //向过滤器中输入空字符表示清空过滤器
# cat set_ftrace_filter
```

12.3.4 事件跟踪

ftrace 里的跟踪机制主要有两种，分别是函数和跟踪点。前者属于简单操作，后者可以理解为 Linux 内核中的占位符函数，内核子系统的开发者通常喜欢利用跟踪点进行调试。tracepoint 可以输出开发者想要的参数、局部变量等信息。跟踪点的位置比较固定，一般都是由内核开发者添加的，可以理解为传统 C 语言程序中的#if DEBUG 部分。如果在运行时没有开启 DEBUG，那么不占用任何系统开销。

在阅读内核代码时你经常会遇到以 "trace_" 开头的函数，例如 CFS 里的 update_curr() 函数。

```
0 static void update_curr(struct cfs_rq *cfs_rq)
1 {
2     ...
3     curr->vruntime += calc_delta_fair(delta_exec, curr);
4     update_min_vruntime(cfs_rq);
5
6     if (entity_is_task(curr)) {
7         struct task_struct *curtask = task_of(curr);
8         trace_sched_stat_runtime(curtask, delta_exec, curr->vruntime);
9     }
10    ...
11}
```

update_curr()函数使用了 sched_stat_runtime 这个 tracepoint，我们可以在 available_events 文件中找到，把想要跟踪的事件添加到 set_event 文件中即可，set_event 文件同样支持通配符。

```
# cd /sys/kernel/debug/tracing
# cat available_events | grep sched_stat_runtime //查询系统是否支持这个跟踪点
sched:sched_stat_runtime

# echo sched:sched_stat_runtime > set_event    //跟踪这个事件
# echo 1 > tracing_on
# cat trace

#echo sched:* > set_event      //支持通配符，跟踪所有以sched开头的事件
#echo *:* > set_event          //跟踪系统中的所有事件
```

事件跟踪还支持另一个强大的功能：可以设定跟踪条件，做到更精细化的设置。每个跟踪点都定义了 format，其中又定义了这个跟踪点支持的域。

```
# cd /sys/kernel/debug/tracing/events/sched/sched_stat_runtime
# cat format
name: sched_stat_runtime
ID: 208
format:
    field:unsigned short common_type; offset:0; size:2;  signed:0;
    field:unsigned char common_flags; offset:2; size:1;  signed:0;
    field:unsigned char common_preempt_count; offset:3; size:1;  signed:0;
    field:int common_pid; offset:4; size:4;  signed:1;

    field:char comm[16];  offset:8; size:16; signed:0;
    field:pid_t pid;  offset:24;  size:4;  signed:1;
    field:u64 runtime;  offset:32;  size:8;  signed:0;
    field:u64 vruntime;  offset:40;  size:8;  signed:0;

print fmt: "comm=%s pid=%d runtime=%Lu [ns] vruntime=%Lu [ns]", REC->comm, REC->pid,
(unsigned long long)REC->runtime, (unsigned long long)REC->vruntime
#
```

例如 sched_stat_runtime 这个跟踪点支持 8 个域，前 4 个是通用域，后 4 个是该跟踪点支持的域，comm 是字符串域，其他是数字域。

可类似于 C 语言表达式那样对事件进行过滤，对于数字域支持==、!=、<、<=、>、>=、&操作符，对于字符串域支持==、!=、~操作符。

例如，可以只跟踪进程名以"sh"开头的所有进程的 sched_stat_runtime 事件。

```
# cd events/sched/sched_stat_runtime/
# echo 'comm ~ "sh*"' > filter    //跟踪所有进程名以sh开头的进程
# echo 'pid == 725' > filter       //跟踪PID为725的进程
```

跟踪结果如下。

```
/sys/kernel/debug/tracing # cat trace
# tracer: nop
#
# entries-in-buffer/entries-written: 15/15    #P:1
#
#                              _-----=> irqs-off
#                             / _----=> need-resched
#                            | / _---=> hardirq/softirq
#                            || / _--=> preempt-depth
#                            ||| /     delay
#           TASK-PID   CPU#  ||||     TIMESTAMP  FUNCTION
#             | |       |    ||||        |         |
            sh-629    [000] d.h3 62903.615712: sched_stat_runtime: comm=sh
pid=629 runtime=5109959 [ns] vruntime=756435462536 [ns]
            sh-629    [000] d.s4 62903.616127: sched_stat_runtime: comm=sh
pid=629 runtime=441291 [ns] vruntime=756435903827 [ns]
            sh-629    [000] d..3 62903.617084: sched_stat_runtime: comm=sh
pid=629 runtime=404250 [ns] vruntime=756436308077 [ns]
            sh-629    [000] d.h3 62904.285573: sched_stat_runtime: comm=sh
pid=629 runtime=1351667 [ns] vruntime=756437659744 [ns]
            sh-629    [000] d..3 62904.288308: sched_stat_runtime: comm=sh pid=629
```

12.3.5 实验 12-6：使用 ftrace

1．实验目的

学习如何使用 ftrace 的常用跟踪器。

2．实验要求

读者可以使用本章介绍的 ftrace 的常用跟踪器来跟踪某个内核模块的运行状况，比如跟踪 CFS 的运行机理。

12.3.6 实验 12-7：添加新的跟踪点

1．实验目的

（1）学习如何在内核代码中添加跟踪点。

（2）在 CFS 的核心函数 update_curr()中添加跟踪点，从而观察 cfs_rq 就绪队列中 min_vruntime 成员的变化情况。

2．实验详解

内核的各个子系统目前已经有大量的跟踪点，如果觉得这些跟踪点还不能满足需求，可以自己手动添加跟踪点，这在实际工作中也是很常用的技巧。

同样以 CFS 中的核心函数 update_curr()为例，现在添加跟踪点来观察 cfs_rq 就绪队列中 min_vruntime 成员的变化情况。首先，需要在 include/trace/events/sched.h 头文件中添加名为 sched_stat_minvruntime 的跟踪点。

```
[include/trace/events/sched.h]

0  TRACE_EVENT(sched_stat_minvruntime,
1
2    TP_PROTO(struct task_struct *tsk, u64 minvruntime),
3
4    TP_ARGS(tsk, minvruntime),
5
6    TP_STRUCT__entry(
7        __array( char,        comm,      TASK_COMM_LEN)
8        __field( pid_t,        pid       )
9        __field( u64,        vruntime)
10    ),
11
12    TP_fast_assign(
13        memcpy(__entry->comm, tsk->comm, TASK_COMM_LEN);
14        __entry->pid        = tsk->pid;
15        __entry->vruntime      = minvruntime;
16    ),
17
```

```
18   TP_printk("comm=%s pid=%d vruntime=%Lu [ns]",
19           __entry->comm, __entry->pid,
20           (unsigned long long)__entry->vruntime)
21);
```

为了方便添加跟踪点，内核定义了 TRACE_EVENT 宏，只需要按要求使用这个宏即可。TRACE_EVENT 宏的定义如下。

```
#define TRACE_EVENT(name, proto, args, struct, assign, print)\
    DECLARE_TRACE(name, PARAMS(proto), PARAMS(args))
```

- ❑ name：表示跟踪点的名字，如上面第 0 行代码中的 sched_stat_minvruntime。
- ❑ proto：表示跟踪点调用的原型，如上面第 2 行代码中，跟踪点的原型是 trace_sched_stat_minvruntime(tsk, minvruntime)。
- ❑ args：表示参数。
- ❑ struct：定义跟踪器内部使用的 __entry 数据结构。
- ❑ assign：把参数复制到 __entry 数据结构中。
- ❑ print：定义输出的格式。

下面把 trace_sched_stat_minvruntime() 添加到 update_curr() 函数里。

```
0 static void update_curr(struct cfs_rq *cfs_rq)
1 {
2     ...
3     curr->vruntime += calc_delta_fair(delta_exec, curr);
4     update_min_vruntime(cfs_rq);
5
6     if (entity_is_task(curr)) {
7         struct task_struct *curtask = task_of(curr);
8         trace_sched_stat_runtime(curtask, delta_exec, curr->vruntime);
9         trace_sched_stat_minvruntime(curtask, cfs_rq->min_vruntime);
10    }
11    ...
12}
```

重新编译内核并在 QEMU 虚拟机上运行，看看 sys 节点中是否已经有刚才添加的跟踪点。

```
#cd /sys/kernel/debug/tracing/events/sched/sched_stat_minvruntime
# ls
enable   filter format   id        trigger
# cat format
name: sched_stat_minvruntime
ID: 208
format:
    field:unsigned short common_type; offset:0; size:2;  signed:0;
    field:unsigned char common_flags; offset:2; size:1;  signed:0;
    field:unsigned char common_preempt_count; offset:3; size:1;  signed:0;
    field:int common_pid; offset:4; size:4;  signed:1;

    field:char comm[16]; offset:8; size:16;  signed:0;
    field:pid_t pid; offset:24; size:4;  signed:1;
    field:u64 vruntime; offset:32; size:8;  signed:0;
```

```
print fmt: "comm=%s pid=%d vruntime=%Lu [ns]", REC->comm, REC->pid, (unsigned long
long)REC->vruntime
/sys/kernel/debug/tracing/events/sched/sched_stat_minvruntime #
```

上述信息显示跟踪点添加成功，如下是 sched_stat_minvruntime 的抓取信息。

```
# cat trace
# tracer: nop
#
# entries-in-buffer/entries-written: 247/247    #P:1
#
#                                _-----=> irqs-off
#                               / _----=> need-resched
#                              | / _---=> hardirq/softirq
#                              || / _--=> preempt-depth
#                              ||| /     delay
#           TASK-PID   CPU#    ||||   TIMESTAMP  FUNCTION
#              | |       |     ||||      |          |
         sh-629    [000] d..3   27.307974: sched_stat_minvruntime: comm=
sh pid=629 vruntime=2120013310 [ns]
    rcu_preempt-7    [000] d..3   27.309178: sched_stat_minvruntime: comm=
rcu_preempt pid=7 vruntime=2120013310 [ns]
    rcu_preempt-7    [000] d..3   27.319042: sched_stat_minvruntime: comm=
rcu_preempt pid=7 vruntime=2120013310 [ns]
    rcu_preempt-7    [000] d..3   27.329015: sched_stat_minvruntime: comm=
rcu_preempt pid=7 vruntime=2120013310 [ns]
    kworker/0:1-284    [000] d..3   27.359015: sched_stat_minvruntime: comm=
kworker/0:1 pid=284 vruntime=2120013310 [ns]
    kworker/0:1-284    [000] d..3   27.399005: sched_stat_minvruntime: comm=
kworker/0:1 pid=284 vruntime=2120013310 [ns]
    kworker/0:1-284    [000] d..3   27.599034: sched_stat_minvruntime: comm=
kworker/0:1 pid=284 vruntime=2120013310 [ns]
```

内核还提供了一个跟踪点的例子，在 samples/trace_events/目录中，读者可以自行研究。其中除了使用 TRACE_EVENT()宏来定义普通的跟踪点外，还可以使用 TRACE_EVENT_CONDITION()宏来定义带条件的跟踪点。如果要定义多个格式相同的跟踪点，DECLARE_EVENT_CLASS()宏可以帮助减少代码量。

[arch/arm64/configs/rlk_defconfig]

```
- # CONFIG_SAMPLES is not set
+ CONFIG_SAMPLES=y
+ CONFIG_SAMPLE_TRACE_EVENTS=m
```

增加 CONFIG_SAMPLES 和 CONFIG_SAMPLE_TRACE_EVENTS,然后重新编译内核。将编译好的内核模块 trace-events-sample.ko 复制到 QEMU 的最小文件系统中，运行 QEMU 虚拟机。下面是抓取的数据。

```
/sys/kernel/debug/tracing # cat trace
# tracer: nop
#
# entries-in-buffer/entries-written: 45/45    #P:1
#
#                                _-----=> irqs-off
#                               / _-----=> need-resched
```

```
#                              | / _---=> hardirq/softirq
#                              || / _--=> preempt-depth
#                              ||| /     delay
#           TASK-PID    CPU#   ||||     TIMESTAMP  FUNCTION
#             | |       |  ||||           |          |
     event-sample-636  [000] ...1    53.029398: foo_bar: foo hello 41 {0x1}
     Snoopy (000000ff)
     event-sample-636  [000] ...1    53.030180: foo_with_template_simple:
     foo HELLO 41
     event-sample-636   [000] ...1    53.030284: foo_with_template_print: bar
     I have to be different 41
     event-sample-fn-640  [000] ...1    53.759157: foo_bar_with_fn: foo Look
     at me 0
     event-sample-fn-640  [000] ...1    53.759285: foo_with_template_fn: foo
     Look at me too 0
     event-sample-fn-641  [000] ...1    53.759365: foo_bar_with_fn: foo Look
     at me 0
     event-sample-fn-641  [000] ...1    53.759373: foo_with_template_fn: foo
     Look at me too 0
```

12.3.7　实验 12-8：使用示踪标志

1. 实验目的

学习如何使用示踪标志（trace marker）来跟踪应用程序。

2. 实验详解

我们有时使需要跟踪用户程序和内核空间的运行情况，示踪标志可以很方便地跟踪用户程序。trace_marker 是一个文件节点，它允许用户程序写入字符串。ftrace 会记录写入动作的时间戳。

下面是一个简单实用的示踪标志例子。

[trace_marker_test.c]

```
0 #include <stdlib.h>
1 #include <stdio.h>
2 #include <string.h>
3 #include <time.h>
4 #include <sys/types.h>
5 #include <sys/stat.h>
6 #include <fcntl.h>
7 #include <sys/time.h>
8 #include <linux/unistd.h>
9 #include <stdarg.h>
10 #include <unistd.h>
11 #include <ctype.h>
12
13 static int mark_fd = -1;
14 static __thread char buff[BUFSIZ+1];
15
16 static void setup_ftrace_marker(void)
17 {
18   struct stat st;
```

```
19    char *files[] = {
20          "/sys/kernel/debug/tracing/trace_marker",
21          "/debug/tracing/trace_marker",
22          "/debugfs/tracing/trace_marker",
23    };
24    int ret;
25    int i;
26
27    for (i = 0; i < (sizeof(files) / sizeof(char *)); i++) {
28          ret = stat(files[i], &st);
29          if (ret >= 0)
30                goto found;
31    }
32    /* todo, check mounts system */
33    printf("canot found the sys tracing\n");
34    return;
35 found:
36    mark_fd = open(files[i], O_WRONLY);
37 }
38
39 static void ftrace_write(const char *fmt, ...)
40 {
41    va_list ap;
42    int n;
43
44    if (mark_fd < 0)
45          return;
46
47    va_start(ap, fmt);
48    n = vsnprintf(buff, BUFSIZ, fmt, ap);
49    va_end(ap);
50
51    write(mark_fd, buff, n);
52 }
53
54 int main()
55 {
56    int count = 0;
57    setup_ftrace_marker();
58    ftrace_write("figo start program\n");
59    while (1) {
60          usleep(100*1000);
61          count++;
62          ftrace_write("figo count=%d\n", count);
63    }
64 }
```

在 Ubuntu Linux 下编译，然后运行 ftrace 来捕捉示踪标志信息。

```
# cd /sys/kernel/debug/tracing/
# echo nop > current_tracer    //设置function跟踪器不能捕捉到示踪标志
# echo 1 > tracing_on          //打开ftrace才能捕捉到示踪标志
# ./trace_marker_test          //运行trace_marker_test测试程序
[...]                          //停顿一小会儿
# echo 0 > tracing_on
# cat trace
```

下面是 trace_marker_test 测试程序写入 ftrace 的信息。

```
root@figo-OptiPlex-9020:/sys/kernel/debug/tracing# cat trace
# tracer: nop
#
# nop latency trace v1.1.5 on 4.0.0
# --------------------------------------------------------------------
# latency: 0 µs, #136/136, CPU#1 | (M:desktop VP:0, KP:0, SP:0 HP:0 #P:4)
#    -----------------
#    | task: -0 (uid:0 nice:0 policy:0 rt_prio:0)
#    -----------------
#
#                    _------=> CPU#
#                   / _-----=> irqs-off
#                  | / _----=> need-resched
#                  || / _---=> hardirq/softirq
#                  ||| / _--=> preempt-depth
#                  |||| /     delay
#  cmd     pid     ||||| time  |   caller
#    \     /       ||||| \    |   /
  <...>-15686    1...1 7322484µs!: tracing_mark_write: figo start program
  <...>-15686    1...1 7422324µs!: tracing_mark_write: figo count=1
  <...>-15686    1...1 7522186µs!: tracing_mark_write: figo count=2
  <...>-15686    1...1 7622052µs!: tracing_mark_write: figo count=3
[...]
```

读者可以在捕捉示踪标志时打开其他一些示踪事件，例如调度方面的事件，这样可以观察用户程序在两个示踪标志之间的内核空间中发生了什么事情。Android 系统利用示踪标志功能实现了 Trace 类，Java 程序员可以方便地捕捉程序信息到 ftrace 中，然后利用 Android 提供的 Systrace 工具进行数据的采集和分析。

[Android/system/core/include/cutils/trace.h]

```
#define ATRACE_BEGIN(name) atrace_begin(ATRACE_TAG, name)
static inline void atrace_begin(uint64_t tag, const char* name)
{
    if (CC_UNLIKELY(atrace_is_tag_enabled(tag))) {
        char buf[ATRACE_MESSAGE_LENGTH];
        size_t len;

        len = snprintf(buf, ATRACE_MESSAGE_LENGTH, "B|%d|%s", getpid(), name);
        write(atrace_marker_fd, buf, len);
    }
}

#define ATRACE_END() atrace_end(ATRACE_TAG)
static inline void atrace_end(uint64_t tag)
{
    if (CC_UNLIKELY(atrace_is_tag_enabled(tag))) {
        char c = 'E';
        write(atrace_marker_fd, &c, 1);
    }
}
```

[Android/system/core/libcutils/trace.c]

```
static void atrace_init_once()
{
```

```
    atrace_marker_fd = open("/sys/kernel/debug/tracing/trace_marker", O_WRONLY);
    if (atrace_marker_fd == -1) {
        goto done;
    }
    atrace_enabled_tags = atrace_get_property();
done:
    android_atomic_release_store(1, &atrace_is_ready);
}
```

因此，在 Java 和 C/C++程序中，利用 atrace 和 Trace 类提供的接口可以很方便地添加信息到 ftrace 中。

12.3.8　实验 12-9：使用 kernelshark 分析数据

1. 实验目的
学会使用 trace-cmd 和 kernelshark 工具来抓取和分析 ftrace 数据。

2. 实验详解
前面介绍了 ftrace 的常用方法。有些人希望有一些图形化的工具，trace-cmd 和 kernelshark 工具就是为此而生。

首先在 Ubuntu linux 系统上安装 trace-cmd 和 kernelshark 工具。

```
#sudo apt-get install trace-cmd kernelshark
```

trace-cmd 的使用方式遵循 reset→record→stop→report 模式，要用 record 命令收集数据，请按 Ctrl+C 组合键以停止收集动作，并在当前目录下生成 trace.dat 文件。然后使用 trace-cmd report 解析 trace.dat 文件，这是文字形式的；kernelshark 是图形化的，更方便开发者观察和分析数据。

```
rlk@:~/work/test1$ trace-cmd record -h
trace-cmd version 1.0.3
usage:
 trace-cmd record [-v][-e event [-f filter]][-p plugin][-F][-d][-o file] \
          [-s usecs][-O option ][-l func][-g func][-n func] \
          [-P pid][-N host:port][-t][-r prio][-b size][command ...]
          -e run command with event enabled
          -f filter for previous -e event
          -p run command with plugin enabled
          -F filter only on the given process
          -P trace the given pid like -F for the command
          -l filter function name
          -g set graph function
          -n do not trace function
          -v will negate all -e after it (disable those events)
          -d disable function tracer when running
          -o data output file [default trace.dat]
          -O option to enable (or disable)
          -r real time priority to run the capture threads
          -s sleep interval between recording (in usecs) [default: 1000]
```

```
-N host:port to connect to (see listen)
-t used with -N, forces use of tcp in live trace
-b change kernel buffersize (in kilobytes per CPU)
```

常用的参数如下。

- ❑ -p plugin：指定跟踪器。可以通过 trace-cmd list 来获取系统支持的跟踪器，常见的跟踪器有 function_graph、function、nop 等。
- ❑ –e event：指定跟踪事件。
- ❑ –f filter：指定过滤器，这个参数必须紧跟着"-e"参数。
- ❑ –P pid：指定进程以进行跟踪。
- ❑ –l func：指定跟踪的函数，可以是一个或多个函数。
- ❑ –n func：指定不跟踪某个函数。

以跟踪系统进程切换的情况为例。

```
#trace-cmd record -e 'sched_wakeup*' -e sched_switch -e 'sched_migrate*'
#kernelshark trace.dat
```

通过 kernelshark 可以图形化地查看需要的信息，效果直观且方便，如图 12.2 所示。

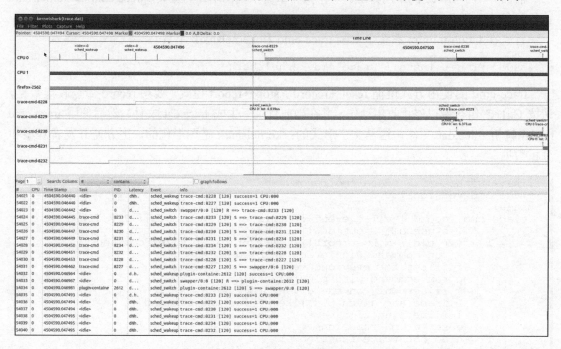

图12.2　kernelshark工具的界面

选择菜单栏中的 Plots→CPUs 选项，可以指定要观察的 CPU。选择 Plots→Tasks，可以指定要观察的进程。如图 12.3 所示，指定要观察的是 PID 为 8228 的进程，这个进程的名字为

"trace-cmd"。

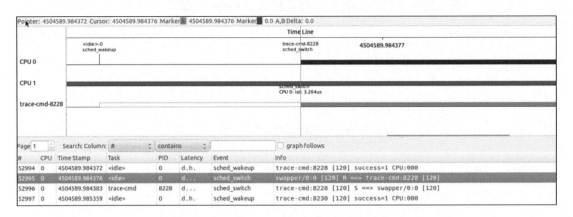

图12.3 使用kernelshark查看进程的切换情况

在时间戳 4504589.984372 中，trace-cmd:8228 进程在 CPU0 中被唤醒，发生了 sched_wakeup 事件。在下一个时间戳中，该进程被调度器调度执行，可在 sched_switch 事件中捕捉到这一信息。

12.4 分析 Oops 错误

12.4.1 Oops 错误介绍

在编写驱动或内核模块时，常常会显式或隐式地对指针进行非法取值或使用不正确的指针，导致内核发生 Oops 错误。Oops 表示内核发生了致命错误。当内核检测到致命错误时，就会把当前寄存器的值、函数栈的内容、函数调用关系等信息输出出来，以便开发人员定位问题。例如，当处理器在内核空间中访问非法指针时，因为虚拟地址到物理地址的映射关系没有建立，从而触发缺页中断。因为在缺页中断中地址是非法的，所以内核无法正确地为地址建立映射关系，因此内核触发了 Oops 错误。

下面通过实验来讲解如何分析 Oops 错误。

12.4.2 实验 12-10 ：分析 Oops 错误

1. 实验目的

写一个简单的内核模块，并且人为编造空指针访问错误以引发 Oops 错误。

2. 实验详解

下面写一个简单的内核模块来验证如何分析内核 Oops 错误。

[oops_test.c]

```
#include <linux/kernel.h>
#include <linux/module.h>
#include <linux/init.h>

static void create_oops(void)
{
    *(int *)0 = 0;  //人为编造空指针访问错误
}

static int __init my_oops_init(void)
{
    printk("oops module init\n");
    create_oops();
    return 0;
}

static void __exit my_oops_exit(void)
{
    printk("goodbye\n");
}

module_init(my_oops_init);
module_exit(my_oops_exit);
MODULE_LICENSE("GPL");
```

把 oops_test.c 文件编译成内核模块。

```
BASEINCLUDE ?= /lib/modules/$(shell uname -r)/build
oops-objs := oops_test.o

obj-m    :=    oops.o
all :
    $(MAKE) -C $(BASEINCLUDE) SUBDIRS=$(PWD) modules;

clean:
    $(MAKE) -C $(BASEINCLUDE) SUBDIRS=$(PWD) clean;
    rm -f *.ko;
```

在 QEMU 上编译并加载上述内核模块。

```
root@benshushu: oops_test# insmod oops.ko
[  301.409060] oops module init
[  301.410313] Unable to handle kernel NULL pointer dereference at virtual
               address 0000000000000000
[  301.411145] Mem abort info:
[  301.411551]   ESR = 0x96000044
[  301.412105]   Exception class = DABT (current EL), IL = 32 bits
[  301.413535]   SET = 0, FnV = 0
[  301.413954]   EA = 0, S1PTW = 0
[  301.414404] Data abort info:
[  301.414792]   ISV = 0, ISS = 0x00000044
[  301.415256]   CM = 0, WnR = 1
```

```
[  301.416995] user pgtable: 4k pages, 48-bit VAs, pgdp = 00000000c8c3b9bc
[  301.418260] [0000000000000000] pgd=0000000000000000
[  301.419559] Internal error: Oops: 96000044 [#1] SMP
[  301.420485] Modules linked in: oops(POE+)
[  301.421806] CPU: 1 PID: 907 Comm: insmod Kdump: loaded Tainted: P OE 5.0.0+ #4
[  301.422985] Hardware name: linux,dummy-virt (DT)
[  301.423733] pstate: 60000005 (nZCv daif -PAN -UAO)
[  301.425089] pc : create_oops+0x14/0x24 [oops]
[  301.425740] lr : my_oops_init+0x20/0x1000 [oops]
[  301.426265] sp : ffff8000233f75e0
[  301.426759] x29: ffff8000233f75e0 x28: ffff800023370000
[  301.427366] x27: 0000000000000000 x26: 0000000000000000
[  301.427971] x25: 0000000056000000 x24: 0000000000000015
[  301.428704] x23: 0000000040001000 x22: 0000ffffa7384fc4
[  301.429293] x21: 00000000ffffffff x20: 0000800018af4000
[  301.429888] x19: 0000000000000000 x18: 0000000000000000
[  301.430454] x17: 0000000000000000 x16: 0000000000000000
[  301.431029] x15: 5400160b13131717 x14: 0000000000000000
[  301.431596] x13: 0000000000000000 x12: 0000000000000020
[  301.432240] x11: 0101010101010101 x10: 7f7f7f7f7f7f7f7f
[  301.432925] x9 : 0000000000000000 x8 : ffff000012d0e7b4
[  301.433488] x7 : ffff000010276f60 x6 : 0000000000000000
[  301.434062] x5 : 0000000000000080 x4 : ffff80002a809a08
[  301.437944] x3 : ffff80002a809a08 x2 : 8b3a82b84c3ddd00
[  301.438691] x1 : 0000000000000000 x0 : 0000000000000000
[  301.439428] Process insmod (pid: 907, stack limit = 0x00000000f39a4b44)
[  301.440492] Call trace:
[  301.441068]  create_oops+0x14/0x24 [oops]
[  301.441622]  my_oops_init+0x20/0x1000 [oops]
[  301.442770]  do_one_initcall+0x5d4/0xd30
[  301.443364]  do_init_module+0xb8/0x2fc
[  301.443858]  load_module+0xa94/0xd94
[  301.444328]  __se_sys_finit_module+0x14c/0x180
[  301.444986]  __arm64_sys_finit_module+0x44/0x4c
[  301.445637]  __invoke_syscall+0x28/0x30
[  301.446129]  invoke_syscall+0xa8/0xdc
[  301.446588]  el0_svc_common+0x120/0x220
[  301.447146]  el0_svc_handler+0x3b0/0x3dc
[  301.447668]  el0_svc+0x8/0xc
[  301.449011] Code: 910003fd aa1e03e0 d503201f d2800000 (b900001f)
```

PC 指针指向出错的地址，另外"Call trace"也展示了出错时程序的调用关系。首先观察出错信息 create_oops+0x14/0x24，其中，0x14 表示指令指针在 create_oops() 函数的第 0x14 字节处，create_oops() 函数共占用 0x24 字节。

继续分析这个问题，假设两种情况：一是有出错模块的源代码，二是没有源代码。在某些实际工作场景中，可能需要调试和分析没有源代码的 Oops 错误。

先看有源代码的情况，通常在编译时添加到符号信息表中。在 Makefile 中添加如下语句，并重新编译内核模块。

```
KBUILD_CFLAGS +=-g
```

下面用两种方法来分析。

首先，使用 objdump 工具反汇编。

```
$ aarch64-linux-gnu-objdump -Sd oops.o //使用ARM版本的objdump工具

0000000000000000 <create_oops>:
   0:   a9bf7bfd        stp     x29, x30, [sp, #-16]!
   4:   910003fd        mov     x29, sp
   8:   aa1e03e0        mov     x0, x30
   c:   94000000        bl      0 <_mcount>
  10:   d2800000        mov     x0, #0x0                      // #0
  14:   b900001f        str     wzr, [x0]
  18:   d503201f        nop
  1c:   a8c17bfd        ldp     x29, x30, [sp], #16
  20:   d65f03c0        ret
```

通过反汇编工具 objdump 可以看到出错函数 create_oops()的汇编情况，第 0x10～0x14
字节的指令用于把 0 赋值给 x0 寄存器，然后往 x0 寄存器里写入 0。wzr 是一种特殊寄存器，
值为 0，所以这里发生了写空指针错误。

然后，使用 gdb 工具。为了快捷地定位到出错的具体位置，使用 gdb 中的 "list" 指令
加上出错函数和偏移量即可。

```
$ aarch64-linux-gnu-gdb oops.o

(gdb) list *create_oops+0x14
0x14 is in create_oops (/mnt/rlk_senior/chapter_6/oops_test/oops_test.c:7).
2       #include <linux/module.h>
3       #include <linux/init.h>
4
5       static void create_oops(void)
6       {
7               *(int *)0 = 0;
8       }
9
10      static int __init my_oops_init(void)
11      {
(gdb)
```

如果出错的是内核函数，那么可以使用 vmlinux 文件。

下面来看没有源代码的情况。对于没有编译符号表的二进制文件，可以使用 objdump 工
具来转储汇编代码，例如使用 "aarch64-linux-gnu-objdump -d oops.o" 命令来转储 oops.o
文件。内核提供了一个非常好用的脚本，可以快速定位问题，该脚本位于 Linux 内核源代码
目录的 scripts/decodecode 文件夹中。我们首先把出错日志保存到一个.txt 文件中。

```
$ export ARCH=arm64
$ export CROSS_COMPILE=aarch64-linux-gnu-
$ ./scripts/decodecode < oops.txt
Code: 910003fd aa1e03e0 d503201f d2800000 (b900001f)
All code
========
   0:   910003fd        mov     x29, sp
   4:   aa1e03e0        mov     x0, x30
```

```
   8:   d503201f        nop
   c:   d2800000        mov     x0, #0x0                        // #0
  10:*  b900001f        str     wzr, [x0]              <-- trapping instruction

Code starting with the faulting instruction
===========================================
   0:   b900001f        str     wzr, [x0]
```

decodecode 脚本会把出错的 Oops 日志信息转换成直观有用的汇编代码，并且告知具体是哪个汇编语句出错了，这对于分析没有源代码的 Oops 错误非常有用。

12.5　perf 性能分析工具

在进行系统性能优化时通常有两个阶段：一个是性能剖析（performance profiling），另一个是性能优化。性能剖析的目标就是寻找性能瓶颈，查找引发性能问题的根源。在性能剖析阶段，需要借助一些性能分析工具，比如 Intel Vtune 或 perf 等工具。

perf 是一款 Linux 性能分析工具，内置在 Linux 内核的 Linux 性能分析框架中，利用了硬件计数单元（比如 CPU、性能监控单元）和软件计数（比如软件计数器以及跟踪点等）。

在 Ubuntu Linux 20.04 系统中安装 perf 工具的命令如下。

```
rlk@ubuntu:~$ sudo apt install linux-tools-common

rlk@ubuntu:~$ sudo apt install linux-tools-5.4.0-21-generic #perf工具和内核
                                                            #版本相关
```

在 QEMU 虚拟机上安装 perf 工具的方法如下。

```
<Linux主机>

$ cd runninglinuxkernel_5.0/tools/perf
$ export ARCH=arm64
$ export CROSS_COMPILE=aarch64-linux-gnu-
$ make
$ cp perf ../../kmodules
```

把编译好的 perf 程序复制到 QEMU + Debian 虚拟平台中，并把 perf 工具复制到/usr/local/bin/目录下。

```
<QEMU虚拟机>

$ cp /mnt /perf  /usr/local/bin/
$ perf
```

在 QEMU 虚拟机的终端中直接输入 perf 命令就可以看到二级命令，这些 perf 二级命令如表 12.4 所示。

表 12.4　perf 二级命令

perf 二级命令	描　　述
list	查看当前系统支持的性能事件
bench	perf中内置的跑分程序，包括内存管理和调度器的跑分程序
test	对系统进行健全性测试
stat	对全局性能进行统计
record	收集采样信息，并记录在数据文件中
report	读取perf record采集的数据文件，并给出热点分析结果
top	可以实时查看当前系统进程函数的占用率情况
kmem	对slab子系统进行性能分析
kvm	对kvm进行性能分析
lock	对锁的争用进行分析
mem	分析内存性能
sched	分析内核调度器的性能
trace	记录系统调用轨迹
timechart	可视化工具

12.5.1　perf list 命令

perf list 命令可以显示系统中支持的事件类型，主要的事件可以分为 3 类。

❏ hardware 事件：由 PMU 硬件单元产生的事件，比如 L1 缓存命中等。

❏ software 事件：由内核产生的事件，比如进程切换等。

❏ tracepoint 事件：由内核静态跟踪点触发的事件。

```
benshushu:~# perf list

List of pre-defined events (to be used in -e):

  cpu-cycles OR cycles                            [Hardware event]

  alignment-faults                              [Software event]
  bpf-output                                    [Software event]
  context-switches OR cs                        [Software event]
  cpu-clock                                     [Software event]
  cpu-migrations OR migrations                   [Software event]
  dummy                                         [Software event]
  emulation-faults                              [Software event]
  major-faults                                  [Software event]
  minor-faults                                  [Software event]
  page-faults OR faults                          [Software event]
  task-clock                                    [Software event]

  armv8_pmuv3/cpu_cycles/                        [Kernel PMU event]
  armv8_pmuv3/sw_incr/                           [Kernel PMU event]
```

12.5.2　利用 perf 采集数据

perf record 命令可以用来收集采样信息，并且把信息写入数据文件，随后可以通过 perf report 工具对数据文件进行分析。

perf record 命令有不少参数，常用的参数如表 12.5 所示。

表 12.5　perf record 命令常用的参数

参　　数	描　　述
-e	选择事件，可以是硬件事件，也可以是软件事件
-a	进行全系统范围的数据采集
-p	通过指定进程的ID来采集特定进程的数据
-o	指定要写入采集数据的数据文件
-g	使能函数调用关系图功能
-C	只采集某个CPU的数据

常见的例子如下。

```
采集运行app程序时的数据
# perf record -e cpu-clock ./app

采集执行app程序时哪些系统调用最频繁
# perf record -e raw_syscalls:sys_enter ./app
```

perf report 命令用来解析 perf record 产生的数据，并给出分析结果。perf report 命令常用的参数如表 12.6 所示。

表 12.6　perf report 命令常用的参数

参　　数	描　　述
-i	导入的数据文件的名称，默认为perf.data
-g	生成函数调用关系图
--sort	分类统计信息，比如pid、comm、cpu等

常见的例子如下。

```
# perf report -i perf.data
# Overhead  Command  Shared Object      Symbol
# ........  .......  .................  .....................
#
   62.21% test     test               [.] 0x0000000000000728
   23.39% test     test               [.] 0x0000000000000770
    6.68% test     test               [.] 0x000000000000074c
```

```
    4.63%  test    test                  [.] 0x000000000000076c
    1.80%  test    test                  [.] 0x0000000000000740
    0.77%  test    test                  [.] 0x000000000000071c
    0.26%  test    [kernel.kallsyms]  [k] try_module_get
    0.26%  test    ld-2.29.so            [.] 0x0000000000013ca0
```

12.5.3　perf stat

当我们拿到性能优化任务时，最好采用自顶向下的策略。先整体看看程序运行时各种统计事件的汇总数据，再针对某些方向深入细节，而不要立即深入细节，否则会一叶障目。

如果程序因为计算量太大，多数时间在使用 CPU 进行计算，所以运行速度慢，则这类程序叫作 CPU Bound 型程序；如果程序因为过多的 I/O，CPU 利用率应该不高，所以运行速度慢，则这类程序叫作 I/O Bound 型程序。这两类程序的调优是不同的。

perf stat 命令可通过概括、精简的方式提供被调试程序的整体运行情况和汇总数据。perf stat 命令常用的参数如表 12.7 所示。

表 12.7　perf stat 命令常用的参数

参　　数	描　　述
-a	显示所有CPU的统计信息
-c	显示指定CPU的统计信息
-e	指定要显示的事件
-p	指定要显示的进程的ID

例子如下。

```
# perf stat
^C
Performance counter stats for 'system wide':

    21188.382806      cpu-clock (msec)          #    3.999 CPUs utilized
             425      context-switches          #    0.020 K/sec
               3      cpu-migrations            #    0.000 K/sec
               0      page-faults               #    0.000 K/sec
 <not supported>      cycles
 <not supported>      instructions
 <not supported>      branches
 <not supported>      branch-misses

     5.298811655 seconds time elapsed
```

❏ cpu-clock：任务真正占用的处理器时间，单位为毫秒。

❏ context-switches：上下文的切换次数。

❏ cpu-migrations[①]：程序在运行过程中发生的处理器迁移次数。

---

① 发生上下文切换时不一定会发生 CPU 迁移，而发生 CPU 迁移时肯定会发生上下文切换。发生上下文切换有可能只是把上下文从当前 CPU 中换出，调度器下一次还是会将进程安排在这个 CPU 上执行。

- ❑ page-faults[①]：缺页异常的次数。
- ❑ cycles：消耗的处理器周期数。
- ❑ instructions：执行的指令数。
- ❑ branches：遇到的分支指令数。
- ❑ branch-misses：预测错误的分支指令数。

12.5.4 perf top

当有明确的优化目标或对象时，可以使用 perf stat 命令。但有些时候，你会发现系统性能无端下降。此时需要使用诸如 top 之类的命令，以列出所有值得怀疑的进程，从中快速定位问题和缩小范围。

perf top 命令类似于 Linux 内核中的 top 命令，可以实时分析系统的性能瓶颈。perf top 命令常用的参数如表 12.8 所示。

表 12.8 perf top 命令常用的参数

参 数	描 述
-e	指定要分析的性能事件
-p	仅分析目标进程
-k	指定带符号表信息的内核映像路径
-K	不显示内核或内核模块的符号
-U	不显示属于用户态程序的符号
-g	显示函数调用关系图

比如，可使用 sudo perf top 命令来查看当前系统中哪个内核函数占用 CPU 比较多，如图 12.4 所示。

```
#sudo perf top --call-graph graph -U
```

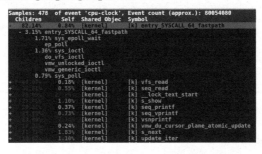

图12.4　sudo perf top命令的执行结果

[①] 如果应用程序请求的页面尚未建立、请求的页面不在内存中或者请求的页面虽然在内存中，但物理地址和虚拟地址的映射关系尚未建立，都会触发一次缺页异常。另外，TLB 不命中、页面访问权限不匹配等情况也会触发缺页异常。

另外，也可以只查看某个进程的情况，比如现在系统进程 xorg 的 ID 是 1150，如图 12.5
所示。

```
#sudo perf top --call-graph graph -p 1150 -K
```

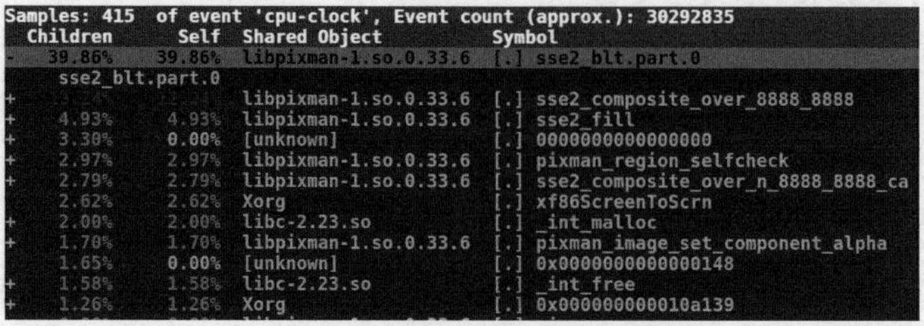

图12.5 查看xorg系统进程的情况

12.5.5 实验 12-11：使用 perf 工具进行性能分析

1．实验目的

学习如何使用 perf 工具来进行性能分析。

2．实验详解

具体步骤如下。

（1）写一个包含 for 循环的测试程序。

```c
//test.c
#include <stdio.h>
#include <stdlib.h>

void foo()
{
    int i,j;
    for(i=0; i< 10; i++)
        j+=2;
}
int main(void)
{
    for(;;)
        foo();
    return 0;
}
```

使用以下命令进行编译。

```
$ gcc -o test -O0 test.c
```

（2）使用 perf stat 命令进行分析。

（3）使用 perf top 命令进行分析。

（4）使用 perf record 和 report 命令进行分析。

12.5.6　实验 12-12：采集 perf 数据以生成火焰图

1．实验目的
学会用 perf 采集的数据生成火焰图，并进行性能分析。本实验可在 Ubuntu Linux 20.04 主机上进行。

2．实验详解
火焰图是性能工程师 Brendang Gregg 开发的一个开源项目。

下面基于实验 12-11 介绍如何利用 perf 采集的数据生成一幅火焰图。

首先，使用 perf record 命令收集测试程序的数据。

```
$sudo perf record -e cpu-clock -g ./test1
$sudo chmod 777 perf.data
```

然后，使用 perf script 命令对 perf 数据进行解析。

```
# perf script > out.perf
```

接下来，对 perf.unfold 中的符号进行折叠。

```
# cd FlameGraph  #进入FlameGraph目录
# ./stackcollapse-perf.pl out.perf > out.folded
```

最后，生成火焰图，如图 12.6 所示。

```
# ./flamegraph.pl out.folded > kernel.svg
```

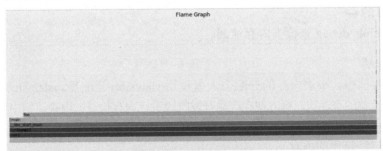

图12.6　生成的火焰图

12.6　内存检测

作者曾经有一次比较惨痛的经历。在某个项目中，有一个非常难以复现的漏洞，复现概率不到 1/1000，并且要运行很长时间才能复现，要复现的现象就是系统会莫名其妙地宕机，并且每次宕机的日志都不一样。面对这样难缠的漏洞，研发团队浪费了好长时间，使用了各种仿真器和调试方法，例如，备份发生宕机的机器的全部内存并和正常机器的内存进行比较，发现有个地方的内存被改写了。然后，查找 System.map 和源代码，最后发现这个难缠的漏洞源自一个比较低级的错误，即在某些情况下发生了越界访问并且越界改写了某个变量，从而导致系统莫名其妙地宕机。

Linux 内核和驱动代码都是使用 C 语言编写的。C 语言提供了强大的功能和性能，特别是灵活的指针和内存访问，但也存在一些问题。如果编写的代码刚好引用了空指针，而这又被内核的虚拟内存机制捕捉到，那么就会产生 Oops 错误。可是内核的虚拟内存机制无法判断一些内存错误是否正确，例如非法修改了内存信息，特别是在某些特殊情况下偷偷地修改内存信息，这些都是隐患，就像定时炸弹一样，随时可能导致系统宕机或死机重启，这在重要的工业控制领域会出现严重的事故。

一般的内存访问错误如下。
- ❑　越界访问。
- ❑　访问已经释放的内存。
- ❑　重复释放。
- ❑　内存泄漏。
- ❑　栈溢出。

本节主要通过实验来介绍 Linux 中常用的内存检测工具和方法。

12.6.1　实验 12-13：使用 slub_debug 检查内存泄漏

1．实验目的

学会使用 slub_debug 来检查内存泄漏。

2．实验详解

在 Linux 内核中，小块内存的分配会大量使用 slab/slub 分配器。slab/slub 分配器提供了一个用于内存检测的小功能，可方便在产品开发阶段进行内存检查。内存访问中比较容易出现错误的地方如下。
- ❑　访问已经释放的内存。
- ❑　越界访问。
- ❑　释放已经释放过的内存。

1）配置和编译内核

首先，需要重新配置内核选项，打开 CONFIG_SLUB 和 CONFIG_SLUB_DEBUG_ON 这两个选项。

```
<arch/arm64/configs/rlk_defconfig>

# CONFIG_SLAB is not set
CONFIG_SLUB=y
CONFIG_SLUB_DEBUG_ON=y
CONFIG_SLUB_STATS=y
```

在修改了上述配置文件之后，需要重新编译内核和更新根文件系统。

```
$ ./run_rlk_arm64.sh build_kernel
$ sudo ./run_rlk_arm64.sh update_rootfs
```

2）增加 slub_debug 选项

修改 run_rlk_arm64.sh 文件，在 QEMU 虚拟机的命令行中增加 slub_debug 选项。

```
<修改run_rlk_arm64.sh文件>

-append "noinintrd root=/dev/vda rootfstype=ext4 rw crashkernel=256M
loglevel=8 slub_debug=UFPZ" \
```

3）编译 slabinfo 工具

下面在 linux-5.4 内核的 tools/vm 目录下编译 slabinfo 工具。可首先把 slabinfo.c 文件复制到 QEMU 虚拟机中，然后进行编译。

在 Linux 主机上输入如下命令。

```
$ cd runninglinuxkernel_5.0/
$ cp tools/vm/slabinfo.c  kmodules
```

运行 QEMU 虚拟机。

```
$ ./run_rlk_arm64.sh run
```

在 QEMU 虚拟机中编译 slabinfo 工具。

```
# cd /mnt
# gcc slabinfo.c -o slabinfo
```

4）编写 slub 以测试内核模块

slub_test.c 文件用来模拟一次越界访问的场景，原本分配了 32 字节，但是 memset() 要越界写入 200 字节。

```
<slub_test.c>

#include <linux/kernel.h>
#include <linux/module.h>
#include <linux/init.h>
#include <linux/slab.h>

static char *buf;

static void create_slub_error(void)
{
```

```
        buf = kmalloc(32, GFP_KERNEL);
        if (buf) {
                memset(buf, 0x55, 200); <= 这里发生了越界访问
        }
}
static int __init my_test_init(void)
{
        printk("figo: my module init\n");
        create_slub_error();
        return 0;
}
static void __exit my_test_exit(void)
{
        printk("goodbye\n");
        kfree(buf);

}
MODULE_LICENSE("GPL");
module_init(my_test_init);
module_exit(my_test_exit);
```

把 slub_test.c 文件编译成内核模块。

```
BASEINCLUDE ?= /lib/modules/$(shell uname -r)/build
slub-objs := slub_test.o

obj-m       :=    slub.o
all :
    $(MAKE) -C $(BASEINCLUDE) SUBDIRS=$(PWD) modules;

clean:
    $(MAKE) -C $(BASEINCLUDE) SUBDIRS=$(PWD) clean;
    rm -f *.ko;
```

在 QEMU 虚拟机中直接编译内核模块。

```
# cd slub_test
# make
```

下面是在 QEMU 虚拟机中加载 slub.ko 模块并运行 slabinfo 后的结果。

```
benshushu:slub_test_1# insmod slub1.ko
benshushu:slub_test_1# /mnt/slabinfo -v
[  532.017930]
==============================================================================
[  532.019438] BUG kmalloc-128 (Tainted: G    B      OE   ): Redzone
overwritten
[  532.020586] ---------------
[  532.020586]
[  532.026549] INFO: 0x00000000ca053aa1-0x000000006aabf585. First byte 0x55
               instead of 0xcc
[  532.031515] INFO: Allocated in create_slub_error+0x30/0x78 [slub1] age=2591
               cpu=0 pid=1319
[  532.034785]    __slab_alloc+0x68/0xa8
[  532.035401]    __kmalloc+0x508/0xe00
[  532.036066]    create_slub_error+0x30/0x78 [slub1]
[  532.037239]    0xffff00000977a020
[  532.037954]    do_one_initcall+0x430/0x9f0
```

```
[  532.038669]     do_init_module+0xb8/0x2f8
[  532.039548]     load_module+0x8e0/0xbc0
[  532.040102]     __se_sys_finit_module+0x14c/0x180
[  532.040780]     __arm64_sys_finit_module+0x44/0x4c
[  532.041725]     __invoke_syscall+0x28/0x30
[  532.042450]     invoke_syscall+0xa8/0xdc
[  532.043049]     el0_svc_common+0xf8/0x1d4
[  532.043495]     el0_svc_handler+0x3bc/0x3e8
[  532.044012]     el0_svc+0x8/0xc
[  532.044529]  INFO: Slab 0x00000000b9b3e7be objects=12 used=8
                 fp=0x00000000dee784f0 flags=0xffff00000010201
[  532.046978]  INFO: Object 0x00000000a4e7765b @offset=3968
                 fp=0x00000000fa7e1195
[  532.046978]
[  532.049610]  Redzone 00000000ca16bb03: cc cc cc cc cc cc cc cc cc cc cc cc
                 cc cc cc cc  ................
[  532.052392]  Redzone 00000000cd7b9cc5: cc cc cc cc cc cc cc cc cc cc cc cc
                 cc cc cc cc  ................
[  532.096970]  CPU: 0 PID: 1321 Comm: slabinfo Kdump: loaded Tainted: G    B
                 OE     5.0.0+ #30
[  532.098759]  Hardware name: linux,dummy-virt (DT)
```

上述 slabinfo 信息显示这是 Redzone overwritten 错误，内存越界访问了。

下面来看另一种错误类型，修改 slub_test.c 文件中的 create_slub_error()函数，如下所示。

```
static void create_slub_error(void)
{
    buf = kmalloc(32, GFP_KERNEL);
    if (buf) {
        memset(buf, 0x55, 32);
        kfree(buf);
        printk("ben:double free test\n");
        kfree(buf);    <= 这里重复释放了内存
    }
}
```

这是一个重复释放内存的例子，下面是运行该例后的 slub 信息。该例中的错误很明显，所以不需要运行 slabinfo 就能马上捕捉到错误。

```
/ # insmod slub2.ko
[  458.699358] ben:double free test
[  458.699899] =====================================
[  458.701327] BUG kmalloc-128 (Tainted: G    B    OE   ):Object already free
[  458.701826] -------------------------------------
[  458.701826]
[  458.705403] INFO: Allocated in create_slub_error+0x30/0xa4 [slub2] age=0
               cpu=0 pid=2387
[  458.707102]     __slab_alloc+0x68/0xa8
[  458.707535]     __kmalloc+0x508/0xe00
[  458.707955]     create_slub_error+0x30/0xa4 [slub2]
[  458.708638]     my_test_init+0x20/0x1000 [slub2]
[  458.709017]     do_one_initcall+0x430/0x9f0
[  458.709371]     do_init_module+0xb8/0x2f8
[  458.709815]     load_module+0x8e0/0xbc0
[  458.710422]     __se_sys_finit_module+0x14c/0x180
[  458.711027]     __arm64_sys_finit_module+0x44/0x4c
[  458.711906]     __invoke_syscall+0x28/0x30
```

```
[  458.712675]        invoke_syscall+0xa8/0xdc
[  458.713048]        el0_svc_common+0xf8/0x1d4
[  458.713391]        el0_svc_handler+0x3bc/0x3e8
[  458.713718]        el0_svc+0x8/0xc
[  458.714302] INFO: Freed in create_slub_error+0x7c/0xa4 [slub2] age=0 cpu=0
               pid=2387
[  458.714887]        kfree+0xc78/0xcb0
[  458.715341]        create_slub_error+0x7c/0xa4 [slub2]
[  458.715742]        my_test_init+0x20/0x1000 [slub2]
[  458.716329]        do_one_initcall+0x430/0x9f0
[  458.716873]        do_init_module+0xb8/0x2f8
[  458.717374]        load_module+0x8e0/0xbc0
[  458.717852]        __se_sys_finit_module+0x14c/0x180
[  458.718773]        __arm64_sys_finit_module+0x44/0x4c
[  458.719406]        __invoke_syscall+0x28/0x30
[  458.720067]        invoke_syscall+0xa8/0xdc
[  458.720590]        el0_svc_common+0xf8/0x1d4
[  458.721352]        el0_svc_handler+0x3bc/0x3e8
[  458.722204]        el0_svc+0x8/0xc
[  458.725671] INFO: Slab 0x000000009ec8f655 objects=12 used=10
               fp=0x00000000a9b52c42 flags=0xffff00000010201
[  458.727754] INFO: Object 0x00000000a9b52c42 @offset=5888
               fp=0x0000000098b2014f
```

　　这是很典型的重复释放内存的例子，错误显而易见，可是在实际的工程项目中没有这么简单，因为有些内存访问错误隐藏在一层又一层的函数调用中或经过多层的指针引用。

　　下面是另外一种比较典型的内存访问错误，即访问已经释放的内存。

```
static void create_slub_error(void)
{
    buf = kmalloc(32, GFP_KERNEL);
    if (buf) {
        kfree(buf);
        printk("ben:access free memory\n");
        memset(buf, 0x55, 32);    <=访问了已经释放的内存
    }
}
```

　　下面是这种内存访问错误的 slub 信息。

```
/ # insmod slub3.ko
[  808.574242] ben:access free memory
[  808.575512] pick_next_task: prev insmod
[  808.594218] =============================
[  808.596275] BUG kmalloc-128 (Tainted: G    B      OE    ): Poison overwritten
[  808.597314] -----------------------------
[  808.597314]
[  808.600221] INFO: 0x00000000a5cf0659-0x0000000040c3b4f5. First byte 0x55
               instead of 0x6b
[  808.603196] INFO: Allocated in create_slub_error+0x30/0x94 [slub3] age=5
               cpu=0 pid=4437
[  808.605024]        __slab_alloc+0x68/0xa8
[  808.605598]        __kmalloc+0x508/0xe00
[  808.606026]        create_slub_error+0x30/0x94 [slub3]
[  808.606972]        my_test_init+0x20/0x1000 [slub3]
[  808.607660]        do_one_initcall+0x430/0x9f0
[  808.608106]        do_init_module+0xb8/0x2f8
```

```
[  808.608562]    load_module+0x8e0/0xbc0
[  808.609061]    __se_sys_finit_module+0x14c/0x180
[  808.609682]    __arm64_sys_finit_module+0x44/0x4c
[  808.610444]    __invoke_syscall+0x28/0x30
[  808.610940]    invoke_syscall+0xa8/0xdc
[  808.611500]    el0_svc_common+0xf8/0x1d4
[  808.612035]    el0_svc_handler+0x3bc/0x3e8
[  808.612554]    el0_svc+0x8/0xc
[  808.613036] INFO: Freed in create_slub_error+0x64/0x94 [slub3] age=5 cpu=0
               pid=4437
[  808.613813]    kfree+0xc78/0xcb0
[  808.614198]    create_slub_error+0x64/0x94 [slub3]
[  808.614685]    my_test_init+0x20/0x1000 [slub3]
[  808.615109]    do_one_initcall+0x430/0x9f0
[  808.615405]    do_init_module+0xb8/0x2f8
[  808.615723]    load_module+0x8e0/0xbc0
[  808.616179]    __se_sys_finit_module+0x14c/0x180
[  808.616518]    __arm64_sys_finit_module+0x44/0x4c
[  808.617117]    __invoke_syscall+0x28/0x30
[  808.617388]    invoke_syscall+0xa8/0xdc
[  808.617691]    el0_svc_common+0xf8/0x1d4
[  808.618084]    el0_svc_handler+0x3bc/0x3e8
[  808.618361]    el0_svc+0x8/0xc
[  808.618961] INFO: Slab 0x00000000394af5b4 objects=12 used=12 fp=0x
               (null) flags=0xffff00000010200
[  808.620032] INFO: Object 0x00000000a5cf0659 @offset=3968
               fp=0x000000001b754450
```

这种错误类型在 slub 中称为 Poison overwritten，即访问已经释放的内存。如果产品中有内存访问错误，比如上述介绍的几种内存访问错误，那么将存在隐患，就像埋在产品中的一颗定时炸弹，也许用户在使用几天或几个月后就会莫名其妙地宕机，因此在产品开发阶段需要对内存做严格检测。

12.6.2　实验 12-14：使用 kmemleak 检查内存泄漏

1. 实验目的
学会使用 kmemleak 检查内存泄漏。

2. 实验详解
kmemleak 是内核提供的一种内存泄漏检测工具，它会启动一个内核线程来扫描内存，并输出新发现的未引用对象的数量。kmemleak 有误报的可能性，但它给开发者提供了观察内存的路径和视角。要使用 kmemleak 功能，你必须在配置内核时打开如下选项。

[arch/arm64/configs/rlk_defconfig]

```
CONFIG_HAVE_DEBUG_KMEMLEAK=y
CONFIG_DEBUG_KMEMLEAK=y
CONFIG_DEBUG_KMEMLEAK_DEFAULT_OFF=y
CONFIG_DEBUG_KMEMLEAK_MEM_POOL_SIZE=16000
```

另外，还要重新编译内核以及更新文件系统。

```
$ ./run_rlk_arm64.sh build_kernel
$ sudo ./run_rlk_arm64.sh update_rootfs
```

下面参照 slub_test.c 文件写一个内存泄漏的小例子。create_kmemleak()函数分别使用 kmalloc 和 vmalloc 分配内存，但一直不释放。

```
[kmemleak_test.c]

static void create_kmemleak(void)
{
    buf = kmalloc(120, GFP_KERNEL);
    buf = vmalloc(4096);
}
```

编译内核模块。修改 run_rlk_arm64.sh 脚本文件，添加 "kmemleak=on" 到内核启动参数中，如图 12.7 所示。

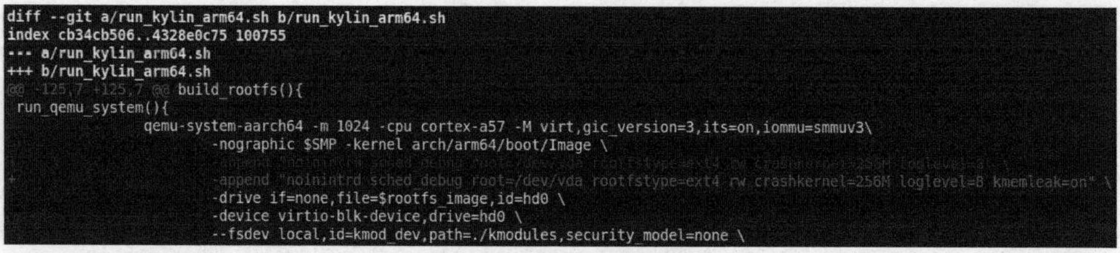

```
diff --git a/run_kylin_arm64.sh b/run_kylin_arm64.sh
index cb34cb506..4328e0c75 100755
--- a/run_kylin_arm64.sh
+++ b/run_kylin_arm64.sh
@@ -125,7 +125,7 @@ build_rootfs(){
 run_qemu_system(){
         qemu-system-aarch64 -m 1024 -cpu cortex-a57 -M virt,gic_version=3,its=on,iommu=smmuv3\
             -nographic $SMP -kernel arch/arm64/boot/Image \
-            -append "noinintrd sched_debug root=/dev/vda rootfstype=ext4 rw crashkernel=256M loglevel=8 kmemleak=on" \
             -drive if=none,file=$rootfs_image,id=hd0 \
             -device virtio-blk-device,drive=hd0 \
             --fsdev local,id=kmod_dev,path=./kmodules,security_model=none \
```

图12.7 修改内核启动参数

启动 QEMU 虚拟机。

```
$ ./run_rlk_arm64.sh run
[…]
# echo scan > /sys/kernel/debug/kmemleak    <=向kmemleak写入scan命令以开始扫描
# insmod kmemleak_test.ko  <=加载kmemleak_test.ko模块
[…]         <=等待一会儿
# kmemleak: 2 new suspected memory leaks (see /sys/kernel/debug/kmemleak)
<=目标出现，发现两个可疑对象
# cat /sys/kernel/debug/kmemleak  <= 查看
```

下面是两个可疑对象的相关信息。

```
root@ubuntu:kmemleak_test# cat /sys/kernel/debug/kmemleak
unreferenced object 0xffff000023d7ce80 (size 128):
  comm "insmod", pid 550, jiffies 4295075896 (age 89.140s)
  hex dump (first 32 bytes):
    80 ce d7 23 00 00 ff ff 00 d0 fc 12 00 80 ff ff  ...#............
    00 20 03 00 00 00 00 00 02 00 00 00 00 00 00 00  . ..............
  backtrace:
    [<0000000016e41e5b>] kmemleak_alloc+0xcc/0xd8
    [<00000000fd2aac80>] kmemleak_alloc_recursive+0x40/0x4c
```

```
    [<00000000fb4a95db>] slab_post_alloc_hook+0xb0/0xf4
    [<00000000900bfdc3>] __kmalloc+0x3a8/0x434
    [<00000000631a83dd>] create_kmemleak+0x2c/0x78 [kmemleak_test]
    [<0000000089ce5379>] 0xffff800009195020
    [<00000000004a5e115>] do_one_initcall+0x60/0x164
    [<00000000fe7ba703>] do_init_module+0xb4/0x318
    [<0000000098152fce>] load_module+0x49c/0x634
    [<000000001166fb29>] __do_sys_finit_module+0x128/0x15c
    [<000000004005f5b2>] __se_sys_finit_module+0x40/0x50
    [<000000002d9ebc09>] __arm64_sys_finit_module+0x44/0x4c
    [<00000000a9c1b3d5>] __invoke_syscall+0x28/0x30
    [<00000000da896826>] invoke_syscall+0x88/0xbc
    [<00000000adb801ab>] el0_svc_common+0xc4/0x144
    [<0000000055808a6e>] el0_svc_handler+0x3c/0x48
unreferenced object 0xffff800010059000 (size 4096):
    comm "insmod", pid 550, jiffies 4295075897 (age 89.140s)
hex dump (first 32 bytes):
    80 23 00 00 00 00 00 00 f5 00 00 00 01 00 00 00  .#..............
    30 00 00 00 00 00 00 00 40 d7 fc 12 00 80 ff ff  0.......@.......
backtrace:
    [<00000000193c5143>] kmemleak_vmalloc+0xa0/0xc4
    [<00000000e9299dc2>] __vmalloc_node_range+0xf4/0x130
    [<0000000044911302>] __vmalloc_node+0x68/0x74
    [<00000000e4b2eae3>] __vmalloc_node_flags+0x60/0x6c
    [<000000007b9834e2>] vmalloc+0x28/0x30
    [<000000001cd344dd>] create_kmemleak+0x44/0x78 [kmemleak_test]
    [<0000000089ce5379>] 0xffff800009195020
    [<00000000004a5e115>] do_one_initcall+0x60/0x164
    [<00000000fe7ba703>] do_init_module+0xb4/0x318
    [<0000000098152fce>] load_module+0x49c/0x634
    [<000000001166fb29>] __do_sys_finit_module+0x128/0x15c
    [<000000004005f5b2>] __se_sys_finit_module+0x40/0x50
    [<000000002d9ebc09>] __arm64_sys_finit_module+0x44/0x4c
    [<00000000a9c1b3d5>] __invoke_syscall+0x28/0x30
    [<00000000da896826>] invoke_syscall+0x88/0xbc
    [<00000000adb801ab>] el0_svc_common+0xc4/0x144
```

kmemleak 会提示内存泄漏可疑对象的具体栈调用信息（例如 create_kmemleak+0x2c/0x78 表示在 create_kmemleak()函数的第 0x2c 字节处）以及可疑对象的大小、使用哪个分配函数等。注意，kmemleak 机制的反应没有 kasan 机制那么灵敏和迅速，读者可以通过实验来比较两者的差异，在实际项目中择优选用。

12.6.3　实验 12-15：使用 kasan 检查内存泄漏

1．实验目的
学会使用 kasan 检查内存泄漏。

2．实验详解
kasan（kernel address santizer）在 Linux 4.0 中被合并到官方 Linux，是一款用于动态检测内存错误的工具，可以检查内存越界访问和使用已经释放的内存等。Linux 内核在早期曾提供一个类似的工具 kmemcheck，kasan 相比 kmemcheck 的检测速度更快。要使用 kasan，你必须打开 CONFIG_KASAN 等选项。

```
<arch/arm64/configs/rlk_defconfig>

CONFIG_HAVE_ARCH_KASAN=y
CONFIG_KASAN=y
CONFIG_KASAN_OUTLINE=y
CONFIG_TEST_KASAN=m
```

在修改了配置文件后，你还需要重新编译内核并且更新文件系统。

```
$ ./run_rlk_arm64.sh build_kernel
$ sudo ./run_rlk_arm64.sh update_rootfs
```

kasan 模块提供了一个测试程序，位于 lib/test_kasan.c 文件中，其中定义了以下内存访问错误类型。

❑ 访问已经释放的内存（use-after-free）。

❑ 重复释放内存。

❑ 越界访问（out-of-bounds）。

其中，越界访问最常见，而且情况比较复杂。test_kasan.c 文件抽象归纳了几种常见的越界访问类型。

（1）右侧数组越界访问。

```
static noinline void __init kmalloc_oob_right(void)
{
    char *ptr;
    size_t size = 123;

    pr_info("out-of-bounds to right\n");
    ptr = kmalloc(size, GFP_KERNEL);

    ptr[size] = 'x';
    kfree(ptr);
}
```

（2）左侧数组越界访问。

```
static noinline void __init kmalloc_oob_left(void)
{
    char *ptr;
    size_t size = 15;

    pr_info("out-of-bounds to left\n");
    ptr = kmalloc(size, GFP_KERNEL);
    *ptr = *(ptr - 1);
    kfree(ptr);
}
```

（3）krealloc 扩大后越界访问。

```
static noinline void __init kmalloc_oob_krealloc_more(void)
{
    char *ptr1, *ptr2;
    size_t size1 = 17;
    size_t size2 = 19;
```

```
        pr_info("out-of-bounds after krealloc more\n");
        ptr1 = kmalloc(size1, GFP_KERNEL);
        ptr2 = krealloc(ptr1, size2, GFP_KERNEL);
        if (!ptr1 || !ptr2) {
                pr_err("Allocation failed\n");
                kfree(ptr1);
                return;
        }

        ptr2[size2] = 'x';
        kfree(ptr2);
}
```

（4）全局变量越界访问。

```
static char global_array[10];

static noinline void __init kasan_global_oob(void)
{
        volatile int i = 3;
        char *p = &global_array[ARRAY_SIZE(global_array) + i];

        pr_info("out-of-bounds global variable\n");
        *(volatile char *)p;
}
```

（5）栈越界访问。

```
static noinline void __init kasan_stack_oob(void)
{
        char stack_array[10];
        volatile int i = 0;
        char *p = &stack_array[ARRAY_SIZE(stack_array) + i];

        pr_info("out-of-bounds on stack\n");
        *(volatile char *)p;
}
```

以上几种越界访问都会导致严重的问题。

下面写一个简单的例子来测试 kasan。

```
<一个测试kasan的例子>
#include <linux/kernel.h>
#include <linux/module.h>
#include <linux/init.h>
#include <linux/slab.h>

static char *buf;

static void create_slub_error(void)
{
        buf = kmalloc(32, GFP_KERNEL);
        if (buf) {
            memset(buf, 0x55, 80);
        }
```

```
    kfree(buf);
}

static int __init my_test_init(void)
{
    printk("benshushu: my module init\n");
    create_slub_error();
    return 0;
}
static void __exit my_test_exit(void)
{
    printk("goodbye\n");
}
MODULE_LICENSE("GPL");
module_init(my_test_init);
module_exit(my_test_exit);
```

在编译成内核模块后，加载内核模块。kasan 很快捕捉到如下日志信息。

```
root@ubuntu:slub_test_1# insmod slub1.ko
[  630.255782]
==================================================================
[  630.266547] BUG: KASAN: slab-out-of-bounds in create_slub_error+0x68/0x84
[slub1]
[  630.267795] Write of size 80 at addr ffff00001ee50600 by task insmod/838
[  630.268708]
[  630.279192]
[  630.279888] Allocated by task 838:
[  630.283959]
[  630.284432] Freed by task 0:
[  630.290695]
[  630.291191] The buggy address belongs to the object at ffff00001ee50600
[  630.291191]  which belongs to the cache kmalloc-128 of size 128
[  630.292683] The buggy address is located 0 bytes inside of
[  630.292683]  128-byte region [ffff00001ee50600, ffff00001ee50680)
[  630.294930] The buggy address belongs to the page:
[  630.297998]
[  630.298489] Memory state around the buggy address:
[  630.299879]  ffff00001ee50500: 00 00 00 fc fc fc fc fc fc fc fc fc fc fc fc fc
[  630.301325]  ffff00001ee50580: fc fc fc fc fc fc fc fc fc fc fc fc fc fc fc fc
[  630.303783] >ffff00001ee50600: 00 00 00 00 fc fc fc fc fc fc fc fc fc fc fc fc
[  630.304848]                    ^
[  630.305615]  ffff00001ee50680: fc fc fc fc fc fc fc fc fc fc fc fc fc fc fc fc
[  630.306724]  ffff00001ee50700: 00 00 00 fc fc fc fc fc fc fc fc fc fc fc fc fc
[  630.308106]
==================================================================
root@ubuntu:slub_test_1#
```

　　kasan 提示这是越界访问错误（slab-out-of-bounds），并显示了出错的函数名称和出错位置，从而为开发者修复问题提供便捷。

　　kasan 的总体效率比 slub_debug 要高得多，并且支持的内存错误访问类型更多。缺点是 kasan 需要比较新的内核（直到 Linux 4.4 内核才支持 ARM64 版本的 kasan）和 GCC（GCC-4.9.2 以上版本）。

12.6.4　实验 12-16：使用 valgrind 检查内存泄漏

1. 实验目的

学会如何使用 valgrind 工具来检测应用程序的内存泄漏情况。

2. 实验详解

valgrind 是 Linux 提供的上一套基于仿真技术的程序调试和分析工具，可以用来检测内存泄漏和内存越界等，valgrind 内置了很多功能。

- ❑　memcheck：检查程序中的内存问题，如内存泄漏、越界访问、非法指针等。
- ❑　callgrind：检测程序代码是否覆盖以及分析程序性能。
- ❑　cachegrind：分析 CPU 的缓存命中率、丢失率，用于代码优化。
- ❑　helgrind：用于检查多线程程序的竞态条件。
- ❑　massif：栈分析器，指示程序中使用了多少栈内存。

本实验采用 memcheck 来检查应用程序的内存泄漏情况，下面人为制造一个用于内存泄漏的测试程序。

```c
#include <stdio.h>

void test(void)
{
    int *buf =(int *)malloc(10 * sizeof(int));
    buf[10] = 0x55;
}

int main(){
    test();
    return 0;
}
```

编译这个测试程序。

```
$ gcc -g -O0 valgrind_test.c -o valgrind_test
```

使用 valgrind 进行检查。

```
benshushu@ubuntu:~/work$ valgrind --leak-check=yes ./valgrind_test
==4160== Memcheck, a memory error detector
==4160== Copyright (C) 2002-2015, and GNU GPL'd, by Julian Seward et al.
==4160== Using Valgrind-3.11.0 and LibVEX; rerun with -h for copyright info
==4160== Command: ./valgrind_test
==4160==
==4160== Invalid write of size 4
==4160==    at 0x400544: test (valgrind_test.c:6)
==4160==    by 0x400555: main (valgrind_test.c:10)
==4160==  Address 0x5204068 is 0 bytes after a block of size 40 alloc'd
==4160==    at 0x4C2DB8F: malloc (in
              /usr/lib/valgrind/vgpreload_memcheck-amd64-linux.so)
```

```
==4160==    by 0x400537: test (valgrind_test.c:5)
==4160==    by 0x400555: main (valgrind_test.c:10)
==4160==
==4160==
==4160== HEAP SUMMARY:
==4160==     in use at exit: 40 bytes in 1 blocks
==4160==   total heap usage: 1 allocs, 0 frees, 40 bytes allocated
==4160==
==4160== 40 bytes in 1 blocks are definitely lost in loss record 1 of 1
==4160==    at 0x4C2DB8F: malloc (in
                /usr/lib/valgrind/vgpreload_memcheck-amd64-linux.so)
==4160==    by 0x400537: test (valgrind_test.c:5)
==4160==    by 0x400555: main (valgrind_test.c:10)
==4160==
==4160== LEAK SUMMARY:
==4160==    definitely lost: 40 bytes in 1 blocks
==4160==    indirectly lost: 0 bytes in 0 blocks
==4160==      possibly lost: 0 bytes in 0 blocks
==4160==    still reachable: 0 bytes in 0 blocks
==4160==         suppressed: 0 bytes in 0 blocks
==4160==
==4160== For counts of detected and suppressed errors, rerun with: -v
==4160== ERROR SUMMARY: 2 errors from 2 contexts (suppressed: 0 from 0)
```

可以看到，valgrind 找到两个错误：

❑ 第 6 行代码存在无效的写入数据，即越界访问。

❑ 发生了内存泄漏，分配的 40 字节内存没有释放。

12.7　使用 kdump 解决死机问题

Linux 内核是采用宏内核架构设计的，这种架构的优点是效率高，但也存在致命缺陷——内核的一个细微错误就可能导致系统崩溃。Linux 内核发展到 Linux 5.4 版本已经有 28 年，其间代码质量已经有了显著改进，但是依然不能保证 Linux 内核在实际应用中不会出现宕机、黑屏等问题。一方面，Linux 内核引入了大量新的外设驱动代码，这些新增的代码或许还没有经过严格的测试；另一方面，很多产品会采用自己编写的驱动代码或内核模块，这给 Linux 系统带来了隐患。如果我们在实际产品开发中或在线上服务器中遇到宕机、黑屏的问题，那么如何快速定位原因和解决问题呢？

12.7.1　kdump 介绍

早在 2005 年，Linux 内核社区就开始设计名为 kdump 的内核转储工具。kdump 的核心实现基于 kexec，kexec 的全称是 kernel execution，非常类似于 Linux 内核中的 exec 系统调用。kexec 可以快速启动新的内核，并且跳过 BIOS 或 bootloader 等引导程序的初始化阶段。这个特性可以让系统上崩溃时快速切换到备份的内核，这样第一个内核的内存就得到了保留。在第二个内核中，可以对第一个内核产生的崩溃数据进行继续分析。这里说的第一个内核通常称为生产内核（production kernel），是产品或线上服务器主要运行的内核；第二个内核称为捕获内核（capture kernel），当生产内核崩溃时就会快速切换到捕获内核进行信息的收集和转储，如图 12.8 所示。

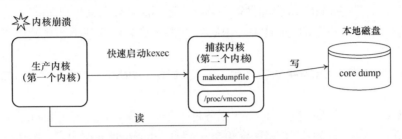

图12.8　kdump的工作原理

　　crash 工具是由红帽工程师开发的，可以和 kdump 配套使用来分析内核转储文件。kdump 的工作流程并不复杂。kdump 会在内存中保留一块区域，这块区域用来存放捕获内核。当生产内核在运行过程中遇到崩溃等情况时，kdump 会通过 kexec 机制自动启动到捕获内核，这时会绕过 BIOS，以免破坏第一个内核的内存，然后把生产内核的完整信息（包括 CPU 寄存器、栈数据等）转储到指定文件中。接着，使用 crash 工具分析这个转储文件，就可以快速定位宕机问题了。

　　在使用 kdump + crash 工具之前，读者需要弄清楚它们的适用范围。

❏　适用人员：服务器的管理人员（Linux 运维人员）、采用 Linux 内核作为操作系统的嵌入式产品的开发人员。

❏　适用对象：Linux 物理机器或 Linux 虚拟机。

❏　适用场景：kdump 主要用来分析系统宕机黑屏、无响应（unresponsive）等问题，比如 SSH、串口、鼠标键盘无响应等。读者需要注意的是，有一类宕机情况 kdump 无能为力，比如因硬件错误导致 CPU 崩溃。也就是说，系统不能正常地热重启，只能通过重新关闭和开启电源才能启动，这种情况下 kdump 就不适用了。因为 kdump 需要在系统崩溃的时候快速启动到捕获内核，但前提条件就是系统能热启动，并且内存中的内容不会丢失。

12.7.2　实验 12-17：搭建 ARM64 的 kdump 实验环境

1. 实验目的
学会使用 QEMU 平台搭建 kdump 实验环境。

2. 实验详解
由于 ARM 处理器在个人计算机以及服务器领域还没有得到广泛应用，因此要搭建可用的 kdump 实验环境并不容易。另外，ARM 公司只是一家卖知识产权和芯片设计授权的公司，并不卖实际的芯片，因此我们在市面上看到的 ARM64 芯片都是各家芯片公司生产的，另外也没有 x86_64 处理器规范。市面上流行的树莓派 3B+采用的是博通公司生产的 ARM64 架构的处理器，但是在支持 kdump 方面做得不够好，还不能直接拿来作为 kdump 的实验平台。

本节基于实验 1-3 搭建的 QEMU + ARM64 实验平台，在此基础上构建可用的 kdump 环境，步骤如下。

（1）搭建 QEMU + ARM64 实验平台。在 QEMU + ARM64 实验平台中，我们已经配置了 kdump 服务。

（2）在 QEMU 虚拟机中检查 kdump 服务是否开启。第一次运行 QEMU + Debian 实验平台时需要稍等几分钟，因为在 QEMU 虚拟机中启动 kdump 服务比较慢，图 12.9 显示 kdump 启动成功。可使用 kdump-config show 命令查看 kdump 服务是否正常工作，如图 12.10 所示，当"current state"显示为"ready to kdump"时表示 kdump 服务已经启动成功。

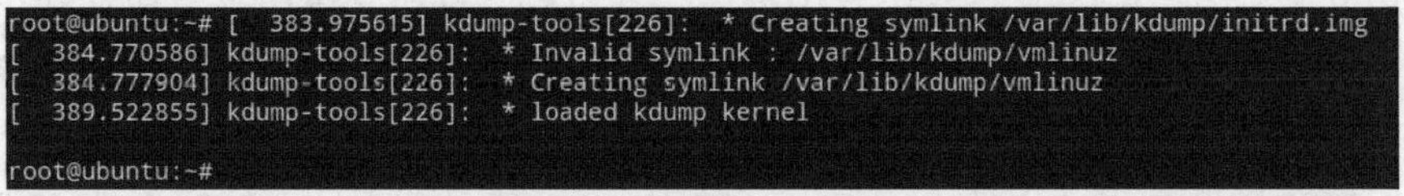

图12.9 启动kdump服务

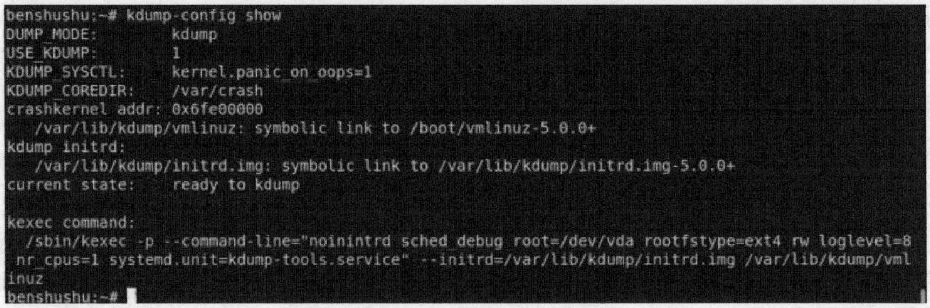

图12.10 检查kdump服务

（3）使用如下命令简单、快速地完成测试实验。

```
# echo 1 > /proc/sys/kernel/sysrq ; echo c > /proc/sysrq-trigger
```

（4）上述命令会触发 kdump，输出"Starting Crashdump kernel…"，然后调用捕获内核，如图 12.11 所示。

（5）进入捕获内核之后，会调用 makedumpfile 进行内核信息的转储。转储完之后，自动重启到生产内核，如图 12.12 所示。

（6）在 QEMU 虚拟机中，启动 crash 工具进行分析。进入/var/crash/目录。转储的目录是以日期命名的。使用 crash 命令加载内核转储文件。另外，带调试符号信息的 vmlinux 文件在/usr/src/linux 目录里。

```
benshushu:~# echo 1 > /proc/sys/kernel/sysrq ; echo c > /proc/sysrq-trigger
[  178.777498] sysrq: SysRq : Trigger a crash
[  178.779690] Kernel panic - not syncing: sysrq triggered crash
[  178.781347] CPU: 0 PID: 551 Comm: bash Kdump: loaded Not tainted 5.0.0+ #3
[  178.782258] Hardware name: linux,dummy-virt (DT)
[  178.784168] Call trace:
[  178.786464]  dump_backtrace+0x0/0x528
[  178.787577]  show_stack+0x24/0x30
[  178.787965]  __dump_stack+0x20/0x2c
[  178.788238]  dump_stack+0x25c/0x388
[  178.788485]  panic+0x364/0x5b4
[  178.788719]  sysrq_handle_reboot+0x0/0x30
[  178.789034]  __handle_sysrq+0xcc/0x1d0
[  178.789315]  write_sysrq_trigger+0x150/0x15c
[  178.789622]  proc_reg_write+0x3d8/0x418
[  178.790038]  __vfs_write+0x54/0x90
[  178.790415]  vfs_write+0x16c/0x2f4
[  178.790707]  ksys_write+0xb4/0x164
[  178.791124]  __se_sys_write+0x48/0x58
[  178.791867]  __arm64_sys_write+0x40/0x48
[  178.792211]  __invoke_syscall+0x24/0x2c
[  178.793136]  invoke_syscall+0xa4/0xd8
[  178.794319]  el0_svc_common+0x100/0x1e4
[  178.794721]  el0_svc_handler+0x418/0x444
[  178.795290]  el0_svc+0x8/0xc
[  178.798554] SMP: stopping secondary CPUs
[  178.804536] Starting crashdump kernel...
[  178.806650] Bye!
```

图12.11 触发kdump

```
         Starting Kernel crash dump capture service...
[  353.206970] kdump-tools[185]: Starting kdump-tools:
[  353.543464] kdump-tools[191]: Starting kdump-tools:
[  354.063426] kdump-tools[191]: * running makedumpfile -c -d 31 /proc/vmcore /var/crash/2020040
Copying data                                      : [100.0 %] /           eta: 0s   : [  0.0 %] /
```

图12.12 kdump转储

```
root@benshushu:/var/crash# ls
202004060946  kexec_cmd

root@benshushu:/var/crash/202004060946# crash dump.202004060946
/usr/src/linux/vmlinux

KERNEL: /usr/src/linux/vmlinux
    DUMPFILE: dump.202004060946  [PARTIAL DUMP]
        CPUS: 4
        DATE: Mon Apr  6 09:45:04 2020
      UPTIME: 2135039823346 days, 00:16:37
LOAD AVERAGE: 2.46, 1.69, 0.68
       TASKS: 84
    NODENAME: ubuntu
     RELEASE: 5.4.0+
     VERSION: #18 SMP Mon Apr 6 02:37:49 PDT 2020
     MACHINE: aarch64  (unknown Mhz)
      MEMORY: 1 GB
       PANIC: "Kernel panic - not syncing: sysrq triggered crash"
         PID: 538
     COMMAND: "bash"
        TASK: ffff0000261fd580  [THREAD_INFO: ffff0000261fd580]
         CPU: 2
       STATE: TASK_RUNNING (PANIC)

crash>
```

12.7.3　实验 12-18：分析一个简单的宕机案例

1．实验目的

学会使用 kdump 和 crash 工具分析简单的宕机案例。

2．实验详解

本实验是在 QEMU + ARM64 平台上完成的，具体步骤如下。

（1）编写一个内核模块进行测试。

<测试例子>

```
include <linux/kernel.h>
#include <linux/module.h>
#include <linux/init.h>
#include <linux/mm_types.h>
#include <linux/slab.h>

struct mydev_priv {
    char name[64];
    int i;
};

int create_oops(struct vm_area_struct *vma, struct mydev_priv *priv)
{
    unsigned long flags;

    flags = vma->vm_flags;
    printk("flags=0x%lx, name=%s\n", flags, priv->name);

    return 0;
}

int __init my_oops_init(void)
{
    int ret;
    struct vm_area_struct *vma = NULL;
    struct mydev_priv priv;

    vma = kmalloc(sizeof (*vma), GFP_KERNEL);
    if (!vma)
        return -ENOMEM;

    kfree(vma);
    vma = NULL;

    smp_mb();

    memcpy(priv.name, "benshushu", sizeof("benshushu"));
    priv.i = 10;

    ret = create_oops(vma, &priv);
```

```
        return 0;
}
void __exit my_oops_exit(void)
{
        printk("goodbye\n");
}

module_init(my_oops_init);
module_exit(my_oops_exit);
MODULE_LICENSE("GPL");
```

　　我们在 create_oops()函数里引用了一个空指针来读取 vma->vm_flags 成员的值，这样必然会引起空指针错误。我们希望通过这个例子来学习如何使用 kdump 和 crash 工具分析和定位问题。

　　（2）编写一个 Makefile。

```
BASEINCLUDE ?= /lib/modules/$(shell uname -r)/build
oops-objs := oops_test.o
KBUILD_CFLAGS +=-g

obj-m    :=  oops.o
all :
    $(MAKE) -C $(BASEINCLUDE) M=$(PWD) modules;

clean:
    $(MAKE) -C $(BASEINCLUDE) M=$(PWD) clean;
    rm -f *.ko;
```

　　（3）输入 make 命令，编译成内核模块。

```
$ make
```

　　（4）加载内核模块。

```
$ sudo insmod oops.ko
```

　　（5）加载 oops.ko 内核模块之后，系统会触发 Oops 错误并且重启捕获内核以进行调试信息的转储。转储完之后，系统会自动重启生产内核。

　　（6）启动 crash 工具进行调试。内核的 crash 信息会转储到/var/crash/目录下，并且会以崩溃的时间创建目录。

```
root@ubuntu:crash $ ls
202004061112   kexec_cmd
```

　　使用如下命令启动 crash 工具。

```
root@ubuntu:202004061112# crash dump.202004061112 /usr/src/linux/vmlinux

KERNEL: /usr/src/linux/vmlinux
   DUMPFILE: dump.202004061112  [PARTIAL DUMP]
       CPUS: 4
       DATE: Mon Apr  6 11:11:45 2020
```

```
      UPTIME: 01:35:28
LOAD AVERAGE: 0.00, 0.03, 0.05
        TASKS: 75
     NODENAME: ubuntu
      RELEASE: 5.4.0+
      VERSION: #18 SMP Mon Apr 6 02:37:49 PDT 2020
      MACHINE: aarch64  (unknown Mhz)
       MEMORY: 1 GB
        PANIC: "Unable to handle kernel NULL pointer dereference at virtual
address 0000000000000050"
          PID: 853
      COMMAND: "insmod"
         TASK: ffff80009a46aac0  [THREAD_INFO: ffff80009a46aac0]
          CPU: 0
        STATE: TASK_RUNNING (PANIC)
crash>
```

从上面的日志可以看到，这里发生错误的原因是 "BUG: unable to handle kernel NULL pointer dereference at 0000000000000050"，即由于引用了空指针而导致了错误。

（7）使用 bt 命令查看函数调用关系，如图 12.13 所示。

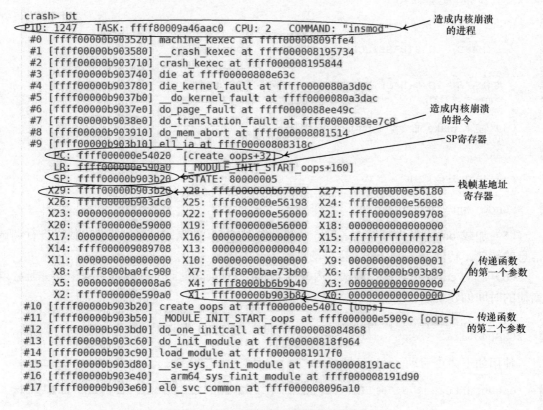

图12.13　ARM64架构下的函数调用关系

（8）使用 mod 命令加载带符号信息的内核模块。

```
crash> mod -s oops /mnt/rlk_basic/chapter_11/lab17/01_oops/oops.ko
    MODULE        NAME            SIZE  OBJECT FILE
ffff000000e56000  oops            16384
/mnt/rlk_basic/chapter_11/lab17/01_oops/oops.ko
crash>
```

（9）反汇编 PC 寄存器指向的地方，也就是内核崩溃发生的地方。

```
crash> dis -l ffff000000e54020
0xffff000000e54020 <create_oops+32>:    ldr    x0, [x0,#80]
crash>
```

如下汇编代码中的 80 表示的是基于 x0 寄存器的偏移量。

```
crash> struct -o vm_area_struct
struct vm_area_struct {
[0] unsigned long vm_start;
…
    [80] unsigned long vm_flags;
        struct {
            struct rb_node rb;
            unsigned long rb_subtree_last;
    [88] } shared;
```

因此，这句汇编代码就不难理解了，表示访问 vma->vm_flags，然后把值存放到 x0 寄存器中。那么 x0 寄存器的值是多少呢？由 ARM64 架构的函数参数调用规则可知，x0 寄存器传递的是函数的第一个参数，因此发生崩溃时 x0 寄存器的值为 0x0。

```
crash> struct vm_area_struct 0x0
struct: invalid kernel virtual address: 0x0
crash>
```

12.8　性能和测试

12.8.1　性能和测试概述

在实际产品开发过程中，性能和功耗往往是一对矛盾体，需要在它们之间做一些取舍。很多公司有专门的团队从事性能和功耗的优化，性能和功耗在很多公司内部简称为 PnP（Performance and Power）。如何在产品的开发周期中保证性能和功耗这两个指标不会有大的倒退呢？这是项目管理面临的一项挑战。从技术的角度看，我们需要针对产品特性提出很多细化的性能指标和功耗指标，这可以称为 KPI（Key Performance Indicator）。以传统的将 Linux 作为核心的产品来说，性能指标可以包括 CPU 性能、GPU 性能、I/O 性能、网络性能等，功耗指标包括待机功耗、待机电流、MP3 播放时长、视频观看时长等指标。测量功耗需要涉及很多硬件设备，因此本章不再阐述。

常见的 Linux 性能测试工具如表 12.9 所示。

表 12.9　常见的 Linux 性能测试工具

工　具	描　　述
kernel-selftests	内核源代码目录自带的测试程序
perf-bench	perf工具自带的测试程序，包含对内存、调度等的测试
phoronix-test-suit	综合性能测试程序
sysbench	综合性能测试套件，包含对CPU、内存、多线程等的测试
unixbench	综合性能测试套件，UNIX系统的一套传统的测试程序
pmbench	用来测试内存性能的工具
iozone	用来测试文件系统性能的工具
AIM7	一套来自UNIX系统的测试系统底层性能的工具
iperf	用来测试网络性能的工具
linpack	用来测试CPU的浮点运算的性能
vm-scalability	用来测试Linux内核内存管理模块的扩展性
glbenchmark	用来测试GPU性能
GFXbenchmark	用来测试GPU性能
DBENCH	用来测试I/O性能

12.8.2　eBPF 介绍

BPF 的全称为 Berkeley Packet Filter，是 UNIX 系统中数据链路层的一种原始接口，提供原始链路层封包的收发。因此，BPF 还是一种用于过滤网络报文的架构。BPF 在 1997 年被引入 Linux 内核，称为报文过滤机制，又称为 LSF（Linux Socket Fliter）。

到了 Linux 3.15，一套全新的 BPF 被添加到 Linux 内核中，称为 eBPF（extended BPF）。相比传统的 BPF，eBPF 支持很多激动人心的功能，比如内核跟踪、应用性能调优和监控、流控等，另外在接口设计和易用性方面有了很大提升。

eBPF 在本质上是一种内核代码注入技术，大致步骤如下。

（1）内核实现 eBPF 虚拟机。

（2）在用户态借助使用 C 语言等高级语言编写的代码，通过 LLVM 编译器编译成 BPF 目标码。

（3）在用户态通过调用 bpf()接口把 BPF 目标码注入内核。

（4）内核通过 JIT 编译器把 BPF 目标码转换为本地指令码。

（5）内核提供一系列钩子来运行 BPF 代码。

（6）内核态和用户态使用一套名为 map 的机制进行通信。

使用 eBPF 的好处在于，可以在不修改内核代码的情况下灵活修改内核处理策略，比如在进行系统跟踪和性能优化及调试时，可以很方便地修改内核的实现和对某些功能进行跟踪及定位。我们之前的 SystemTap 也能实现类似的功能，只不过实现原理不太一样。SystemTap 是将脚本语句翻译成 C 语句，最后编译成内核模块并且加载内核模块。将句柄以 Kprobe 钩子的方式挂到内核上，当某个事件发生时，相应钩子上的句柄就会被执行。执行完之后，再把钩子从内核上取下，移除模块。

12.8.3 BCC 介绍

在用户态可以使用 C 语言调用 eBPF 提供的接口，Linux 内核的 samples/bpf 目录下有不少例子值得大家参考。但是，使用 C 语言来对 eBPF 进行编程有点麻烦，后来 Brendan Gregg 设计了一套名为 BCC（BPF Compiler Collection）的工具。BCC 是一个 Python 库，它对 eBPF 应用层接口进行了封装，并且拥有自动完成编译、解析 ELF、加载 BPF 代码块以及创建 map 等基本功能，大大减轻了编程人员的工作。

可使用如下命令在 QEMU + ARM64 平台上安装 BCC[①]。

```
rlk:~# apt install bpfcc-tools
```

BCC 集成了一系列的性能跟踪和检测工具，包括用于内存管理、调度器、文件系统、块设备层、网络层、应用层的性能跟踪工具，如图 12.14 所示。

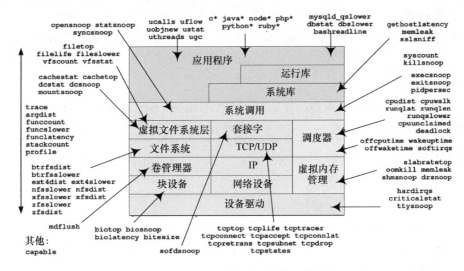

图12.14　BCC工具集

BCC 工具安装在/usr/sbin 目录下，它们都是以 bpfcc 结尾的可执行的 Python 脚本。以

[①] 在 QEMU + ARM64 平台上运行 BCC 会比较慢，读者需要耐心等待，也可以直接在 Ubuntu Linux 主机上运行 BCC。

cpudist-bpfcc 为例，它会采样和统计一段时间内进程在 CPU 上运行的时间，并以柱状图的形式显示出来，如图 12.15 所示。

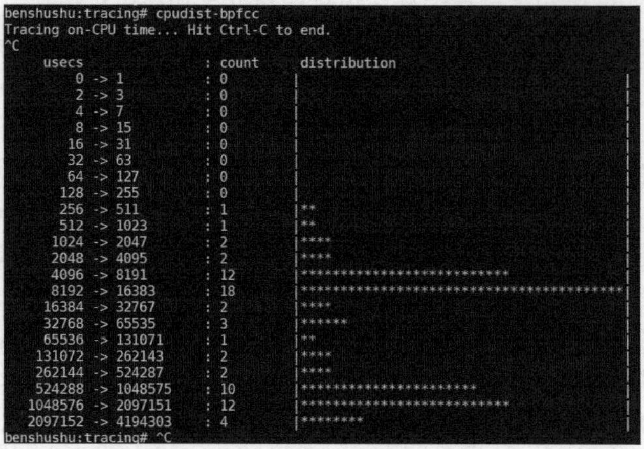

图12.15　cpudist-bpfcc的输出结果

12.8.4　实验 12-19：运行 BCC 工具进行性能测试

1．实验目的
学习如何使用 BCC 工具对 Linux 系统进行性能评估和分析，以便以后运用到实际工作中。

2．实验要求
写一个 BCC 脚本来统计进程切换信息，可以在 finish_task_switch()函数中创建一个钩子来监听和统计进程切换的次数。

统计结果如下。

```
# python3 task_switch.py
task_switch[   10->    0]=3
task_switch[  797->    0]=100
task_switch[  567->    0]=1
…
```

第一行表示 PID 为 10 的进程切换到 PID 为 0 的进程的次数为 3，第二行表示 PID 为 797 的进程切换到 PID 为 0 的进程的次数为 100。

第13章 开源社区

开源软件（Free Software）自 20 世纪 80 年代诞生以来，就像星星之火，今天已经成为软件开发行业的中坚力量。2018 年，微软收购了开源软件托管平台 GitHub，这让开源软件变得越来越重要。本章为读者介绍开源软件的历史、Linux 内核社区的发展、参与开源软件的必要性以及如何参与开源软件。

13.1 什么是开源社区

13.1.1 开源软件的发展历史

20 世纪 60 年代，IBM 等一些大公司开发的软件是免费提供的，并且提供源代码，因为那时候它们主要以卖计算机硬件为主要收入。随着后来硬件价格不断降价，销售硬件的利润变小了，IBM 等厂商开始尝试单独销售软件。

1983 年，Richard Stallman 发起了 GNU（GUN's Not UNIX）项目，目标是开发出一款开源且自由的类似于 UNIX 的操作系统。GNU 项目的创立标志着自由软件运动的开始。Richard 毕业于哈佛大学，是麻省理工学院人工智能实验室的一名软件工程师。他开发了多种影响深远的软件，其中包括著名的代码编辑器 Emacs。Richard 对一些公司试图以专利软件取代实验室中的免费自由软件感到气愤，于是发表了著名的《GNU 宣言》，表示要创造一套完全免费且自由兼容 UNIX 的操作系统。1985 年 10 月，Richard 又创立了自由软件基金会（Free Software Foundation, FSF）。1989 年，Richard 起草了广为使用的 GNU 通用公共协议证书（General Public License，GPL）。GNU 计划中除了最关键的 Hurd 操作系统内核之外，其他大部分软件已经实现。

1991 年，芬兰大学生 Linus Torvalds 在 386SX 兼容微机上学习了 Minux 操作系统的源代码，随后开始着手开发类似 UNIX 于的操作系统，这就是 Linux 的雏形。1991 年 10 月 5 日，Linus Torvalds 在 comp.os.minix 新闻组中发布新闻，正式对外宣告 Linux 内核诞生。自此，开源软件变得一发不可收拾。在后来的 20 多年里，Linux 内核作为操作系统领域中的霸主, 极大地带动了其他开源软件的发展。

13.1.2 Linux 基金会

2000 年, 开源软件发展实验室 (Open Source Development Labs) 和自由标准组织 (Free Standards Group) 联合成立了 Linux 基金会。Linux 基金会是一个非营利性的联盟, 旨在协调和推动 Linux 系统的发展。近几年, 越来越多的中国企业也开始加入 Linux 基金会的大家庭。目前, Linux 基金会旗下的开源软件已由原来的 Linux 内核延伸到其他领域的开源项目, 如 Intel 公司捐赠的用于嵌入式系统的虚拟化软件 ACRN、SDN 方面的 OpenDayLight、容器方面的 Open Container Initiative、网络加速方面的 DPDK 等。

13.1.3 开源协议

开源社区里一直存在各种各样的开源协议 (也称为开源许可证), 其中广泛使用的有如下 3 个——GPL 协议、BSD 协议和 Apache 协议。

1. GPL 协议

GPL 协议是在 1989 年发布的, 目的是防止阻碍自由软件的行为。这些行为主要体现在两方面: 一是软件发布者只发布软件的二进制文件而不发布源代码, 二是软件发布者要在软件许可证中加入限制条款。所以, 对于采用 GPL 协议的软件, 如果发布可执行的二进制代码, 就必须同时发布源代码。

GPL 协议提出了和版权 (copyright) 完全相反的概念 (copyleft)。GPL 协议的核心是公共许可证, 也就是说, 遵循 GPL 的软件是公共的, 不存在版权问题。

GPL 协议的另一个特点就是 "传染性", 也就是说, 如果在一个软件中使用了 GPL 协议的代码, 那么这个软件也必须采用 GPL, 也就是必须开源。

1991 年, GPL 协议有了第二个版本, 也就是 GPL v2。这一版本协议最大的特点是, 如果一个软件采用了部分的 GPL 相关的软件, 那么这个软件从整体上就必须采用 GPL 协议, 并且这个软件的作者不能附加额外的限制。

2005 年, Richard 开始修订 GPL 协议的第三版, 也就是 GPL v3。这个版本和 GPL v2 最大的区别是增加了很多条款。下面是 GPL v2 和 GPL v3 的主要区别。

- ❑ 任何公司或实体以 GPL v3 发布软件后, 就必须永远以 GPL v3 发布软件, 并且原专利拥有者在任何时候不具备收取专利费的权利。
- ❑ 专利报复条款。禁止发布软件的公司或实体向被许可人发起专利诉讼。
- ❑ Tivo 化。Tivo 化是指某些设备不允许修改设备上安装的 GPL 软件, 一旦用户对软件进行修改, 这些设备就会自动关闭。目前很多消费类电子产品集成了 GPL 软件,生产商为了保护设备的可靠性和商业机密，往往不允许用户对软件进行修改，但是 GPL v3 否决了这些行为。

2．BSD 协议

BSD（Berkeley Software Distribution）协议也是自由软件中使用广泛的许可证之一。BSD 协议给了使用者很大的自由度，使用者可以自由使用、修改源代码，也可以将修改后软件的作为开源或专用软件再发布，BSD 协议相比 GPL 协议宽松很多。

BSD 协议允许商业公司基于使用 BSD 协议的软件进行二次开发和销售，而且也没有强制要求公开修改后的源代码，但是有如下几个要求。

- ❑　如果要公布源代码，那么引用了 BSD 协议的代码部分也必须包含 BSD 协议。
- ❑　如果发布的是二进制形式，那么在软件的版权声明中必须包含引用部分的 BSD 协议。
- ❑　不可以使用开源代码的作者或单位的名字以及引用的软件名做市场推广。

3．Apache 协议

Apache 协议是非营利开源组织 Apache 制定和采用的协议。Apache 协议和 BSD 协议类似，同样鼓励代码共享和尊重原作者的著作权，同样允许修改代码和再发布（可以是开源软件或商业软件）。Apache 协议也对商业应用友好，使用者可以在需要时修改代码来满足需要并作为开源或商业产品进行发布和销售。

常见的开源协议的主要差异如图 13.1 所示。

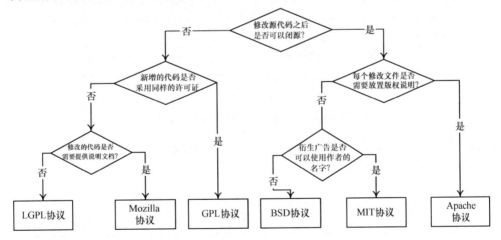

图13.1　常见的开源协议的主要差异

很多读者对开源协议，特别是对 GPL 协议有不少误解，比如开源软件就一定要免费。虽然开源软件在英文中称为 free software，但这里的 free 不是免费的意思，而是自由的意思。很多开源软件公司基于开源软件提供了企业版或收费版，如 Red Hat 公司的 Red Hat Enterprise Linux 发行版，虽然可以免费获得，但同时提供增值的收费咨询服务。开源协议只是保护软件的自由，强调的是开源，与钱和商业无关。因此，如果你使用和修改了 GPL 软件，那么你的软件也必须开源；否则，就不能使用 GPL 软件，但是这与你是否把这些软件用于商业用途和 GPL 协议没有关系。

13.1.4 Linux 内核社区

从 1991 年 Linux 内核的第一个版本发布至今（2020 年）已经有 29 年，从作为学生的业余项目发展到操作系统领域的霸主，Linux 内核的发展速度惊人。

Linux 内核从最早的不到 1 万行代码，截至 2017 年就已经远超 2400 万行代码，代码增长的曲线如图 13.2 所示。

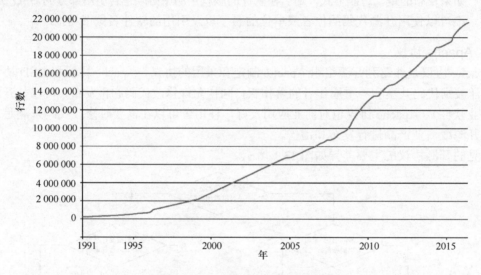

图13.2 Linux内核中代码增长的曲线

Linux 内核从最早的一名开发者，到了 2017 年有 1000 多名活跃的开发者，全球有 200 多家公司参与，具体如表 13.1 所示。

表 13.1 参与 Linux 内核开发的人数和公司数量

内 核 版 本	开 发 人 数	参与公司数量
4.8	1 597	262
4.9	1 729	270
4.10	1 680	273
4.11	1 741	268
4.12	1 821	274
4.13	1 681	225

当前，正在有越来越多的科技公司参与到 Linux 内核社区的开发和建设中。

13.1.5 国内开源社区

开源运动是在 20 世纪 90 年代传入中国的，后来就在中国生根发芽。现在国内喜欢开源的程序员已经非常多，他们不仅仅活跃在 Linux 内核社区，还活跃在很多其他社区，如 PHP 社区、DPDK 社区、OpenStack 社区等。

Linus Torvalds 组织开发的软件版本管理工具 git 让开源运动越来越流行。2008 年，面向以 git 作为软件版本管理工具的开源和私有软件项目托管平台 GitHub 上线。10 年后，GitHub 被微软以 76 亿美元收购，由此可见开源运动的价值。

13.2 参与开源社区

13.2.1 参与开源项目的好处

从前面的内容可以知道，开源项目必须把源代码公开，而且不少公司高薪聘请开发人员专门维护开源项目。为什么有些公司愿意投入人力和物力去搞开源项目呢？

❑ 获取竞争优势以及提升品牌形象。很多企业参与开源项目是为了在某个开源项目中获得更大的话语权，这样有利于提升在某个领域的品牌形象，如不少芯片公司研发的最新芯片都会第一时间提交补丁到 Linux 内核社区，让 Linux 内核第一时间支持这些最新的科技。

❑ 降低开发成本。很多企业把原来内部开发的一些项目变成开源项目，这样就能接触到更多的开发者群体。开源项目由原来内部的研发团队参与，变成了全世界的开发者都可以参与。许多不同行业、不同背景的开发者可以从不同角度贡献代码，这会让项目变得更好。

❑ 提升代码质量。很多成功的开源项目的代码质量是非常高的，通过开源，众多开发者可以互相协助，一起提升代码质量。

除了企业之外，还有很多开源爱好者参与开源项目。在 Linux 内核的进程调度器领域，曾经有一位著名的开源爱好者名叫 Con Kolivas，他是一名麻醉师，利用业余时间对 Linux 内核的进程调度器进行了创新性的修改。Con Kolivas 一直关注 Linux 在桌面计算机中的表现，并提出了 SD 公平调度算法。这种算法虽然没有被 Linux 内核社区接受，但是后来的 CFS 采用了他的一些设计灵感。后来 Con Kolivas 提出了 BFS，得到 Android 社区的一致好评。参与开源社区会使个人得到全方位的提升。

❑ 提升综合开发能力。参与开源项目可以不断获取经验，促进自己持续学习新知识，进一步丰富知识结构。很多开发者把注意力集中在功能实现上，忽略了代码质量和代码规范，而成熟的开源社区都有严格的代码规范，这无疑训练了读者的代码编写能力。另外，成熟的开源社区专家众多，参与其中能学习到很多方面的东西。

❑ 提高英语能力。成熟的开源项目以英语为主要交流语言。

❑ 激发工作激情。参与开源项目是一种乐趣，当你的补丁被社区接受时，就能体会到一种成就感。

❑ 获取更多的工作机会。国内外的众多公司都参与开源项目，在开源社区中活跃的读者更容易得到知名科技公司的青睐。

13.2.2　如何参与开源项目

开源软件已经改变了整个计算机行业。最近火热的 RISC-V 社区正在推动开源硬件的发展，因此参与开源项目成为一种潮流。不少读者对参与开源项目有一些顾虑，比如害怕自己能力不行，没有足够的时间，抑或不知道自己适合什么项目。

其实参与开源项目不仅包含开发和贡献代码，还包括编写文档、测试、宣传等工作，因此读者可以打消能力不足的顾虑。开源社区里有众多好的开源项目，不仅包括 Linux 内核，还包括 Java、云计算等领域，甚至包括其他行业的专业软件，如 3D 绘图软件 Blender。读者可以选择一个自己感兴趣的开源软件，从而开启开源旅途。

下面给出参与成熟的开源项目的一些建议。

（1）订阅邮件列表。

大部分成熟的开源项目是通过邮件列表来沟通的。Linux 内核作为成熟的开源项目，拥有一个核心的邮件列表，叫作内核邮件列表（Linux Kernel Mailing List，LKML），它是内核开发者进行发布、讨论和技术辩论的主场地。有兴趣的读者可以订阅这个邮件列表，订阅办法如下。

```
subscribe linux-kernel <your@email.com>
```

LKML 具有综合性，包含内核所有的模块，每天会有几百封邮件。如果读者对 Linux 内核的某个模块感兴趣，那么可以订阅这个模块的邮件列表，如图 13.3 所示。

（2）加入 IRC 频道。

许多开源项目会采用 IRC 作为开发者之间的聊天工具。

（3）关注缺陷管理系统。

许多开源项目会采用 Bugzilla 作为缺陷管理系统。读者可以关注这些缺陷管理系统，从中学习甚至尝试修复一些缺陷。

（4）尝试提交一些能够简单缺陷修复的补丁。

成熟的开源项目也会有代码不符合规范或者编译时出现警告等问题，读者可以尝试从这些小问题入手参与开源项目。

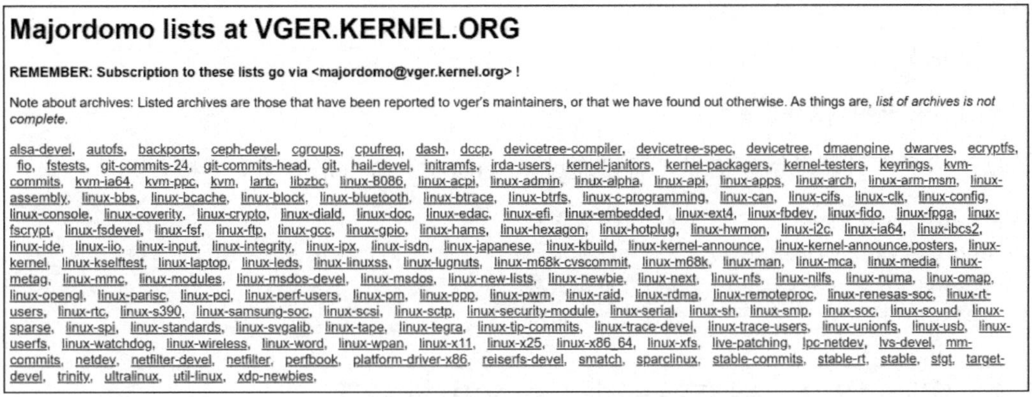

Majordomo lists at VGER.KERNEL.ORG

REMEMBER: Subscription to these lists go via <majordomo@vger.kernel.org> !

Note about archives: Listed archives are those that have been reported to vger's maintainers, or that we have found out otherwise. As things are, *list of archives is not complete.*

alsa-devel, autofs, backports, ceph-devel, cgroups, cpufreq, dash, dccp, devicetree-compiler, devicetree-spec, devicetree, dmaengine, dwarves, ecryptfs, fio, fstests, git-commits-24, git-commits-head, git, hail-devel, initramfs, irda-users, kernel-janitors, kernel-packagers, kernel-testers, keyrings, kvm-commits, kvm-ia64, kvm-ppc, kvm, lartc, libzbc, linux-8086, linux-acpi, linux-admin, linux-alpha, linux-api, linux-apps, linux-arch, linux-arm-msm, linux-assembly, linux-bbs, linux-bcache, linux-block, linux-bluetooth, linux-btrace, linux-btrfs, linux-c-programming, linux-can, linux-cifs, linux-clk, linux-config, linux-console, linux-coverity, linux-crypto, linux-diald, linux-doc, linux-edac, linux-efi, linux-embedded, linux-ext4, linux-fbdev, linux-fido, linux-fpga, linux-fscrypt, linux-fsdevel, linux-fsf, linux-ftp, linux-gcc, linux-gpio, linux-hams, linux-hexagon, linux-hotplug, linux-hwmon, linux-i2c, linux-ia64, linux-ibcs2, linux-ide, linux-iio, linux-input, linux-integrity, linux-ipx, linux-isdn, linux-japanese, linux-kbuild, linux-kernel-announce, linux-kernel-announce.posters, linux-kernel, linux-kselftest, linux-laptop, linux-leds, linux-linuxss, linux-lugnuts, linux-m68k-cvscommit, linux-m68k, linux-man, linux-mca, linux-media, linux-metag, linux-mmc, linux-modules, linux-msdos-devel, linux-msdos, linux-new-lists, linux-newbie, linux-next, linux-nfs, linux-nilfs, linux-numa, linux-omap, linux-opengl, linux-parisc, linux-pci, linux-perf-users, linux-pm, linux-ppp, linux-pwm, linux-raid, linux-rdma, linux-remoteproc, linux-renesas-soc, linux-rt-users, linux-rtc, linux-s390, linux-samsung-soc, linux-scsi, linux-sctp, linux-security-module, linux-serial, linux-sh, linux-smp, linux-soc, linux-sound, linux-sparse, linux-spi, linux-standards, linux-svgalib, linux-tape, linux-tegra, linux-tip-commits, linux-trace-devel, linux-trace-users, linux-unionfs, linux-usb, linux-userfs, linux-watchdog, linux-wireless, linux-word, linux-wpan, linux-x11, linux-x25, linux-x86_64, linux-xfs, live-patching, lpc-netdev, lvs-devel, mm-commits, netdev, netfilter-devel, netfilter, perfbook, platform-driver-x86, reiserfs-devel, smatch, sparclinux, stable-commits, stable-rt, stable, stgt, target-devel, trinity, ultralinux, util-linux, xdp-newbies.

图13.3　Linux内核支持的邮件列表

（5）参与完善文档。

（6）参与开源活动。

开源项目除了比较成熟的，还有许多新晋的，它们大多集中在 GitHub 上。读者参与的方式可能和 Linux 内核社区不太一样，因为在 GitHub 等平台上，最流行的是"Fork + Pull"模式。

13.3　实验 13-1：使用 cppcheck 检查代码

1．实验目的
学会使用代码缺陷静态检测工具完善代码质量。

2．实验详解
cppcheck 是 C/C++的代码缺陷静态检测工具，不仅可以检测代码中的语法错误，还可以检测出编译器检查不出来的缺陷类型，从而帮助程序员提升代码质量。

cppcheck 支持的检测功能如下。

- ❑　野指针。
- ❑　整型变量溢出。
- ❑　无效的移位操作数。
- ❑　无效转换。
- ❑　无效地使用 STL 库。
- ❑　内存泄漏。
- ❑　代码格式错误以及性能原因检查。

cppcheck 的安装方法如下。

```
$sudo apt install cppcheck
```

cppcheck 的使用方法如下。

```
cppcheck 选项  文件或目录
```

默认情况下只显示错误信息，可以通过 "--enable" 命令来启动更多检查。

```
--enable=warning              #打开警告消息
--enable=performance          #打开性能消息
--enable=information          #打开信息消息
--enable=all                  #打开所有消息
```

13.4 实验 13-2：提交第一个 Linux 内核补丁

1. 实验目的
熟悉为 Linux 内核社区提交补丁的基本流程。

2. 实验详解
为 Linux 内核社区提交第一个补丁涉及三方面的问题：一是如何发现内核的缺陷，二是如何制作补丁，三是如何发送补丁。

1）如何发现内核的缺陷。

作为一名新手，订阅 LKML 和下载 Linus 的 git 仓库是必备功课。

```
$ git clone git://git.kernel.org/pub/scm/linux/kernel/git/torvalds/linux.git
```

接下来开始为 Linux 内核代码寻找错误或缺陷，新手可以从如下几个方面入手。

❑ 查找编译警告。Linux 内核支持众多的 CPU 架构以及多个版本的 GCC 编译器，通常会在某些情况下出现一些编译警告等信息。这些编译警告是新手制作补丁的好地方。

❑ 编码规范。读者可以仔细阅读内核源代码，包括注释、文档等，经常会有单词拼写错误、对齐不规范、代码格式不符合社区要求、代码不够简练等问题。这种问题也是新手入门的好地方。

❑ 其他人新提交的补丁集或 staging 源代码。Linux 内核每次合并窗口时会合并大量的新特性，这些新进入的代码还没有经过社区的重复验证，常常有一些简单的错误，读者可以仔细阅读并发现里面可以制作成补丁的地方。另外，staging 源代码是一些没有经过充分测试的新增驱动模块，这些模块也是新手发掘补丁的好地方。

2）如何制作补丁。

当我们发现内核的错误或缺陷时，下一步就是着手制作补丁了。制作补丁需要用到的工具是 git，步骤如下。

（1）基于 Linux 内核主仓库最新的主分支创建如下新的分支。

```
$git checkout -b "my-fix"
```

（2）修改文件。重要的是进行测试，包括编译测试、单元测试和功能测试等。

（3）生成新的提交。

```
$ git add .
$ git commit -s
```

"-s"命令会在所提交信息的末尾按照提交者的名字加上"Signed-off-by"信息。下面以一个例子说明如何写出提交合格的信息。

```
1    commit ffeb13aab68e2d0082cbb147dc765beb092f83f4
2    Author: Felipe Balbi <balbi@ti.com>
3    Date:   Wed Apr 8 11:45:42 2015 -0500
4
5        dmaengine: cppi41: add missing bitfields
6
7        Add missing directions, residue_granularity,
8        srd_addr_widths and dst_addr_widths bitfields.
9
10       Without those we will see a kernel WARN()
11       when loading musb on am335x devices.
12
13       Signed-off-by: Felipe Balbi <balbi@ti.com>
14       Signed-off-by: Vinod Koul <vinod.koul@intel.com>
```

第 1 行表示提交的 ID，这是 git 工具自动生成的。

第 2 行表示提交的作者。

第 3 行表示提交生成的日期。

第 5 行表示对所做修改的简短描述。这一行以子系统、驱动或架构的名字为前缀，然后是一句简短的描述。

第 7～11 行表示本次提交的详细描述。

（4）生成补丁。可使用 git format-patch 命令生成补丁。

```
$git format-patch -1  #生成补丁
```

（5）对补丁进行代码格式检查。

Linux 内核有一套代码规范，所有提交到内核社区的补丁都必须遵守。Linux 内核源代码集成了一个脚本工具，它可以帮助我们检查补丁是否符合代码规范。

```
$./scripts/checkpatch.pl  your_fix.patch
```

3）如何发送补丁。

推荐使用 git send-email 工具发送补丁到内核社区。下面首先安装 git send-email 工具。

```
$ sudo apt-get install git-email
```

然后，配置 send-email 工具。修改~/.gitconfig 文件，增加如下配置。

```
<~/.gitconfig>
[sendemail]
        smtpencryption = tls
        smtpserver = smtp.126.com
        smtpuser = figo1802@126.com
        smtpserverport = 25
```

在发送补丁之前，我们需要知道补丁应该发给哪些审阅人。虽然可以直接发送补丁到 LKML 邮件列表中，但是有可能审阅补丁的关键人物会错失补丁。因此，最好将补丁发送给修改的所属子系统的维护者。可以使用 get_maintainer.pl 来获取这些维护者的名字和邮箱地址。

```
$ ./scripts/get_maintainer.pl your_fix.patch
```

最后，可以使用如下命令来发送补丁。

```
$ git send-email --to "tglx@linutronix.de" --to "xxx@redhat.com" --cc
"linux-kernel@vger.kernel.org" 0001-your-fix-patch.patch
```

这样补丁就被发送到内核社区了，现在你需要做的就是耐心等待社区开发者的反馈。如果有社区开发者给你提了意见或反馈，你应该积极回应，并根据意见进行修改，然后发送第二版的补丁，直到社区维护者接受你的补丁为止。

13.5 实验 13-3：管理和提交多个补丁组成的补丁集

1．实验目的
学会如何管理和提交多个补丁组成的补丁集。

2．实验详解
如果读者订阅了 Linux 内核社区的邮件列表，就会发现有一些补丁集有几个甚至几十个补丁，而且会不断地发送新的版本。图 13.4 所示是一个关于 Specultative page faults 的补丁集，作者是 Laurent Dufour，该补丁集由 24 个补丁组成，目前已经更新到第 9 个版本。

读者通常会有如下疑问。

❑ 这些补丁集是如何生成的呢？

❑ 当制作新版本的补丁集时，如何基于最新的 Linux 分支进行？

❑ 面对庞大的补丁集，如果社区对里面的几个补丁有修改意见，那该如何制作新版的补丁集呢？

当开发某个功能或新特性时，要修改的文件和代码很多，因此需要把这些内容分割成多个功能单一的小补丁，然后用这些小补丁组成一个大的补丁集。

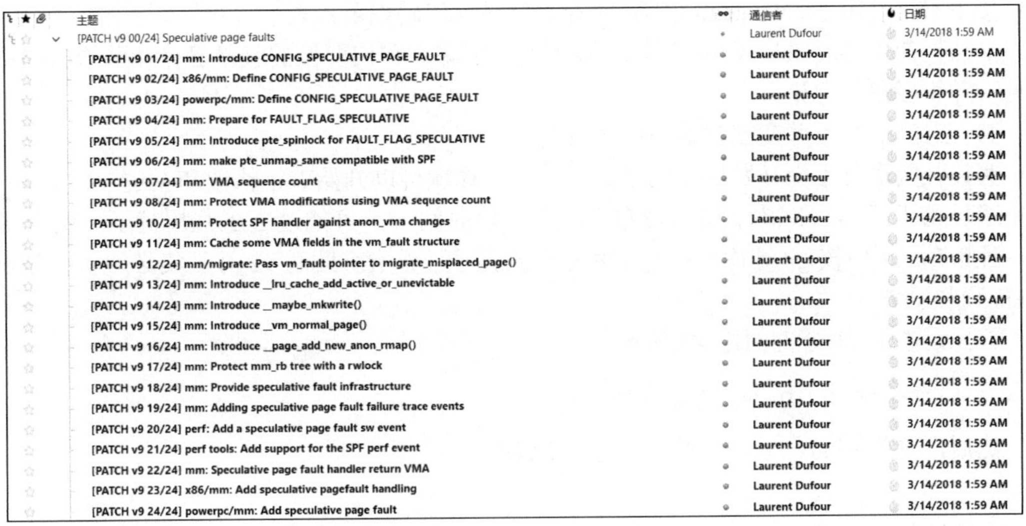

图13.4 Specultative page faults补丁集

1）从 v0 分支开始修改

首先基于最新的 Linux 内核主分支建立如下名为 my_feature_v0 的分支（下面简称 v0 分支）。

```
$ git checkout -b "my_feature_v0"
```

在 v0 分支上进行开发并验证新功能。你可以关注功能的实现和完善，但不要忘记进行单元测试。

2）合理分割 v0 分支形成 v1 分支

当 v0 分支中的代码已经完成功能开发和验证之后，可以创建 v1 分支。

```
$ git checkout -b "my_feature_v1"
```

在 v1 分支里，我们需要对代码进行合理的分割，也就是一个补丁只描述某个修改。切记不要把多个不相关的修改放在一个补丁里，否则社区的维护者很难对代码进行审阅。

3）发送补丁集到社区

下面使用 git format-patch 命令生成补丁集。

```
$ git format-patch -<patch number> --subject-prefix="PATCH v1" --cover-letter
-o <patch-folder>
```

❑ patch-number：根据补丁数目生成补丁集。

❑ subject-prefix：补丁集以"PATCH v1"为前缀。

❑ cover-letter：生成一个总体描述用的补丁，里面包含这个补丁集修改的文件以及修改的行数等信息。另外，还需要添加对这个补丁的总体概述。

❏　patch-folder：可以把补丁集生成到目录里，以方便管理。

接下来，使用 checkpatch.pl 脚本对补丁集进行代码规范检查。

最后，使用 git send-email 发送 v1 版本的补丁集。我们要做的就是静待社区给出的反馈意见，并积极参与讨论。

4）创建 v2 分支并变基到最新的主分支

假设社区里有不少开发者提出了修改意见，你就可以开始着手修改和发送 v2 版本的补丁集了。由于距离 v1 补丁集的发布已经有一段时间了，可能过去了几周甚至一两个月时间，因此 Linux 内核 git 仓库的主分支可能已经发生了变化，此时 v2 补丁集必须基于最新的 Linux 内核主分支。

首先，基于 v1 分支创建 v2 分支。

```
$ git checkout -b "my_feature_v2"
```

然后，更新 Linux 内核的主分支到最新状态。

```
$git checkout master
$git pull
```

最后，把 v2 分支变基到最新的主分支。

```
$git checkout my_feature_v2
$git rebase master
```

我们在第 2 章已经学习过 git rebase 命令，它会让 v2 分支上的最新修改基于主分支。如果变基时发生了冲突，我们需要手动修改冲突。变基冲突的修改涉及如下几个步骤。

（1）修改冲突文件，例如 xx.c 文件。

（2）通过 git add 添加冲突文件，例如 git add xx.c。

（3）运行命令 git rebase --continue。

（4）在 v2 分支上根据社区给出的反馈进行修改。

我们可以使用 git rebase 命令对补丁进行逐一修改。假设补丁集只有 3 个小补丁，可以通过如下命令进行修改。

```
$ git rebase -i HEAD~3    #对3个补丁进行修改
```

当运行 git rebase -i HEAD~3 命令之后，就会对最新的 3 个补丁进行修改，如图 13.5 所示。我们可以选择如下命令对补丁做进一步修订。

❏　p：使用这个提交，不进行任何修改。

❏　r：仅仅修改提交的信息，如补丁的说明等。社区里如果有人同意这个补丁，那么通常会在补丁上加入 "Acked-by" 或 "Reviewed-by" 署名信息，并把这些重要信息添加到补丁的提交信息里。

❏　e：修改这个提交的代码。

- ❏ s：合并到前一个提交。
- ❏ f：合并到前一个提交，但是会丢弃这个提交的信息。
- ❏ d：删除这个提交。

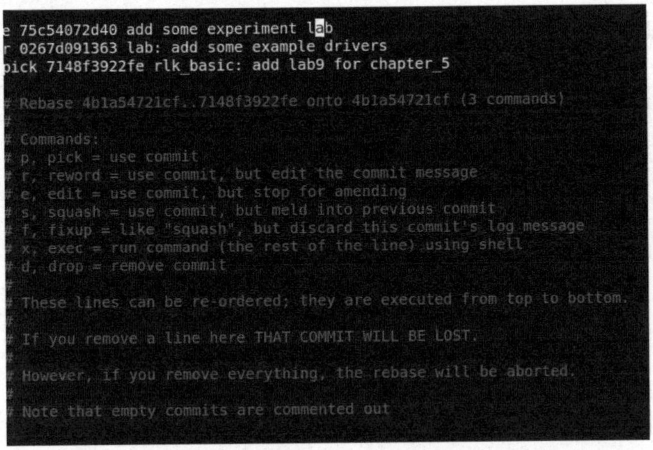

图13.5　使用git rebase命令修改补丁

我们对第三个补丁进行了代码修改（选择 e 命令），对第二个补丁进行了补丁信息修改（选择 r 命令），保存文件之后，我们会自动停在第三个补丁里，如图 13.6 所示。

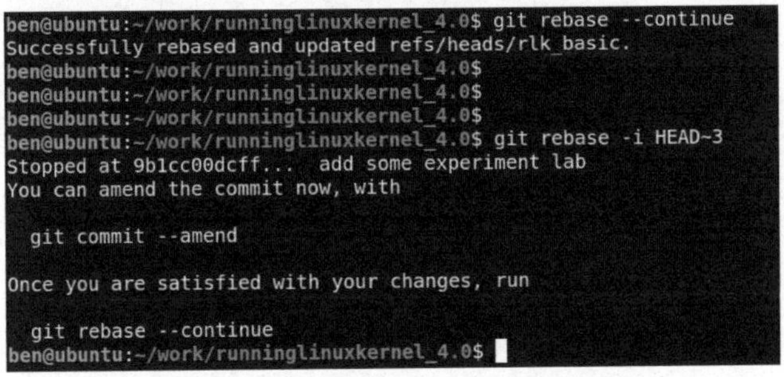

图13.6　执行git rebase命令后的效果

接下来动手修改社区提出的反馈意见。当修改完之后，可以通过如下命令完成变基工作。

```
$ git add xxx   #添加修改过的文件
$ git commit –amend
$ git rebase --continue
```

这样就完成了一个补丁的变基工作。当同时需要修改多个补丁时，可以自动重复执行上述命令，直到变基结束，如图 13.7 所示。

```
ben@ubuntu:~/work/runninglinuxkernel_4.0$ git rebase --continue
Successfully rebased and updated refs/heads/rlk_basic.
ben@ubuntu:~/work/runninglinuxkernel_4.0$
```

图13.7　变基结束

当对补丁集的修改完成之后，我们就可以生成和发送 v2 版本的补丁集到社区了。给 Linux 内核社区发送补丁是一件需要耐心和毅力的事情，一个大的补丁集很可能发送了好几版也没有被接受，但是不要放弃，一定要坚持到底。最近有一个例子，Red Hat 工程师 Glisse 从 2014 年开始就往社区发送异构内存管理（Heterogeneous Memory Management，HMM）的补丁集，一直发到 v25 版本才被社区接受，前后花费了三年多时间。

第**14**章 文件系统

进程在运行时可以存储一些私有数据和信息，但是当进程终止时，这些信息就会随之丢弃。对于很多应用程序来说，这些数据是需要存储和检索的。所以，对于操作系统来说，需要把进程产生的数据保存下来。磁盘是一种用来存储数据的介质。我们可以把磁盘当作固定大小块（通常称为扇区）的线性序列，可以随机读写某个块的数据。但是，作为操作系统，需要解决如下几个问题。

- ❑ 如何在磁盘中查找信息？
- ❑ 如何知道哪些块是空闲的？
- ❑ 如何管理空闲块？比如分配空闲块和释放空闲块。

如果操作系统仅仅把磁盘当作存储用的线性序列，那么上述几个问题是很难得到高效解决的。为此，操作系统使用如下新的抽象（文件）来解决这个问题。就像操作系统使用进程这个概念来抽象描述处理器、使用进程地址空间这个概念来抽象描述内存一样，文件用来抽象描述磁盘等存储设备。进程、进程地址空间以及文件是操作系统的 3 个非常重要的抽象。

文件是对信息存储单元的抽象，由进程创建和销毁。文件之间是相对独立的，每个文件可以看作地址空间，只不过是相对于磁盘等存储设备的地址空间，而进程地址空间是相对于内存设备的抽象。管理文件的系统则称为文件系统。

14.1 文件系统的基本概念

在本节，我们从用户的角度来看看文件系统的表现形式，比如文件是由什么组成的、文件如何命名、文件系统的目录结构、文件属性以及文件系统支持哪些操作等。

14.1.1 文件

文件系统中有两个非常重要的概念：一个是文件，另一个是目录。文件可以看作线性的字节数组，每字节都可以读取或写入。从另一个角度看，文件为用户提供了在磁盘上存储信息和方便读写的方法，用户不需要关心文件的内容存储在磁盘的哪个位置以及磁盘具体的工作模式和参数等信息。用户只需要打开文件，直接读写即可。

1．文件的命名

文件的命名规则在许多操作系统中不完全一致，大部分支持使用数字和字母组成的字符串来命名。在有些操作系统中还允许使用特殊字符来命名。

许多操作系统支持将文件名用句点分成两部分，句点前面的表示主文件名，句点后面的表示文件的扩展名或后缀名，这也是操作系统用来标记文件格式的一种机制。例如 mytest.c 文件，句点后面的部分表示文件的属性，".c"表示是 C 语言文件。

2．文件类型

文件系统一般包含如下几种文件类型。

❑　普通文件：包含用户信息的常见文件。

❑　目录文件：用于管理文件系统结构的系统文件，目录可以看作文件的一种。

❑　特殊文件：Linux 系统支持多种特殊文件，比如设备文件、sysfs 节点、procfs 节点等。

普通文件一般又分成文本文件和二进制文件。文本文件由多行正文组成，每一行以换行符或回车符结束。文本文件通常用于显示和输出，可以用文件编辑器编辑；而二进制文件通常有一定的格式，使用相应的程序才能解析文件格式，比如 ELF 文件。

3．文件属性

除了有文件名和数据之外，操作系统还会保存和文件相关的信息，比如文件创建的日期和时间、文件大小、创建者等一系列信息，这些附加的信息又称为文件属性或元数据（metadata）。

在 Linux 系统里可以使用 stat 工具来查看文件的属性。

```
rlk@ubuntu:~$ touch file
rlk@ubuntu:~$ stat file
  File: file
  Size: 0         Blocks: 0          IO Block: 4096   regular empty file
Device: 805h/2053d  Inode: 8127110    Links: 1
Access: (0644/-rw-r--r--)  Uid: ( 1000/  rlk)  Gid: ( 1000/  rlk)
Access: 2020-04-08 01:03:25.133006693 -0700
Modify: 2020-04-08 01:03:25.133006693 -0700
Change: 2020-04-08 01:03:25.133006693 -0700
 Birth: -
rlk@ubuntu:~$
```

4．文件操作

使用文件是为了方便存储和检索。对于存储和检索，大部分文件系统都提供了相应的文件操作方法。

在 Linux 系统中可以使用 open()函数来创建文件。传递 O_CREAT 标志给 open()函数便可创建新文件。例如，下面的命令会创建一个名为"mytest"的文件，并且能够以可读可写的方式打开。

```
int fd = open("mytest", O_CREAT | O_RDWR);
```

open()函数的返回值是一个文件句柄（file handler），又称为文件描述符（file descriptor）。文件句柄是一个整数，是每个进程私有的，用于访问文件。当文件被打开之后，我们就可以使用文件句柄来对文件进行读写等操作。

在 Linux 中可使用 open()函数打开文件。

在 Linux 中可使用 close()函数关闭文件。

在 Linux 中可使用 read()函数读取文件中的数据。read()函数的原型如下。

```
#include <unistd.h>

ssize_t read(int fd, void *buf, size_t count);
```

其中，**fd** 为要打开文件的文件句柄；**buf** 为用户空间的缓存空间，用于接收数据；**count** 表示这次读操作希望读取多少字节。read()函数会返回成功读取了多少字节的数据。

write()函数的原型如下。

```
#include <unistd.h>

ssize_t write(int fd, const void *buf, size_t count);
```

其中，**fd** 为要打开文件的文件句柄；**buf** 为用户空间的缓存空间，里面存储了准备写入的数据；**count** 表示这次写操作希望写入多少字节。write()函数会返回成功写入了多少字节的数据。

文件读写支持两种模式：一是顺序读写，二是随机读写。所谓顺序读写，指的是从文件开始位置读写，中间不允许跳过内容。顺序读写缺乏灵活性，有时候我们需要读取或写入文件的指定位置，这就是随机读写。随机读写指的是可以从文件中的任意位置非顺序地读写内容。在 Linux 系统中，我们使用 lseek()函数来实现文件的定位。lseek()函数的原型如下。

```
#include <sys/types.h>
#include <unistd.h>

 off_t lseek(int fd, off_t offset, int whence);
```

其中，**fd** 为要打开文件的文件句柄；**offset** 是偏移量，用于将文件偏移量定位到特定位置；**whence** 用来指定搜索方式。

进程在运行时常常需要读取文件的属性。在 Linux 内核中可以使用 stat()函数来获取文件的相关属性。

```
#include <sys/types.h>
#include <sys/stat.h>
```

```
#include <unistd.h>

int stat(const char *pathname, struct stat *statbuf);
```

其中，pathname 表示文件的路径，statbuf 表示文件属性的 stat 数据结构。

用户有时候需要修改文件名。在 Linux 系统中可以使用 rename()函数来修改文件名。

```
#include <stdio.h>

int rename(const char *oldpath, const char *newpath);
```

在 Linux 中可以使用 rm 命令来删除文件或者录，这在内部是通过调用 unlink()函数来实现的。

```
#include <unistd.h>

int unlink(const char *pathname);
```

14.1.2 目录

目录用于记录文件的位置，目录里面通常包括一组文件或者其他一些子目录等。在很多操作系统中，目录本身也是文件。目录由目录项组成，目录项包含当前目录中所有文件的相关信息。在打开文件时，操作系统需要根据用户提供的路径名称来查找对应的目录项。

很多操作系统都支持层次结构的目录系统。目录层次结构从根目录开始，根目录通常标记为 "/"，往下延伸，像一棵倒过来的树，所以称为树结构目录，如图 14.1 所示。

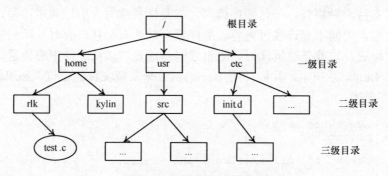

图14.1 树结构目录示意图

使用树结构目录组织文件系统目录时，有两种方式可以用来指明目录或文件的路径。

❑ 绝对路径：从根目录到文件的路径。例如，/usr/src/linux/vmlinux 表示根目录有子目录 usr，而子目录 usr 又有子目录 src，src 子目录又有一个名为 linux 的子目录，在 linux 子目录中有一个名为 vmlinux 的文件。

- 相对路径：不从根目录开始，而是以工作目录（比如/home 目录）或当前目录为起点。

树结构目录中通常有两个特殊的目录项——"."和".."。其中，"."表示当前目录，而".."指的是父目录。

目录和文件一样，也需要提供一组相应的目录操作方法，常见的目录操作方法如下。

- 创建目录。
- 删除目录。
- 打开目录。
- 关闭目录。
- 读取目录。
- 修改目录名称。
- 建立目录链接。

14.2 文件系统的基本概念和知识

本节将介绍文件系统实现的一些基本概念和知识，包括文件和目录是怎么存储的，磁盘空间是如何管理的等问题。我们可以从两个方面来思考：一是文件系统的布局，即文件系统会使用哪些数据结构来组织和描述数据与元数据，它们在磁盘中是如何布局的；二是对于操作系统对文件系统发出的读写操作，文件系统如何做出应答，以及如何在磁盘中高效地管理空闲块。本节以 ext2 文件系统为例来介绍文件系统的布局。

14.2.1 文件系统的布局

文件系统通常安装在磁盘上，一块磁盘可以分成多个分区。每个分区可以安装不同类型的文件系统，比如 ext2、ext4 以及 swap 文件系统等。通常一块磁盘可以分成 3 部分，如图 14.2 所示。

- MBR：第 0 号扇区为主引导记录区（Master Boot Record，MBR），用来引导计算机。
- 分区表：分区表记录了这块磁盘的每个分区的起始和结束地址。
- 分区：一个磁盘可以分成多个分区，但是只有一个分区被标记为活动分区。

图14.2 磁盘布局

计算机在引导时，BIOS 会读取并执行 MBR 程序。MBR 程序读取活动分区的引导块并执行。引导块的程序会装载和引导活动分区的操作系统。

接下来，我们以活动分区为研究对象。磁盘的最小读写单位是扇区，传统机械硬盘的一个扇区有 512 字节，而现在固态硬盘支持 4KB 大小的扇区，我们在文件系统中把最小读写单位称为块（block）。在本小节中，我们假设有一个很小的分区，块的大小为 4KB，一共有 64 个空闲块，如图 14.3 所示。

图14.3　迷你型的空闲分区

我们知道文件系统主要是为了存储用户数据。但是为了管理用户数据，我们需要付出一些管理成本，比如每个文件包含哪些数据块、文件的大小、所有者、访问权限、创建时间、修改时间等信息，这些信息在文件系统里称为元数据（metadata）。为了管理这些元数据，我们需要抽象出一种数据结构来描述它们，也就是 inode，inode 是索引节点（index node）的意思。inode 是 UNIX 开发期间使用的一个名词，后来大多数文件系统都借鉴了这个名词。通常文件系统会设置一个包含一组索引节点的 inode 数组，每个文件或目录都对应一个索引节点，每个索引节点有一个编号（我们称为 inumber），用来索引这个 inode 数组。

下面使用 dd 命令来创建这个迷你型的空闲分区。

```
rlk@ubuntu:~/rlk$ dd if=/dev/zero of=test.img bs=4K count=64
64+0 records in
64+0 records out
262144 bytes (262 kB, 256 KiB) copied, 0.00069285 s, 378 MB/s
rlk@ubuntu:~/rlk$
```

然后使用 mkfs.ext2 命令来格式化这个分区，此时会创建 ext2 文件系统。

```
rlk@ubuntu:~/rlk$ mkfs.ext2 test.img
mke2fs 1.45.5 (07-Jan-2020)
Discarding device blocks: done
Creating filesystem with 64 4k blocks and 32 inodes

Allocating group tables: done
Writing inode tables: done
Writing superblocks and filesystem accounting information: done
```

格式化完成之后，使用 dumpe2fs 命令来查看 ext2 文件系统的分区布局情况。

```
rlk@ubuntu:~$ dumpe2fs test.img
dumpe2fs 1.45.5 (07-Jan-2020)
Filesystem UUID:          840b66d7-ea06-4b3f-b3cb-963f9aaea8ae
Filesystem magic number:  0xEF53
```

```
Filesystem revision #:     1 (dynamic)
Filesystem features:       ext_attr resize_inode dir_index filetype
sparse_super large_file
Filesystem flags:          signed_directory_hash
Default mount options:     user_xattr acl
Filesystem state:          clean
Filesystem OS type:        Linux
Inode count:               32
Block count:               64
Reserved block count:      3
Free blocks:               53
Free inodes:               21
First block:               0
Block size:                4096
Fragment size:             4096
Blocks per group:          32768
Fragments per group:       32768
Inodes per group:          32
Inode blocks per group:    1
Filesystem created:        Wed Apr  8 20:05:29 2020
Reserved blocks uid:       0 (user root)
Reserved blocks gid:       0 (group root)
First inode:               11
Inode size:               128
Default directory hash:    half_md4
Directory Hash Seed:       a3d48c64-3c8f-4b72-ad2b-27e9c6812477


Group 0: (Blocks 0-63)
  Primary superblock at 0, Group descriptors at 1-1
  Block bitmap at 2 (+2)
  Inode bitmap at 3 (+3)
  Inode table at 4-4 (+4)
  53 free blocks, 21 free inodes, 2 directories
  Free blocks: 11-63
  Free inodes: 12-32
rlk@ubuntu:~$
```

从上述日志可以知道这个迷你型的空闲分区的如下信息。

❑ 它一共有 64 个数据块。

❑ 每个数据块的大小为 4096 字节。

❑ 最多支持 32 个 inode。

❑ 空闲的 inode 有 21 个。

❑ 空闲的数据块有 53 个。

❑ 预留的数据块有 3 个。

❑ 每一组（group）可以有 32 768 个空闲块。

ext2 文件系统还把分区分成了组。这个迷你型的空闲分区里只有一个组。这个组包含了非常重要的文件系统布局信息，如图 14.4 所示。

❑ 超级块（superblock）在第 0 个块。

❑ 组描述符在第 1 个块。

❑ 块位图在第 2 个块。

- □　inode 位图在第 3 个块。
- □　inode 表在第 4~7 个块，一共占用 4 个块。
- □　第 8~10 个块为预留的块。
- □　第 11~63 个块为空闲的数据块，可组成数据区。

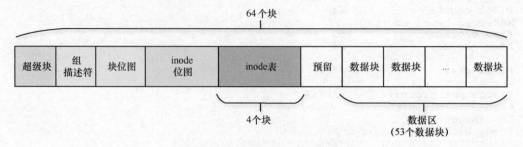

图14.4　ext2文件系统布局示意图

inode 用来描述目录或文件。在 ext2 文件系统里，可使用 struct ext2_inode_info 数据结构来描述 inode。

```
<fs/ext2/ext2.h>

struct ext2_inode_info {
    __le32  i_data[15];
    __u32   i_flags;
    __u32   i_faddr;
    __u8    i_frag_no;
    __u8    i_frag_size;
    …
};
```

- □　i_data：指向文件数据块的指针。
- □　i_flags：文件标志。
- □　i_faddr：碎片地址。
- □　i_frag_no：碎片编号。
- □　i_frag_size：碎片长度。

inode 表是数组，数组的成员是 struct ext2_inode_info。我们可以通过 inode 编号来找到 inode。

可使用位图的方式来管理 inode，当对应的位为 0 时，说明 inode 是空闲的；当为 1 时，表示正在使用。

还可使用位图的方式来管理数据块。当对应的位为 0 时，说明数据块为空闲的；当为 1 时，表示正在使用。

组描述符用来反映分区中各个组的状态，比如组里数据块和 inode 的数量等。在 ext2 文件系统中，可使用 struct ext2_group_desc 来描述组。

```
struct ext2_group_desc
{
    __le32  bg_block_bitmap;
    __le32  bg_inode_bitmap;
    __le32  bg_inode_table;
    __le16  bg_free_blocks_count;
    __le16  bg_free_inodes_count;
    __le16  bg_used_dirs_count;
    __le16  bg_pad;
    __le32  bg_reserved[3];
};
```

❑　bg_block_bitmap：表示块位图所在块号。

❑　bg_inode_bitmap：表示 inode 位图所在块号。

❑　bg_inode_table：表示 inode 表所在块号。

❑　bg_free_blocks_count：表示空闲块的数量。

❑　bg_free_inodes_count：表示空闲 inode 的数量。

❑　bg_used_dirs_count：表示目录的数量。

　　超级块是文件系统的核心数据结构，其中保存了文件系统所有的特性数据，包括空闲块以及已使用块的数量、块长度、文件系统当前状态、inode 数量等信息。操作系统在挂载文件系统时，首先要从磁盘中读取超级块的内容。在 ext2 文件系统中，可使用 struct ext2_super_block 数据结构来描述超级块。

```
<fs/ext2/ext2.h>

struct ext2_super_block {
    __le32  s_inodes_count;         /* Inodes count */
    __le32  s_blocks_count;         /* Blocks count */
    __le32  s_r_blocks_count;       /* Reserved blocks count */
    __le32  s_free_blocks_count;    /* Free blocks count */
    __le32  s_free_inodes_count;    /* Free inodes count */
    __le32  s_first_data_block;     /* First Data Block */
    __le32  s_log_block_size;       /* Block size */
    __le32  s_log_frag_size;        /* Fragment size */
    __le32  s_blocks_per_group;     /* # Blocks per group */
    __le32  s_frags_per_group;      /* # Fragments per group */
    __le32  s_inodes_per_group;     /* # Inodes per group */
    __le32  s_mtime;                /* Mount time */
    __le32  s_wtime;                /* Write time */
    __le16  s_mnt_count;            /* Mount count */
    __le16  s_magic;                /* Magic signature */
    __le16  s_state;                /* File system state */
    __le16  s_errors;               /* Behaviour when detecting errors */
    __le32  s_lastcheck;            /* time of last check */
    __le32  s_checkinterval;        /* max. time between checks */
    __le32  s_creator_os;           /* OS */
    __le32  s_rev_level;            /* Revision level */
    …
}
```

❑　s_inodes_count：表示 inode 的数量。

❑　s_blocks_count：表示块的总数量。

- ❑ s_r_blocks_count：表示预留的块的数量。
- ❑ s_free_blocks_count：表示空闲块的数量。
- ❑ s_free_inodes_count：表示空闲 inode 的数量。
- ❑ s_first_data_block：表示第一个数据块的编号。
- ❑ s_log_block_size：块的大小。
- ❑ s_log_frag_size：碎片长度。
- ❑ s_blocks_per_group：每个组包含的块的数量。
- ❑ s_frags_per_group：每个组包含的碎片的数量。
- ❑ s_inodes_per_group：每个组包含的 inode 的数量。
- ❑ s_mtime：挂载时间。
- ❑ s_wtime：写入时间。
- ❑ s_mnt_count：挂载次数。
- ❑ s_magic：魔数，用来标记文件系统类型。
- ❑ s_state：文件系统状态。
- ❑ s_errors：检查到错误的次数。
- ❑ s_lastcheck：上一次检查时间。
- ❑ s_checkinterval：两次检查允许的最长时间间隔。
- ❑ s_creator_os：创建这一文件系统的操作系统。
- ❑ s_rev_level：修订号。

14.2.2　索引数据块

文件系统的重要任务就是分配和索引数据块（磁盘块），以及确定数据块的位置。ext2 文件系统为此采用了一种比较简单和有效的方法。inode 有一个或多个直接指针，每个指针指向属于文件的一个数据块。当文件比较大时，可以采用多级间接指针的方式来索引。在 ext2 文件系统中，inode 有 12 个直接指针，可以直接指向 12 个数据块，如图 14.5 所示。

为了支持更大的文件，ext2 文件系统引入了间接指针技术，不再直接指向用户数据块，而是指向一个用作指针引用的块，这个块并没有用来存放用户数据，而是存储指针。假设一个块的大小是 4KB，每个指针是 4 字节，那么这个块相当于新增了 1024 个指针。总之，文件长度最大为（12 + 1024）× 4 KB = 4144 KB，其中 12 表示 inode 的 12 个直接指针，如图 14.6 所示。

当需要索引更大的文件时，ext2 文件系统还提供了一个二级间接指针，该指针指向一个包含指针引用的数据块，这个数据块中的每一个指针又指向另一个包含指针引用的数据块，这样就实现了二级索引，如图 14.7 所示。这种方式非常类似于处理器 MMU 中的二级页表。那么这种二级索引方式最多可以支持多大的文件呢？

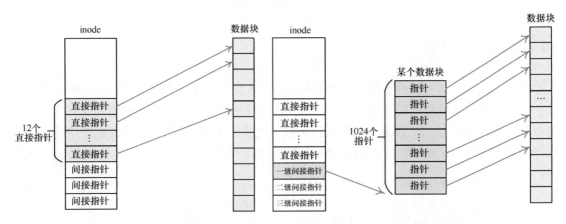

图14.5　ext2文件系统中的直接指针索引　　　　图14.6　ext2文件系统的一级索引

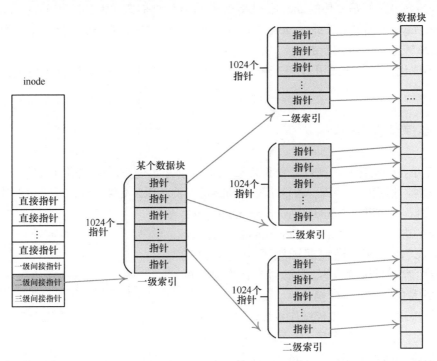

图14.7　ext2文件系统的二级索引

在计算二级索引最大能支持多大的文件时，需要把前面提到的 12 个直接指针索引和一级索引考虑进去。在 ext2 文件系统中只有当直接指针索引和一级索引都用完了，才会考虑二级索引。因此，计算公式为（12 + 1024 + 1024 × 1024）× 4 KB，最后计算结果约是 4GB。

ext2 文件系统还支持三级索引，因而能支持更大的文件。不过，许多研究表明，大部分时间操作系统里存储的文件是小文件。

14.2.3　管理空闲块

空闲空间的管理是文件系统重要的一环，文件系统必须通过某种方式来记录哪些块是空闲的，哪些块是正在使用的。使用位图的方式是最简单和有效的。当创建新的文件时，可首先分配一个 inode，然后文件系统会搜索块位图以查找空闲块，并把空闲块分配给这个 inode。在 ext2 文件系统中，可使用 ext2_get_block() 来查询和分配空闲块。

```
<fs/ext2/inode.c>

int ext2_get_block(struct inode *inode, sector_t iblock,
        struct buffer_head *bh_result, int create)
```

其中，inode 指的是文件的 inode，iblock 表示当前块是文件中的第几个块，bh_result 是块层（block layer）的缓存，ext2_get_block()函数会分配空闲块和 bh 缓存并建立两者的映射关系，create 表示是否分配新的块。

ext4 等现代文件系统采用 B 树来紧凑地表示哪些块是空闲的，这比直接使用位图的方式更高效。

14.2.4　高速缓存

每次打开一个文件时，文件系统都需要从根目录开始查找，读取根目录的 inode 的内容和目录项内容，然后进行查询。若这个文件的路径很长，那么文件系统需要大量的读磁盘的动作。例如，进程 A 读取 "/home/rlk/runninglinuxkernel_5.0/vmlinux"，进程 B 读取 "/home/rlk/runninglinuxkernel_5.0/init/main.c"，这两个进程都读取了相同路径的 inode 节点内容和目录项内容，导致重复读取磁盘的内容，造成大量的磁盘 I/O 操作。

为了解决这个问题，现代操作系统采用了缓冲区缓存技术。在内存中建立缓存，从而同时解决内存和磁盘访问速度不匹配的问题。Linux 系统维护了页面缓存（page cache）以及缓冲区缓存。在通用块层（generic block layer）中可以把这两个缓存整合在一起，完成磁盘块、页面缓存的统一结合，如图 14.8 所示。

系统在访问 inode、dentry 目录项以及用户数据时，会首先检查访问的数据是否在缓存中。如果在缓

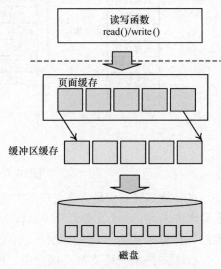

图14.8　文件系统中的缓存

存中，那么直接从高速缓存中得到数据，从而避免一次磁盘访问，提高系统性能。如果在缓存中没有找到对应的数据，那么会从磁盘中把要访问的数据读入缓存，以便下次可以复用。Linux 系统通常会缓存 inode、dentry 目录项以及用户数据。

- ❏　inode 和 dentry 目录项：采用散列表（Hash Table）的方式加速缓存的查找。
- ❏　用户数据：缓存到页面缓存中，页面缓存可采用基数树（radix tree）来管理。

14.3　虚拟文件系统层

通常，同一个操作系统会使用多种不同的文件系统，比如根文件使用 ext4、home 目录使用 xfs，同时挂载了 FAT32 格式的 U 盘以及通过网络文件系统访问网络的计算机。所以，大多数现代操作系统使用虚拟文件系统（Virtual File System，VFS）来尝试将多种文件系统统一成一种有序的结构，并使用同一套操作接口进行操作。虚拟文件系统抽象了所有文件系统共有的部分，并把这部分实现为一个通用的层，这一层称为虚拟文件系统层，如图 14.9 所示。

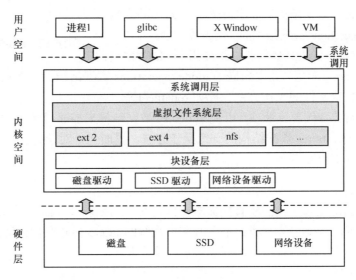

图14.9　虚拟文件系统层

VFS 提供了一种通用的文件系统模型，囊括了大部分文件系统常用的功能集和行为接口规范。VFS 提供了上下两层的抽象，对上提供用户态编程接口，比如用户只需要在用户程序中调用 open() 函数来打开文件，例如调用 read() 或 write() 函数来读写文件，而不需要了解文件系统内部的实现细节。

```
int fd = open("/home/rlk/test.c", O_RDWR);
int ret = read(fd, buffer, len);
```

上面的 read()函数会从/home/rlk/test.c 文件中读取 len 字节的内容到缓冲区中。以上操作在 Linux 内核中的实现过程如下。

首先，通过执行 sys_read()系统调用陷入内核中，sys_read()函数会通过 fd 来查找是哪个文件。然后，调用所在文件系统提供的读方法来执行读操作。

最终，会调用文件系统实现的读操作，从磁盘中读取数据块的内容，并通过虚拟文件系统层把数据返回用户空间的缓冲区中，如图 14.10 所示。

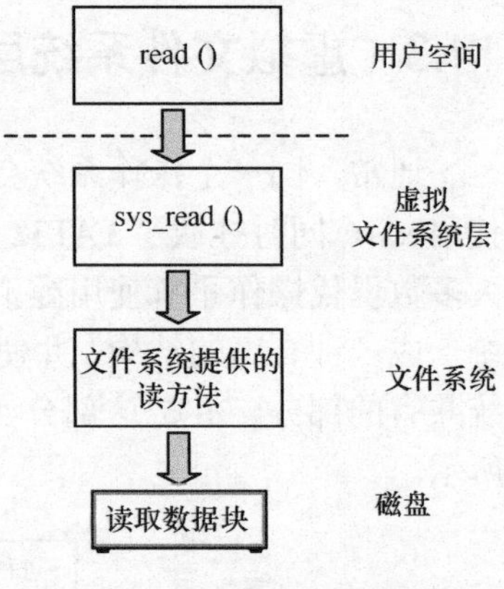

VFS 采用 C 语言来实现面向对象的思想，并通过数据结构和一组操作方法集的函数指针的方式来实现对象的抽象和描述。VFS 主要抽象了如下 4 类对象。

❑ 文件对象，代表进程打开的文件实例。可使用 file 数据结构来描述文件对象，其中内嵌了 file_operations 的一组操作方法集，里面包括对已打开文件的操作方法，比如 read()、write()等。

❑ 超级块对象，代表挂载完成的文件系统。可使用 super_block 数据结构来描述超级块对象，其中内嵌了 super_operations 数据结构的一组操作方法。

图14.10 read()函数的调用路径

❑ inode 对象，代表具体文件。可使用 inode 数据结构来描述 inode 对象，其中内嵌了 inode_operations 数据结构的一组操作方法，里面包括针对特定文件的操作方法，比如 rename()等。

❑ 目录项对象，代表目录项。可使用 dentry 数据结构来描述目录项对象，其中内嵌了 dentry_operations 数据结构的一组操作方法，里面包括对特定目录项的操作方法，比如 d_init()等。

1. 文件对象

从用户编程的角度看，我们将直接面对文件、文件句柄以及一组文件相关的操作函数，比如 open()、read()、write()等。我们不关心文件系统的 inode 存储在什么地方，也不关心数据块存储在什么地方。VFS 对用户编程提供了抽象，也就是文件对象。文件对象表示已经打开的文件在内存中的描述，由 open()系统调用创建并由 close()系统调用销毁。在 Linux 内核中，可使用 file 数据结构来描述文件对象，file 数据结构定义在 include/linux/fs.h 头文件里。

```
<include/linux/fs.h>

struct file {
    struct path       f_path;
    struct inode        *f_inode;
    const struct file_operations    *f_op;
    atomic_long_t       f_count;
    unsigned int        f_flags;
    fmode_t         f_mode;
    loff_t          f_pos;
```

```
    struct address_space    *f_mapping;
    ...
} ;
```

主要的成员如下。

❑ f_path：表示文件的路径。

❑ f_inode：文件对应的 inode。

❑ f_op：文件对应的操作方法集。

❑ f_count：文件使用的计数。

❑ f_flags：文件打开时指定的标志位。

❑ f_mode：文件的访问模式。

❑ f_pos：文件当前的偏移量。

❑ f_mapping：页缓存对象。

file 数据结构中的 f_op 成员实现了一组和文件相关的操作方法集，它们可使用一组函数指针来实现。

```
<include/linux/fs.h>

struct file_operations {
    struct module *owner;
    loff_t (*llseek) (struct file *, loff_t, int);
    ssize_t (*read) (struct file *, char __user *, size_t, loff_t *);
    ssize_t (*write) (struct file *, const char __user *, size_t, loff_t *);
    __poll_t (*poll) (struct file *, struct poll_table_struct *);
    long (*unlocked_ioctl) (struct file *, unsigned int, unsigned long);
    long (*compat_ioctl) (struct file *, unsigned int, unsigned long);
    int (*mmap) (struct file *, struct vm_area_struct *);
    unsigned long mmap_supported_flags;
    int (*open) (struct inode *, struct file *);
    int (*release) (struct inode *, struct file *);
    int (*fsync) (struct file *, loff_t, loff_t, int datasync);
    …
} ;
```

常见的方法如下。

❑ owner：表示文件的所有者。

❑ llseek：用来更新文件的偏移量指针。

❑ read：用来从文件中读取数据。

❑ write：用来把数据写入文件。

❑ poll：用来查询设备是否可以立即读写，主要用于阻塞型 I/O 操作。

❑ unlocked_ioctl 和 compat_ioctl：用来提供与设备相关的控制命令的实现。

❑ mmap：用来将设备内存映射到进程的虚拟地址空间。

❑ open：用来打开设备。

❑ release：用来关闭设备。

❑ fsync：用于页面缓存和磁盘的一种同步机制。

2．超级块对象

Linux 内核的 VFS 采用 super_block 数据结构来描述超级块对象，super_block 数据结构定义在 include/ linux/fs.h 头文件里。

```
<include/linux/fs.h>

struct super_block {
     unsigned long        s_blocksize;
     loff_t            s_maxbytes;
     struct file_system_type *s_type;
     const struct super_operations  *s_op;
     unsigned long        s_flags;
     unsigned long        s_magic;
     struct dentry        *s_root;
     int            s_count;
     struct block_device *s_bdev;
     fmode_t            s_mode;
     …
};
```

常用的成员如下。

❑ s_blocksize：块的大小。

❑ s_maxbytes：文件大小的上限。

❑ s_type：文件系统类型。

❑ s_op：超级块对象中定义的一组操作方法集。

❑ s_flags：挂载标志位。

❑ s_magic：挂载时的魔数。

❑ s_root：挂载点。

❑ s_count：超级块引用计数。

❑ s_bdev：文件系统对应的块设备。

❑ s_fs_info：文件系统相关的信息。

❑ s_mode：挂载权限。

super_block 数据结构中的 s_op 成员实现了一组和超级块相关的操作方法集，它们可使用一组函数指针来实现。

```
<include/linux/fs.h>

struct super_operations {
     struct inode *(*alloc_inode)(struct super_block *sb);
     void (*destroy_inode)(struct inode *);
     void (*dirty_inode) (struct inode *, int flags);
     int (*write_inode) (struct inode *, struct writeback_control *wbc);
     int (*drop_inode) (struct inode *);
     void (*evict_inode) (struct inode *);
     void (*put_super) (struct super_block *);
     int (*sync_fs)(struct super_block *sb, int wait);
     int (*statfs) (struct dentry *, struct kstatfs *);
     int (*remount_fs) (struct super_block *, int *, char *);
     void (*umount_begin) (struct super_block *);
```

```
        ...
};
```

常见的方法如下。

- ❑ alloc_inode：用来创建和初始化新的 inode 对象。
- ❑ destroy_inode：用来释放 inode 对象。
- ❑ dirty_inode：用来标记 inode 为脏节点。
- ❑ write_inode：用于将给定的 inode 写入磁盘。
- ❑ drop_inode：当 inode 的引用计数为 0 时会释放 inode。
- ❑ put_super：在卸载文件系统时由 VFS 调用，用来释放超级块。
- ❑ sync_fs：用于同步文件系统。
- ❑ statfs：用于获取文件系统中的状态。
- ❑ remount_fs：用于重新安装文件系统。
- ❑ umount_begin：用于中断安装操作。

3. inode 对象

inode 对象包含文件或目录所需要的全部信息。inode 对象可由 inode 数据结构来描述，inode 数据结构定义在 include/linux/fs.h 头文件里。

```
<include/linux/fs.h>

struct inode {
    umode_t          i_mode;
    kuid_t           i_uid;
    kgid_t           i_gid;
    unsigned int         i_flags;
    const struct inode_operations   *i_op;
    struct super_block *i_sb;
    struct address_space   *i_mapping;
    unsigned long        i_ino;
    dev_t            i_rdev;
    loff_t           i_size;
    struct timespec64   i_atime;
    struct timespec64   i_mtime;
    struct timespec64   i_ctime;
    unsigned short          i_bytes;
    blkcnt_t         i_blocks;
    unsigned long        i_state;
    ...
};
```

主要的成员如下。

- ❑ i_mode：访问权限。
- ❑ i_uid：使用者的 id。
- ❑ i_gid：使用组的 id。
- ❑ i_flags：文件系统相关的标志位。

- ❑　i_op：inode 对象中定义的一组操作方法集。
- ❑　i_sb：inode 对象对应的超级块。
- ❑　i_mapping：inode 对象对应的页缓存地址空间。
- ❑　i_ino：inode 对象对应的编号。
- ❑　i_size：文件大小。
- ❑　i_atime：最后访问时间。
- ❑　i_mtime：最后修改时间。
- ❑　i_ctime：最后改变时间。
- ❑　i_bytes：使用的字节数。
- ❑　i_blocks：文件的块数。
- ❑　i_state：inode 对应的状态。

inode 中的 i_op 成员实现了一组和 inode 相关的操作方法集，它们可使用一组函数指针来实现。

```
<include/linux/fs.h>
struct inode_operations {
    struct dentry * (*lookup) (struct inode *,struct dentry *, unsigned int);
    int (*create) (struct inode *,struct dentry *, umode_t, bool);
    int (*link) (struct dentry *,struct inode *,struct dentry *);
    int (*unlink) (struct inode *,struct dentry *);
    int (*symlink) (struct inode *,struct dentry *,const char *);
    int (*mkdir) (struct inode *,struct dentry *,umode_t);
    int (*rmdir) (struct inode *,struct dentry *);
    int (*rename) (struct inode *, struct dentry *,
            struct inode *, struct dentry *, unsigned int);
    ...
} ;
```

常见的方法如下。

- ❑　lookup：在目录项中查找 inode。
- ❑　create：创建新的 inode。
- ❑　link：创建硬连接。
- ❑　unlink：从目录中删除指定的 inode 对象。
- ❑　symlink：创建符号连接。
- ❑　mkdir：创建目录。
- ❑　rmdir：删除目录。
- ❑　rename：用来移动文件。

14.4　文件系统的一致性

文件系统的另外一个目标是实现数据的一致性。在操作文件的过程中，如果发生了系统断电或者系统崩溃，如何保证数据不会被破坏？也就是保证数据的完整性和一致性。下面举一个简单的例子，假设 mytest.c 文件的大小为 4KB，在这个文件的末尾追加写入 4KB 数据，已知磁盘块的大小为 4KB。下面是实现上述操作的 C 语言代码片段。

```
int fd = open("mytest.c", O_RDWR | O_APPEND);
ret = write(fd, buffer, 4096);
```

以 14.2.1 节中提到的只有 64 个块的迷你型分区为例，在追加写入之前已经为 mytest.c 文件分配了一个 inode，比如图 14.11 中的 inode1，inode1 位于 inode 表里，同时在 inode 位图中也设置了相应的位。mytest.c 文件在数据区里也已经分配了一个块，名为 Data1，同时在块位图中也做了相应的设置。

当我们调用 write()函数以追加写入时需要执行如下步骤。

（1）在数据区中找到一个空闲块，比如图 14.11 中的 Data2 数据块。

（2）更新块位图中相应的位。

（3）更新 mytest.c 文件的 inode，让它的第二个直接指针指向 Data2 数据块。

（4）把用户数据写入 Data2 数据块。

上述 4 个步骤需要更新 3 个块，分别是更新 inode 表、更新块位图以及更新 Data2 数据块，如图 14.11 所示。

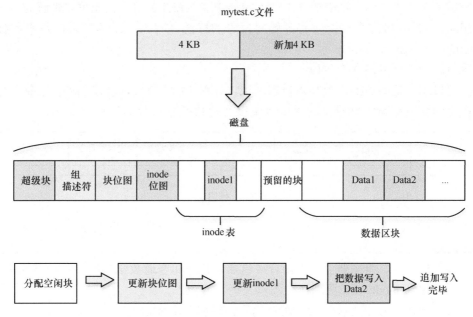

图14.11 对mytest.c文件进行追加写入

在不断电或不崩溃的系统中，只要上述 3 个写入动作完成即可。但是在这 3 个写入动作完成之前，如果发生了断电或者系统崩溃，那么 write()函数执行的写入操作将导致文件系统处于不一致的状态。

- 假设在更新块位图后发生系统崩溃，此时块位图标记 Data2 数据块已经分配完毕，但是没有用 inode 进行引用，导致文件系统处于不一致性状态。这种情况会导致空间泄漏，因为 Data2 数据块永远没有人使用。

- 假设在更新 inode1 后发生了系统崩溃，那么用户数据没有写入 Data2 数据块，此时，文件系统的元数据是一致的，因为 inode1 有指针指向 Data2 数据块，但是此时的 Data2 数据块不是用户想要的数据，是垃圾数据。从用户角度看，数据发生了错误。

目前业界常见的解决文件系统一致性问题的办法是使用日志文件系统，比如 ext4、xfs 文件系统。日志文件系统借鉴了数据库管理系统里的预先写日志（write-ahead logging）的方法。

日志文件系统的基本思路是在写入磁盘之前，先准备日志项，以描述将要完成的动作，再把日志项写入日志区域。在日志写完之后才能执行真正的写入磁盘操作，如更新 inode 表、更新块位图以及更新 Data2 数据块。如果出现前文所述的系统崩溃情况，那么系统可以在重启之后通过检查日志来查看是否有未完成的操作。如果有，就重新执行所有未完成的操作，这样可以保证系统的一致性。

在本节的例子中，我们希望把追加写入的动作写入日志。写入日志可以理解为一项事务（transaction），写入日志事务需要有开始写日志的标志、写入完成的标志以及事务标识符（Transaction IDentifier，TID）。

写入日志的过程分成 4 个阶段。

（1）写日志。把事务的内容写入日志区域，如图 14.12 所示，涉及的动作包括开始写日志、分配空闲块、更新块位图、更新 inode1 以及把数据写入 Data2 等。

图14.12　写日志

（2）提交日志。写入事务完成标志，完成写日志这一动作，此时事务被认为已经提交（committed）。

（3）添加检查点。将需要更新的内容（包括元数据和普通数据）真正更新到磁盘里。在本例中，需要更新 inode 表、更新块位图以及更新 Data2。

（4）释放日志。把事务标记为空闲，稍后会释放与事务相关的日志。

在上述过程中，如果在步骤（2）完成之前发生了系统崩溃，我们将认为这是一次无效的日志更新过程，可跳过这些无效的日志。有些读者认为此时数据发生了丢失，新追加的数据并没有写入 mytest.c 文件，但是文件系统确实保证了内容的完整性和一致性。如果在步骤

（2）完成之后在步骤（3）完成之前发生了系统崩溃，那么文件系统可以在下一次重启时进入修复流程。修复流程会扫描日志，查找已经提交但是还没有执行的事务，文件系统会尝试按照事务的要求把元数据和普通数据写入磁盘，从而达到修复的效果。

上述过程会将元数据和普通数据都记录到日志中，这种模式称为数据日志（data journaling），缺点是增加了大量的磁盘 I/O 负载，使得文件系统的效率大大降低。另一种常用的方式是把元数据写入日志，这种模式称为元数据日志（metadate journaling）或有序日志（order journaling），这样可以降低磁盘 I/O 负载，提高文件系统的效率。在元数据日志模式下，由于日志里没有记录数据，因此在写入日志之前需要先把数据写入磁盘，再写日志信息。

14.5　一次写磁盘的全过程

本节分析一次写磁盘的操作在 Linux 内核中执行的大致过程。下面是写磁盘的 C 语言代码片段，我们希望把用户数据写入 mytest.c 文件。

```
int fd = open("mytest.c", O_RDWR);
ret = write(fd, buffer, 4096);
```

下面是 write()函数在内核态的执行过程，如图 14.13 所示，我们假设不考虑写日志的情况。

（1）在用户空间调用 write()函数，通过系统调用层陷入内核空间。在系统调用层进入 sys_write()函数。

（2）进入虚拟文件系统层，通过 fd 文件句柄找到 file 数据结构。

（3）在文件对应的页面缓存基数树中查找是否有已经缓存的页面。如果没有找到，就建立相应的页面缓存，并添加到文件对应的页面缓存基数树中。

（4）根据磁盘块的大小，分配 BH（buffer_head）队列，这些 BH 指向页面缓存中的页面。

（5）通过文件系统的 get_block()接口函数分配磁盘的块号。

（6）把用户空间数据复制到页面缓存中的页面里。

（7）标记页面缓存和 buffer_head 为脏，将文件对应的 inode 也添加到标记为脏的链表中。

（8）系统的回写线程开始回写脏数据到磁盘。从标记为脏的 inode 中取标记为脏的页面缓存，创建 BIO 对象（BIO 代表来自文件系统的请求，包含这次请求的所有信息），并且提交到通用块层中，通用块层有一个 I/O 请求队列。

（9）磁盘驱动从通用块层中提取 I/O 请求。

（10）磁盘驱动发起 DMA 操作，把 buffer_head 数据通过 DMA 方式写入磁盘。

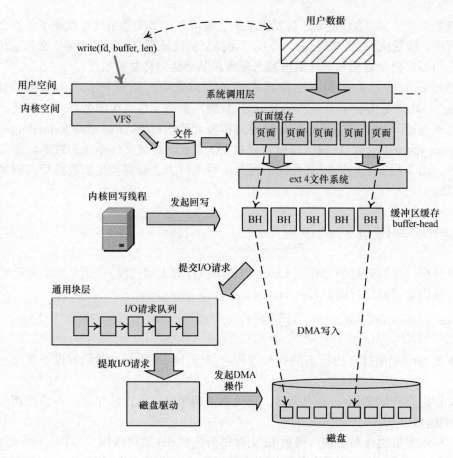

图14.13　写函数的执行全过程

14.6　文件系统实验

14.6.1　实验 14-1：查看文件系统

1．实验目的

熟悉文件系统中的 inode、块号等概念。

2．实验要求

使用 dd 命令创建磁盘文件 file.img 并格式化为 ext2 文件系统，然后通过 mout 命令挂载到 Linux 主机文件系统。

（1）查看文件系统的信息，比如数据块的数量、数据块的大小、inode 个数、空闲数据块的数量等信息，并画出文件系统的布局图。

（2）在文件系统中创建文件 a.txt，写入一些数据。查看 a.txt 文件的 inode 编号，统计 a.txt 文件占用了哪几个数据块。

（3）使用 dd 或 hexdump 命令导出 file.img 磁盘文件的二进制数据并且分析超级块。读者可以对照 Linux 内核中的 ext2_super_block 数据结构来分析磁盘文件的二进制数据。

14.6.2 实验 14-2：删除文件内容

1．实验目的
熟悉文件系统中的 inode、块号等概念。

2．实验要求
在实验 14-1 的基础上删除 a.txt 文件开头的几字节数据，然后调用 sync 命令来同步磁盘。

（1）分析 a.txt 文件使用的磁盘数据块是否发生了变化。

（2）画出上述过程在文件系统中的流程图。

14.6.3 实验 14-3：块设备

1．实验目的
了解 Linux 内核中块设备机制的实现。

2．实验要求
（1）写一个简单的 ramdisk 设备驱动，并使用 ext2 文件系统的格式化工具进行格式化。

（2）在 ramdisk 设备驱动中，实现 HDIO_GETGEO 的 ioctl 命令，读出 ramdisk 的 hd_geometry 参数，查看有多少磁头、多少个柱面、多少个扇区等信息。然后写一个简单的用户空间的测试程序来读取 hd_geometry 参数。

14.6.4 实验 14-4：动手写一个简单的文件系统

1．实验目的
学习 Linux 内核文件系统的实现。

2．实验要求
写一个简单的文件系统，要求这个文件系统的存储介质基于内存。

第15章 虚拟化与云计算

虚拟化（virtualization）技术是目前最流行且热门的计算机技术之一，它能为企业节省硬件开支，提供灵活性，同时也是云计算的基础。

虚拟化技术作为一种资源管理技术，能对计算机的各种物理资源（比如 CPU、内存、I/O 设备等）进行抽象组合并分配给多个虚拟机。虚拟化技术根据不同的对象类型可以细分为如下 3 类。

- ❑ 平台虚拟化（platform virtualization）：针对计算机和操作系统的虚拟化，例如 KVM 等。
- ❑ 资源虚拟化（resource virtualization）：针对特定系统资源的虚拟化，包括内存、存储器、网络资源等，例如容器技术。
- ❑ 应用程序虚拟化（application virtualization）：包括仿真、模拟、解释技术等，如 Java 虚拟机。

本章重点介绍平台虚拟化和资源虚拟化以及云计算方面的内容。

15.1 虚拟化技术

本节介绍的虚拟化技术主要指的是平台虚拟化技术。虚拟化的主要思想是利用虚拟化监控程序（Virtual Machine Monitor，VMM）在同一物理硬件上创建多个虚拟机，这些虚拟机在运行时就像真实的物理机器一样。虚拟化监控程序又称为虚拟机管理程序（hypervisor）。

本节主要介绍虚拟化技术的发展历史、常见的虚拟化技术和虚拟化软件以及虚拟化的实现原理等方面内容。

15.1.1 虚拟化技术的发展历史

在 20 世纪 60 年代，科学家就已经开始探索虚拟化技术了。1974 年，杰拉尔德·J.波佩克（Gerald J. Popek）和罗伯特·P. 戈德堡（Robert P. Goldberg）在论文"Formal Requirements for Virtualizable Third Generation Architectures"中提出了实现虚拟化的 3 个必要的要素。

❑ 资源控制（resource control）。VMM 必须能够管理所有的系统资源。

❑ 等价性（equivalence）。客户机的运行行为与在裸机上一致。

❑ 效率性（efficiency）。客户机运行的程序不受 VMM 的干涉。

上述三个要素是判断一台计算机能否实现虚拟化的充分必要条件。x86 架构在实现虚拟化的过程中遇到了一些挑战，特别是不能满足上述第二个条件。计算机架构里包含两种指令。

❑ 敏感指令：操作某些特权资源的指令，比如访问、修改虚拟机模式或机器状态的指令。

❑ 特权指令：具有特殊权限的指令。这类指令只用于操作系统或其他系统软件，一般不直接提供给用户使用。

杰拉尔德·J.波佩克和罗伯特·P.戈德堡的论文中提到，要实现虚拟化，就必须保证敏感指令是特权指令的子集。也就是说，用户态要想执行一些不应该在用户态执行的指令，就必须自陷（trap）到特权模式。在 x86 架构中，有不少敏感指令在用户态执行时或者在用户态读取敏感状态时不能自陷到特权模式，比如在用户态可以读取代码段选择符以判断自身运行在用户态还是内核态，这会让客户机发现自己运行在用户态，从而做出错误的判断。为了解决这个问题，早期的虚拟化软件使用了二进制翻译技术，VMM 在运行过程中会动态地把原来有问题的指令替换成安全的指令，并模拟原有指令的功能。

到了 2005 年，Intel 开始在 CPU 中引入硬件虚拟化技术，这项技术称为 VT（virtualization technology）。VT 的基本思想是创建可以运行虚拟机的容器。在使能了 VT 的 CPU 里有两种操作模式——根（VMX root）模式和非根（VMX non-root）模式。这两种操作模式都支持 Ring 0～Ring 3 这 4 个特权级别，因此虚拟机管理程序和虚拟机都可以自由选择它们期望的运行级别。

❑ 根模式是提供给 VMM 使用的，在这种模式下可以调用 VMX 指令集，由 VMM 用以创建和管理虚拟机。

❑ 非根模式就是虚拟机运行的模式，这种模式不支持 VMX 指令集。

上述两种模式可以自由切换（见图 15.1）。

❑ 进入 VM（VM entry）：虚拟机管理程序可以通过显式地调用 VMLAUNCH 或 VMRESUME 指令切换到非根模式，硬件将自动加载客户机的上下文，于是客户机获得运行。

❑ 退出 VM（VM exit）：客户机在运行过程中遇到需要虚拟机管理程序处理的事件，例如外部中断或缺页异常，或者遇到主动调用 VMCALL 指令（与系统调用类似）的情况，于是 CPU 自动挂起客户机，切换到根模式，恢复虚拟机管理程序的运行。

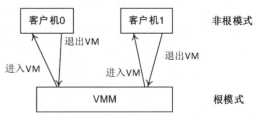

图15.1　根模式与非根模式的切换

在虚拟化技术的发展过程中，还出现过一种名为半虚拟化（paravirtualization）的技术。与全虚拟化技术不一样的是，半虚拟化技术通过提供一组虚拟化调用（hypercall），让客户机调用虚拟化调用接口来向 VMM 发送请求，比如修改页表等。因为半虚拟化技术需要客户机和 VMM 协同工作，所以客户机系统一般通过一定的定制和修改来实现。目前，常见的采用半虚拟化技术的软件为 Xen。全虚拟化和半虚拟化的区别如图 15.2 所示。

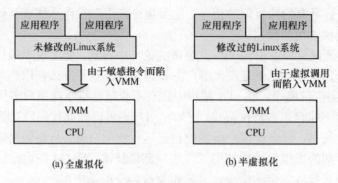

图15.2　全虚拟化和半虚拟化

15.1.2　虚拟机管理程序的分类

在杰拉尔德•J. 波佩克和罗伯特•P. 戈德堡的论文里，虚拟机管理程序可以分成如下两类，如图 15.3 所示。

❑　第一类虚拟机管理程序就像小型操作系统，目的就是管理所有的虚拟机，常见的虚拟化软件有 Xen、ACRN 等。

❑　第二类虚拟机管理程序依赖于 Windows、Linux 等操作系统来分配和管理调度资源，常见的虚拟化软件有 VMware Player、KVM 以及 Virtual Box 等。

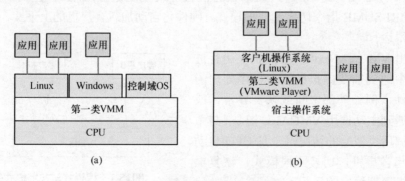

图15.3　虚拟机管理程序的分类

15.1.3　内存虚拟化

除了 CPU 虚拟化，内存虚拟化也是很重要的。在没有硬件支持的内存虚拟化系统中，一般采用影子页表（Shadow Page）的方式来实现。在内存虚拟化中，存在如下 4 种地址。

- ❑ GVA（Guest Virtual Address）：客户机虚拟地址。
- ❑ GPA（Guest Physical Address）：客户机物理地址。
- ❑ HVA（Host Virtual Address）：宿主机虚拟地址。
- ❑ HPA（Host Physical Address）：宿主机物理地址。

对于客户机的应用程序来说，访问具体的物理地址需要两次页表转换，即 GVA 到 GPA 以及从 GPA 到 HPA。当硬件不提供支持内存虚拟化的扩展（例如 EPT 技术）时，硬件只有页表基址寄存器（例如 x86 架构下的 CR3 或 ARM 架构下的 TTBR），硬件无法感知此时是从 GVA 到 GPA 的转换还是从 GPA 到 HPA 的转换，因为硬件只能完成一级页表转换。因此，VMM 为每个客户机创建了一个影子页表，从而一步完成从 GVA 到 HPA 的转换，如图 15.4 所示。

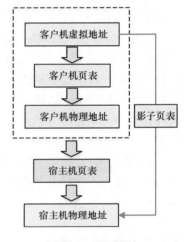

页表存储在内存中，客户机修改页表项的内容相当于修改内存的内容，这当中不会涉及敏感指令，因此也不会自陷入 VMM 中。为了捕获客户机修改页表的行为，VMM 在创建影子页表时会把页表项设置为只读属性。这样，当客户机修改客户机页表时就会触发缺页异常，从而陷入 VMM 中，然后由 VMM 负责修改影子页表和客户机用到的页表。

影子页表由于引入额外的缺页异常导致性能低下，为此，Intel 实现了一种硬件内存虚拟化技术——扩展页表（Extended Page Table，EPT）技术。有了 EPT 技术，就可以由硬件来处理虚拟化引发的额外页表操作，而无须触发缺页异常来自陷到 VMM 中，从而降低开销。

图15.4　影子页表

15.1.4　I/O 虚拟化

虚拟机除了访问 CPU 和内存，还需要访问一些 I/O 设备，比如磁盘、鼠标、键盘、输出机等。如何把外设传递给虚拟机？通常有如下几种做法。

- ❑ 软件模拟设备。以磁盘为例，虚拟机管理程序可以在实际的磁盘上创建一个文件或一块区域来模拟虚拟磁盘，并把它传递给客户机。
- ❑ 设备透传（Device Pass Through）。虚拟机管理程序把物理设备直接分配给特定的虚拟机。

❑ SR-IOV（Single Root I/O Virtualization）技术。设备透传的方式效率很高，但是可伸缩性很差。如果系统只有一台 FPGA 加速设备，那就只能把这台设备传给一个虚拟机，当多个虚拟机都需要 FPGA 加速设备时，设备透传的方式就显得无能为力了。支持 SR-IOV 技术的设备可以为每个使用这台设备的虚拟机提供独立的地址空间、中断和 DMA 等。SR-IOV 提供两种设备访问方式。

　➤ PF（Physical Function）：提供完整的功能，包括对设备的配置，通常在宿主机上访问 PF 设备。

　➤ VF（Virtual Function）：提供基本的功能，但是不提供配置选项，但是可以把 VF 设备传递给虚拟机。

例如，一块支持 SR-IOV 技术的智能网卡，除了有一台 PF 设备外，还可以创建多台 VF 设备，这些 VF 设备都能实现网卡的基本功能，而且每台 VF 设备都能供虚拟机使用。

在设备虚拟化中还有一个问题需要考虑，即 DMA。在把一台设备传递给虚拟机后，客户机的操作系统通常不知道要访问的宿主机的物理内存地址，也不知道客户机物理地址和宿主机物理地址的转换关系。如果发起恶意的 DMA 操作，就有可能破坏或改写宿主机的内存，导致错误发生。为了解决这个问题，人们引入了 IOMMU。IOMMU 类似于 CPU 中的 MMU，只不过 IOMMU 用来将设备访问的虚拟地址转换成物理地址。因此，在虚拟机场景下，IOMMU 能够根据客户机物理地址和宿主机物理地址的转换表来重新建立映射，从而避免虚拟机的外设在进行 DMA 时影响到虚拟机以外的内存，这个过程称为 DMA 重映射。

IOMMU 的另外一个好处是实现了设备隔离，从而保证设备可以直接访问分配到的虚拟机内存空间而不影响其他虚拟机的完整性，这有点类似于 MMU 能防止进程的错误内存访问而不会影响其他进程。

15.2　容器技术

随着虚拟化技术的应用和广泛部署，大部分应用业务可以运行在虚拟机上。但是我们发现，虚拟化技术有两个比较明显的缺点：一是虚拟化管理程序和虚拟机本身的资源消耗依然比较大，二是虚拟机仍然是一个个独立的操作系统，对于很多类型的业务应用来说，它显得太笨重，因为在实际的生产开发环境里，我们更关注部署业务应用而非完整的操作系统。于是，科学家开始思考是否可以共享和复用底层多余的操作系统。这就像容器或沙盒，业务应用在部署完之后可以很方便地迁移到另外的机器上，而不需要迁移整套操作系统和依赖环境。容器类似于货运码头上的集装箱，把货物打包放在集装箱里，就可以轻而易举地把货物从一个码头运送到另一个码头，而不需要迁移整个码头。因此，容器技术诠释了集装箱这一概念——存放货物并通过货轮运输到各个不同的码头，而码头不需要关心集装箱里装载了什么货物。

Linux 内核开发人员早在 2008 年就开始了对 Linux 容器（Linux Container，LXC）技术的研究，这是一种轻量级的虚拟化技术，主要通过 CGroup 和命名空间（namespace）机制来实现资源隔离。

CGroups 机制是 Linux 内核提供的基于进程组的资源管理框架，可以为特定的进程组限定可使用的资源。

命名空间是 Linux 内核用来隔离内核资源的方式。通过命名空间可以让一些进程只能看到与自己相关的一部分资源，而另外一些进程也只能看到与它们自己相关的资源，这两组进程根本就感觉不到对方的存在。

Linux 容器技术相比传统的虚拟化技术的区别如图 15.5 所示。另外，Linux 容器技术还有如下优势。

- ❑ 与宿主机使用同一个内核，性能损耗小。
- ❑ 不需要指令级模拟。
- ❑ 可避免进入和退出 VM 时产生的消耗。
- ❑ 和宿主机共享资源。

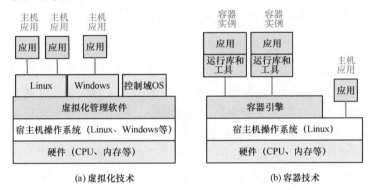

图15.5 虚拟化技术与容器技术的对比

2013 年，Docker 公司基于 Linux 容器技术开发了 Docker，Docker 是开源的应用容器引擎，开发者可以打包应用和依赖库到可移植的镜像中，然后发布到任何流行的 Linux 发行版。目前 Docker 也支持在 Windows 和 Mac 系统中运行，只不过在底层是基于虚拟化技术来构建一个 Linux 系统，而 Docker 容器就运作在这个 Linux 系统中。图 15.6 完美诠释了容器技术中的集装箱理念。

使用 Docker 部署服务有如下好处。

- ❑ 一次构建，多次交付，跨平台，部署方便。用 Docker 打包的镜像实现了和操作系统的解耦，一次打包，

图15.6 容器技术中的集装箱理念

可到处运行。类似于集装箱的"一次装箱，多次运输"，Docker 镜像可以做到"一次构建，多次交付"。当涉及应用程序多副本部署或应用程序迁移时，更能体现 Docker 的价值。

❏ 轻量化，尤其是性能高，省资源。比起传统的虚拟化技术更接近物理机的性能，系统开销大大降低，资源利用率高。

❏ 隔离性好。Docker 能够确保应用和资源被充分隔离，并且确保每个容器都有自己的与其他容器隔离的资源。

❏ 细粒度。轻和小的特性非常匹配对资源诉求高的应用场景，与现在流行的微服务技术相辅相成。

❏ 标准化部署。Docker 提供了可复用的开发、构建、测试和生产环境。在整个流程中，标准化服务基础设施让每个团队成员能够在相同的生产环境中工作，大大减少了修复错误的时间，让他们能将更多的精力放在功能的开发上。

❏ 兼容性。兼容性意味着 Docker 镜像无论在哪台服务器或笔记本电脑上都是一样的。对于开发者来说，这意味着在环境配置、代码调试等方面花费更少的时间。兼容性同样意味着生产基础设施更加可靠且更易于维护。

15.3 云计算

随着虚拟化技术和容器技术的发展，云计算慢慢改变了我们的生活方式。我们会把照片存储在云端，使用线上办公软件（如 Microsoft Office、永中优云等）来写文档，使用网盘来存储资料等。"云"实际上是一种提供资源服务的网络，使用者可以通过云进行计算或存储资料，并按需进行弹性付费，就像现在的电厂集中供电，我们按需购电一样。因此，云计算就相当于把网络带宽、存储空间和计算等资源集中起来作为商品，通过自动化管理的方式提供给租户。

在云计算里通常包含如下几个角色。

❏ 云租户。云租户可以是公司或个人，他们向云服务提供商提出需求，并购买服务，这些需求可以是云空间、云虚拟主机、数据库服务、云存储等。

❏ 云应用开发者。云应用开发者负责开发和创建云计算增值业务应用，云计算增值业务可以托管给云服务提供商或云租户，比如有的企业提供类似 GitHub 的服务、有的企业提供云上教学服务等。

❏ 云服务提供商。云服务提供商向云租户提供云服务，并保证承诺的服务质量，图 15.7 是国内某云服务提供商提供的云服务。

❏ 云基础设备提供商。云基础设备提供商提供各种物理设备，包括服务器、存储设备、网络设备、机房等。

云计算对企业 IT 架构的发展也产生了深刻影响。企业 IT 架构从传统非云架构向云架构演进，大概经历如下几个发展阶段。

图15.7 国内某云服务提供商提供的云服务

- ❑ 传统 IT 架构：以硬件资源为中心的 IT 架构。
- ❑ 云计算 1.0 阶段：使用虚拟化技术的云计算。通过虚拟化技术把企业 IT 应用与底层基础设施分离，在虚拟机上运行应用实例和运行环境，通过虚拟机集群调度软件在多个服务器上进行调度，实现资源的高效利用。
- ❑ 云计算 2.0 阶段：面向基础设施云租户和云用户提供资源服务和管理的自动化。
- ❑ 云计算 3.0 阶段：面向企业 IT 应用开发者及管理维护者提供分布式的无服务器（serverless）服务。无服务器不代表不需要服务器，而是开发者不用过多考虑服务器的问题。计算资源作为服务而不是服务器的概念出现了。

常见的云服务模型包括基础架构即服务（Infrastructure as a Service，IaaS）、平台即服务（Platform as a Service，PaaS）和软件即服务（Software as a Service，SaaS）三种。

- ❑ 基础架构即服务：为云租户提供基础设施能力类型的一种云服务。这种云服务位于云计算的底层，提供基本的计算、存储及网络等能力。云服务提供商拥有数以万计的服务器，用户可以通过互联网来"租用"这些服务器以满足自己的 IT 需求。通过采用这种方式，可以在满足非 IT 企业对 IT 资源需求的同时而不用花费大量资金购置服务器和雇用更多的 IT 人员，使他们可以将主要精力放在主业上，而且可以根据业务量的需求，弹性地扩大或缩小租用的服务器规模。
- ❑ 平台即服务：为云租户提供平台能力类型的一种云服务。这种云服务位于云计算的中间层，主要面向软件开发者或软件开发商，提供基于互联网的软件开发测试平台。

❑ 软件即服务：为云租户提供应用能力类型的一种云服务。比如中小企业需要 ERP
服务，这样企业就不必花费巨额资金购买软件的使用权，也不必花费资金构建机房
和雇用人员，更不用考虑机器折旧和软件升级维护等问题。

15.3.1 云编排

前文提到在云计算的产业链里有云服务提供商，当云租户需要购买云服务时，例如购买
云主机，就可以到云服务提供商的购买网站上填写购买需求，比如云主机的 CPU 型号及核
心、内存大小、公网带宽、操作系统等信息。图 15.8 是国内某云服务提供商在提供云主机
时的需求确认清单。

图15.8 需求确认清单

当云服务提供商收到购买需求之后，大概需要做如下事情。

（1）等待批准。

（2）购买硬件。

（3）安装操作系统。

（4）连接并配置网络。

（5）获取 IP 地址。

（6）分配存储。

（7）配置安全性。

（8）部署数据库。

（9）连接后端系统。

（10）将应用程序部署到服务器上（可选）。

上述烦琐的步骤在云服务提供商的系统里是全自动化完成的，而且由云编排系统自动完成，常见的云编排系统有 OpenStack、Kubernetes 等。

云编排指的是在云环境中部署服务时实现了端到端的自动化，包括服务器、中间件及服务的安排、协调和管理的自动化，有助于加速 IT 服务的交付，同时降低运维成本。云编排可用于管理云基础架构，后者用于向云租户提供和分配需要的云资源，比如创建虚拟机、分配存储容量、管理网络资源以及授予云软件访问权限。通过使用合适的编排机制，用户可在服务器或任何云平台上部署和开始使用服务。

云编排包括以下 3 方面内容。

❑　资源编排，负责分配资源。

❑　负载编排，负责在资源之间共享工作负载。

❑　服务编排，负责将服务部署在服务器或云环境中。

15.3.2　OpenStack 介绍

OpenStack 是开源的云计算管理平台，由一系列开源软件项目组合而成。OpenStack 自发布以来在私有云、公有云等很多领域得到了广泛应用。OpenStack 是用来构建云计算的框架，可与虚拟化技术结合，集成和管理各种硬件设备，并承载各类上层应用和服务，最终构成完整的云计算系统。为了实现资源接入和抽象功能，OpenStack 在底层集成并调用了虚拟化软件，从而实现对服务器计算资源的池化。我们通常使用 KVM 虚拟化技术把一台服务器虚拟成多个虚拟机，OpenStack 负责记录和维护资源的使用状态。例如，系统中一共有多少台服务器，每台服务器都有哪些可用的资源，比如计算资源、存储资源等，已经向用户分配了多少资源，还有多少空闲资源。在此基础上，OpenStack 根据用户提出的资源需求以及资源池的状态，调用 libvirt 库并向 KVM 下发各种命令，比如创建、删除、启动、关闭虚拟机等。可见，OpenStack 类似于云计算中的控制中枢，而虚拟化技术是 OpenStack 实现资源时依赖的核心手段。

15.3.3　Kubernetes 介绍

前文提到，以 Docker 为代表的容器技术让云计算得到更广泛应用，但是 Docker 在容器编排、调度和管理方面比较欠缺。为此，谷歌公司在 2014 年启动了 Kubernetes（简称 k8s）这一开源项目，用于管理云平台中多个主机上的容器化应用的编排，让部署容器化的应用简单并且高效。因此，Kubernetes 不仅是容器集群管理系统，而且是开源平台，可以实现容器集群的自动化部署、自动扩缩容、自动维护等功能。

15.4　实验

15.4.1　实验 15-1：制作 Docker 镜像并发布

1．实验目的

熟悉如何制作 Docker 镜像并发布到 Docker 市场[①]，以供其他人部署和使用。

2．实验详解

读者可以制作 Ubuntu Linux 20.04 Docker 镜像，其中包含本书的实验环境，比如配置 Vim、aarch64 的 GCC 工具链、Eclipse 调试环境等，并且把制作的上述 Docker 镜像发布到 Docker 市场以供其他读者部署和使用。

15.4.2　实验 15-2：部署 Kubernetes 服务

1．实验目的

熟悉如何在本地部署 Kubernetes 服务。

2．实验详解

读者可以在本地部署 Kubernetes 服务。具体做法是使用 VMware Player 创建两个虚拟机，这两个虚拟机使用的都是 Ubuntu Linux 20.04 系统，把其中一个虚拟机当作 Kubernetes 的控制节点（master），而把另一个虚拟机当作计算节点。

读者可以通过实验熟悉如何安装和部署 Kubernetes，熟悉 Kubernetes 中的集群、节点、容器集（pod）、服务等概念。

---

① 这里指的是 regisitry，比如 Docker 公司的 dockhub 仓库或者阿里公司的云仓库。

第16章 综合能力训练：动手写一个小 OS

学习操作系统最有效且最具有挑战性的训练是从零开始动手写一个小 OS（操作系统）。目前很多国内外知名大学的"操作系统"课程中的实验与动手写一个小 OS 相关，比如麻省理工学院的操作系统课程采用 xv6 系统来做实验。xv6 是在 x86 处理器上重新实现的 UNIX 第 6 版系统，用于教学目的。清华大学的操作系统课程也采用了类似的思路，即基于 xv6 的设计思想，通过实验一步一步完善一个小 OS——ucore OS。xv6 和 ucore OS 实验都采用类似于英语考试中完形填空的方式来引导大家实现和完善一个小 OS。

动手写一个小 OS 会让我们对计算机底层技术有更深的理解，我们对操作系统中核心功能（比如系统启动、内存管理、进程管理等）的理解也会更深刻。本章介绍了 24 小实验来引导读者在树莓派上从零开始实现一个小 OS，我们把这个 OS 命名为 BenOS。

本章需要准备的实验设备如下。

- ❑ 硬件开发平台：树莓派 3B 或树莓派 4B。
- ❑ 软件模拟平台：QEMU 4.2。
- ❑ 处理器架构：ARMv8 架构（aarch64）。
- ❑ 开发主机：Ubuntu Linux 20.04。
- ❑ MicroSD 卡一张以及读卡器。
- ❑ USB 转串口线一根。
- ❑ J-Link 仿真器（可选[①]）。

本章用到的芯片手册如下。

- ❑ 《ARM Architecture Reference Manual, ARMv8, for ARMv8-A architecture profile》的 v8.4 版本。
- ❑ 《BCM2837 ARM Peripherals》的 v2.1 版本，用于树莓派 3B。
- ❑ BCM2711 芯片手册《BCM2711 ARM Peripherals》的 v1 版本，用于树莓派 4B。

---

① J-Link 仿真器需要额外购买，请登录 SEGGER 公司官网以了解详情。

本章的实验按照难易程度分成 3 个阶段。

❑ 入门动手篇。一般读者在完成相对容易的 5 个实验之后，将对 ARM64 架构、操作系统启动、中断和进程管理有初步的认识。

❑ 进阶挑战篇。对操作系统有浓厚兴趣以及学有余力的读者可以完成进阶篇的 12 个实验。这 12 个实验涉及操作系统最核心的功能，比如物理内存管理、虚拟内存管理、缺页异常处理、进程管理以及进程调度等。

❑ 高手完善篇。对操作系统有执着追求的读者可以继续完成高手篇的实验，从而一步一步完成一个有一定使用价值的小 OS。

本章的所有实验为开放性实验，读者可以根据实际情况选做部分或全部实验。

16.1　实验准备

16.1.1　开发流程

我们的开发平台有两个。

❑ 软件模拟平台：QEMU 虚拟机。

❑ 硬件开发平台：树莓派 3B 或树莓派 4B。

QEMU 虚拟机可以模拟树莓派绝大部分的硬件工具[①]，另外使用 QEMU 内置的 GDB 调试功能可以很方便地调试和定位问题。我们建议的开发流程如下。

（1）在 Ubuntu 主机上编写实验代码，然后编译代码。

（2）在 QEMU 虚拟机上调试并运行代码。

（3）将代码装载到树莓派上运行（可选）。

如果读者手头没有树莓派，那么可以在 QEMU 虚拟机上完成本章的所有实验。

16.1.2　配置串口线

要在树莓派上运行 BenOS 实验代码，我们需要一根 USB 转串口线，这样在系统启动时便可通过串口输出信息来协助调试。读者可从网上商店购买 USB 转串口线，图 16.1 所示是某个厂商售卖的一款 USB 转串口线。串口一般有 3 根线。另外，串口还有一根额外的电源线（可选）。

❑ 电源线（红色[②]）：5V 或 3.3V 电源线（可选）。

---

① 截至 2020 年 4 月，QEMU 5.0 还不支持树莓派 4B。读者要想在 QEMU 虚拟机上模拟树莓派 4B，就需要打上一系列补丁，然后重新编译。本书配套的实验平台的 VMware 镜像中会提供支持树莓派 4B 的 QEMU 程序。读者可以通过作者微信公众号下载。

② 对于上述颜色，可能每个厂商不太一样，读者需要认真阅读厂商的说明文档。

□ 地线（黑色）。

□ 接收线（白色）：串口的接收线 RXD。

□ 发送线（绿色）：串口的发送线 TXD。

树莓派支持包含 40 个 GPIO 引脚的扩展接口，这些扩展接口的定义如图 16.2 所示。根据扩展接口的定义，我们需要把串口的三根线连接到扩展接口，如图 16.3 所示。

□ 地线：连接到第 6 个引脚。

□ RXD 线：连接到第 8 个引脚。

□ TXD 线：连接到第 10 个引脚。

图16.1　USB转串口线

	树莓派扩展接口的定义			
引脚	名称		名称	引脚
01	3.3v DC Power		DC Power 5v	02
03	GPIO02 (SDA1，I²C)		DC Power 5v	04
05	GPIO03 (SCL1，I²C)		Ground	06
07	GPIO04 (GPIO_GCLK)		(TXD0) GPIO14	08
09	Ground		(RXD0) GPIO15	10
11	GPIO17 (GPIO_GEN0)		(GPIO_GEN1) GPIO18	12
13	GPIO27 (GPIO_GEN2)		Ground	14
15	GPIO22 (GPIO_GEN3)		(GPIO_GEN4) GPIO23	16
17	3.3v DC Power		(GPIO_GEN5) GPIO24	18
19	GPIO10 (SPI_MOSI)		Ground	20
21	GPIO09 (SPI_MISO)		(GPIO_GEN6) GPIO25	22
23	GPIO11 (SPI_CLK)		(SPI_CE0_N) GPIO08	24
25	Ground		(SPI_CE1_N) GPIO07	26
27	ID_SD (I²C ID EEPROM)		(I²C ID EEPROM) ID_SC	28
29	GPIO05		Ground	30
31	GPIO06		GPIO12	32
33	GPIO13		Ground	34
35	GPIO19		GPIO16	36
37	GPIO26		GPIO20	38
39	Ground		GPIO21	40

引脚1　引脚2

引脚39　引脚40

图16.2　树莓派扩展接口的定义

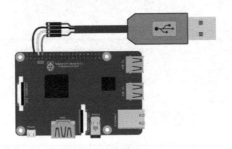

图16.3　将串口连接到树莓派扩展接口

读者可以参照实验 1-3，在 MicroSD 卡上安装支持树莓派的操作系统（比如优麒麟 Linux 20.04），然后打开串口软件，查看是否有信息输出。在 Windows 10 操作系统中，你需要在设备管理器里查看串口号，如图 16.4 所示。你还需要在 Windows 10 操作系统中安装用于 USB 转串口的驱动。

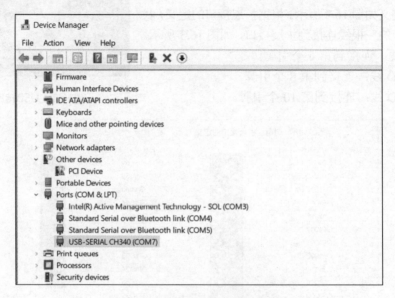

图16.4 在设备管理器中查看串口号

插入 MicroSD 卡到树莓派，接上 USB 电源，在串口终端软件（如 PuTTY 或 MobaXterm 等）中查看是否有输出，如图 16.5 所示。

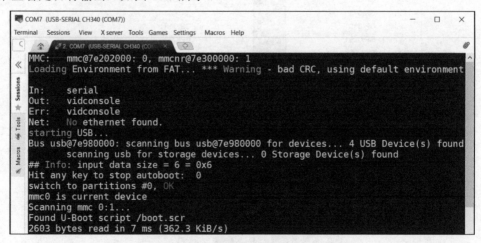

图16.5 在串口终端软件中查看是否有输出

16.1.3 寄存器地址

树莓派 3B 采用的博通 BCM2837 芯片通过内存映射的方式来访问所有的片内外设。外设的寄存器地址空间为 0x3F000000～0x3FFFFFFF。

树莓派 4B 采用的是博通 BCM2711 芯片，BCM2711 芯片在 BCM2837 芯片的基础上做了如下改进。

- ❑ CPU 内核：使用性能更好的 Cortex-A72。采用 4 核 CPU 的设计，最高频率可以达到 1.5 GHz。
- ❑ L1 缓存：包括 32KB 数据缓存，48KB 指令缓存。
- ❑ L2 缓存：大小为 1 MB。
- ❑ GPU：采用 VideoCore VI 核心，最高主频可以达到 500 MHz。
- ❑ 内存：包括 1～4GB LPDDR4。
- ❑ USB：支持 USB 3.0。

BCM2711 芯片支持两种地址模式。

- ❑ 低地址模式：外设的寄存器地址空间为 0xFC000000～0xFF7FFFFF，通常外设的寄存器基地址为 0xFE000000。
- ❑ 35 位全地址模式：可以支持更大的地址空间。在这种地址模式下，外设的寄存器地址空间为 0x47c000000～0x47FFFFFFF。

树莓派 4B 默认情况下使用低地址模式。

16.2 入门动手篇

16.2.1 实验 16-1：输出"Welcome BenOS!"

1. 实验目的

1）了解和熟悉 ARM64 汇编。

2）了解和熟悉如何使用 QEMU 和 GDB 调试裸机程序。

2. 实验要求

1）编写一个裸机程序并在 QEMU 模拟器中运行，输出"Welcome BenOS!"字符串。

2）在树莓派上运行编译好的裸机程序。

3. 实验详解

由于我们写的是裸机程序，因此需要手动编写 Makefile 和链接脚本。

对于任何一种可执行程序，不论是.elf 还是.exe 文件，都是由代码（.text）段、数据（.data）

段、未初始化数据（.bss）段等段组织的。链接脚本最终会把大量编译好的二进制文件（.o文件）综合生成为二进制可执行文件，也就是把所有二进制文件整合到一个大文件中。这个大文件由总体的.text/.data/.bss 段描述。下面是本实验中的一个链接文件，名为 link.ld。

```
1       SECTIONS
2       {
3           . = 0x0;
4           .text.boot : { *(.text.boot) }
5           .text : { *(.text) }
6           .rodata : { *(.rodata) }
7           .data : { *(.data) }
8           . = ALIGN(0x8);
9           bss_begin = .;
10          .bss : { *(.bss*) }
11          bss_end = .;
12      }
```

在第 1 行中，SECTIONS 是 LS（Linker Script）语法中的关键命令，用来描述输出文件的内存布局。SECTIONS 命令告诉链接文件如何把输入文件的段映射到输出文件的各个段，如何将输入段合为输出段，以及如何把输出段放入程序地址空间（VMA）和进程地址空间（LMA）。SECTIONS 命令格式如下。

```
SECTIONS
{
 sections-command
 sections-command
 …
}
```

sections-command 有 4 种。

❑　ENTRY 命令。

❑　符号赋值语句。

❑　输出段的描述（output section description）。

❑　段的叠加描述（overlay description）。

在第 3 行中，"."非常关键，它代表位置计数（Location Counter，LC），这里把.text 段的链接地址被设置为 0x0，这里链接地址指的是装载地址（load address）。

在第 4 行中，输出文件的.text.boot 段内容由所有输入文件（其中的"*"可理解为所有的.o 文件，也就是二进制文件）的.text.boot 段组成。

在第 5 行中，输出文件的.text 段内容由所有输入文件（其中的"*"可理解为所有的.o文件，也就是二进制文件）的.text 段组成。

在第 6 行中，输出文件的.rodata 段由所有输入文件的.rodata 段组成。

在第 7 行中，输出文件的.data 段由所有输入文件的.data 段组成。

在第 8 行中，设置为按 8 个字节对齐。

在第 9～11 行中，定义了一个.bss 段。

因此，上述链接文件定义了如下几个段。

- ❑ .text.boot 段：启动首先要执行的代码。
- ❑ .text 段：代码段。
- ❑ .rodata 段：只读数据段。
- ❑ .data 段：数据段。
- ❑ .bss 段：包含初始化的或初始化为 0 的全局变量和静态变量。

下面开始编写启动用的汇编代码，将代码保存为 boot.S 文件。

```
1    #include "mm.h"
2
3    .section ".text.boot"
4
5    .globl _start
6    _start:
7        mrs x0, mpidr_el1
8        and x0, x0,#0xFF
9        cbz x0, master
10       b   proc_hang
11
12   proc_hang:
13       b   proc_hang
14
15   master:
16       adr x0, bss_begin
17       adr x1, bss_end
18       sub x1, x1, x0
19       bl  memzero
20
21       mov sp, #LOW_MEMORY
22       bl  start_kernel
23       b   proc_hang
```

启动用的汇编代码不长，下面简要分析上述代码。

在第 3 行中，把 boot.S 文件编译链接到.text.boot 段中。我们可以在链接文件 link.ld 中把.text.boot 段链接到这个可执行文件的开头，这样当程序执行时将从这个段开始执行。

在第 5 行中，_start 为程序的入口点。

在第 7 行中，由于树莓派有 4 个 CPU 核心，但是本实验的裸机程序不希望 4 个 CPU 核心都运行起来，我们只想让第一个 CPU 核心运行起来。mpidr_el1 寄存器是表示处理器核心的编号[①]。

在第 8 行中，and 指令为与操作。

第 9 行，cbz 为比较并跳转指令。如果 x0 寄存器的值为 0，则跳转到 master 标签处。若 x0 寄存器的值为 0，表示第 1 个 CPU 核心。其他 CPU 核心则跳转到 proc_hang 标签处。

在第 12 和 13 行，proc_hang 标签这里出现了死循环。

在第 15 行，对于 master 标签，只有第一个 CPU 核心才能运行到这里。

在第 16～19 行，初始化.bss 段。

① 详见《ARM Architecture Reference Manual, for ARMv8-A architecture profile, v8.4》的 D12.2.86 节。

在第 21 行中，设置 sp 栈指针，这里指向内存的 4MB 地址处。树莓派至少有 1GB 内存，我们这个裸机程序用不到那么大的内存。

在第 22 行中，跳转到 C 语言的 start_kernel 函数接下来需要跳转到 C 语言的 start_kernel 函数，这里最重要的一步是设置 C 语言运行环境，即堆栈。

总之，上述汇编代码还是比较简单的，我们只做了 3 件事情。

❑ 只让第一个 CPU 核心运行，让其他 CPU 核心进入死循环。

❑ 初始化.bss 段。

❑ 设置栈，跳转到 C 语言入口。

接下来编写 C 语言的 start_kernel 函数。本实验的目的是输出一条欢迎语句，因而这个函数的实现比较简单。将代码保存为 kernel.c 文件。

```
#include "mini_uart.h"

void start_kernel(void)
{
    uart_init();
    uart_send_string("Welcome BenOS!\r\n");

    while (1) {
        uart_send(uart_recv());
    }
}
```

上述代码很简单，主要操作是初始化串口和往串口里输出欢迎语句。

接下来实现一些简单的串口驱动代码。树莓派有两个串口设备。

❑ PL011 串口，在 BCM2837 芯片手册中简称 UART0，是一种全功能的串口设备。

❑ Mini 串口，在 BCM2837 芯片手册中简称 UART1。

本实验使用 PL011 串口设备。PL011 串口设备比较简单，不支持流量控制（flow control），在高速传输过程中还有可能丢包。

BCM2837 芯片里有不少片内外设复用相同的 GPIO 接口，这称为 GPIO 可选功能配置（GPIO Alternative Function）。GPIO14 和 GPIO15 可以复用 UART0 和 UART1 串口的 TXD 引脚和 RXD 引脚，如表 16.1 所示。关于 GPIO 可选功能配置的详细介绍，读者可以查阅 BCM2837 芯片手册的 6.2 节。在使用 PL011 串口之前，我们需要通过编程来使能 TXD0 和 RXD0 引脚。

表 16.1　GPIO 可选功能配置

GPIO	电平	可选项 0	可选项 1	可选项 2	可选项 3	可选项 4	可选项 5
GPIO0	高	SDA0	SA5	—	—	—	—
GPIO1	高	SCL0	SA4	—	—	—	—
GPIO14	低	TXD0	SD6	—	—	—	TXD1
GPIO15	低	RXD0	—	—	—	—	RXD1

BCM2837 芯片提供了 GFPSEL*n* 寄存器用来设置 GPIO 可选功能配置，其中 GPFSEL0 用来配置 GPIO0～GPIO9，而 GPFSEL1 用来配置 GPIO10～GPIO19，以此类推。其中，每个 GPIO 使用 3 位来表示不同的含义。

- ❑ 000：表示 GPIO 设置为输入
- ❑ 001：表示 GPIO 设置为输出。
- ❑ 100：表示 GPIO 配置为可选项 0。
- ❑ 101：表示 GPIO 配置为可选项 1。
- ❑ 110：表示 GPIO 配置为可选项 2。
- ❑ 111：表示 GPIO 配置为可选项 3。
- ❑ 011：表示 GPIO 配置为可选项 4。
- ❑ 010：表示 GPIO 配置为可选项 5。

首先在 include/asm/base.h 头文件中加入树莓派寄存器的基地址。

```
#ifndef _P_BASE_H
#define _P_BASE_H

#ifdef CONFIG_BOARD_PI3B
#define PBASE 0x3F000000
#else
#define PBASE 0xFE000000
#endif

#endif  /*_P_BASE_H */
```

下面是 PL011 串口的初始化代码。

```
void uart_init ( void )
{
    unsigned int selector;

    selector = readl(GPFSEL1); selector &= ~(7<<12);
    /* 为GPIO14设置可选项0*/
    selector |= 4<<12;
    selector &= ~(7<<15);
    /* 为GPIO15设置可选项0 */
    selector |= 4<<15;
    writel(selector, GPFSEL1);
```

上述代码把 GPIO14 和 GPIO15 设置为可选项 0，也就是用作 PL011 串口的 RXD0 和 TXD0 引脚。

```
    writel(0, GPPUD);
    delay(150);
    writel((1<<14)|(1<<15), GPPUDCLK0);
    delay(150);
    writel(0, GPPUDCLK0);
```

通常 GPIO 引脚有 3 个状态——上拉（pull-up）、下拉（pull-down）以及连接（connect）。

连接状态指的是既不上拉也不下拉，仅仅连接。上述代码已把 GPIO14 和 GPIO15 设置为连接状态。

下列代码用来初始化 PL011 串口。

```
/* 暂时关闭串口 */
writel(0, U_CR_REG);

/* 设置波特率 */
writel(26, U_IBRD_REG);
writel(3, U_FBRD_REG);

/* 使能FIFO */
writel((1<<4) | (3<<5), U_LCRH_REG);

/* 屏蔽中断 */
writel(0, U_IMSC_REG);
/* 使能串口, 打开收发功能 */
writel(1 | (1<<8) | (1<<9), U_CR_REG);
```

接下来实现如下几个函数以收发字符串。

```
void uart_send(char c)
{
    while (readl(U_FR_REG) & (1<<5))
        ;

    writel(c, U_DATA_REG);
}

char uart_recv(void)
{
    while (readl(U_FR_REG) & (1<<4))
        ;

    return(readl(U_DATA_REG) & 0xFF);
}
```

uart_send()和 uart_recv()函数分别用于在 while 循环中判断是否有数据需要发送与接收，这里只需要判断 U_FR_REG 寄存器的相应位即可。

接下来，编写 Makefile 文件。

```
board ?= rpi3

ARMGNU ?= aarch64-linux-gnu

ifeq ($(board), rpi3)
COPS += -DCONFIG_BOARD_PI3B
QEMU_FLAGS  += -machine raspi3
else ifeq ($(board), rpi4)
COPS += -DCONFIG_BOARD_PI4B
QEMU_FLAGS  += -machine raspi4
endif
```

```
COPS += -g -Wall -nostdlib -nostdinc -Iinclude
ASMOPS = -g -Iinclude

BUILD_DIR = build
SRC_DIR = src

all : benos.bin

clean :
    rm -rf $(BUILD_DIR) *.bin

$(BUILD_DIR)/%_c.o: $(SRC_DIR)/%.c
    mkdir -p $(@D)
    $(ARMGNU)-gcc $(COPS) -MMD -c $< -o $@

$(BUILD_DIR)/%_s.o: $(SRC_DIR)/%.S
    $(ARMGNU)-gcc $(ASMOPS) -MMD -c $< -o $@

C_FILES = $(wildcard $(SRC_DIR)/*.c)
ASM_FILES = $(wildcard $(SRC_DIR)/*.S)
OBJ_FILES = $(C_FILES:$(SRC_DIR)/%.c=$(BUILD_DIR)/%_c.o)
OBJ_FILES += $(ASM_FILES:$(SRC_DIR)/%.S=$(BUILD_DIR)/%_s.o)

DEP_FILES = $(OBJ_FILES:%.o=%.d)
-include $(DEP_FILES)

benos.bin: $(SRC_DIR)/linker.ld $(OBJ_FILES)
    $(ARMGNU)-ld -T $(SRC_DIR)/linker.ld -o $(BUILD_DIR)/benos.elf $(OBJ_FILES)
    $(ARMGNU)-objcopy $(BUILD_DIR)/benos.elf -O binary benos.bin

QEMU_FLAGS += -nographic

run:
    qemu-system-aarch64 $(QEMU_FLAGS) -kernel benos.bin
debug:
    qemu-system-aarch64 $(QEMU_FLAGS) -kernel benos.bin -S -s
```

board 用来选择板子，目前支持树莓派 3 和树莓派 4。

ARMGNU 用来指定编译器，这里使用 aarch64-linux-gnu-gcc。

COPS 和 ASMOPS 用来在编译 C 语言和汇编语言时指定编译选项。

❑ -g：表示编译时加入调试符号表等信息。

❑ -Wall：打开所有警告信息。

❑ -nostdlib：表示不连接系统的标准启动文件和标准库文件，只把指定的文件传递给连接器。这个选项常用于编译内核、bootloader 等程序，它们不需要标准启动文件和标准库文件。

❑ -nostdinc：表示不包含 C 语言的标准库的头文件。

上述文件最终会被编译链接成名为 kernel8.elf 的.elf 文件，这个.elf 文件包含了调试信息，最后使用 objcopy 命令把.elf 文件转换为可执行的二进制文件。

在 Linux 主机上使用 make 命令编译文件。在编译之前可以选择需要编译的板子类型。

例如，要编译在树莓派 3 上运行的程序，可使用如下命令。

```
$ export board=rpi3
$ make
```

要编译在树莓派 4 上运行的程序，可使用如下命令。

```
$ export board=rpi4
$ make
```

在放到树莓派之前，可以使用 QEMU 虚拟机来模拟树莓派以运行我们的裸机程序，可直接输入"make run"命令。

```
$ make run
qemu-system-aarch64 -machine raspi3 -nographic -kernel benos.bin
Welcome BenOS!
```

也可输入如下命令。

```
$ qemu-system-aarch64 -machine raspi3 -nographic -kernel benos.bin
```

如果读者想用 QEMU 虚拟机模拟树莓派 4B，那么需要打上树莓派 4B 的补丁并且重新编译 QEMU 虚拟机。

要在树莓派上运行刚才编译的裸机程序，需要准备一张格式化好的 MicroSD 卡。

❏　使用 MBR 分区表。

❏　格式化 boot 分区为 FAT32 文件系统。

参照实验 3-1 中介绍的方法烧录 MicroSD 卡，这样就可以得到格式化好的 boot 分区和烧录的树莓派固件。读者也可以使用 Linux 主机上的分区工具（比如 GParted）来格式化 MicroSD 卡，把树莓派固件复制到这个 FAT32 分区里，其中包括如下几个文件。

❏　bootcode.bin：引导程序。树莓派复位上电时，CPU 处于复位状态，由 GPU 负责启动系统。GPU 首先会启动固化在芯片内部的固件（BootROM 代码），读取 MicroSD 卡中的 bootcode.bin 文件，并装载和运行 bootcode.bin 中的引导程序。树莓派 4B 已经把 bootcode.bin 引导程序固化到 BootROM 里。

❏　start4.elf：树莓派 4 上的 GPU 固件。bootcode.bin 引导程序检索 MicroSD 卡中的 GPU 固件，加载固件并启动 GPU。

❏　start.elf：树莓派 3 上的 GPU 固件。

❏　config.txt：配置文件。GPU 启动后读取 config.txt 配置文件，读取 Linux 内核映像（比如 kernel8.img 等）以及内核运行参数等，然后把内核映像加载到共享内存中并启动 CPU，CPU 结束复位状态后开始运行 Linux 内核。

把 benos.bin 文件复制到 MicroSD 卡的 boot 分区，修改里面的 config.txt 文件。

```
<config.txt文件>

[pi4]
```

```
kernel=benos.bin
max_framebuffers=2

[pi3]
kernel=benos.bin

[all]
arm_64bit=1

enable_uart=1

kernel_old=1
disable_commandline_tags=1
```

插入 MicroSD 卡到树莓派，连接 USB 电源线，使用 Windows 端的串口软件可以看到输出，如图 16.6 所示。

图16.6　输出欢迎语句

16.2.2　使用 GDB + QEMU 调试 BenOS

我们可以使用 QEMU 和 GDB 工具来单步调试裸机程序。

本节以实验 16-1 为例，在终端启动 QEMU 虚拟机的 gdbserver。

```
$ qemu-system-aarch64 -machine raspi3 -serial null -serial mon:stdio
-nographic -kernel benos.bin -S -s
```

在另一个终端输入如下命令来启动 GDB。

```
$ gdb-multiarch --tui build/benos.elf
```

在 GDB 命令行中输入如下命令。

```
(gdb) set architecture aarch64
(gdb) target remote localhost:1234
(gdb) b _start
Breakpoint 1 at 0x0: file src/boot.S, line 7.
(gdb) c
```

此时，可以使用 GDB 命令来进行单步调试，如图 16.7 所示。

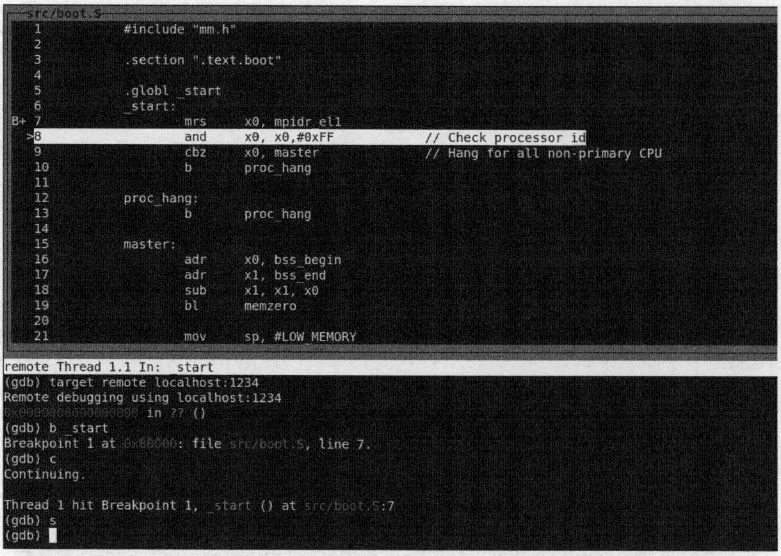

图16.7 使用GDB调试裸机程序

16.2.3 使用 J-Link 仿真器调试树莓派

16.2.2 节介绍了如何使用 GDB+QEMU 的方式来调试 BenOS，这是通过 QEMU 虚拟机里内置的 gdbserver 来实现的，但只能调试使用 QEMU 虚拟机运行的程序。如果需要调试在硬件板子上运行的程序，例如把 BenOS 放到树莓派上运行，那么 GDB+QEMU 这种方式就显得无能为力了。如果我们编写的程序在 QEMU 虚拟机上能运行，而在实际的开发板上无法运行，那就只能借助硬件仿真器来调试和定位问题。

硬件仿真器指的是使用仿真头完全取代目标板（例如树莓派）上的 CPU，通过完全仿真目标开发板上的芯片行为，提供更加深入的调试功能。目前流行的硬件仿真器是 JTAG 仿真器，如图 16.8 所示。JTAG（Joint Test Action Group）是一种国际标准测试协议，主要用于芯片内部测试。JTAG 仿真器通过现有的 JTAG 边界扫描口与 CPU 进行通信，实现对 CPU 和外设的调试功能。

目前市面上支持 ARM 芯片调试的仿真器主要有 ARM 公司的 DSTREAM 仿真器、德国 Lauterbach 公司的 Trace32 仿真器以及 SEGGER 公司的 J-Link 仿真器。本节介绍如何使用 J-Link 仿真器[①]调试树莓派。

1．硬件连线

为了在树莓派上使用 J-Link 仿真器，首先需要把 J-Link 仿真器的 JTAG 接口连接到树莓派的扩展板。树莓派的扩展接口已经内置了 JTAG 接口。我们可以使用杜邦线来连接。

---

① J-Link 仿真器需要额外购买，读者可以登录 SEGGER 公司官网以了解详情。

J-Link 仿真器提供 20 引脚的 JTAG 接口，如图 16.9 所示。

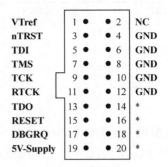

图16.8　J-Link仿真器　　　　　图16.9　J-Link仿真器的JTAG接口

JTAG 接口引脚的说明如表 16.2 所示。

表 16.2　JTAG 接口引脚的说明

引　脚　号	名　　称	类　　型	说　　明
1	VTref	输入	目标机的参考电压
2	NC	悬空	悬空引脚
3	nTRST	输出	复位信号
5	TDI	输出	JTAG数据信号，从JTAG输出数据到目标CPU
7	TMS	输出	JTAG模式设置
9	TCK	输出	JTAG时钟信号
11	RTCK	输入	从目标CPU反馈回来的时钟信号
13	TDO	输入	从目标CPU反馈回来的数据信号
15	RESET	输入输出	目标CPU的复位信号
17	DBGRQ	悬空	保留
19	5V-Supply	输出	输出5V电压

树莓派与 J-Link 仿真器的连接需要 8 根线，如表 16.3 所示。读者可以参考图 16.2 和图 16.9 来仔细连接线路。

表 16.3　树莓派与 J-Link 仿真器的连接

JTAG 接口	树莓派引脚号	树莓派引脚名称
TRST	15	GPIO22
RTCK	16	GPIO23
TDO	18	GPIO24
TCK	22	GPIO25

（续表）

JTAG 接口	树莓派引脚号	树莓派引脚名称
TDI	37	GPIO26
TMS	13	GPIO27
VTref	01	3.3v
GND	39	GND

2．复制树莓派固件到 MicroSD 卡

在实验 16-1 的基础上，复制 loop.bin 程序到 MicroSD 卡。另外，还需要修改 config.txt 配置文件，打开树莓派对 JTAG 接口的支持。

完整的 config.txt 文件如下。

```
# BenOS for JLINK debug

[pi4]
kernel=loop.bin

[pi3]
kernel=loop.bin

[all]
arm_64bit=1
enable_uart=1
uart_2ndstage=1

enable_jtag_gpio=1
gpio=22-27=a4
init_uart_clock=48000000
init_uart_baud=115200
```

❑　uart_2ndstage=1：打开固件的调试日志。
❑　enable_jtag_gpio =1 ：表示使能 JTAG 接口。
❑　gpio=22-27=a4：表示 GPIO22～GPIO27 使用可选功能配置 4。
❑　init_uart_clock=48000000：设置串口的时钟。
❑　init_uart_baud=115200：设置串口的波特率。

复制完之后，把 Micro SD 卡插入树莓派中，接上电源。

3．下载和安装 OpenOCD 软件

OpenOCD（Open On-Chip Debugger，开源片上调试器）是一款开源的调试软件。OpenOCD 提供针对嵌入式设备的调试、系统编程和边界扫描功能。OpenOCD 需要使用硬件仿真器来配合完成调试，例如 J-Link 仿真器等。OpenOCD 内置了 GDB server 模块，可以通过 GDB 命令来调试硬件。

通过 git clone 命令下载 OpenOCD 软件[①]。

---

① 本书配套的实验平台 VMware 镜像安装了 OpenOCD 软件。

安装如下依赖包。

```
$ sudo apt install make libtool pkg-config autoconf automake texinfo
```

编译和安装。

```
$ cd openocd
$ ./ bootstrap
$ ./configure
$ make
$ sudo make install
```

另外，也可以从 xPack OpenOCD 项目中下载编译好的二进制文件。

4．连接 J-Link 仿真器

为了使用 openocd 命令连接 J-Link 仿真器，需要指定配置文件。OpenOCD 的安装包里内置了 jlink.cfg 文件，该文件保存在/usr/local/share/openocd/scripts/interface/目录下。jlink.cfg 配置文件比较简单，可通过"adapter"命令连接 J-Link 仿真器。

```
<jlink.conf配置文件>
# SEGGER J-Link

adapter driver jlink
```

下面通过 openocd 命令来连接 J-Link 仿真器，可使用"-f"选项来指定配置文件。

```
$ openocd -f jlink.cfg

Open On-Chip Debugger 0.10.0+dev-01266-gd8ac0086-dirty (2020-05-30-17:23)
Licensed under GNU GPL v2
For bug reports, read
       http://openocd.org/doc/doxygen/bugs.html
Info : Listening on port 6666 for tcl connections
Info : Listening on port 4444 for telnet connections
Info : J-Link V11 compiled Jan  7 2020 16:52:13
Info : Hardware version: 11.00
Info : VTarget = 3.341 V
```

从上述日志可以看到，OpenOCD 已经检测到 J-Link 仿真器，版本为 V11。

5．连接树莓派

接下来需要使用 J-Link 仿真器连接树莓派，这里需要描述树莓派的配置文件 raspi4. cfg。树莓派的这一配置文件的主要内容如下。

```
<raspi4.cfg配置文件>
set _CHIPNAME bcm2711
set _DAP_TAPID 0x4ba00477

adapter speed 1000

transport select jtag
reset_config trst_and_srst
```

```
telnet_port 4444

# create tap
jtag newtap auto0 tap -irlen 4 -expected-id $_DAP_TAPID

# create dap
dap create auto0.dap -chain-position auto0.tap

set CTIBASE {0x80420000 0x80520000 0x80620000 0x80720000}
set DBGBASE {0x80410000 0x80510000 0x80610000 0x80710000}

set _cores 4

set _TARGETNAME $_CHIPNAME.a72
set _CTINAME $_CHIPNAME.cti
set _smp_command ""

for {set _core 0} {$_core < $_cores} { incr _core} {
    cti create $_CTINAME.$_core -dap auto0.dap -ap-num 0 -ctibase [lindex
$CTIBASE $_core]

    set _command "target create ${_TARGETNAME}.$_core aarch64 \
                -dap auto0.dap -dbgbase [lindex $DBGBASE $_core] \
                -coreid $_core -cti $_CTINAME.$_core"
    if {$_core != 0} {
        set _smp_command "$_smp_command $_TARGETNAME.$_core"
    } else {
        set _smp_command "target smp $_TARGETNAME.$_core"
    }

    eval $_command
}

eval $_smp_command
targets $_TARGETNAME.0
```

使用如下命令连接树莓派，结果如图 16.10 所示。

```
$ openocd -f jlink.cfg -f raspi4.cfg
```

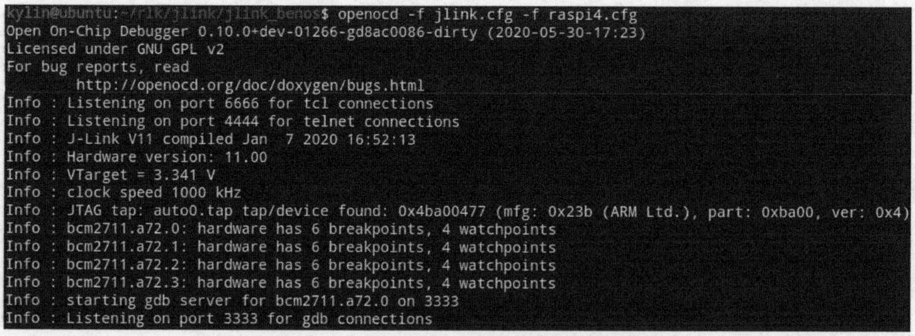

图16.10　使用J-Link仿真器连接树莓派

如图 16.10 所示，OpenOCD 已经成功连接 J-Link 仿真器，并且找到了树莓派的主芯片
BCM2711。OpenOCD 开启了几个服务，其中 Telnet 服务的端口号为 4444，GDB 服务的端
口号为 3333。

6. 登录 Telnet 服务

在 Linux 主机中新建终端，输入如下命令以登录 OpenOCD 的 Telnet 服务。

```
$ telnet localhost 4444
Trying 127.0.0.1...
Connected to localhost.
Escape character is '^]'.
Open On-Chip Debugger
>
```

在 Telnet 服务的提示符下输入"halt"命令以暂停树莓派的 CPU，等待调试请求。

```
> halt
bcm2711.a72.0 cluster 0 core 0 multi core
bcm2711.a72.1 cluster 0 core 1 multi core
target halted in AArch64 state due to debug-request, current mode: EL2H
cpsr: 0x000003c9 pc: 0x78
MMU: disabled, D-Cache: disabled, I-Cache: disabled
bcm2711.a72.2 cluster 0 core 2 multi core
target halted in AArch64 state due to debug-request, current mode: EL2H
cpsr: 0x000003c9 pc: 0x78
MMU: disabled, D-Cache: disabled, I-Cache: disabled
bcm2711.a72.3 cluster 0 core 3 multi core
target halted in AArch64 state due to debug-request, current mode: EL2H
cpsr: 0x000003c9 pc: 0x78
MMU: disabled, D-Cache: disabled, I-Cache: disabled
target halted in AArch64 state due to debug-request, current mode: EL2H
cpsr: 0x000003c9 pc: 0x80000
MMU: disabled, D-Cache: disabled, I-Cache: disabled
>
```

接下来，使用 load_image 命令加载 BenOS 可执行程序，这里把 benos.bin 加载到内存的 0x0 地址处，因为在实验 16-1 中，我们把链接地址设置成了 0x0。如果链接脚本中设置的链接地址为 0x80000，那么这里的加载地址也要设置为 0x80000。

```
> load_image /home/kylin/rlk/lab01/benos.bin 0x0
936 bytes written at address 0x00000000
downloaded 936 bytes in 0.101610s (8.996 KiB/s)
```

下面使用 step 命令让树莓派的 CPU 停在链接地址（此时的链接地址为 0x0）处，等待用户输入命令。

```
> step 0x0
target halted in AArch64 state due to single-step, current mode: EL2H
cpsr: 0x000003c9 pc: 0x4
MMU: disabled, D-Cache: disabled, I-Cache: disabled
```

7. 使用 GDB 进行调试

现在可以使用 GDB 调试代码了。首先使用 gdb-multiarch 命令启动 GDB，并且使用端口号 333 连接 OpenOCD 的 GDB 服务。

```
$ gdb-multiarch --tui build/benos.elf

(gdb) target remote localhost:3333   <=连接OpenOCD的GDB服务
```

当连接成功之后，我们可以看到 GDB 停在 BenOS 程序的入口点（_start），如图 16.11 所示。

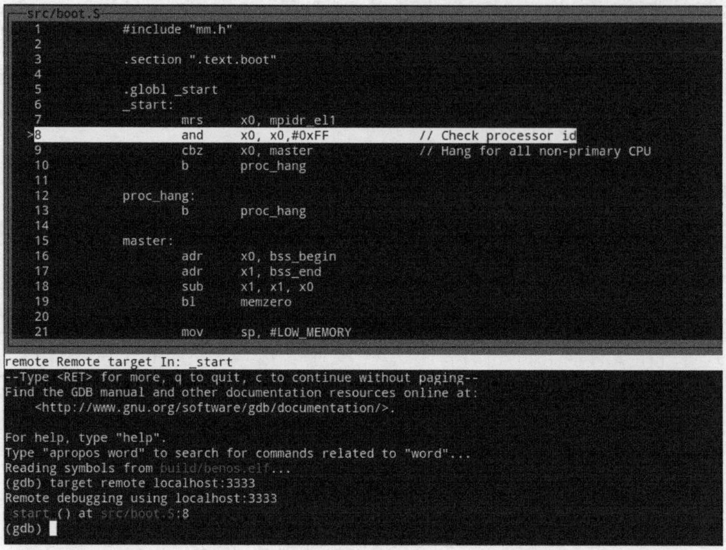

图16.11　连接OpenOCD的GDB服务

此时，我们可以使用 GDB 的 step 命令单步调试程序，也可以使用 info reg 命令查看树莓派上的 CPU 寄存器的值。

使用 layout reg 命令打开 GDB 的寄存器窗口，这样就可以很方便地查看寄存器的值。如图 16.12 所示，当单步执行完第 16 行的汇编语句后，寄存器窗口中马上显示了 x0 寄存器的值。

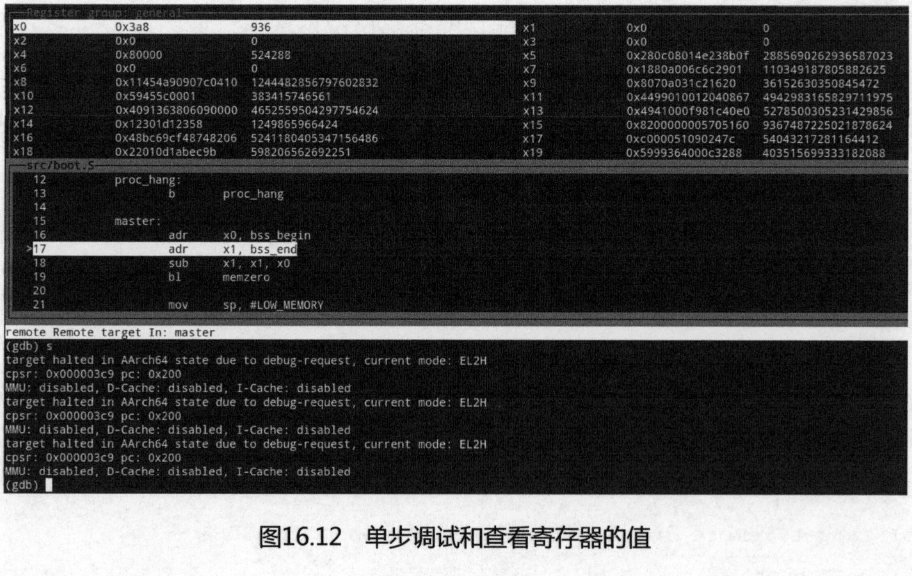

图16.12　单步调试和查看寄存器的值

16.2.4 实验 16-2：切换异常等级

1．实验目的

（1）了解和熟悉 ARM64 汇编语言。

（2）了解和熟悉 ARM64 的异常等级。

2．实验要求

（1）在实验 16-1 的基础上输出当前的异常等级。

（2）在跳转到 C 语言之前切换异常等级到 EL1。

3．实验提示

aarch64 架构支持 4 种异常等级。

❑ EL0：用户特权，用于运行普通的用户程序。

❑ EL1：系统特权，通常用于运行操作系统。

❑ EL2：运行虚拟化扩展的虚拟监控程序（hypervisor）。

❑ EL3：运行安全世界中的安全监控器（secure monitor）。

由于 ARM64 处理器上电复位时运行在 EL3 下，因此本实验要求在 boot.S 中把处理器的异常等级切换到 EL1。

如果读者使用 QEMU 虚拟机来运行裸机程序，那么根据 ARM64 Linux 启动规范中的约定，处理器在进入内核之前的异常等级是 EL2 或 EL1，这和在树莓派上运行略有不同，需要读者在 boot.s 中针对 EL3 和 EL2 分别处理。

16.2.5 实验 16-3：实现简易的 printk()函数

1．实验目的

了解 printk()函数的实现。

2．实验要求

我们在实验 16-1 中实现了串口输出，本实验将实现 printk()函数以格式化输出。

16.2.6 实验 16-4：中断

1．实验目的

（1）了解和熟悉 ARM64 汇编语言。

（2）了解和熟悉 ARM64 的异常等级处理。

（3）了解和熟悉 ARM64 的中断处理流程。

（4）了解和熟悉树莓派中系统定时器（system timer）的用法。

2．实验要求

（1）在 boot.s 中实现对 ARM64 异常向量表的支持。

（2）将树莓派中的系统定时器作为中断源，编写中断处理程序，每当有定时器中断到来时输出"Timer interrupt occured"。

3．实验提示

1）关于异常向量

当中断发生时，CPU 核心感知到异常发生，硬件会自动做如下一些事情[①]。

❑ 处理器的状态保存在对应的异常等级的 SPSR_ELx 中。

❑ 返回地址保存在对应的异常等级的 ELR_ELx 中。

❑ PSTATE 寄存器里的 DAIF 域被设置为 1，这相当于把调试异常、系统错误（SError）、IRQ 以及 FIQ 都关闭了。PSTATE 寄存器是 ARMv8 中新增的寄存器。

❑ 如果是同步异常，那么究竟是什么原因导致的呢？具体原因要看 ESR_ELx。

❑ 设置栈指针，指向对应异常等级下的栈。

❑ 迁移处理器等级到对应的异常等级，然后跳转到异常向量表里执行。

上面是 ARM 处理器检测到 IRQ 后自动做的事情，软件需要做的事情则从中断向量表开始。

读者可以参考 3.5.4 节关于 ARM64 异常向量表的介绍。另外，读者可以参考 Linux 内核中关于异常向量表处理的汇编代码，比如 Linux 内核中的 arch/arm64/kernel/entry.S 文件。

当异常发生时，CPU 会根据异常向量表跳转到对应的表项。异常向量表中存放了相应异常处理的跳转函数。例如，对于 IRQ，通常有两种情况。

❑ IRQ 出现在内核态，也就是 CPU 正在 EL1 下执行时发生了外设中断。

❑ IRQ 出现在用户态，也就是 CPU 正在 EL0 下执行时发生了外设中断。

我们以第一种情况为例，当 IRQ 出现在内核态时，CPU 会根据异常向量表跳转到对应的表项，比如跳转到 el1_irq 函数（以 Linux 内核为例）。el1_irq 函数会保存相应的中断上下文，然后 CPU 跳转到具体中断的处理函数中。因此，本实验的难点就是异常向量表的处理以及如何保存中断上下文。

2）系统定时器

树莓派中的 BCM2837 芯片提供了系统定时器，系统定时器提供了 4 个 32 位的定时器通道以及一个 64 位的计数器。每个定时器通道提供了输出比较寄存器（output compare register），用来和计数器进行比较。当计数器到达输出比较寄存器的阈值时就会触发定时器

---

① 见《ARM Architecture Reference Manual, ARMv8, for ARMv8-A architecture profile》v8.4 版本的 D.1.10 节。

中断，之后软件会在中断服务例程中重新设置新的值到输出比较寄存器。读者可以参考 BCM2837 芯片手册的第 12 章内容。

3）BCM2837 中断控制器

BCM2837 芯片支持的中断源主要来自 ARM 处理器和 GPU 处理器。对于 ARM 处理器来说，可以读取 3 种类型的中断。

❑ 来自 ARM 侧的外设中断。

❑ 来自 GPU 侧的外设中断。

❑ 特殊的事件中断。

由于支持的外设中断不多，BCM2837 芯片并没有采用复杂和流行的 GIC 中断控制器，而是采用简单的查询寄存器（pending register）的方式。BCM2837 芯片提供了 IRQ 等待寄存器（IRQ Pending Register）、IRQ 使能寄存器（IRQ Enable Register）以及 IRQ 关闭寄存器（IRQ Disable Register）。读者可以参考 BCM2837 芯片手册的第 7 章内容。

16.2.7　实验 16-5：创建进程

1．实验目的

（1）了解进程控制块的设计与实现。

（2）了解进程的创建/执行过程。

2．实验要求

实现 fork 函数以创建一个进程，该进程一直输出数字"12345"。

3．实验提示

（1）设计进程控制块。

（2）为进程控制块分配资源。

（3）设计和实现 fork 函数。

（4）为新进程分配栈空间。

（5）看看新创建的进程是如何运行的。

16.3　进阶挑战篇

进阶挑战篇适合学有余力的读者，进阶篇包含 12 个实验。进阶挑战篇包含进程管理和内存管理的核心内容。由于进阶挑战篇已经超出本书的讨论范围，因此这里仅列出实验大纲。

❑ 实验 16-6：进程调度实验。

❑ 实验 16-7：让进程运行在用户态。

- ❑　实验 16-8：添加系统调用。
- ❑　实验 16-9：实现一个简单的物理内存页面分配器。
- ❑　实验 16-10：实现一个简单的小块内存分配器。
- ❑　实验 16-11：建立恒等映射页表。
- ❑　实验 16-12：实现简单的虚拟内存管理。
- ❑　实验 16-13：实现缺页异常机制。
- ❑　实验 16-14：实现 panic 功能和输出函数调用栈。
- ❑　实验 16-15：实现用户空间的内存分配函数。
- ❑　实验 16-16：写时复制功能的实现。
- ❑　实验 16-17：进程生命周期的管理。

16.4　高手完善篇

高手完善篇适合对操作系统有执着追求的读者，涉及存储设备、虚拟文件系统、ext2 文件系统以及 shell 界面设计。高手完善篇一共有 7 个实验，有兴趣的读者可以自行完成。由于高手完善篇已经超出本书的讨论范围，因此这里也仅列出实验大纲。

- ❑　实验 16-18：信号量。
- ❑　实验 16-19：中断机制。
- ❑　实验 16-20：编写 SD 卡的驱动。
- ❑　实验 16-21：设计和实现虚拟文件系统层。
- ❑　实验 16-22：实现 ext2 文件系统。
- ❑　实验 16-23：实现 execv 系统调用。
- ❑　实验 16-24：实现简单的 shell 界面。